科学、技术与创新活动的测度

弗拉斯卡蒂手册 2015

研究与试验发展数据收集和报告指南

经济合作与发展组织◎编著
中国科学技术发展战略研究院◎译

·北京·

图书在版编目（CIP）数据

弗拉斯卡蒂手册. 2015：研究与试验发展数据收集和报告指南 / 经济合作与发展组织编著；中国科学技术发展战略研究院译. —北京：科学技术文献出版社，2020.9（2023.11重印）

书名原文：Frascati Manual 2015. Guidelines for Collecting and Reporting Data on Research and Experimental Development

ISBN 978-7-5189-7139-8

Ⅰ.①弗… Ⅱ.①经… ②中… Ⅲ.①科学技术统计学—手册 Ⅳ.① G301-62

中国版本图书馆 CIP 数据核字（2020）第 177344 号

本书原版由 OECD 用英文出版，书名为：
Frascati Manual 2015. Guidelines for Collecting and Reporting Data on Research and Experimental Development

© 2015，经济合作与发展组织（OECD），所有版权受到保护。

© 2015，本书中文版权归中国科学技术发展战略研究院所有。中文版经 OECD 授权出版，并非 OECD 官方译本。中文版的翻译质量及其与原文的一致性由译者负责。若原文与翻译版之间有任何不一致之处，原文应视为唯一有效的文本。

弗拉斯卡蒂手册2015——研究与试验发展数据收集和报告指南

策划编辑：李　蕊　责任编辑：宋红梅　王瑞瑞　责任校对：张吲哚　责任出版：张志平

出　版　者	科学技术文献出版社
地　　　址	北京市复兴路15号　邮编　100038
编　务　部	（010）58882938，58882087（传真）
发　行　部	（010）58882868，58882870（传真）
邮　购　部	（010）58882873
官 方 网 址	www.stdp.com.cn
发　行　者	科学技术文献出版社发行　全国各地新华书店经销
印　刷　者	北京虎彩文化传播有限公司
版　　　次	2020年9月第1版　2023年11月第2次印刷
开　　　本	710×1000　1/16
字　　　数	397千
印　　　张	30.5
书　　　号	ISBN 978-7-5189-7139-8
定　　　价	126.00元

版权所有　违法必究

购买本社图书，凡字迹不清、缺页、倒页、脱页者，本社发行部负责调换

编译指导委员会

主　　任：许　倞　万东华

副 主 任：吴　向　关晓静

委　　员：秦浩源　邓永旭

成　　员：（按姓氏笔画排序）
　　　　　李　胤　张　洁　张启龙　陈志军
　　　　　林　涛　焦智康

编译委员会

主　　任：胡志坚

副 主 任：张　丽

委　　员：李子彪　玄兆辉

译者名单：（按姓氏笔画排序）
　　　　　玄兆辉　朱发仓　朱迎春　刘　爽
　　　　　刘辉锋　孙云杰　李子彪　陈　钰
　　　　　高　懿　曹　琴　韩佳伟

统　　校：李子彪　玄兆辉

前　言

理解知识创造和传播是如何助力经济增长和社会福利的，需要一个合理的事实基础。纵观历史，研究与试验发展（"R&D"）成果曾通过各种方式改变着人类社会生活和所处自然环境。这一认识使国家、地区、公司和机构等部门付诸努力去持续记录 R&D 中的人力和资金投入水平与性质。广大政策分析者和决策者也对这些记录产生持续需求，将其作为理解如何引导他们实现预期目标的学习起点。本手册的主要目标是提出国际性可对比统计数据规则和一套通用语言，来支持政策分析者和决策者对这个数据的需求和使用。

1963 年 6 月，经济合作与发展组织（简称"经合组织"）在意大利弗拉斯卡蒂小镇召开了成员国 R&D 统计专家会议。会议通过了《研究与试验发展调查实施标准》的首个正式版本，也就是人们所熟知的《弗拉斯卡蒂手册》（*Frascati Manual*）。本书是手册的第 7 版，由于与编写第 1 版时的经济和地缘环境已经有较大变化，因此，手册内容也有较大更新。在手册发行的 50 多年中，各国对比较 R&D 工作成果和找出支撑 R&D 的关键指标表现出了越来越浓厚的兴趣，这也维系了手册各版的持续性和相关性。在以知识为基础的全球经济中，R&D 越来越被视为一种创新投入，成为政府政策的重要部分和主要关注点。本手册的核心是（R&D 调查）基本准则的汇总，通过很好地了解微观经济层面的动态和联系，来丰富 R&D 活动的宏观认知。本手册强调 R&D 微观数据的关联性，而不是给出一些总指标。例如，对跨多个行为主体的影响分析。

本手册基本上属于技术文档，它是我们在分析国家研究和创新系统时，增加对科学、技术和创新了解的基石。本手册通过提供国际公认的 R&D 定义和活动分类，帮助各国政府认识科技政策的执行情况。但使用本手册的指标和数据对政策目标进行判断，则不在本手册范畴之内。

这一版本进行了许多实质性修订，各项内容更为细化。该版手册为应对当今经济中日趋复杂的研究和创新，以及探明不同经济部门在其中所起的作用，提供了基本的原则和建议。在手册众多新条目中，重点关注不断发展的全球化进程，以及不断增加的部门内或跨部门 R&D 经费资助和执行的各种做法。

《弗拉斯卡蒂手册》不仅是经合组织成员国用于 R&D 数据采集的标准，也是经合组织、联合国教科文组织、欧盟及各种区域性组织共同努力的成果，已经成为 R&D 测度方面的国际标准。《弗拉斯卡蒂手册》还是其他统计领域的参考，如教育和贸易领域。在 2008 年修订《国民账户体系》时，以《弗拉斯卡蒂手册》的定义和数据为依据，首次把 R&D 的支出作为资本形成，即资本投资。

《弗拉斯卡蒂手册》以经合组织各成员国和非成员国收集 R&D 统计数据的经验为基础，是科技指标国家专家组集体智慧的结晶。在过去的 50 多年里，专家组作为一个高效的执行团队，在秘书处的大力支持下，在科学、技术和创新的概念方面开展测度方法研究，完成了一系列的方法手册，即"弗拉斯卡蒂系列手册"。除本手册之外，该丛书还包括有关创新测度指南（《奥斯陆手册》）、参与科技活动的人力资源测度指南、专利测度指南和技术收支测度指南。《弗拉斯卡蒂手册》为当前使用的主要科学技术统计指标奠定了基础。

《弗拉斯卡蒂手册》作为一本工具书，可在经合组织网站 http://oe.cd/frascati 上获取。网站在指导各国收集 R&D 数据、建立数据库和关键指标方面提供了很多材料和信息，网站会经常更新科技指标国家专家组部分特定专题的新资源和新指南。本版手册的有效使用，将开启新一代的 R&D 数据、指标和分析，以满足政策分析与制定的需要，让公众更好地了解和讨论科学、技术和创新，这也需要我们的共同努力。

2015 年 10 月

Andrew Wyckoff
安德鲁·维克夫
经合组织
科学、技术和创新司司长

Ward Ziarko
沃德·伊尔克
科技指标国家专家组
第六版手册编写主席
比利时联邦科学政策办公室

Svein Olav Nås
斯韦恩·奥拉夫·纳斯
科技指标国家专家组主席
挪威研究理事会

目 录

第1章 R&D 统计和《弗拉斯卡蒂手册》简介 1
  1.1 《弗拉斯卡蒂手册》的目的和背景 2
  1.2 《弗拉斯卡蒂手册》概览 10
  1.3 《弗拉斯卡蒂手册》执行建议 21
  1.4 结束语 22

第一部分 R&D 定义与测度：总指南

第2章 R&D 识别的概念及定义 27
  2.1 引言 28
  2.2 研究与试验发展的定义 28
  2.3 R&D 活动与项目 30
  2.4 识别 R&D 的 5 项标准 30
  2.5 R&D 类型分类 35
  2.6 研究与发展领域的分类和分类目录 43
  2.7 R&D 边界和非 R&D 的实例 45
  2.8 非 R&D 活动 65

第3章 R&D 统计部门和分类 70
  3.1 引言 71
  3.2 机构单位 71

3.3 机构部门 ··· 75
3.4 适用于所有机构单位的通用分类方法 ································ 82
3.5 《弗拉斯卡蒂手册》主要部门、单位和边界案例的概要介绍 ········ 88

第 4 章 R&D 支出测度：资金执行和来源 ································ 101
4.1 引言 ··· 102
4.2 R&D 内部支出（R&D 执行） ··· 105
4.3 R&D 资金 ·· 121
4.4 协调基于实施者与基于出资者的两种方法之间的差异 ········ 140
4.5 国民 R&D 总量 ··· 142

第 5 章 R&D 人员测度：内部人员和外部人员 ···························· 149
5.1 引言 ··· 150
5.2 R&D 人员的范围和定义 ·· 151
5.3 推荐的测度单位 ··· 167
5.4 按类别汇总 R&D 人员总量的建议 ···································· 175

第 6 章 R&D 测度方法及程序 ··· 183
6.1 引言 ··· 184
6.2 单位 ··· 185
6.3 机构部门 ·· 187
6.4 调查设计 ·· 191
6.5 数据收集 ·· 195
6.6 数据整合 ·· 197
6.7 数据资料的编辑和插补 ··· 197
6.8 估算 ··· 198
6.9 输出验证 ·· 199

| 6.10 | 向经合组织或其他国际组织提供报告 | 199 |
| 6.11 | 数据质量的结论 | 200 |

第二部分　R&D 测度：部门指南

第 7 章　企业部门 R&D ... 205
7.1	引言	206
7.2	企业部门的范围	206
7.3	统计单位和报告单位	208
7.4	统计单位的机构分类	210
7.5	企业部门 R&D 活动指标	214
7.6	企业部门 R&D 内部支出的功能分类	215
7.7	企业部门外部 R&D 活动的功能分类	228

第 8 章　政府部门 R&D ... 243
8.1	引言	244
8.2	政府部门 R&D 测度范围	244
8.3	政府部门 R&D 的识别	252
8.4	政府部门 R&D 支出和人员测度	255
8.5	政府部门 R&D 支出和人员编制方法	262
8.6	政府部门 R&D 资金的测度	264

第 9 章　高等教育部门 R&D ... 272
9.1	引言	273
9.2	高等教育部门的范围	273
9.3	高等教育部门 R&D 的识别	279
9.4	高等教育部门 R&D 支出和人员测度	284

9.5 高等教育部门 R&D 支出和人员编制方法 ································· 292
9.6 与教育统计的联系 ·· 302

第 10 章 私人非营利机构 R&D ·· 304
10.1 引言 ··· 305
10.2 私人非营利机构的范围 ··· 305
10.3 私人非营利机构分类建议 ·· 308
10.4 私人非营利机构 R&D 的识别 ··· 309
10.5 私人非营利机构 R&D 支出和人员测度 ····························· 310
10.6 私人非营利机构的调查设计及数据收集 ···························· 314

第 11 章 R&D 全球化的测度 ·· 317
11.1 引言 ··· 318
11.2 企业部门 R&D 全球化测度 ·· 319
11.3 跨国企业的国际 R&D 出资 ·· 325
11.4 开发、编制和公开跨国企业 R&D 汇总数据 ······················· 327
11.5 R&D 服务贸易 ·· 330
11.6 非企业部门 R&D 全球化测度 ··· 334

第三部分　政府支持 R&D 的测度

第 12 章 政府 R&D 预算 ·· 345
12.1 引言 ··· 346
12.2 政府 R&D 预算的范围 ·· 347
12.3 政府 R&D 预算数据来源和估算 ······································ 356
12.4 社会经济目标分类 ··· 360
12.5 政府 R&D 预算的其他分类方式 ······································ 367

12.6 政府 R&D 预算数据的使用···369

第 13 章　政府 R&D 税收减免的测度···373
13.1 引言··374
13.2 R&D 支出的税收减免···375
13.3 政府 R&D 税收减免统计的范围···377
13.4 数据来源和测度··383
13.5 对政府 R&D 税收减免统计的优先分类·····································388

附录 1···391
附录 2···400
索　引···421
缩略词···468
致　谢···473

第1章
R&D 统计和《弗拉斯卡蒂手册》简介

《弗拉斯卡蒂手册》成为国际标准逾 50 年之久，如今已然跃升为一项全球化准则。当前，颇具影响力的研究与试验发展（以下简称"R&D"）统计便是在本手册的指导下发展而来的，R&D 统计现被广泛应用于经合组织的一系列政策领域乃至经合组织成员国以外的许多国家。可以说，《弗拉斯卡蒂手册》为使用通用语言讨论 R&D 及其产出奠定了基础。伴随其应用范围的日益拓展，以及其他国际手册和国家法规对手册相关定义的采纳，本手册在 R&D 及其组成部分的定义上尽可能地与先前版本保持一致，并将更多的注意力投入到 R&D 边界识别，以及满足 R&D 统计的新需求上。例如，《国民账户体系》（SNA）把 R&D 支出当作资本投资，这就需要更多地关注 R&D 活动中的资金流量。在实践中，采取税收激励来促进 R&D 活动的这一做法变得愈发普遍，本手册将新增一章专门讨论此话题。新版手册还新增了一章用于讨论全球化及其对 R&D 统计的影响。经合组织网站也对更多 R&D 统计相关的附属资料保持在线更新。第一章是对《弗拉斯卡蒂手册》的总体介绍。

1.1 《弗拉斯卡蒂手册》的目的和背景

1.1 50 多年来，由经合组织发布的《弗拉斯卡蒂手册》一直是收集和报告投入到 R&D 中的财力与人力资源统计数据的全球公认标准，使统计数据具有国际可比性。在经合组织各成员国及其以外国家的共同努力和协作下，本手册推荐的相关界定及其实施规范，为科学家、研究者和经济政策制定者提供了有价值的参考来源。本手册所提供的诸多定义已被多国政府采纳和改编，成为跨领域对话的通用语言，包括与科技政策、经济发展政策、财政税收和监管政策等相关的领域，也成为财务核算、投资和贸易统计等指南制定的通用语言。

1.2 研究与试验发展（本手册中简称"R&D"）对经济增长和繁荣具有潜在的显著贡献，这引起了人们对它进行测度的兴趣。从 R&D 中产生的新知识可用于满足国家需求、应对全球挑战，以及提高社会整体福利。不论是个人、机构，还是经济部门，也不论是发达国家还是发展中国家，都不同程度地受到 R&D 产出的影响。因此，在《弗拉斯卡蒂手册》框架指导下收集的数据将在各个重要领域发挥作用。

1.3 《弗拉斯卡蒂手册》是由经合组织成员国的专家撰写，也是为成员国的专家们而写，便于他们收集和发布本国 R&D 统计数据，填写和提交经合组织、欧盟、联合国教科文组织和其他国际性组织关于 R&D 的调查问卷。虽然本手册列举了大量实例，但它的定位仍是一本技术文档，主要作为参考工具书供读者使用。《弗拉斯卡蒂手册》从开始就不是具有约束力的文件，而是经过详细讨论并达成共识的建议准则。手册第 1 版是 1963 年在意大利弗拉斯卡蒂小镇召开的经合组织成员国国家级专家会议上通过的。从那时起，为应对新出现的 R&D 测度挑战、满足新用户的需求和推广全球最佳典范（示范作用），本手册经历了 5 次修订。修订过程中，手册编撰专家组与用户不断沟通，显示了其持续学习能力。

1.4 纵观《弗拉斯卡蒂手册》的发展历程，它为其他相关手册提供了

R&D 定义，并与之相互补充，在一定程度上形成了科学、技术与创新统计的基础框架。它们被称为"弗拉斯卡蒂系列手册"，并一直保持齐头并进。

修订的主要目的

1.5 当前版本是《弗拉斯卡蒂手册》的第 6 次修订，主要在统计报表、统计范围和收集细节 3 个方面出现了较大变化。本章第二部分将以章节小结的形式对主要变化、修订和改进的地方加以强调。需要说明的是，尽管本手册第 2 章中的 R&D 定义更加清晰与精确，但仍与《弗拉斯卡蒂手册》前一版（经合组织，2002）保持了一致，并希望与前一版 R&D 定义涵盖相同的界定范围。事实上，新版尽可能减少对 R&D 统计的时间序列指标进行修改。当需要与其他国际准则保持一致时，我们才对手册进行与时俱进的修订。本手册对修订的进一步解释，将有助于决策者对官方的 R&D 统计数据，以及源自核算、税收、贸易等支持领域的 R&D 数据加以评估与解释。

1.6 与手册近期修订的几个版本不同，这一版手册呈现的变化更为广泛。之所以决定扩大范围，并且增加 R&D 统计数据如何收集、收集什么和为何收集的内容，主要是出于以下几个方面的考虑：

● 本手册最初就与《国民账户体系》紧密关联。2008 年《国民账户体系》中的一个主要变化是，明确采纳了《弗拉斯卡蒂手册》上一版中的 R&D 定义和数据（统计范围），并将 R&D 支出作为资本形成，即资本投资来处理，这一改进使得《弗拉斯卡蒂手册》稳固地置于国民统计核算标准框架之内。同时，为了便于各国统计学家对《弗拉斯卡蒂手册》R&D 数据的使用，我们也需要对手册进行一些调整。本次修订中实施系列调整的可行性讨论收录在《经合组织知识产权产品资本测度手册》（经合组织，2009a）之中。本手册与《国民账户体系》的分类关系，以及《国民账户体系》的 R&D 数据需求将在第 3 章进行详细介绍，并且会在整个手册中加以明确和强调。

- 鉴于本手册在统计和政策领域的广泛应用，各方反复提出对明确概念、定义和测度方法的需求。然而，这些需求更多地反映了各方的矛盾立场与既得利益。在该问题上，本手册不会偏袒任何一方，而是努力为推荐普适性的定义和收集方法提供清晰的指导。为此，一方面，有必要扩大手册的覆盖范围，使 R&D 统计适用于更广泛的决策范畴；另一方面，有必要尽可能地缩小变化，以保持核心内容历史序列的稳定性。例如，第 13 章中对 R&D 税收减免的扩展就是放在企业 R&D 支出的传统测度问题之外的章节处理的。

- 事实上，《弗拉斯卡蒂手册》对有着不同经济发展阶段、经济结构形式、研究体系和统计组织架构的国家都具有参考价值。为了适应经合组织成员国数量增加、非成员国广泛融入的重大变革，本手册尝试为在经济和研究领域有着天壤之别的国家提供鉴别和收集 R&D 数据的指导，分析这些国家与《弗拉斯卡蒂手册》准则明显矛盾的做法，找出现有准则更为恰当的表述。本手册针对各具体部门新增了专有章节（见第 7～第 10 章），较之前的版本有更高的包容度。

- 目前，各国越发重视机构 R&D 活动中持续发生的各种变化，以及这些变化所带来的困难。这些变化包括 R&D 在价值链全球化过程中的角色，采纳跨传统组织、部门、国家边界的新型组织架构，以及为 R&D 提供财力支持的新方法。这些变化引起用户的新需求，希望对数据收集的做法进行修订和扩展。本手册认识到上述演化的重要性，尽可能地为应对这些新的统计挑战提供指导。例如，手册第 4 章和第 5 章分别引入了大量有关内、外部 R&D 活动的资金流动测度，以及 R&D 内、外部人员统计的新资料。针对 R&D 全球化的思考，引入了一个全新章节（第 11 章）。

- 应对新兴方法的挑战，把握新兴方法的机遇至关重要。一方面，在各类统计数据收集中，需要有处理这类问题的一般性指导；另一方面，无论从 R&D 活动的角度（一种难以界定的、通常具有公共性的无形服务），还是从统计的角度来看（一种不规则的、通常具有不连续性的高度偏态事件），R&D 的一系列非典型特征都需要特殊的指导。因此，要进一步考虑 R&D 数据的新特征和新用途，包括投入和产出间的因果关系分析、采纳更微观的数据、遵守保密条款、匹配补充资源等。第 6 章针对各具体部门的统计方法进行了扩展，包括保持问卷应答率和减轻受访者（心理）负担的问题、使用权威数据源的问题、确保国家 R&D 指标的国际可比性和前后一致性的问题等。遵循这些准则，将使各国的统计实践保持一致，并挖掘出微观数据的全部潜力。

● 最后，从实践意义出发，亟须反映出《国际标准产业分类》、《国际教育标准分类法》和 2008 年《国民账户体系》等统计分类系统及其实际操作中的变化。大多数统计手册都根据 2002 年《弗拉斯卡蒂手册》进行了修订，但其间仍延续了一些过时的统计做法与概念。本版手册会充分使用在线附录，以追踪各分类体系今后的变化趋势。

1.7 为便于后面指南的使用和解读，接下来是有关本手册的范围与内容摘要。另外，还探讨了是否需要采集特定类型的数据和其带来的可比性难题。

《弗拉斯卡蒂手册》的起源

1.8 半个多世纪以来，《弗拉斯卡蒂手册》提供了 R&D 相关定义，并应用于收集 R&D 财力与人力资源数据。本手册的初衷之一就是致力于形成 R&D 数据汇编，从而能实时监测资源分配，并进行国家间比较。

1.9 随着 R&D 统计趋于标准化，并被越来越多的国家采用，基于 R&D 绩效的国际比较和排名摆在了各国面前，引发了各国政府为支持 R&D 而设定目标、出台激励政策，并作为战略部署或战略目标加以推进。R&D 统计数据对于科学政策的影响重大而深远，而且对经济政策也会产生极为普遍的影响。因为知识，特别是新知识，是经济增长和发展的核心力量。本手册为回答当时一系列关于国家 R&D 投入的绝对与相对水平比较问题，提供了强有力的解释。如今，尽管经济环境发生了巨大变化，但该手册仍然适用。

1.10 《弗拉斯卡蒂手册》识别 R&D 资源的基本方法是研究 R&D 执行者的活动。确定开展 R&D 活动的资金来源是了解 R&D 活动的一部分。将机构及自身的绩效水平、资金供给及随时间的变化放在一起考虑，展示了一个国家的 R&D 体系及其与周围世界的关系。鉴于各国政府是 R&D 的重要出资者和执行者，本手册还提供了收集政府 R&D 经费预算信息的指导。

1.11 鉴于 R&D 统计数据具有重要的政策关联性，数据收集者有责任提供与政策制定和评估相关的统计数据，并确保其准确、及时、有效。为此，本手册基于经合组织成员国、同盟国及各类组织的最佳实践，对 R&D 的核心内容进行了定义，讨论其适用范围与生效边界，并不断对手册加以修订完善。各个版本的详细修订记录参见附录 1，需要借鉴较为久远的 R&D 数据时，请进行专门咨询。

满足用户对保持定义稳定性的需求

1.12 在征求对本次修订的意见时，用户们特别强调了 R&D 定义和 R&D 历史系列数据统计方法要保持连续性。尽管在法律方面的用途超出了本手册的初衷与核心目标，本次修订还是充分考虑了那些已经参考本手册及其相关定义进行立法的国家，尽力为这部分用户着想。因此，R&D 的核心定义尽可能保持不变。在语言上，除了为实现中性的语言风格而存在细微变化，以及为适用新的应用目标而做出了更清晰的界定外，实现了 R&D 基本定义保持稳定。因此，在统计领域外的国家立法、各种分类和统计制度中关于 R&D 定义的引用不应该构成问题。

1.13 虽然 R&D 基本定义的内容没有变化，但本次修订对其组成部分（基础研究、应用研究与试验发展）的定义进行了微调，其中，试验发展变化最大。在实际使用时，要分清 R&D 与其他类型创新活动的区别。

1.14 为了判别 R&D 活动，本版手册突出强调了 5 项核心标准。尽管上述标准在以往版本中也有所呈现，但它们未曾用于诠释 R&D 的定义和对 R&D 的判断。在手册修订过程中，通过走访 R&D 的潜在用户，发现在一些国家，这些标准已经取得了令人满意的测试结果。

1.15 这一版本试图更好地整合用于 R&D 的人力和财力资源信息，即 R&D 人员投入与 R&D 经费支出。对 R&D 人员的定义在两方面稍作调整与说明：一是博士研究生和硕士研究生的待遇问题；二是外来人员与统计单位雇员的区分问题。

R&D 投入和产出

1.16 本手册中界定的 R&D 的本质在于生成新的知识，而不考虑出发点是产生经济效益、应对社会挑战还是获取自身知识。基于这一意图，本手册将试验发展、基础研究和应用研究区分开来，便于识别和测度不同类型的 R&D 产出。

1.17 识别和测度 R&D 成果并不容易。因为，影响知识在经济中的分配与使用和为出成果补充必要投入的因素众多。在绝大多数情况下，产出和效果要么需要很长的时间来实现，要么发生在若干不同的地方，要么涉及开展 R&D 活动以外的其他多元主体。目前，R&D 活动和投入经费中，只有非常有限的信息可以直接识别和测度。本手册为此提供了大量有关 R&D 的微观数据、注册登记信息的使用，以及知识流动分析分类的实用性建议。

弗拉斯卡蒂系列手册

1.18 R&D 发生在整个经济领域之中，但它又不同于经济活动和科学大家庭的活动。从一开始，经合组织希望建立一套测度科学、技术和创新的指导准则。随着时间的推移，一系列手册陆续出版发行，如为收集和诠释创新数据提供指导的《经合组织专利统计手册》（经合组织，

2009b）和《奥斯陆手册》（经合组织 等，2005）等。

1.19 《弗拉斯卡蒂手册》作为系列手册之一，需要明确与其他手册的主题边界，这是本版手册的目标之一。

1.20 不同的手册在统计数据方面有分工。为了实现这一目标并做到统计效果最佳，我们需要认真考虑各种统计数据应该在哪个层面汇总、合并，在什么样的聚集水平及对于什么样的样本或观测总体，可以合并分析这些不同来源的统计数据。

1.21 在推荐供国际上普遍采用的建议准则之前，经合组织在对比和考察国家层面的成功经验方面做出了积极的工作。本手册修订版收集了丰富的与之相关的佐证资料。

R&D 统计的新用途和新用户

1.22 《弗拉斯卡蒂手册》第一版的主要目的是引导各国采用标准的做法，改进 R&D 统计及其可比性，这仍然是本手册的目标。然而，半个世纪后，R&D 定义悄然出现在了一些国家的立法之中，有时还伴随些许修改出现在与税收或财政支持有关的法律法规之中。目前，R&D 活动测度是官方统计的一个重要组成部分，同时是政策制定过程中的一个关键影响因素。《弗拉斯卡蒂手册》还在学术课程与科学政策研究中被用于培训统计专家和数据使用者。手册所涵盖的广泛用途已然超出了为 R&D 调查提供标准操作指导的初衷。

《弗拉斯卡蒂手册》与《国民账户体系》

1.23 作为统计标准，《弗拉斯卡蒂手册》必须与其他标准保持一致，特别是《国民账户体系》。本手册提供了 R&D 定义，但是只要有可能，它都采用《国民账户体系》的部门分类。例外是，本手册定义了一个独立的高等教育部门，而《国民账户体系》则将高等教育机构分列在各部门中。2008 年，《国民账户体系》首次提出了将 R&D 支出视为资本投资而非费用支出，认为R&D是一种生产和投资活动，本版手册与其保持一致。这一决定改变了国内生产总值（GDP）的测度方法，也重新诠释了增长核算中R&D对经济增长的贡献。《国民账户体系》借鉴了本手册前一版附录中提到的R&D卫星账户经验，并以前一版手册R&D定义及其派生数据为基础，得以建立修订资本投资与GDP的测度方法。本手册还包含了《经合组织知识产权产品资本测度手册》（经合组织，2009a）给出的一系列建议，其中，R&D部分由国民核算和R&D统计界联合开发，用于指导各国核算人员执行《国民账户体系》。

1.24 由于R&D定义和数据使用的广泛性与多样性，为避免对数据的误用或误解，特别要注意和理解出于不同目的，且从不同编制者处获取的R&D数据在某些情况下存在较大的差异。手册中采用了两种不同的方法来收集信息，一是从R&D执行者处收集信息（推荐方法），二是从R&D出资者处收集信息（补充方法），由此产生了不同的结果。同样，基于《弗拉斯卡蒂手册》的R&D数据也与《国民账户体系》报告的数据和信息有所差别。核算师们将《弗拉斯卡蒂手册》与其他数据来源和假设放在一起考虑，推演出了与《国民账户体系》相兼容的产出测度、资本投资和资本存量。对软件R&D处理方式的具体差别在于，《弗拉斯卡蒂手册》将软件R&D支出作为R&D总额的一部分，而《国民账户体系》则将其计入软件总额。本手册的第4章会对此加以详细说明。最新、最详细的有关《国民账户体系》与《弗拉斯卡蒂手册》之间关系的论述，可参见本手册线上附录（http://oe.cd/frascati）。

其他国际标准

1.25 另一种容易与《弗拉斯卡蒂手册》R&D发生混淆的类型是作为核算数据出现的R&D数据，该类R&D通常是企业财务报告的组织部分，有时也被逐项列支。两种R&D的定义不同，所涵盖的范围也不同，一般不具可比性。第7章会详细介绍。

1.26 使用手册时应将 R&D 置于更广泛的情境下。从概念上看，无论是对数据库而言，还是为了把 R&D 数据与补充信息相匹配，都应尽可能地使用联合国的分类标准。涉及的领域包括 2008 年《国民账户体系》（欧洲委员会 等，2009）、《国际标准产业分类》（联合国，2008）和《国际教育标准分类法》（联合国教科文组织统计所，2012）。

1.27 这些外部的分类标准会定期更新。本版手册印刷版中给出了当前的引文，也是有关分类标准的最新引文，将会作为本手册的附录在网站上保持在线更新。

一本真正的全球性手册

1.28 开展 R&D 活动和在政策中使用 R&D 统计数据，并不是经合组织成员国与发达国家的专属职权。全球范围内都应当开展 R&D 调查，并将结果应用于决策过程。因此，本次手册修订的目标是使发达国家和发展中国家能够共同使用这一世界级准则。这也意味着，本版手册试图寻求和获取新兴市场、发展中国家及其机构的经验数据，从而支持其 R&D 测度能力的发展。网站在线附录中对发展中国家 R&D 测度的建议已经成熟，我们将其纳入本手册正文。

1.29 由于将本手册视作全球性的标准，本版手册细节上不再单独列出如何在操作层面上向经合组织报告指标数据。该部分留给经合组织和需要报告的各国自行解决。手册中包括对生成具有国际可比性统计数据的必要说明。

1.2 《弗拉斯卡蒂手册》概览

1.30 有关内容的权威描述见手册后续章节全文。

大纲

1.31 第 1 章介绍了手册整体情况和后续 12 个章节的主要内容。附录 1 对《弗拉斯卡蒂手册》的版次进行了历史回顾。第 2～第 6 章是面向所有 R&D 执行部门的 R&D 定义和测度指南。包括概念和定义、机构部门、R&D 支出、R&D 人员及统计的方法和程序。第 7～第 11 章是针对各个执行部门的解决方法与分类问题。包括企业部门、政府部门、高等教育部门和私人非营利机构。第 11 章特别讨论了称作第 5 个部门的"国外（the Rest of the World）"在全球化情形下 R&D 的执行与出资。本版手册首次为跨国企业与 R&D 服务贸易提供了数据收集方面的指导。第 12 章和第 13 章从出资方的角度，测度政府对于 R&D 的支持，包括政府 R&D 预算和 R&D 税收减免。更详细的资料和外部分类系统可以从本手册定期更新的在线附录（http://oe.cd/frascati）中获取。术语词汇表也包含在本手册中并保持在线更新。

R&D 识别的概念与定义（第 2 章）

1.32 R&D 是指为增加知识存量（也包括有关人类、文化和社会的知识）及设计已有知识的新应用而进行的创造性、系统性工作。

1.33 任何一项 R&D 活动，无论它们是由何种执行主体实施，都可以用一组共同的特征来识别。即一项 R&D 活动必须满足 5 个核心标准：

- 新颖性；
- 创造性；
- 不确定性；
- 系统性；
- 可转移和（或）可复制。

1.34 这里给出的 R&D 定义与上一版《弗拉斯卡蒂手册》（经合组织，2002）所使用的定义保持一致，并覆盖相同的活动范围。

1.35 R&D 包括 3 种类型的活动：基础研究、应用研究和试验发展。其中，基础研究是一种实验性或理论性的工作，主要是为了获取关于现象和可观察事实的基本原理的新知识，不预设任何特定的应用或使用目的。应用研究是指为了获取新知识而进行的初始性研究工作，但它主要针对某一特定的实际目的或目标。试验发展是利用从科学研究、实际经验中获取的知识和产生的额外知识，以形成新的产品、工艺（流程），或改进现有产品、工艺（流程），而进行的系统性工作。

本手册遵循《国民账户体系》中的规定，"产品"是指货物或服务。"工艺（流程）"是指从投入到产出、到它们的交付方式或者到组织结构或组织实践的转变。

1.36 依据开展 R&D 的知识领域对 R&D 进行分类，通常是有效且重要的，主要包括自然科学、工程技术、医学与健康科学、农业和兽医学、社会科学及人文与艺术领域。

R&D 统计部门与分类（第 3 章）

1.37 本章聚焦于 R&D 统计机构，特别是根据机构的类别属性来收集和整理统计数据。在此方法下，一个机构投入到 R&D 中的资源将被划入该机构所属的产业部门中去。R&D 机构的分类要与 R&D 的定义、现有用户对 R&D 统计数据的明确需求，以及《国民账户体系》所使用的分类标准完全一致。《国民账户体系》包括常驻标准、经济活动类型参考、所有制和经济控制。

1.38 为了测度 R&D，本手册确定了企业部门、政府部门、高等教育部门和私人非营利机构 4 个主要部门（"国外"为第 5 个部门）。高等教育部门是 R&D 统计的一个独立的部门。但在《国民账户体系》中依据所适用的各国市场和政府控制标准，高等教育部门（的具体单位）对应在企业部门、政府部门或为住户服务的非营利机构（NPISH）中。

1.39 第 3 章的图 3.1 给出了将各种机构对应到不同部门之中的决策树。

R&D 支出测度：经费和资金来源（第 4 章）

1.40 国家和国际政策制定者都非常关注研究与试验发展的资金支出情况（R&D 支出），特别是经常使用 R&D 支出统计数据测度或监测 R&D 执行者、R&D 出资者、R&D 执行地点，以及测度这些 R&D 活动的水平和用途、机构和部门之间的互动与协作。R&D 内部支出是指在一个特定基准期内，某一统计单位内实施 R&D 的全部经常性支出（包括劳动力成本和其他成本）与总固定资本性支出（如土地、建筑物、机器设备等）之和，不论其资金来源如何。

1.41 2008 年修订的《国民账户体系》的一个主要变化是明确地将 R&D 视为资本形成，即"投资"。这种变化要求对 R&D 支出进行更为细致的划分，本章就此做出了详细指导。包括根据 R&D 资金来源和流向，以及根据 R&D 交易类型来收集详细数据，以帮助测度 R&D 的出售与购买。

1.42 本手册 R&D 统计数据收集系统包含以下基本概念（见第 4 章图 4.1）：

- R&D 内部支出是指单位内部实施 R&D 的支出总额，而 R&D 外部支出（出资额）是指报告单位外部实施 R&D 活动的支出总额。
- R&D 内部资金是指用于 R&D，且初始来源由报告单位控制的资金；R&D 外部资金是指用于 R&D，且初始来源不由报告单位控制的资金。
- R&D 交换资金是指在统计单位之间流动，并具有 R&D 补偿性回流的资金；R&D 转移资金是指在统计单位之间流动，但不具有 R&D 补偿性回流的资金。

1.43 国内 R&D 总支出是用来描述一个国家 R&D 活动的重要汇总统计指标，它涵盖某一基准时期内、一个国家境内开展 R&D 活动的全部支出，是 R&D 活动国际比较的首要指标。

R&D 人员测度：内部人员与外部人员（第 5 章）

1.44 从广义上讲，R&D 人员包括训练有素的研究人员、具有高水平技术经验和高层次教育水平的技术人员，以及对开展 R&D 项目和活动具有直接贡献的其他辅助人员。与本手册的 R&D 定义相一致，这一概念的范畴涵盖各个知识领域。

1.45 统计单位的 R&D 人员包括所有直接参与 R&D 的人员，无论他们是统计单位的雇员，还是完全融入统计单位 R&D 活动的外部贡献者，抑或是为 R&D 活动提供直接服务的人员，如 R&D 管理人员、行政人员、技术人员和办事人员。

1.46 根据所属的部门不同，在一个统计单位中，有两类对 R&D 活动有潜在贡献的人员：

● 受雇于统计单位，并且对单位内部 R&D 活动做出贡献的人员（本手册中称之为"R&D 内部人员"）。

● 内部 R&D 活动的外部贡献者（本手册中称之为"R&D 外部人员"）。这类人员又可分为两小类：①虽不来自于开展 R&D 的统计单位，但是从该统计单位获得工资和薪酬的人员；②虽不属于统计单位，但是对其内部 R&D 做出贡献的一些特殊类别人员。

1.47 在符合本章所提出的"做出实质性贡献"的前提下，博士研究生和硕士研究生均可被包括在两类 R&D 人员之中。

1.48 根据 R&D 人员在 R&D 活动中的职能可分为：研究人员、技术人员和其他辅助人员。

1.49 R&D 人员（包括雇员与 R&D 外部人员）的测度指标有以下 3 类：

● 人头数（HC）；

● R&D 人员的全时工作当量（FTC）或人年数；

● 人员的性别、R&D 职能、年龄和正式资质等特征。

R&D 测度方法及程序（第 6 章）

1.50 R&D 统计的一个基本问题是生成具有国际可比性的统计数据。这不仅有赖于给出合理、一致的定义，而且取决于将定义在数据收集实践中加以应用。各国在方法实践与定义采纳方面存在差异，这是降低 R&D 数据国际可比性的一大原因。为此，除针对特定部门的章节外，本手册用单独一章来介绍跨部门的通用方法。

1.51 很多因素会影响 R&D 的测度方法和程序。R&D 活动往往集中在相对较少的实体中，尤其是企业部门。虽然 R&D 活动高度集中，但它却遍布于整个经济领域，测度时根据 R&D 的集中度和广泛性确定取样策略。除这些特点外，R&D 统计方案的目标是多方面的，包括用于支持科学政策的总量指标、用于支撑《国民账户体系》中 R&D 资本存量的开支及用微观层面的数据支持单位级别的分析（受数据保护方面的限制）。这些目标有时是相互冲突的，会影响采样和处理策略。

1.52 R&D 数据来源广泛，如通过问卷调查和行政管理数据源的直接测度。在某些情况下，还需要通过估算来补充问卷调查和行政数据源。统计局通常是基于数据的可获得性、质量、适用性和成本来选用数据来源。国家之间也会有差异。

企业部门 R&D（第 7 章）

1.53 大多数工业化国家 R&D 人员、R&D 支出总量中，企业部门的 R&D 人员、R&D 支出所占份额最大。在分析企业及其构成单位时，有必要全面考察企业用于管理 R&D 活动的多种方法。特别是相关企业在共同出资、创造、交换和使用 R&D 知识方面形式的多样性。跨国企业更呈现出尤为复杂的商业结构，为 R&D 测度提出了挑战。此外，在一些企业中 R&D 是偶然发生而非连续性的活动，因此，更加难以识别和测度。以方法论的角度看，从企业收集数据也面临一系列实际问题，如确认开展 R&D 活动的企业、按手册要求获取 R&D 信息、达成保密协议和降低回复负担等。

1.54 企业部门涵盖：

● 常驻企业，指所有在本国境内合法成立，或者实际管理机构、总机构在境内的企业，包括私有企业和公共企业。

● 非常驻企业的非法人分支机构，因其长期在本国境内从事经济领域内的生产经营活动，而被视作企业部门的重要组成部分。

● 常驻非营利机构（NPIs）（非营利性产业组织），是市场上货物的生产者或服务的提供商。

1.55 这是本手册新独立的章节。根据一些国际标准，重点介绍和指出了确定、取样和活动的分类难题，内部与外部 R&D 支出的测度难题。

1.56 用来描述企业部门执行 R&D 的主要统计汇总指标是企业 R&D 支出（BERD）。企业 R&D 支出是国内 R&D 总支出的组成部分（见第4章），即企业部门所属单位发生的 R&D 支出。它用来测度企业部门的 R&D 内部支出。许多指标可用于收集、发布和报告企业 R&D 支出。

政府部门 R&D（第 8 章）

1.57 本章侧重于政府部门的 R&D 支出和人员测度，并试图提出基于执行者测度方法和与之互补的基于出资者测度方法之间的关系，以衡量政府在整个经济中作为 R&D 出资者的作用。此外，本章还与第 12 章中政府 R&D 预算测度和第 13 章中 R&D 税收减免有所关联。政府部门包括：

● 所有中央（联邦）政府、区域（州）政府或地方（市）政府的单位，包括社会保障基金，不包括符合第 3 章和第 9 章描述的高等教育机构。

● 其他政府机构：实施机构和（或）出资机构，以及由各政府单位掌控的，并且不属于高等教育部门的非市场性质的非营利机构。

1.58 这是本手册新独立的章节，为区分政府单位中 R&D 活动与同时发生的其他相关活动提供指南。

1.59 用来描述政府部门执行的 R&D 主要统计汇总指标是政府 R&D 支出（GOVERD）。政府 R&D 支出是国内 R&D 总支出的组成部分（见第 4 章），即政府部门所属单位发生的 R&D 支出。本章特别为如何处理政府部门内部各单位之间的 R&D 资金流（包括与中介机构的资金往来），避免 R&D 的重复计算提供指南。

高等教育部门 R&D（第 9 章）

1.60 这是本手册新独立的章节，替换和扩展了以前的一个附录。在这一版手册中，高等教育部门被独立出来，但在《国民账户体系》中没有直接对应的部分。高等教育部门中的机构被分列在《国民账户体系》的各个部门中。之所以将这部分独立成章，是因为它的 R&D 执行机构的信息对政策至关重要。

1.61 高等教育部门包括：

● 所有的大学、技术院校和其他提供正规高等教育课程的机构，无论其经费来源或法律地位如何。

● 由高等教育机构直接控制或管理的、有 R&D 活动的所有研究机构、中心、实验站和诊所。

1.62 高等教育部门具有较大的异质性，各国以不同的方式建立高等教育系统和制度，这给汇编 R&D 统计资料带来挑战，而且各国统计方法上的差异很大。本章介绍了关于计算和估算高等教育 R&D 支出及人员的基本知识。各种不同的方法如图 9.1 所示，包括机构调查（全部或部分）、行政数据，以及这些数据来源的不同组合，常常与时间使用调查中的 R&D 系数相结合。还着重介绍了一般大学资金出资 R&D 的估算方法，这些资金支持了许多公立高等教育机构的所有活动。

1.63 出于调查的目的，R&D 必须以科学技术为准则区别于宽泛的相关活动。这些活动在信息流动和所涉及业务、机构与人员方面，与 R&D

密切相关，但在测度 R&D 时应尽量排除这些活动。高等教育部门的某些具有行业特性的活动给 R&D 概念带来挑战性，特别是教育、培训和专门的医疗保健（如大学的医院）。

1.64 用来描述高等教育部门执行 R&D 的主要统计汇总指标是高等教育 R&D 支出（HERD）。高等教育 R&D 支出是国内 R&D 总支出的组成部分（见第 4 章），即高等教育部门所属单位发生的 R&D 支出。它测度的是高等教育部门的 R&D 内部支出。

私人非营利机构 R&D（第 10 章）

1.65 这是本版手册新独立的章节，重点肯定了前一版本关于私人非营利机构作为 R&D 活动的执行者和出资者在 R&D 活动中扮演着重要角色（尽管其活动水平低于其他经济部门），并定义了私人非营利机构。本章阐述了在测度私人非营利机构时应考虑哪些非营利性机构，并给出了测度它们 R&D 活动的准则。

1.66 私人非营利机构包括：

● 2008 年《国民账户体系》中定义的所有为住户服务的非营利机构（列为高等教育部门的那部分除外）。

● 出于统计完整性考虑，还应包括从事或不从事市场活动的住户和私人个体。

1.67 用来描述私人非营利机构执行 R&D 的主要统计汇总指标是私人非营利机构 R&D 支出（PNPERD）。私人非营利机构 R&D 支出是国内 R&D 总支出的组成部分（见第 4 章），即私人非营利机构所属单位机构发生的 R&D 支出。它测度的是私人非营利机构 R&D 内部支出。

R&D 全球化的测度（第 11 章）

1.68 本手册明显认识到 R&D 全球化概念。以前版本中的 R&D 全球化主要是作为国内开展 R&D 活动的资金来源（如国内 R&D 总支出），或作为国家资金源的去向（如国民 R&D 支出）。这类来源此前被表征为来自或流向"国外"的资金。本版《弗拉斯卡蒂手册》与《国民账户体系》一样，首选术语是"国外"。它全面覆盖了 R&D 的一个重要方面——识别和测度 R&D 支出的非国内来源和去向。本手册超出了 R&D 资金流范畴，涵盖了更广泛的有关全球 R&D 测度的问题（经合组织，2005；经合组织，2010）。本章作为新独立的章节，提供了与上述主题及相关统计手册的指引和链接。

1.69 从广义上讲，全球化是指国际一体化融资、要素供给、R&D、生产，以及货物和服务贸易。尽管公共和私人非营利机构（包括政府机构和高等教育机构）也参与国际活动，如 R&D 投资和合作，但在以营利为目的的机构中，全球化主要与企业的国际贸易和外国直接投资有关。

1.70 R&D 全球化是全球化活动的子集，涉及 R&D 的资金、执行、转让和使用。本章侧重于介绍企业部门 R&D 全球化的 3 个指标，以及与非企业机构有关的测度问题。

1.71 企业部门 R&D 全球化的 3 个统计指标：
- 跨国 R&D 资金流动；
- 编制国和国外的跨国企业成员开展 R&D 的经常成本和人员；
- R&D 服务中的国际贸易。

1.72 本手册对测度非商业机构 R&D 国际化现象提供了进一步的指导，包括国际组织、政府出资在国外执行的 R&D、国外分校和非政府组织的国际 R&D 活动。

政府 R&D 预算（第12章）

1.73 有不同的方法测度政府资助 R&D 活动的强度。本手册推荐基于执行者的方法——调查开展 R&D 活动的常驻单位（企业、院所、高校等），以确定基准年中执行内部 R&D 的支出。由此确认内部 R&D 支出的政府资助部分。

1.74 已经开发了利用预算数据测度政府 R&D 资金的方法。这种基于出资者的 R&D 统计方法，包括识别所有可能支持 R&D 活动的预算科目，并且测度或估计其 R&D 含量。这种方法的好处是明显能更及时地统计政府 R&D 总量，因为这是以预算为基础，而且可以通过社会经济目标分类，把政策因素与 R&D 总量关联起来。

1.75 本章介绍了由本手册第 3 版首次推出的基于预算的数据规范，在后来的版本中，基于预算的数据被正式称为"政府 R&D 预算拨款或决算"（GBAORD），在这一版本中改为政府 R&D 预算（GBARD）。

1.76 表 12.1 推荐的分布表是基于欧盟分类法，由欧盟统计局采用的《科学计划和预算的分析比较中使用的术语》。

R&D 税收减免的测度（第 13 章）

1.77 一些国家的政府在税收上支持 R&D。为促进对 R&D 的投资，特别针对企业 R&D，对符合条件的 R&D 支出，在经济上给予税收优惠。税收支出是一个复杂的测度对象，统计系统不能单独捕捉到所有类型的税收减免措施。由于政府对 R&D 税收减免的政策目标是通过补贴或其他直接支出实现的，人们普遍认为，补充统计这些税收支持，可增进透明度和更平衡的国际比较。

1.78 这是本手册新的一章，给出了政府通过税收优惠政策支持 R&D 的统计准则，以期协助提出关于政府 R&D 税收减免的国际可比性指标。

1.79 虽然对 R&D 的税收支出与在第 12 章中所述的政府 R&D 预算有几个共同的元素，在某些情况下，它们（R&D 税收支出）能在预算内列出。本手册认为该类别应以综合的方式单独测度，只有这样才能整合进 R&D 统计的总体报告，特别是国际比较。

附录和补充指导

1.80 本手册的印刷版本包含一个附录，介绍了《弗拉斯卡蒂手册》

的历史概况，向以前版本的主要贡献者致谢。印刷版还包含一个术语词汇表，列出了本手册使用的主要术语及它们的定义，并在线维护和更新。

1.81 更多的内容，可通过本手册的在线附录（http://oe.cd/frascati）获得。本手册的印刷版中包含了以前版本附录中的大部分内容。例如，针对高等教育的内容现在已经单独成章，对发展中国家 R&D 的内容也已纳入手册。本手册对 R&D 区域化统计指标、R&D 减缩指数和货币换算、R&D 最新估计和预测方法、与健康相关的 R&D，以及对信息、通信技术和生物技术的指导仍然具有现实意义。在经合组织吸收更新的进展和方法之前，用户可以参考之前版本的附录（虽然这些是待定的）。

1.82 本手册涉及的分类也将保留在网上，并附有相关国际标准的链接。经合组织对 R&D 领域的分类信息和后续更新也将在网上进行公布。印刷版包含了目前的分类。该手册网页将开辟空间，宣传经合组织各国专家下一步达成的共识，具体 R&D 测度方法的简报材料和建议。在修订这一版手册的过程中，科技指标国家专家组对若干主题积累了大量资料，为将来的在线附录提供依据。

1.3 《弗拉斯卡蒂手册》执行建议

1.83 本手册的目的是通过共同的词汇、商定的原则和实际的约定来指导实际的数据收集和统计工作，确保统计结果的可比性。这对于建设 R&D 全球统计资料基础设施，对于政策制定者、学术界、行业管理者、新闻记者和公众都是有意义的。

1.84 关于哪些数据提交给经合组织，不在本手册范围内。为满足用户需求和服务公众，科技指标国家专家组采用了与本手册相关但又不同的其他工具和措施。这些包括：

- 按照经合组织、其他国际组织和要求提供数据的国家之间的协议，从国家主管部门收集 R&D 汇总数据的问卷调查；

- 涉及经合组织和各国专家提供数据的质量保证过程；
- 经合组织相关委员会参与的 R&D 数据库和指标的公布；
- 收集和发布原始数据，详述数据来源的主要特征和在不同国家的使用方法；
- 为了解决不能通过标准指标进行评估的问题，力求在不同国家间开展 R&D 微观数据的协调分析；
- 从这一版开始，建立了一个 R&D 统计从业者、研究学者和工作者可以分享问题和经验的网上社区，开发了一个处理特定情况的经验累积和共享单元。

1.85 为了减少国家组织的报告负担，经合组织在与其他国际组织合作中，在支撑能力的发展和 R&D 数据的传播中发挥了关键作用。

1.86 通过修订本手册，为一些国家提供了一个重新审视自己的镜子和使其符合全球公认标准的机会。这可能既需要过渡性安排，也需要对数据系列中的任何潜在变化进行适当的沟通。修订过程也是一个开发组织内部能力、培训新员工收集和统计 R&D 数据的机会。

1.4　结束语

1.87 在本手册指导下收集信息的预期目的是帮助决策者，尤其是政策制定者。由于 R&D 数据变得更加普及，以及在公众讨论中变得更加重要，因此，这些信息也成为和这些资源的使用及其影响有关的社会和政治对话的重要组成部分。虽然人们广泛地意识到 R&D 数据单独使用或与其他数据组合使用只能提供部分的决策依据，然而只要政府、商界领袖和公众承认 R&D 的特殊属性，并赋予其特殊地位，致力于 R&D 活动的人力和财力的测度，R&D 数据必将继续是全球的需求，并在统计实践工作中发挥重大作用。本手册第 7 版旨在支持这一目标。

参考文献

EC, IMF, OECD, UN and the World Bank (2009), *System of National Accounts*, United Nations, New York. https://unstats.un.org/unsd/nationalaccount/docs/sna2008.pdf.

OECD (2010), Measuring Globalisation: OECD Economic Globalisation Indicators 2010, OECD Publishing, Paris. DOI: http://dx.doi.org/10.1787/9789264084360-en.

OECD (2009a), Handbook on Deriving Capital Measures of Intellectual Property Products, OECD Publishing, Paris. DOI: http://dx.doi.org/10.1787/9789264079205-en.

OECD (2009b), Patent Statistics Manual, OECD Publishing, Paris. DOI: http://dx.doi.org/10.1787/9789264056442-en.

OECD (2005), OECD Handbook on Economic Globalisation Indicators, OECD Publishing, Paris. DOI: http://dx.doi.org/10.1787/9789264108103-en.

OECD (2002), Frascati Manual: Proposed Standard Practice for Surveys on Research and Experimental Development, The Measurement of Scientific and Technological Activities, OECD Publishing, Paris. DOI: http://dx.doi.org/10.1787/9789264199040-en.

OECD/Eurostat (2005), Oslo Manual: Guidelines for Collecting and Interpreting Innovation Data, 3rd edition, The Measurement of Scientific and Technological Activities, OECD Publishing, Paris. DOI: http://dx.doi.org/10.1787/9789264013100–en.

UNESCO-UIS (2012), International Standard Classification of Education (ISCED) 2011, UIS, Montreal. www.uis.unesco.org/Education/Documents/isced-2011-en.pdf.

United Nations (2008), International Standard Industrial Classification of All Economic Activities(ISIC), Rev. 4. https://unstats.un.org/unsd/cr/registry/isic-4.aspand http://unstats.un.org/unsd/publication/seriesM/seriesm_4rev4e.pdf.

第一部分

R&D 定义与测度：总指南

第 2 章
R&D 识别的概念及定义

本章对研究与试验发展（R&D）及其组成部分（基础研究、应用研究和试验发展）的定义进行界定。与先前版本相比，这些定义基本未变，只是因为文化和语言使用的变化对有的地方略作修改。为识别 R&D 活动，本章提出了 5 个标准：活动是否具有新颖性、是否具有创新性、是否具有系统性、其产出是否具有不确定性、是否可转移或可复制。自本手册上一版出版以来，《国民账户体系》已经将 R&D 支出从费用转变为资本投资，本手册在语言使用上与《国民账户体系》很接近，并在资金流测度方面对使用的语言提出了更高要求。虽然本手册可以应用在所有的学科中，但是除了强调在自然科学和工程学中的应用外，更强调在社会科学、人文科学和艺术中的应用。采用调查、行政填报及访谈方式测度 R&D 活动时，会产生边界问题，即什么是或什么不是的问题，为了解答这些问题，本章列举了一些实例。本手册把 R&D 数据理解为政策制定与评估的一部分，但出于测度目的，本章的重点仍是对 R&D 及其组成部分的定义。

2.1 引言

2.1 《弗拉斯卡蒂手册》提供了 R&D 及其组成部分（基础研究、应用研究和试验发展）的定义，历经半个多世纪，这些定义已经得到了认可。本章这些定义与先前的版本相比，基本未变，但是在 R&D 定义的文字描述，以及试验发展定义中语言使用方面存在差异。

2.2 自本手册上一版出版以来，《国民账户体系》已经把 R&D 支出视为能够引发知识资本存量的资本投资。2008 年《国民账户体系》（欧洲委员会 等，2009）使用了本手册上一版（2002 版）中的 R&D 定义，而本手册为保持与《国民账户体系》的一致性，引用了《国民账户体系》的部分内容，引用的地方已在本手册中标出。

2.3 虽然在社会科学、人文科学和艺术，以及自然科学和工程学中都存在 R&D，但本手册较先前版本更关注社会科学、人文科学和艺术中的 R&D。为适应本手册的这一变化，虽然在定义和常规上不需要做出变动，但需要注意 R&D 边界问题。同时，由于使用本手册的国家经济发展水平不同，本章尝试满足它们不同的需求。

2.4 本章提供了 R&D 及其组成部分的定义，以及识别 R&D 的标准，还提供了 R&D 实例、边界及非 R&D 实例来说明如何应用这些定义。本手册是一本统计手册，其基本目的是为使用调查、访谈和行政填报等各种不同数据收集方式测度 R&D 活动提供指导。本手册把 R&D 数据理解为政策发展与评估的一部分，但出于测度目的，本章的重点是对 R&D 及其组成部分的定义。

2.2 研究与试验发展的定义

2.5 研究与试验发展（R&D）是指为增加知识存量（也包括有关人类、文化和社会的知识）及设计已有知识的新应用而进行的创造性、系统性工作。

2.6 R&D 活动可能由不同的执行者开展，但是，它们会存在一些共同特征：R&D 活动以特定目标或者一般目标的实现为目的；总是基于初始概念（及其阐释）或者假设，以新发现为目标；最终产出具有很大程度的不确定性（或者至少是在实现产出所需要的时间和资源量上具有很大程度的不确定性）；需要制定计划和编制预算（即使 R&D 活动是由个人开展）；其产生的成果能够在市场中自由转让或者进行贸易活动。综上所述，一项 R&D 活动应当满足 5 个条件。

2.7 R&D 活动一定满足：

- 新颖性；
- 创造性；
- 不确定性；
- 系统性；
- 可转移或可复制。

2.8 不论是在持续的基础上，还是偶然的基础上实施的 R&D 活动，都应该满足这 5 个标准，至少在原则上应当全部满足。上述对 R&D 的定义与本手册先前版本的定义一致，所包含的 R&D 活动范围也相同。

2.9 R&D 包含了 3 种类型的活动：基础研究、应用研究和试验发展。基础研究是一种实验性或理论性的工作，主要是为了获取关于现象和可观察事实的基本原理的新知识，不预设任何特定的应用或使用目的。应用研究是指为了获取新知识而进行的初始性研究工作，但它主要针对某一特定的实际目的或目标。试验发展是利用从基础研究、应用研究和实际经验中获取的知识和产生的额外知识，以形成新的产品、工艺（流程），或改进现有产品、工艺（流程）而进行的系统性工作。R&D 的这 3 种类别活动将在 2.5 节中进一步讨论。

2.10 本手册遵循《国民账户体系》中的规定，即"产品"指代货物或服务（欧洲委员会 等，2009）。"工艺（流程）"是指从投入到产出，到交付或者进入组织结构或实践的转变。

2.11 R&D 活动的研究顺序并不一定是从基础研究到应用研究，然后再到试验发展。在 R&D 系统内，存在许多信息流和知识流，既然试验发展能够指导基础研究，那么就没有理由说基础研究不能直接导致新产品或者新流程的出现。

2.3 R&D 活动与项目

2.12 "R&D 活动"是指为创造新知识而由 R&D 实施者有意开展的所有行动。在大多数情况下，R&D 活动可以组合形成"R&D 项目"。每个 R&D 项目都是由一系列 R&D 活动组成。出于某个特定目的，组织和管理 R&D 项目，即使是正规活动的最低程度管理，R&D 项目也有自己的目标和期望产出。尽管 R&D 项目的概念有助于理解 R&D 活动是如何完成的，但是也不可能以同样的方式应用到本手册涉及的所有部门中。

2.4 识别 R&D 的 5 项标准

2.13 一项 R&D 活动需要同时满足 5 项标准。本节用一些实例来说明在识别 R&D 活动和具体 R&D 项目时，如何有效地应用这 5 项标准。当然，所给出的实例也绝非详尽。

以新发现为目标（新颖性）

2.14 新知识是 R&D 项目的一个预期目标，这一目标在不同情况下新颖程度有所不同。例如，大学内的研究项目追求的是知识上的完全新进展，由研究机构开展的项目也是如此。

2.15 在企业部门中（部门分类参见第 3 章），R&D 项目的潜在新颖性，需要通过与产业中已有知识存量进行对比评估。项目内的 R&D 活动，产生的成果对企业来说必须是新的，而且没有在产业中应用。通过复制、模仿或者逆向工程获取知识的活动不属于 R&D 活动，这种知识不具有新颖性。

2.16 再现已有成果，发现潜在差异的项目，也可以表现出新颖性。如果某个试验发展项目的目的是创造知识，以支持与新产品或新流程的设计有关的新概念和新想法的发展，那么该项目应当属于 R&D。正因为 R&D 是知识（也包括嵌入在产品或流程中的知识）的正规创造形式，所以测度关注点在于新知识，而不在于应用知识中产生的新的或有重大改进的产品或者流程。例如，将一个非常复杂的系统（如一架客机）的"维护手册"与在日常维修实践经验中形成的并以适当方法记录下来的新材料整合起来，只要这种整合是 R&D 项目的一部分，则该活动应当归为 R&D。为发现已经在生产中使用的化学反应（现有技术）潜在用途的证据而进行的系统测试也是这方面的一个例子，这种系统监测的目的是获取新分子，即使这在科学文献中被认为是不可能产生的成果。

以初始、模糊的概念和假设为基础（创造性）

2.17 R&D 项目必须以提升（或拓展）现有知识的新概念或新想法为目标，这将 R&D 与产品和流程的任何常规改变区别开来。此外，人员的投入是实现 R&D 创造力所必需的。因此，R&D 项目需要研究人员的贡献（研究人员的定义参见第 5 章）。在评估中需特别注意艺术领域（见本章 2.6 节）：艺术活动中包含创造力，但在确认其是否为 R&D 时还需要进一步核对其他标准。虽然日常活动不属于 R&D，但开发新方法以执行常规任务则属于 R&D。例如，数据处理不属于 R&D，但是，如果它属于开发数据处理新方法的项目，则属于 R&D。如果项目中用来解决问题的方法是独创的，并满足其他的标准，则也属于 R&D。

最终产出具有不确定性（不确定性）

2.18 R&D 的不确定性涉及多个方面。在 R&D 项目的起始阶段，产出和成本（包括时间分配）并不能针对目标做出精确的判断。以基础研究为例，虽然基础研究是以扩展正规知识为目的，但是，还是有未能实现预期目标的可能性。一般情况下，R&D 需要付出的成本和时间、实现预期目标需要投入的资源、目标是否实现或在多大程度上实现都具有不确定性。例如，在区分 R&D 原型（从应用角度，用于测试技术概念和测试具有高失败率技术的模型）和非 R&D 原型（用于获取技术或法律认证的产前单元）时，不确定性就是一个关键性指标。

需制定计划和预算（系统性）

2.19 R&D 是系统实施的正规活动。这里的"系统"是指有计划地实施，并在后续过程和产出中做好记录。为验证这一点，需要确认 R&D 项目的目的，以及 R&D 执行中所需要的财力资源。这些记录的可获得性符合 R&D 项目自身的要求，即项目旨在解决特定需求，拥有自己的人力和财力资源。上述的记录管理和报告结构通常在大型项目中使用，但也可以把它们应用在那些仅需要有一名或多名雇员或者顾问（包含研究人员）的小型活动中，这些员工或顾问主要负责有关实际问题的特定解决方案。

能够产生可复制的成果（可转化 / 可复制）

2.20 R&D 项目应当具有转化为新知识的潜力，以确保该项目的应用，以及其他研究人员能够复制其成果并将成果融入自己的 R&D 活动中。这一点也包含产生负面结果的 R&D，毕竟有些最初假设不能证实，或者产品不能按照初始的预期发展。R&D 目的就是增加知识存量，因此，研究成果不能保持隐性（也就是只存留在研究者的思维中），因为隐性的成果和相关知识存在被遗失的风险。知识的编码和传播在大学和研究机构中已是常规活动，但是在承包项目和合作研究中产生的知识，其传播可能会受到限制，因为在商业环境中，研究成果会要求保密或者采取其他方式进行知识产权保护。但我们期望能够把研究过程和结果记录下来，以供其他研究者使用。

实例

2.21 为理解 R&D 项目目标，有必要识别 R&D 内容，以及实施 R&D 的动机背景。实例如下：

- 在医学领域，确认有关死亡原因的常规尸检解剖是医疗实践而不是 R&D；对特定人群死亡率进行专门调查研究，以确定某些癌症治疗法的不良反应，则属于 R&D（体现了研究最终成果的新颖性和不确定性，以及为了研究成果能够得到广泛使用的可转化性）。
- 同样，为了医疗检查而进行的常规血液测试和细菌测试不属于 R&D；对服用新药物的患者进行专项血液测试则属于 R&D。
- 温度或大气压力的日常记录工作，不属于 R&D，而是标准程序；研究测量温度的新方法是 R&D，因为它是对天气预测新模型的研究与开发。
- 在机械工程行业，R&D 活动往往与设计密切相关。该行业的中小企业（SME）一般不专门设立 R&D 部门，R&D 问题经常是在"设计和制图"名下处理。如果计算、设计、制图和制定操作程序是为了建立中试工厂或者建造原型，就应当把它们归于 R&D。如果开展这些活动是为了准备、执行与维持生产标准（如夹具、机床），或者为了促进产品销售（如报价、广告传单、备件目录），则它们不属于 R&D 活动。在这个例子中，可以判断出 R&D 的一些特性：新颖性——通过运行原型，探索新设备潜力；不确定性——原型测试可能产生非预期结果；创造性——在对需要投入生产的新设备进行设计时，会显现创造性；可转化——通过制定技术文件，转化测试结果以便在产品开发阶段可以利用这些信息；系统性——能够判断出项目在上述技术活动中具有详细组织工作。

2.22 应用 5 个核心标准进行 R&D 识别的实例见表 2.1。

表 2.1　关于识别 R&D 项目的问题实例

问题	评论
a. 项目目标是什么？	通过创造"新知识"追求独创性和挑战性目标（如探索先前未被发现的现象、结构或者关系）是 R&D 的一个核心标准。任何使用已有的知识（改编、定制等），没有改变知识现状的都应当排除在 R&D 外（新颖性）
b. 项目新颖之处是什么？	除发展"新知识"外，R&D 项目应当具有创新性的方法，例如，设计已有科学知识的新应用，或者设计已有技术或者技巧的新用途（创新性）
c. 使用何种方法实施该项目？	人们之所以接受科学技术、社会科学、人文和艺术领域研究中应用的方法，是因为这些方法消除了项目最终产出的不确定性。不确定性可以是实现既定目标所需要投入时间和资源的不确定性。方法的选择是项目创新性的一部分，也是解决不确定性的一种方式（创新性和不确定性）
d. 项目研究发现或成果如何实现可推广性？	为了达到普遍适用，R&D 项目的研究成果除了满足其他 4 个标准外，还需要满足可转化/可复制的标准。成果转化可以在科学文献中发表、展示或者使用知识产权保护方式
e. 参与该项目的人员类别有哪些？	实施 R&D 项目需要各种技能（见第 5 章）。项目中参与研究的人员可分为研究人员、技术人员和其他辅助人员，但是在识别 R&D 活动（满足 5 个核心标准的活动）时只需要识别研究人员及以研究人员身份工作的人
f. 研究机构的研究项目应该如何分类？	在某些情况下，会使用"机构法"区分 R&D 项目和非 R&D 项目。例如，研究机构或者研究型大学中开展的大多数项目，都列入 R&D 项目范围。其他领域的项目（如企业或者不完全致力于 R&D 的机构），应当使用 R&D 5 个核心标准进行核实（见第 3 章）

2.5 R&D 类型分类

2.23 建议在本手册 4 个部门中（企业部门、高等教育部门、政府部门和私人非营利机构；定义见第 3 章）按照 R&D 类型进行分类。出于国际比较目的，这种分类可以基于 R&D 总支出，或者只基于经常性支出（见第 4 章）。R&D 类型分类可以应用在项目层面上，但有些 R&D 项目还可能需要进一步细分。

2.24 R&D 的 3 种类型：

- 基础研究；
- 应用研究；
- 试验发展。

基础研究

2.25 基础研究是一种实验性或理论性的工作，主要是为了获取关于现象和可观察事实的基本原理的新知识，不预设任何特定的应用或使用目的。

2.26 基础研究是通过对事物的特性、结构和相互关系进行分析，从而阐述和检验各种假设、原理和定律。在基础研究的定义中，不"预设特定的应用"至关重要，因为实施者在开展研究或填写调查问卷时，可能并不了解其潜在应用。基础研究的成果一般不出售，通常在科学期刊上发表，或者与感兴趣的同行交流。基础研究的发表，偶尔也会因为国家安全问题而受到限制。

2.27 在基础研究中，研究人员在设定目标上有一定的自由。这类研究通常是在高等教育部门中执行，也可以在政府部门中进行。基础研究可以定向于，或者直接针对人们普遍感兴趣的某些广泛领域，并以未来应用范畴为明确的目标。尽管在短期内，基础研究可能没有具体的商业应用，但是私有部门的企业也可能承担基础研究。如果一些节能类技术的研究不预设特定的使用目的，那么根据上述定义，它可能被归为基础研究，但当它确实有特定方向，如节能改造，则在本手册中应指"定向基础研究"。

2.28 定向基础研究区别于"纯基础研究"，内容如下：

● 纯基础研究是为了增进知识，不追求经济或社会效益，也不积极谋求将其成果应用于实际问题或把成果转移到负责应用的部门。

● 定向基础研究旨在获取某方面知识，期望为探索解决当前已知或未来可能发现的问题奠定基础。

应用研究

2.29 应用研究是指为了获取新知识而进行的初始性研究工作，它主要针对某一特定的实际目的或目标。

2.30 应用研究是为了确定基础研究成果的可能用途，或确定实现特定和预定目标的新方法。应用研究为解决实际问题，注重已有的知识及其拓展。在企业部门中，为了探索基础研究成果的可能用途，而设立新研究项目，往往成为区分基础研究和应用研究的标志［从长期目标转向探索内部（见术语表）R&D 成果的应用前景的中短期目标］。

2.31 应用研究结果的主要目的是，使可能的应用有效地转化为产品、操作、方法或者系统。应用研究赋予想法可供操作的形式。产生的知识应用可受知识产权保护，包括采取保密措施进行保护。

试验发展

2.32 试验发展是利用从科学研究、实际经验中获取的知识和产生的额外知识，以形成新的产品、工艺（流程），或改进现有产品、工艺（流程），而进行的系统性工作。

2.33 如果新产品、新工艺（流程）的开发满足 R&D 识别标准，则可以确认其为试验发展。以不确定标准为例，为了实现 R&D 项目（正在进行开发活动）的目标，其所需要的资源具有不确定性。在本手册中 R&D

中的"D"代表试验发展。

不同于"产品开发"

2.34 试验发展的概念不应当与"产品开发"概念相混淆。"产品开发"是一个全流程（从想法和概念的形成到商业化），旨在为市场提供新产品（货物或服务）。而试验发展只是产品开发流程中的一个可能性阶段。当为了特定应用而对一般知识进行试验时，就需要开展试验发展，使其能够顺利完成。在试验发展阶段会产生新知识，而当这个阶段不再满足R&D识别标准（新颖性、不确定性、创造性、系统性及可转化或可复制）时，则不再属于试验发展。例如，在开发新车的过程中，需要考虑采取一些技术在该车开发阶段进行测试；这个阶段则为试验发展阶段。它将通过设计一些基本知识的新应用而产生新成果；它将具有不确定性，因为测试可能会导致负面结果；它一定会具备创造性，因为这个活动将聚焦于改进一些技术，使其适应新的应用；它将通过获得专业人员的用工需求保证该活动正规化；同时它将涉及知识编码，以便能够把测试的结果转化为能够为后期产品开发阶段使用的技术建议书。然而，在经济文献讨论中还有许多不包含R&D的产品开发例子，尤其是中小企业中的产品开发。

不同于"产前开发"

2.35 试验发展的概念不应当与"产前开发"相混淆，"产前开发"是用来描述国防或航天产品在未投入生产前的非试验工作（类似情况也适用于其他行业）。目前很难精确地界定试验发展与产前开发之间的分界点。区分这两种活动则需要"工程判断"，即具体工程具体分析，当新颖成分不再具有新颖性，试验发展也转变成集成系统的常规发展。

2.36 例如，一旦一个战斗轰炸机顺利通过了研究阶段、技术示范阶段、项目设计阶段，以及对试制飞机试飞检测的初步开发阶段，为了保证空中攻防系统的全面运作统筹，需要 10 倍多数量的飞机。这里包括两个阶段：第一个阶段是整体空中攻防系统的开发，包括将系统内已经开发但之前尚未按这一要求整合的组件子系统整合在一起。这需要对飞机进行大量的飞行测试，测试的成本非常高，是投产之前的主要成本。尽管这个阶段大部分工作属于试验发展（R&D），但是有一部分不满足 R&D 的新颖性必要标准，属于产前开发（非 R&D）。第二个阶段包含整体空中防卫、防御系统的试验。一旦在前一阶段该系统被证明可行，开发项目将进入运行试验的批次试生产阶段（小批量试生产）。量产订单取决于这一阶段是否成功。根据本手册，这个阶段的活动不是 R&D 而是产前开发。然而，这种试生产也会发现一些问题，需要新的试验发展来解决这些问题。本手册将这类工作描述为"反馈 R&D"，应当将"反馈 R&D"包括在 R&D 之中。

R&D 类型的区分

2.37 按活动类型划分 R&D 的核心标准是成果的预期使用。以下两个问题有助于识别 R&D 项目的类型：

- 项目提前多长时间产生可以应用的研究成果？
- R&D 项目研究成果的潜在应用领域范围有多广？越基础的研究潜在应用的领域越广泛。

2.38 需要以动态视角来理解基础研究、应用研究及试验发展之间的关系。应用研究和试验发展有可能直接使用基础研究中可普遍应用的基础知识。然而在运用知识解决问题时出现的反馈会影响这一过程的线性关系，创造知识与解决问题之间的动态交互关系把基础研究、应用研究和试验研究联系在了一起。

2.39 对于 R&D 执行机构，几乎不存在清晰地区分 R&D 3 种类型的情况。有时这 3 种类型活动基本上是在相同的单位由相同的员工实施，而且一些项目可能属于跨类型项目。例如，对感染传染病的患者开展的新药物治疗研究可能包含基础研究和应用研究这两种类型。建议通过依据上述的两个"指标"划分的项目预期成果，评价项目层级中的 R&D 类型。相关例子如下。

自然科学和工程学中区分 R&D 类型的实例

2.40 以下实例说明了自然科学和工程学中基础研究、应用研究与试验发展之间的普遍差异。

- 在各种条件下对某类聚合反应及其聚合物进行研究是基础研究。试图优化某一反应以生产出具有某种物理或者机械性能的聚合物（使其具有特殊用途）属于应用研究。试验发展则是把在实验室阶段得到的最佳工艺进行放大，并对该聚合物进行研究和评价，研究和评估生产这个聚合物及其产品的可用方法。

- 晶体对电磁辐射吸收的建模研究是基础研究。为了获取辐射探测的特定属性（灵敏度、速度等），而改变晶体条件（如温度、杂质、浓度等）的研究属于应用研究。利用这种材料试制一种比现有（在所考虑的光谱范围内）辐射探测器更好的新装备的研究属于试验发展。

- 研究免疫球蛋白序列分类的新方法是基础研究。为了区分不同疾病抗体的研究属于应用研究。基于抗体结构知识为某种疾病设计一种合成抗体，对患者进行合成抗体临床疗效的测试，属于试验发展。

- 根据碳纤维在一个结构中的相对位置和方向，研究它的特性如何改变是基础研究。构想使碳纤维在产业水平上具有一定程度的纳米级精度的方法属于应用研究。出于不同的目的，测试新复合材料属于试验发展。

- 在一定范围内，寻求控制材料发生量子效应的方法是基础研究。为了提升效率、降低成本，对无机、有机发光二极管组件和材料的研究是应用研究。研究先进二极管的应用，以及应用到消费类设备中是试验发展。

- 寻找计算的替代方法是基础研究，如量子计算和量子信息理论。信息处理技术在新领域、新方法方面的应用（如开发一种新程序语言、新的操作系统、程序生成器等），以及在开发诸如地理信息系统和专家系统这类工具中的应用，是应用研究。新应用软件的开发、对操作系统和应用程序进行实质性的改进等是试验发展。
- 为了更好地理解历史现象（一个国家的政治、社会、文化发展，个人传记等），研究各种资源(手稿、档案、纪念物、艺术品及建筑物等)是基础研究。为了解与教学材料和博物馆展物之间的潜在相互关系，对相似或者有共同特征的考古遗址和古迹的比较分析属于应用研究。为了研究考古学家发现的文物和自然物，对新工具和新方法的开发属于试验发展。
- 农业和林业中 R&D 类型的实例

※ 基础研究：为了探析植物中基因组变化和突变因素对性状现象的影响，对基因组变化和突变因素开展的调查；为了试图理解有关疾病和抗虫性的自然控制，对森林中植物物种基因的研究。

※ 应用研究：为了提高马铃薯的抗病性，找出抵抗马铃薯疫病的基因，对野生马铃薯基因组的研究；为了在最大产量、最优条件基础上降低疾病的传染率，通过改变树间距和树的对齐方式种植实验林的研究。

※ 试验发展：利用酶编辑脱氧核糖核酸（DNA）的知识，建立一种基因编辑新工具；为了一个特定目标，利用已有的一个植物物种的研究成果，制定一个使它成为森林的计划。

- 纳米技术中 R&D 类型的实例

※ 基础研究：在研究石墨烯的导电性质时，运用扫描隧道电子显微镜观察石墨烯中的电子在电压变化下的运动。

※ 应用研究：为了适当地对碳纳米管进行排序和分类，探究微波及微波与纳米粒子之间的热耦合性。

※ 试验发展：利用微制造的相关研究，开发简易、模块化的微工业

系统，这个微工业系统包含流水线中的各个关键部分。

- 计算机和信息科学中 R&D 类型的实例

※ 基础研究：对大量实时数据一般算法的特性研究。

※ 应用研究：通过了解垃圾邮件的整体结构和运营模型、垃圾邮件发送者的操作行为和发送动机，减少垃圾邮件数量的方法研究。

※ 试验发展：初创公司为了提升网络营销能力，使用前人开发的代码，并为了形成软件产品进行的业务开发。

社会科学、人文科学和艺术领域中区分 R&D 类型的实例

2.41 本手册给出了另外一些关于社会科学、人文科学和艺术领域的实例，正如上文所讨论的，在这些领域里，模糊的边界会影响基础研究与应用研究之间的区分。难以识别这些领域中试验发展实例的另一个原因是，自然科学和工程学的其他领域也在其中扮演了重要的角色。需要注意的是，这些实例也必须满足本章提出的判断 R&D 的 5 个基本标准。

- 经济学和商业中 R&D 类型的实例

※ 基础研究：经济增长的区域差异影响因素的理论评述；经济学家围绕市场经济是否存在自然平衡的经济理论开展的抽象研究；新风险理论的发展。

※ 应用研究：出于制定国家政策的需要，对某个特定区域的案例进行分析；经济学家对与拍卖电信频段相关的拍卖机制属性进行调查；为了应对新的市场风险和新型储蓄工具，对保险合同新类型的调查研究。

※ 试验发展：基于数理证据的经营模型的开发，其目的是设计一些经济政策以使一个地区实现经济追赶增长；国家电信管理局对拍卖电信频段的方法的开发；管理投资基金的新方法的开发，只要有足够的新颖性方面的证据，就是试验发展。

- 教育领域中 R&D 类型的实例

※ 基础研究：分析影响学习能力的环境因素；使用标准化仪器测量

不同类型教具，对一年级学生数学学习方面影响的调查。

※应用研究：对实施降低弱势群体学习成绩差异的国家教育项目的评估；为了帮助教师讲授好数学课程，开展的课程教学研究。

※试验发展：为了有特殊需要的儿童选择教育方案的开发与测试；为了特殊教育中提升学生数学认知能力，在实地调查的基础上，对软件和支持性工具的开发与测试。

- 社会学与经济地理学中 R&D 类型的实例

※基础研究：试图理解空间交互作用基本动态的研究。

※应用研究：分析研究传染病疫情在传播与扩散阶段的时空模式。

- 历史学中 R&D 类型的实例

※基础研究：对一个国家洪水暴发的历史及其对人类影响的研究。

※应用研究：为了指导当代社会更好地应对全球气温变化，调查过去人们是如何应对自然灾害的（如洪水、干旱、疫情）。

※试验发展：使用已有的研究成果，对过去人类社会适应环境变化的历史，设计一种博物馆展览的新模式。设计的这个展览可以作为其他博物馆和教育机构的参考原型。

- 语言学中 R&D 类型的实例

※基础研究：研究不同语言交织在一起时，它们之间的相互影响。

※应用研究：对语言的调节神经和人类获取语言的技能进行调查。

※试验发展：基于儿童的语言掌握、记忆力和语言使用的情况，开发用于诊断自闭症的工具。

- 音乐领域中 R&D 类型的实例

※基础研究：研究人员提出转换理论，为理解音乐事件（音符）提供了理论框架，该理论认为音乐事件不是一个彼此之间有特定关系的对象集合，而是一系列能够应用于作品的基本素材的转换操作。

※应用研究：为了确定一种古代消失已久的乐器的构成、弹奏方式及奏出的声音类型，根据历史记载及考古学领域的一些技能，重新创造

出这种乐器。

※试验发展：基于神经科学中的新发现（为了改变我们对人类处理新声音和信息的理解），创作新教学材料的工作。

2.6　研究与试验发展领域的分类和分类目录（FORD）

2.42 调查人员和数据使用者综合考虑发现，依据开展 R&D 所在的知识领域，能够有效地对 R&D 实施单位及 R&D 资源进行分类。本手册建议使用经合组织的 R&D 领域分类（FORD），以 R&D 测度为目的，把内容紧密相关的 R&D 主题归集在一起，形成广泛的（一位数）和有限的（两位数）分类领域。此类方法可用于广泛的科学、技术和以知识为基础的活动中，但经合组织制定该方法初衷主要是将其用于本手册定义的 R&D 中。

2.43 使用研究与试验发展领域分类方法，旨在分配 R&D 工作及对承担这些工作的单位进行分类。如果两个 R&D 项目的内容相同或者非常相似，那么可以说这两个项目属于同一领域。按照以下标准可以进行研究与发展领域分类，这些标准也利于评估 R&D 主题内容的相似度。

- 实施 R&D 活动引用的知识来源。一些技术领域发展成果的应用经常会启发新科学进展。同样，科学知识为新技术的发展奠定了基础。
- R&D 关注的对象——需要理解的现象或需要解决的问题。
- 技术、方法、科学家和其他 R&D 人员的专业侧重——有时可以基于研究给定现象或者问题的方法，区分不同领域。
- 应用范围。例如，在研究与试验发展领域分类中，界定医疗科学和农业科学这两个领域可以通过它们在人类健康和农业活动的应用来区分。

2.44 此分类与联合国教科文组织统计机构发布的《关于科学技术统计国际标准化的建议》密切相关，并且保持一致（联合国教科文组织，1978）。联合国教科文组织《关于科学技术统计国际标准化的建议》，为本手册先前版本中科技领域的 R&D 分类奠定了基础。R&D 领域分类方法与"教育与培训领域中的国际标准教育分类"也有一定程度的关联。教育与培训领域是对研究和培训项目分类，很大程度上反映了学校、院系组织活动的方式，以及对顺利完成培训项目学生的奖励方式。由于 R&D 领域分类和教育与培训领域分类的目的不同，所以两者不可能直接对应（联合国教科文组织统计所，2014）。

2.45 鉴于 R&D 实施方式的不断变化及新领域的出现，在本手册出版之后，研究与试验发展领域分类也会继续修订（表 2.2）。为了获取更多最新内容，读者可以在网上查看本手册的在线附录，这些在线附录提供了有关该分类方法更多的详细信息。

表 2.2　研究与试验发展领域分类

一级分类	二级分类
1. 自然科学	1.1 数学 1.2 计算机与信息科学 1.3 物理科学 1.4 化学科学 1.5 地学与相关环境科学 1.6 生物科学 1.7 其他自然科学
2. 工程与技术	2.1 土木工程学 2.2 电气工程学、电子工程学和信息工程学 2.3 机械工程学 2.4 化学工程学 2.5 材料工程学 2.6 医学工程学 2.7 环境工程学 2.8 环境生物技术 2.9 工业生物技术 2.10 纳米技术 2.11 其他工程与技术

续表

一级分类	二级分类
3. 医学与健康科学	3.1 基础医学 3.2 临床医学 3.3 保健科学 3.4 医学生物技术 3.5 其他医学科学
4. 农学与兽医学	4.1 农业、林业和渔业 4.2 动物与乳品科学 4.3 兽医学 4.4 农业生物技术 4.5 其他农学
5. 社会科学	5.1 心理认知科学 5.2 经济学和商业 5.3 教育学 5.4 社会学 5.5 法律 5.6 政治学 5.7 社会和经济地理 5.8 媒体和通信 5.9 其他社会科学
6. 人文科学和艺术	6.1 历史和考古学 6.2 语言和文学 6.3 哲学、道德和宗教 6.4 艺术学（艺术、美术史、表演艺术、音乐） 6.5 其他人文科学

2.7　R&D 边界和非 R&D 的实例

R&D 创新活动的边界实例

2.46 目前，第 3 版《奥斯陆手册》从测度目的角度提出了创新的定义（经合组织 等，2005）。这个定义只关注了企业部门（有关企业部门的定义见第3章）。总的来说，创新是指把新产品或有重大改进的产品投放到市场中，或者是找到能使产品投入到市场的更好方式（通过新的或者有重大改进的流程和方法）。虽然创新活动中不一定包含R&D，但R&D本身是创新活动。创新活动同样也包括对现有知识、机械、装备、其他资本货物的获取、培训、营销、设计及软件开发。创新活动可能在单位内部开展也可能外包给第三方。

2.47 必须注意，应当把那些虽然是创新过程的一部分，但不满足R&D识别标准的活动排除在外。例如，专利申请和授权行为、市场调研、生产启动、装备加工机械及制造工艺的重新设计，它们不是R&D活动也不是R&D项目的一部分。有些活动，如装备加工机械、开发、设计及原型架构中，可能具有R&D成分，以致很难精确地识别这些活动中哪些是R&D哪些不是R&D，这一问题尤其在国防和大型工业中更为明显，如航空航天。在区分基于技术的公共服务时，也可能会出现类似问题，如对与R&D相关的食物和药品进行检测与控制。

创新中识别R&D的实例

2.48 在创新过程中识别R&D的信息详见表2.3和下述实例。

表2.3　R&D、创新与其他经济活动的边界

项目	处理	备注
原型	属于R&D	主要目的是为了进一步改进
中试工厂	属于R&D	主要目的是R&D
工业设计	区别对待	R&D所需要的设计，不包括为产品流程所进行的设计
工业工程和工装准备	区别对待	"反馈"R&D及与创新过程中的工装准备和工程，不包括为产品流程而进行的工作

续表

项目	处理	备注
试生产	区别对待	为全面测试及随后进一步的设计和工程而进行的试生产，不包括其他任何相关的活动
产前开发	不属于 R&D	
售后服务和故障排除	不属于 R&D	"反馈" R&D 除外
专利与许可证工作	不属于 R&D	除与 R&D 项目直接有关的专利工作以外，其他所有与专利和许可证相关的管理和法律工作都不属于 R&D
常规测试	不属于 R&D	即使由 R&D 人员进行的常规测试也不属于 R&D
数据收集	不属于 R&D	除非是为了 R&D 的数据收集
常规公共检验控制、标准与规章的实施	不属于 R&D	

原型

2.49 原型是包含新产品所有技术特征和性能的初始模型。例如，如果开发了一个用于腐蚀液体的泵，那么，就需要几个原型来对不同的化学物质进行寿命试验。反馈环的存在，使得即使测试没有成功，其结果也可用于这种泵的进一步开发。

2.50 通常情况下，原型的设计、构建和测试都属于 R&D 的范围。不管是制造一个原型或者是几个原型，也不管几个原型是相继制造还是同时制造，这一准则都适用。可是一旦对原型做了必要的修改，圆满完成测试时，R&D 活动就此结束。在原型测试成功后，为了满足商业上、军事上或者医学上的临时需要而生产原型的复制品，即使是由 R&D 人员进行的，也不再属于 R&D 活动。原型的虚拟化遵循同样的准则，只要测试活动是 R&D 项目中的一部分，并以收集实现项目目标的必要证据为目的，就应当把这种原型的虚拟化包含在 R&D 中。

中试工厂

2.51 只要主要目的是为了获取经验，或者为下列各项任务搜集工程和其他方面的数据，那么中间试验工厂（中试工厂）的建造和运行就属于 R&D 的一部分。

- 对假设进行评估；
- 编写新产品方案；
- 确定新成品规则；
- 设计新工艺所需要的专用设备和建筑物；
- 编制工艺操作说明书或者手册。

2.52 一旦试验阶段结束，中试工厂转为正常的商业性生产单位时，即使它仍被称为"中试工厂"，其活动也不能再被认为是 R&D。只要中试工厂运作的主要目的是非商业性的，即使产品部分出售或者全部出售，原则上仍属于 R&D 的一部分，其收入也不应当从 R&D 活动的费用中扣除（见第 4 章）。

大型项目

2.53 大型项目（如国防、航空航天或者大科学领域中的项目）的活动往往涵盖了从实验到产前开发的整个过程。这种情况下，出资机构或者执行机构往往无法把 R&D 活动经费与其他活动经费区分开来。在那些政府 R&D 经费中较大比例直接用于国防的国家，区分 R&D 和非 R&D 经费尤为重要。

2.54 仔细观察昂贵的中试工厂或者原型的性质是十分重要的。例如，核电站或者破冰船的第一条生产线，它们可能全部是利用现有材料、使用现有技术建造，而且通常情况下是为了 R&D 和为了发电或者破冰两者共同使用而建造的。这样的中试工厂或者原型的建造，不应当完全划归为 R&D。只有由这些产品的试验性工作产生的额外费用才划归于 R&D 经费。

试生产

2.55 当原型顺利通过测试，并做了一些必要的改进后，就可能进入制造启动阶段。这一阶段与全面生产相衔接，它可能包括对产品或者工艺的改进，对人员在掌握新技术或者使用新机器方面的再培训。除非制造启动阶段包含进一步的设计和工程，否则就不应当归为 R&D。这时的主要目的不再是对产品的进一步改进，只是为了启动生产过程。为了进行批量生产而试生产的首批产品，不应当被视为 R&D 原型，即使人们比较随便地称之为原型。

2.56 例如，如果一种新产品由自动焊接技术装配，那么，为了达到最大生产速度和效率，对焊接设备的优化配置不属于 R&D。

故障排除

2.57 故障排除有时候会引发 R&D 活动，更多的是涉及设备或者工艺的故障检查，以及对标准设备和工艺进行微调。因此，它不应当包含在 R&D 中。

"反馈" R&D

2.58 一项新产品或者新工艺转到生产部门后，仍然存在需要解决的技术问题，其中，一些可能需要进行进一步的 R&D 活动。这类"反馈" R&D，应当包含在 R&D 中。

工装准备和工业工程

2.59 在大多数情况下，任何项目的工装准备和工业工程都是生产工艺的一部分，不属于 R&D。工装准备可分为 3 个阶段：

- 零件的首次使用（包括由 R&D 活动产生的零件）；
- 用于批量生产的设备的初始模具；
- 安装与批量生产相关的设备。

2.60 如果工装准备过程中，引发了进一步的 R&D 工作，如机器和生产工具的改良、生产工艺和质量控制流程的改变、新方法和标准的开发，这些活动就应当归为 R&D。在工装准备阶段产生的"反馈" R&D 也应当属于 R&D。

临床实验

2.61 在新药品、疫苗或者治疗方法面市之前，必须在志愿者身上进行系统的测试，确保它们既安全又有效。临床试验分为 4 个标准阶段，其中，3 个阶段是在许可生产之前进行。为了便于国际比较，临床实验的前 3 个阶段可以被视为 R&D。第 4 个阶段，在获得批准生产之后，临床试验中所继续进行的药物和治疗测试，必须能够带来进一步的科学发展或者技术提升，才能被当作 R&D。并非所有在许可生产之前进行的活动都被认为是 R&D，尤其是第 3 个阶段完成之后的较长等待时间中，可能会开始营销和工艺流程开发活动。

R&D 和设计

2.62 设计与 R&D 活动很难区分，因为一些设计活动是 R&D 项目的一部分，R&D 也可以作为新设计工作的一种投入，两者之间既相似又存在关联性。然而，并非所有设计都满足本章 5 个核心标准中的新颖性和不确定性。在新产品和实现创新中，设计起着关键性的作用。设计的定义在统计活动中还没有一致的认识，因此，本手册认为，设计是旨在为新产品或新工艺设计程序、制定技术规格、开发其他用途等多方面潜在创新活动。这些活动是设计新产品或新流程的最初准备活动，致力于设计与实施，其中，包括调整和进一步改善。以上对设计的描述强调了在创新过程中设计的创造性作用，以及在相同环境下实施 R&D 所共有的潜在特征。对于某些与设计有关的活动，需要考虑 R&D 在产品开发过程中发挥作用的程度，针对的是一些"新"内容（但是不一定是在新知识方面），是创意和原创，是正式的（由专门小组执行），并且能使编码的产出转移给开发团队。设计与 R&D 的主要区别在于，当要求高水平的设计师开展一项创新活动时，可能没有不确定性，这就产生了设计不是 R&D 这一观点，出于各种统计目的，需要将它从 R&D 中区分出来。

2.63 R&D 项目的期望产出能否在指定时间内交付，存在不确定性。

设计项目的不确定性将直接受到该项目初始目标的清晰度和可行性的影响。例如，在设计一座标准建筑时，其最终产出不涉及主要方面的不确定性；而随着建筑概念及新增添特点所具有的挑战性越强，完成该项目所需要投入的时间和成本的不确定性就越高。为了解决不确定性，可能需要通过 R&D 活动，补充当前使用的设计工具。

R&D 和艺术创作

2.64 设计有时以其使用的艺术方法为特征，这是另一个潜在的重叠领域。为了解决 R&D 与艺术创作之间的问题，需要区分为艺术开展的研究、对艺术开展的研究及艺术表现。

为艺术开展的研究

2.65 为艺术开展的研究包括，为了满足艺术家和表演者表达的需求进行的货物和服务开发。在这项业务上有许多企业把它们的重要资源投入到该领域的 R&D 中。例如，为了满足表演者的需求，这些企业开展试验发展以制造新的电子乐器。其他类型的 R&D 组织（主要是大学和技术机构），通常致力于探索艺术表演所用的新技术(如提升视频质量)。为了帮助艺术机构引入新组织方法或者营销手段，开展的活动也可能是 R&D，在确定是不是 R&D 时需要谨慎考虑。该领域的 R&D 已经包含在现有数据的收集中。

对艺术开展的研究（艺术表现的研究）

2.66 基础研究或应用研究有益于大多数的艺术研究（音乐学、艺术史、戏剧学、传媒学、文学等）。公共研究机构在选择研究领域方面有一定的优势。一些相关研究基础设施（图书馆、档案室等）常置于艺术机构中(如博物馆、剧院等)。建议把提供与艺术相关的保留和修复行为(如果不包含在上述讨论的内容中) 等技术服务的提供者明确为 R&D 实施者（雇用的研究人员、发表科学著作等）。该领域的 R&D 很大程度已经包含在现有的数据中。

艺术表现与研究

2.67 通常，艺术表现不属于 R&D。因为艺术表现寻求的是新表现形式，而不是新知识，所以其不满足 R&D 的新颖性。同样，也不满足可复制标准（如何转移可能产生的额外知识）。没有额外可支持证据的情况下，不能认为艺术学院和大学中的艺术系开展了 R&D。在这些机构中参与课程学习的艺术家也与 R&D 测度不相关。高等教育机构如果授予艺术家博士学位，作为对其艺术表现的认可，则需要依据具体情况进行审查评估。建议使用"机构"方法，只考虑把高等教育机构认定的 R&D 艺术实践活动作为潜在的 R&D（以供数据收集者使用）。

R&D 和软件开发

2.68 信息技术几乎作用于每一个创新活动，而且主要依赖于 R&D 活动，但也影响企业、机构有效实施 R&D 的能力。软件开发是一项与创新有关的活动，有时候也与 R&D 相关联，在特定条件下，也包含一些 R&D。软件开发项目如若归为 R&D，它的完成必须依赖于科学和（或）技术的进步，它的目的是系统解决科学和（或）技术的不确定性问题。

2.69 除了作为整个 R&D 项目组成部分的软件开发活动以外（如对不同阶段的记录监控），在满足 R&D 识别标准的情况下，以软件为最终产品或把软件嵌入到最终产品中的相关 R&D 活动也应当归为 R&D。

2.70 即使软件开发含有 R&D 成分，但其自身的性质也使得难以识别 R&D 成分。软件开发是许多本身不具有 R&D 成分的项目的组成部分。然而，这些项目的软件开发部分如果能够推动计算机软件领域的进步（一般是渐进的、非革命的），可以把它们归为 R&D。因此，如果对现有程序或系统的升级、扩充或改变体现了科学和（或）技术的进步，并增加了知识存量，那么可将其归为 R&D 活动。然而，为了新应用或新用途而使用的软件，其本身不构成科技的进步。

2.71 下列例子说明了软件中 R&D 概念，应归为 R&D：
- 新操作系统或者语言的开发；
- 基于独创技术，对新搜索引擎的设计和执行；
- 基于系统或者网络的流程再造，试图解决硬件或者软件的冲突；
- 基于新技术，创建新的或者更有效的算法；
- 建立新的、独创的加密技术或者安全技术。

2.72 与软件相关的常规性活动不属于 R&D。这些常规活动包括工作开始之前，已经公开的特定系统或者特定程序的进展；过去已经解决了的技术问题；常规的计算机和软件的维护。这些都不属于 R&D。

其他与软件有关的非 R&D 活动的例子如下：
- 使用已知方法和现有软件工具进行的商业应用软件和信息系统的开发；
- 为应用程序增加用户功能（包括基础数据输入功能）；
- 使用现有工具对网页或者软件的制作；
- 使用标准的加密方法，安全性验证和数据完整性测试；
- 定制具有特殊用途的产品，在这个过程中，增加的知识对原有项目有重大改进的除外；
- 试验发展过程结束后，对现有系统或者程序的日常调试。

2.73 在系统软件领域，单个项目可能不被视为 R&D，但这些单个项目集合成的大型项目中，可能会存在技术的不确定性，而解决这些技术不确定性则需要 R&D。或者，某大型项目通过使用已有技术开发商业性产品，其计划阶段不包括 R&D，但是在项目执行过程中，为了确保不同技术间的顺利整合，可能有些部分需要一些额外的 R&D 活动。

2.74 从 1993 年《国民账户体系》开始（欧洲委员会 等，1994），把软件方面的总支出（包括为软件开发而实施的 R&D）视为资本投资，在

2008 年《国民账户体系》中，把有关 R&D 的总支出也视为资本投资（欧洲委员会 等，2009），根据《知识产权产品资本测度方法手册》(经合组织，2009)（这个手册是在 2008 年《国民账户体系》对无形资产指导基础上的进一步形成的成果），资本化的软件 R&D 仍属于软件投资。能够明确地识别投入软件中的 R&D 经费，对于更好地告知 R&D 和《国民账户体系》的统计人员及软件和 R&D 的交叉用户非常重要，详见第 4 章。

R&D 教育和培训

2.75 第三层次（也作高等教育，以下称"高等教育"）以下的教育和培训机构主要把它们的资源投入到教学上，参与 R&D 项目的可能性很低。而在高等教育机构中，研究与教学一直息息相关，大多数的学术人员同时从事研究与教学这两项活动，许多建筑与设备也同时服务于这两项活动。

2.76 由于研究成果会成为教学材料，而在教学中获取的信息和经验往往又为科研所用，因此，很难界定高等教育师生的教育和培训活动与 R&D 活动的界限。新颖成分能够使 R&D 活动区别于日常教育和其他相关的活动。在此领域，通过考虑一些参与者在机构中的职位，扩充 R&D 核心标准：

- 满足特定条件的博士研究生和硕士研究生（见第 5 章和第 9 章）；
- 学生的监管人员（包括大学职工）；
- 大学附属医院中专业卫生医疗服务提供者。

2.77 由于博士研究生开展的研究活动应当包含在高等教育部门执行的整个 R&D 中，所以这些博士研究生及指导他们的高校教职工也应当包含在 R&D 人员总量中（见第 5 章）。当然，开展这些任务的高校教职工所投入的与研究不相关的时间应当从 R&D 实际绩效估计中剔除，这条准则适用于所有的科学学科。

2.78 在一些大学附属医院中，除了主要的医疗保健活动外，对医学院学生的培训也被视为重要的活动。这些大学附属医院中的教学活动、R&D 活动与高级和常规的医疗保健活动常常是紧密关联。在大学附属医院中，如果由学生和专职人员提供的专业医疗保健确实是整体 R&D 工作的一部分，那么他们应当包含在 R&D 人员中。在相同环境下为了提供医疗保健而实施的常规活动都不应当包含在 R&D 内。

服务活动中的 R&D

2.79　2008 年《国民账户体系》把服务定义为生产活动的结果，通过这些生产活动可以改变消费单位的状况或促进产品或金融资产的交换。在这种情况下，服务提供者能够通过改变消费品以改变人们身体、心理的状况，如通过卫生、交通、信息供给和受教育等。《国民账户体系》同样定义了同时具备货物和服务特点的单个混合产品类别，即"知识载体产品"。这涉及信息的提供、存储、交流和传播，咨询和娱乐，通过这些方式消费者能够重复获取知识。生产这些产品的行业，是那些涉及提供、存储、交流和传播各种信息、咨询和娱乐的产业（欧洲委员会 等，2009）。

2.80　提供服务意味着在很大程度上需要与消费者接触和交流。专门从事货物生产的行业，可能积极地参与到服务交付中；反之，服务业的企业也可能控制货物生产的某些方面，例如，新产品的试验开发是服务交付的一部分。

2.81　判别服务活动是否属于 R&D 比较困难。主要有两个原因：第一，难以识别涉及 R&D 的项目，这些 R&D 需要专门针对服务，而不是不嵌入在货物或知识载体产品中；第二，R&D 与其他创新活动之间的界限并不总是清楚的。

2.82　依据 R&D 的定义，服务业中许多含有 R&D 的项目，会产生新知识或者运用知识设计新应用。

2.83　判别服务业的 R&D 比判别制造业的 R&D 更具挑战性，尽管在市场服务中有些可能反映出了专门化，但因为该领域的复杂性，R&D 未必专门化。它包含了几个方面：技术相关的 R&D，社会科学、人文科学及艺术领域的 R&D，以及与行为和组织知识相关的 R&D。此处最后一个概念（行为和组织知识）已经列入了"人类、文化和社会知识"的标准中，它在服务活动中尤为重要。由于这些形式的 R&D 可能与项目相结合，因此，重点是明确界定所涉及 R&D 活动的各种形式。例如，如果分析仅限于技术相关的 R&D，可能会低估 R&D。在许多情况下，服务业的 R&D 成果可能是服务交付活动的一部分。

2.84 服务业公司也并不总是像生产制造公司那样正式地组织 R&D（如设有专门的 R&D 部门，把研究人员或研究工程师列入公司 R&D 部门编制等）。服务业中 R&D 的概念仍不太具体，并且有时也不能获得有关企业的认可。随着服务业中积累的 R&D 数据收集经验越来越多，识别 R&D 的标准及与服务相关的 R&D 例子可能会逐步完善。

识别服务业中 R&D 标准

2.85 除了 R&D 识别的 5 个核心标准外，以下标准有助于识别服务活动中的 R&D：

- 与公共研究实验室的联系；
- 具有博士学位的员工及博士研究生的参与；
- 研究成果在科学期刊中的发表，科学会议的组织或科学评论。

某些服务活动中 R&D 案例

2.86 下面是某些服务活动中的 R&D 实例。同时，必须将 2.4 节中用以区分 R&D 的通用和补充标准考虑在内。

2.87 前文界定 R&D 的一般标准，在很大程度上也适用于服务活动。而新颖成分是区分 R&D 与相关活动的一个基本判断准则。

银行和保险业中 R&D 实例

- 与金融风险分析相关的数学研究；

- 信贷政策风险模型的开发；
- 家庭银行新软件的试验开发；
- 为了创建新型账户和银行服务，开发用于研究消费者行为的技术；
- 为了甄别在保险合同中需要考虑到的新风险及风险的新特征而进行的研究；
- 对保险新种类（健康险、养老险等）有影响的社会现象的研究，如对非烟民的保险范围的研究；
- 与电子银行和电子保险、互联网相关服务和电子商务应用有关的R&D；
- 与新的或有重大改进的金融服务（账户、贷款、保险和存款工具的新概念）有关的R&D。

一些其他服务活动中 R&D 实例

- 经济和社会变化对消费与休闲活动的影响分析；
- 消费者预期和偏好的新测度方法的开发；
- 对社会服务产出的交付和测度的新方法开发，这种新方法可适用于各种不同的社会经济和文化环境中；
- 新的调查方法和工具的开发；
- （物流）跟踪和追踪程序的开发；
- 对旅行和度假的新概念研究。

R&D 和相关的科学技术活动

2.88 区分 R&D 活动与其他科学技术活动（STA）之所以变得困难，是由于多种活动往往是在同一个机构里进行的。在数据收集实践中，应用准则通常是对实施单位的工作属性直接了解。一般性准则如下：

- 一些机构，或者其下属单位，从事的主要活动是 R&D，也从事次要的非 R&D 活动（如科技信息、测试、质量控制、分析等）。如果次要活动主要是为了实现 R&D 需求，那么它应当属于 R&D；如果它主要是为了实现其他非 R&D 需求，那么它就不属于 R&D 活动。

- 一些机构主要从事与 R&D 相关的科学活动，也经常进行一些与这类科学活动相关的研究。测度 R&D 时，应当把这样的研究活动单独区分出来并计入 R&D。

2.89 在某些部门中，很难应用这套区分 R&D 和相关科技活动的核心标准。通用型数据收集、测试和规范，大数据项目空间探索，矿产勘探和评估都涉及了大量的资源，对它们处理方式的任何变化，都将对所形成的 R&D 数据的国际可比性产生重大影响。大型项目中 R&D 活动的判定也存在这样的问题。随着本手册这一版本的完成，出于统计目的，联合国教科文组织正在更新科学技术活动的定义（联合国教科文组织，1978；联合国教科文组织，1984），预期这个成果会对区分 R&D 与其他科学技术活动提供进一步的指导，这样的指导会在本手册在线附录中及时更新。

通用型数据收集和编制

2.90 通用型数据收集是指通常由政府机构实施，记录那些关系到一般公共利益，或只有政府才有能力收集的自然、生物或社会现象，如常规的地形绘制，常规的地质、水文、海洋和大气勘测、天文观测等。完全或主要是为了 R&D 研究服务的资料收集工作，应当属于 R&D 活动[例如，由探测器收集的数据是欧洲核子研究委员会（CERN）开展的基本粒子散射实验的一部分]。数据的处理与解释也适用这条准则。特别是社会科学，它非常依赖于通过人口普查和抽样调查等方式，精确记录社会相关现象的数据。当收集和处理这些数据的目的是专门用于科学研究时，其费用应当计入 R&D 经费中，包括数据收集计划的制定和数据的系统化等全部费用。当一个具体项目旨在开发全新的统计方法（如与全新或者本质变化的调查和统计系统开发有关的概念性和方法性的工作，关于抽样方法、小面积统计估计或者先进的数据采集技术），或者数据收集方法和技术时，它应当属于 R&D。如果数据的收集是为了其他或一般性用途，如对季度失业情况的抽样调查，即使把这些资料用于研究工作中（除非在研究中需要为使用这些数据支付费用），也不应当属于 R&D。此外，市场调查也不属于 R&D 活动。

2.91 主要为实验室研究工作者的科技信息服务活动，或者研究型实验室图书馆的活动，应当属于 R&D。对公司所有员工开放的文献中心的活动不属于 R&D，即使它与公司研究单位在同一建筑内（这里要避免对 R&D 相关活动的过度估算）。同样，大学的中心图书馆的活动也应当排除在 R&D 之外。这些准则同样适用于电子图书馆和数据库，但是只适用于有必要将某个机构或部门的 R&D 活动从其全部活动中分离出来的情况。在更详细的核算方法中，有可能把非 R&D 活动的部分费用计入 R&D 中。一般来讲，科技出版物的前期准备不属于 R&D，而研究成果最初报告的准备则属于 R&D。

测试和规范化

2.92 公共团体和消费者组织常常使用实验室，主要是测试产品和验证产品是否满足标准。这些标准测试和基准测试活动都不是 R&D。设计新的测试方法或者有本质上的改进，应当属于 R&D。

大数据项目

2.93 探索密集型数据的新工具或新方法的发明，促进了密集型数据的科学发现和数据驱动创新的前进。如果这些活动满足 5 个核心标准，尤其是系统性要求，则它们属于 R&D。也就是说在项目的初始阶段，需要弄清楚知识缺口，聚集资源解决这些问题。例如，"人类基因组计划"吸引了来自 18 个国家的研究人员和研究机构，投入了 13 年多的时间共同进行研究，排序和编码人类 DNA 的研究工作。通过数字化，R&D 的编码标准成为大数据项目中的主要部分，因为从"大数据"科学项目中出现的数据的可用性，依赖于该数据对具体现象知识的传递能力，了解这个具体现象是数据收集的目的。这些数据可能会也可能不会被广泛用于研究目的。一般来讲，开放科学是指公共资金资助的研究成果以电子形式更易于科学界、企业部门和社会的访问和使用（经合组织，2015）。在某些情况下，为了科学界能够公开访问研究数据，开发、促进、复制研究的特定工具，如果它们像 R&D 项目的目标一样，并得到预算，那么它们将是 R&D 项目的组成部分。在其他情况下，这些工作会被当作为独立的传播工作，不计入 R&D 中。

空间探索

2.94 判断空间探索是否属于 R&D 存在的问题是，在某些方面，很多空间活动可能被认为是一种常规性的活动；当然，购置物品和服务方面的大量费用，并不属于 R&D 经费。有必要把与空间探索有关的活动，如运载工具、设备、软件、技术的开发，从常规的发射轨道卫星，或者建立跟踪和地面通信站一类活动中区分出来。

矿产勘探与评估

2.95 在 2008 年《国民账户体系》中，把矿产勘探与评估定义为：能够引发知识产权资产创造的一种活动类别（欧洲委员会 等，2009；经合组织，2009）。出于经济开发的目的，矿产勘探和评估活动增加了特定位置的底土沉积知识。它包括获取勘探权，对地形、地质、地球化学、地球物理的研究，以及挖沟、取样和评估活动。

2.96 本手册明确区分了 R&D 和矿产勘探。然而，有些矿产勘探与 R&D 之间存在着一定关联。例如，在 R&D 项目背景下开展的许多地质测试，能够为勘探和采矿公司以开发导向的勘探工作提供原始证据，这种地质测试不是 R&D。采矿业为了勘探和常规活动，可能需要开展

R&D 来开发它们关注的新测试和钻井技术。由于对新的或具有实质性改进的资源（食物、能源等）的研究与对现存自然资源储藏量的勘探之间，存在着语义上的混淆，这种混淆模糊了 R&D 与调查和勘探之间的区别，所以对矿产勘探中 R&D 活动的判定存在一些问题。在理论上，为了得到准确的 R&D 数据，需要对以下活动加以判断、测度和汇总：

- 新调查方法和新技术的开发；
- 作为研究项目的组合部分进行的关于地质现象的调查；
- 作为调查和勘探项目辅助部分进行的地质现象的研究。

2.97 在实践中，判断上述第 3 类活动还存在许多问题。很难给出精确定义供国家调查中的填表人使用。鉴于这个原因，目前只有下列活动才应当包括在 R&D 中：

- 用于获取数据、处理和研究所采集到的数据，以及对这些数据进行解释的、新的或有实质性改进的方法和设备的开发。
- 就地质现象本身进行调查，而这样的调查又是 R&D 项目组成部分，包括主要为科学用途而进行的数据获取、处理和解释。

2.98 商业公司的调查和勘探活动几乎不属于 R&D。例如，采用钻井法评估资源的存量应当被认为是科学技术服务活动而不是 R&D。

R&D 与科学技术活动管理

技术就绪等级

2.99 有关大型 R&D 项目分类将在第 8 章讨论，在第 8 章中着重强调了国防和航空航天行业。在一些地区，把技术就绪等级（technology readiness levels, TRL）的分类方法，用于项目采购和描述中。由于存在很多这样的分类方法，因此，手册建议如果在权利管辖范围内正在使用一种分类方法，那么需要评估该方法，以确定是否有助于更好地收集 R&D 统计数据。

示范项目

2.100 在 R&D 数据统计中已经采用了两个示范概念,即"用户示范"(user demonstration)和"技术示范"(technical demonstration)。"用户示范"是为协助制定政策或者改善政策使用时,对实际环境中的原型进行全程操作或接近全程操作,它不属于 R&D。"技术示范"(包括"示范项目"的开发、"演示模型")是 R&D 项目的组成部分,是 R&D 活动。

2.101 关于在大型研究项目管理中的示范项目用途,"技术示范"是评估新技术影响(事前或事后)过程中的一个阶段,"技术示范"最初只在信息和通信部门中使用,目前,已发展成为向潜在的投资者和消费者展示正在开发的技术的预期潜力。在这一方面,除非能够判断出 R&D 项目示范活动的明确定位,否则手册并不建议把该概念与 R&D 的概念关联。

社会科学、人文科学和艺术中的 R&D

2.102 在本手册 R&D 定义中指出的"人类、文化和社会知识"包括社会科学、人文科学和艺术学中的知识。对社会科学、人文科学和艺术学来说,使用识别 R&D 的明确标准,例如,具有明显的新颖性成分和有关不确定性的处理,对 R&D、相关(常规)科学活动和非科学调查之间的边界界定极其重要。在识别 R&D 过程中也需要考虑与 R&D 项目相关的概念性、方法性和实证性部分。

2.103 在社会科学(社会学、经济学或政治科学)中的数据收集活动,如对特定总体的统计调查,只有这个调查是作为具体研究项目中的组成部分,或者为了具体研究项目的效益而开展的,才应当归为 R&D。常规性项目,即社会科学家使用已确立的社会科学方法、原则和模型解决特殊问题,不应当归为 R&D。例如,使用劳动力人口调查数据来判断长期失业率趋势,不应当归为 R&D 中的数据收集活动(因为这些数据是通过已有方法收集的)。另外,对特定地区失业率的案例研究中,如果对受访者的采访调查使用的是独创技术,那么应当把这样的数据收集工作归为R&D。从更广泛的角度,即社会科学使用实证数据的程度看,同样的准则也适用于自然科学领域(尽管不包括对实验基础结果的测试)。

2.104 同样的方法可以用于人文科学和艺术领域(文学、音乐、视觉艺术、戏剧、舞蹈和其他表演艺术)。在制定该领域学者共同遵循的科学指南时,应当注重它们的历史性、可对比性,以及大学或者其他专业机构的作用。

2.105 在历史、考古、语言和法律研究的广泛范围内,以及研究人员使用的各种方法中,可能会存在一些 R&D 活动。而识别这些 R&D,建议使用 R&D 识别的 5 个核心标准,主要参考新颖性、创新性、可转化或可复制。

2.106 在哲学和宗教研究领域中,例如,执行符合当前学术标准的历史性、可对比性的研究属于 R&D。虽然除了严格应用 R&D 标准外,还没有通用的准则,但本手册建议使用机构方法(即在认定的研究机构外开展的、与研究相关的哲学和宗教活动,不属于 R&D)。

2.107 总之,人文科学和艺术领域开展的研究,只要满足它们内部对判别这些研究的"科学"性要求,那么这些研究可归为 R&D 中。以下是其他实用准则:

- 执行环境(机构标准)。在大学或官方认证的研究机构中(包括博物馆、图书馆等)执行的研究属于 R&D。
- 采用认定的程序。研究需要正规化,这同样适用于人文科学。通过把研究成果发表在科学杂志上,一方面可以确认研究活动;另一方面科学界也能够使用其研究成果。只要这些特点能够识别,研究就属于 R&D 活动。此外,科学界在确认自己成员方面积极制定一些规则方法,这些方法也可用于识别 R&D。
- 人文科学中的研究可能会处理一些理论的系统开发问题及阐述文

本、事件、现存材料或一些已有事实。通常来讲，在研究与发展领域（见第3章）外开展的研究活动应当排除在 R&D 外。

R&D 与传统知识

2.108 人文科学和医学之间重叠部分的交叉学科，是对"传统知识"的处理。传统知识是公认的"累积的知识体"，在人类和自然环境相互作用的扩展性历史中产生，并被保存及发展的一种知识累积、专门技能、实践和表现，是一种包含语言、命名和分类系统、资源利用、宗教仪式、精神和世界观的文化综合体 [国际科学委员会（ICSU）等，2002]。传统知识和 R&D 之间的关系问题与发展中国家特别相关，发展中国家内的传统知识价值是国内外组织创建 R&D 活动的强大动机。

2.109 一般来讲，与传统知识相关的活动是 R&D 项目的一部分时，应当属于 R&D，否则应当排除在 R&D 外。下述是属于 R&D 的涉及传统知识的各种活动类型例子：

● R&D 项目可能需要使用基于科学的方法，确定学科间的传统知识内容，如人种科学（人种植物学、人种林学、人种兽医学、人种生态型）或者认知人类学。在这种情况下，可以在研究传统知识中使用已确立学科的 R&D 方法。

● 应用科学方法判断地方卫生措施的有效部分或者在特定医疗条件下识别地方卫生措施的效果。在这种情况下，R&D 方法可直接用在传统知识中以扩展科学知识存量。

● 传统知识实践者，为了扩展传统知识存量而开展的活动，混合使用了传统和其他科学方法，这些活动成为 R&D，必须满足标准准则或者必须在大学中实施。

2.110 传统知识活动中不属于 R&D 的例子如下：

● 实践者定期或连续地使用传统知识，如在医治疾病或者管理农作物中对传统知识的使用；

- 基于传统知识对产品的常规开发；
- 以传统方式进行传统知识的保存和交流（通过新颖性检测）；
- 对宗教或文化信仰的传统传授和实践。

2.8 非 R&D 活动

2.111 为了达到调查的目的，必须将 R&D 活动，与其他那些范围广泛而又与科学技术有联系的活动区别开来。这些活动，或者通过信息流动，或者在业务、机构和人员方面与 R&D 活动有着密切的联系，但在测度 R&D 时，需要尽可能将这些因素排除在外。

科技信息服务

2.112 由下列人员或服务：
- 科技人员；
- 书目服务；
- 专利服务；
- 科技信息、普及与咨询服务；
- 科学会议。

开展的以下专门活动不属于 R&D：
- 收集；
- 编码；
- 记录；
- 分类；
- 传播；
- 翻译；
- 分析；
- 评价。

除非这些活动的唯一或主要目的是支持 R&D 活动（如为 R&D 成果的原始报告做的准备工作，应当属于 R&D）或在 R&D 项目中开展的活动（R&D 项目已经在本节前部分给出了定义）。

测试和标准化

2.113 测试和标准化是指国家标准的维护、二级标准的制定，以及对原料、元件、产品、流程、土壤及大气等的常规测试和分析，这部分活动不属于 R&D。

可行性研究

2.114 可行性研究指利用已有的技术，对所提出的工程项目的可行性进行研究，以提供更多的信息来决定该项目是否实施，它不属于 R&D 活动。在社会科学领域，可行性研究是对社会经济特性及特殊情况的影响研究（如某个地区建立石化联合企业的可行性研究）。研究项目中的可行性研究属于 R&D 活动。

专业医疗保健

2.115 专业医疗保健是关于专业医疗知识的常规调查和常规应用，通常这部分不属于 R&D。然而开展的专业医疗保健可能包含 R&D 成分，如大学附属医院开展的专业医疗保健。

与政策相关的研究

2.116 这里的"政策"不仅指国家政策，也指区域政策和地方政策，以及企业在追求自身经济活动制定的政策。相关政策的研究涉及一系列的活动。例如，政府部门和其他机构对现有计划、政策、运作情况的分析和评估；相关单位对外部局势进行持续分析和监测（如国防及安全分析）；与政府或部委的政策或者运行相关的立法委员会的咨询工作。

2.117 为政策举措和立法工作提供的辅助活动不应当属于 R&D，这包括政策咨询和媒体关系、法律顾问、公共关系，以及为管理活动提供的技术辅助（如核算）。

2.118 为决策者提供关于社会、经济或自然现象的全面知识，开展的研究活动应当包含在 R&D 中。这些 R&D 活动通常由专家和顾问小组内的技术人员（研究人员）执行，并满足科学工作的标准学术准则（除 R&D 判断标准外的准则，如成果可发表等）。

程序化评估

2.119 R&D 工作可能有助于政府和其他机构的决策过程，这些工作可能外包给外部组织，一些机构也会临时甚至正规地组建专门的团队，积极开展分析（如事前和事后评估）或评价。在某些情况下，这些活动能够满足 R&D 项目的识别标准，但是也存在不满足的情况，并不是所有与政策或项目咨询有关的情报工作，或者论据构建活动都是 R&D，这也与细致地考虑活动中涉及的专业知识、组织间如何丰富知识、如何确定研究问题和应用方法中的质量标准有关。因为一些类型的社会经济咨询活动不能被确认为 R&D，所以判断社会经济咨询的（内部或者外部）R&D 存在很大的风险。

2.120 科学顾问在政府中有着重要的作用。然而，在制定政策中应用已知的决策标准并不是 R&D，开发提升基于科学决策的方法可以看作是 R&D。

纯 R&D 财务活动

2.121 政府部门、研究机构、基金会、慈善机构会向 R&D 实施者提供拨款，关于款项的筹集、管理、分配，不属于 R&D。

间接的辅助性活动

2.122 这类活动包含很多自身不是 R&D，但是为 R&D 提供辅助的活动。依照惯例，R&D 人员数据包括真正从事 R&D 活动的人员，但是不包括提供间接辅助 R&D 活动的人员。这部分人员的津贴应当计入 R&D 支出中。这种间接辅助性活动的典型实例包括运输、仓储、清洁、维护和安保等活动。不是专门为 R&D 进行的行政管理和文职性工作，如机构的财务部和人事部的活动，也属于间接的辅助性活动。

参考文献

EC, IMF, OECD, UN and the World Bank (2009), System of National Accounts, United Nations, NewYork. https://unstats.un.org/unsd/nationalaccount/docs/sa2008.pdf.

EC, IMF, OECD, UN and the World Bank (1994), System of National Accounts, United Nations, NewYork. http://unstats.un.org/unsd/nationalaccount/docs/1993sna.pdf.

ICSU and UNESCO (2002), Science, traditional knowledge and sustainable development, ICSU Series on Science for Sustainable Development, No. 4, UNESCO, Paris. http://unesdoc.unesco.org/images/0015/001505/150501eo.pdf.

OECD (2015), Making Open Science a Reality, OECD Publishing, Paris.

OECD (2009), Handbook on Deriving Capital Measures of Intellectual Property Products, OECD Publishing, Paris. DOI: http://dx.doi.org/10.1787/9789264079205-en.

OECD/Eurostat (2005), Oslo Manual: Guidelines for Collecting and Interpreting Innovation Data, 3rd edition, The Measurement of Scientific and Technological Activities, OECD Publishing, Paris. DOI: http://dx.doi.org/10.1787/9789264013100-en.

UNESCO (1984), Guide to Statistics on Science and Technology, Division of Science and Technology – Office of Statistics, ST/84/WS/19, UNESCO, Paris. www.uis.unesco.org/

Library/Documents/STSManual84_en.pdf.

UNESCO (1978), Recommendation concerning the International Standardization of Statistics on Science and Technology, UNESCO, Paris. http://portal.unesco.org/en/ev.php-URL_ID=13135&URL_DO=DO_TOPIC&URL_SECTION=201.html.

UNESCO-UIS (2014), ISCED Fields of Education and Training 2013 (ISCED-F 2013), UNESCO, Paris. www.uis.unesco.org/Education/Documents/isced-fields-of-education-training-2013.pdf.

第 3 章
R&D 统计部门和分类

　　本章主要关注于执行或出资 R&D 的机构，并识别出这些机构的共同特征。基于这些特征可把机构归类成部门，并通过这些部门对 R&D 数据进行统计。本章在企业部门、高等教育部门、政府部门、私人非营利机构，以及国外（只涉及出资活动）五部门的机构识别过程中，借鉴了《国民账户体系》中的方法。本手册五大部门，除了高等教育部门外，其他 4 个部门均与《国民账户体系》相应部门有关联，而高等教育部门，由于政策关联性，属于本手册中特有部分，其诸多组成机构可能分别从属于《国民账户体系》中的不同部门。本章主要讨论各部门的特征及区分它们的边界，而针对各部门的具体情况，本手册已设置了专门章节进行介绍。

3.1 引言

3.1 本章旨在解释 R&D 统计中用于描述和划分 R&D 实施和出资机构的方法。应当依据共同特征或者属性，把统计单位归类成部门。首先，本章介绍了什么是统计单位、统计单位的目的、包含的用户需求、分类方法及应用的主要标准，进一步介绍了奠定 R&D 统计报告基础的部门，描述了区分这些部门的边界。最后，提供了单位的通用分类方法并对各部门主要特征进行了概述。

3.2 本章更为详细地描述了部门内单位的定义，有关划分这些单位的分类方法，将在各部门专有章节中予以介绍：企业部门（第7章）；政府部门（第8章）；高等教育部门（第9章）；私人非营利机构（第10章）；国外（第11章 R&D 全球化）。

3.3 本章把《国民账户体系》的方法，应用到手册中界定的单位和部门，尤其是手册的第4章（欧洲委员会 等，2009）。重要术语已在2008年《国民账户体系》手册或本手册术语表中进行了定义。相关概述见本章专栏3.2。

3.2 机构单位

3.4 界定 R&D 活动实施和出资的机构单位，对 R&D 统计数据的收集、报告和解释有着重要基础性作用。这些单位归类构成《弗拉斯卡蒂手册》中的部门和子部门。它们需要具备充分的内聚合力、独特性，并且能从其他单位中单独识别出来。

3.5 机构单位是一个国民核算概念，定义为"能以自己的名义拥有资产、发生负债、从事经济活动并与其他实体进行交易的经济实体"。（欧洲委员会 等，2009）在 R&D 活动和相关 R&D 资金流的测度中，可以应用此概念。对于 R&D，机构单位必须具备执行 R&D 的决策能力、供内外部使用的财务资源分配能力、R&D 项目的管理能力。与《国民账户体系》定义的机构单位的要求相比,这些要求相对较低,但它们符合本手册的目的。

3.6 机构单位主要有两类:一类是以住户形式出现的个体或群体;另一类是法律或社会实体。法律实体也是经济实体,它们的独立存在得到了可能拥有或控制它们的自然人、其他法律实体或者社会的认可。这些单位都需要为其所做的经济决策或行为负责,即使是其自主权可能在一定程度上受制于其他机构单位,如持股人(欧洲委员会 等,2009)。出于统计完整性考虑,住户作为单位纳入了 R&D 统计框架内,相关原因已经在本手册第 2 章和第 10 章进行了阐释,也将在本章进一步讨论。

R&D 统计的机构方法

3.7 原则上,所有国家、部门内的统计单位应当一致。然而实际上,这一目标从未完全实现过,因为在机构中使用的术语和规章、企业和其他类型单位的财务报表都存在国际差异。另外,所涉及行业的特殊结构及与报告单位的相互影响,也会使国家内和各国间随时间逐渐产生差异。

3.8 R&D 统计的机构方法旨在基于机构单位的通用属性对统计数据进行收集和展示。在机构部门方法中,当给定单位投入 R&D 的资源与统计单位和第三方之间交易有关联时,给定单位投入 R&D 的资源应当归属为该单位所属的部门中。在功能分类方法中,划分给定单位的资源依据相关报告单位提供的信息。R&D 类型(基础研究、应用研究和试验发展)、产品领域(或者是行业)、R&D 领域(如自然科学、工程技术、社会科学、人文科学和艺术)、社会-经济目标(如经济发展、卫生、环境、教育)依据的都是功能分类。有时机构方法和功能方法也能够混合使用。例如,当只要求大型机构按照功能方法对执行的活动进行分类时[这种分类方法可能匹配(或不匹配)其内部结构],由于负担原因，不要求小型或简单单位使用此种分类方法。这种情况下，这些小型或简单单位通常使用的是机构分类法。当报告单位包括被关注的统计单位时，功能分类方法可解决报告单位和预期统计单位之间的潜在不匹配问题。

3.9 为了便于国际比较，各国不管在何时提供统计数据，都应当指明统计单位并说明机构方法和功能方法是单独使用还是混合使用，更多详细指导见第 6 章方法部分及第 7～第 10 章中具体部门部分。

统计单位

3.10 统计单位是被调查收集信息并编制统计数据的实体；换句话说，它是为达到收集 R&D 统计数据预期目的而聚焦关注的机构单位。统计单位可以是一个观察单位，收集信息并编制统计数据；也可以是一个分析单位，它是统计人员借助于估算或推导对观测单位进行分解或合并而建立的，其目的是获取比采用其他方法更详细的同一类别分类数据（联合国，2007）。

3.11 在大型或复杂的经济实体中，需要对统计单位进行划分。这些实体会涉及不同层级的活动，或者组成这些实体的单位分布于不同的地理区域。根据它们的所有权、控制关系、经济活动的同质性和地理位置，可以把统计单位划分成多个类型和层级，即专栏 3.1 所示的企业集团、企业、基层单位和活动类别单位（KAUs），这些概念可以应用到所有部门中的统计单位内，不局限于本手册界定的企业部门。统计单位和使用方法的选择会受到 R&D 统计目的、现存记录及受访者提供有用信息的能力 3 个方面较大的影响。在大型和复杂的机构中，相对于 R&D 运作的日常管理（可能包括 R&D 支出类型的决策及对 R&D 人员的聘用决策），有关 R&D 活动单位的战略导向和出资决策往往发生在较高的组织层级上，由于这些决策有时可能会涉及多个国家，因此，可能会给从常驻单位收集信息受限的国家当局和中间机构的统计活动带来挑战。

报告单位

3.12 报告单位是提供所需统计数据的实体。它可能由填写调查问卷机构中的多个报告单位组成。在行政数据统计中，报告单位对应的是单个记录代表的单位。在各个国家及部门中，由于组织结构、数据收集的法律规定、传统、国家重点领域和调查资源等方面的不同，报告单位也会有所差异。如果所需要的统计数据通过调查获得，那么报告单位则是应答者。一些国家可能直接从 R&D 单位收集数据，而另一些国家则可能从更高层级上的单位获取所需要数据。本手册无法就报告单位向各个国家提供相关建议。

专栏 3.1　统计单位的类别

企业是指作为货物和服务生产者的机构单位（欧洲委员会 等，2009），不局限于本手册定义的企业部门。企业这一术语可以指公司、准公司、非营利机构或非法人企业。企业是具有财务和投资决策方面自治权的经济交易者，同时也在生产货物和提供服务中的资源配置方面享有自主权并承担责任。它可以在一个或多个地点从事一项或多项经济活动。它也可能是一个独立的法人单位。

活动类别单位可以是一个企业也可以是一个企业中的一部分，它只从事一种生产性活动，或者其主要活动产生了大部分的增加值。按照定义，每个企业都是由一个或多个活动类别单位组成。

企业通常在多个地区从事生产性活动，出于某些目的，可以相应地对这些企业分类。地点单位可以是一个企业，也可以是企业的一部分，其生产活动只在一个地方进行或只来自一个地方。

基层单位可以是企业，也可以是企业的一部分，它具有单独的场所，只从事一种生产活动或者其主要生产活动在其全部增加值中占有最大部分。基层单位有时可称作地点活动类别单位。

企业集团是由集团总部控制的多个企业组成。集团总部是一个不受任何法定单位直接或间接控制的母公司法人单位,它可以有多个决策中心,尤其是关于生产、销售和利润的政策决策方面的决策中心,或者决策中心主要集中于财务管理和税收的特定方面。企业集团内设有一个授予选择权的经济实体,尤其是关于它旗下单位的决策权。企业集团作为一个单位,在财政分析和研究公司战略方面有很大优势,但是它作为统计调查和分析单位,由于多重性质,不具备稳定性。

来源:经合组织,基于欧洲委员会等(2009)和联合国(2007)。

3.3 机构部门

部门分类的主要原因

3.13 为了便于收集和整理有关 R&D 人员、R&D 支出和资金流动(见本章后文部分)的国际可比的统计数据,应当依据共同的特征和属性把统计单位划分为部门。建议在满足 R&D 统计既定使用者需求的同时,对统计单位的分类尽可能地遵循标准统计分类。在 R&D 统计中,对统计单位的部门分类可满足如下一系列目的。

R&D 数据收集

3.14 部门分类在组织数据收集中发挥了重要的作用。例如,指明对具有特定共同特征的机构单位使用何种调查工具,共同特征包括开展 R&D 的类型和领域、基础核算制度或者这些单位用于描述它们 R&D 活动的术语等。部门分类在界定单位层级、支持数据收集及估算工作方面也发挥着重要作用。特别是:

● 在测度 R&D 支出（第 4 章）和人员（第 5 章）时，部门分类方法为建立国民汇总数据提供了可靠的方法。

● 部门分类为分析 R&D 出资单位和 R&D 实施单位之间的资金流动（第 4 章）提供了框架。在这种背景下，从调查应答者的角度更容易解释这种分类，否则可能会误报流向（或源自）其他单位的资金流。

与其他统计框架和数据源的相互作用和匹配

3.15 只有用标准分类标识单位，才可能把 R&D 来源与其他统计来源联系在一起。这有利于：

● 通过借鉴已有数据来源及其他统计框架下的分类工作成果，开展 R&D 数据收集单位登记中心的业务。

● R&D 统计对其他框架的适用性及在其他框架中的后续使用。例如，《国民账户体系》，通过把 R&D 统计数据代入主要的经济指标中，来编制有关 R&D 产出和资本形成的部门估算数据及国民估算数据。

● 通过数据整合及研究数据间的关系，更深层次理解 R&D 在经济发展和相关政策制定中发挥的作用。

在国民和国际水平上报告 R&D 统计数据

3.16 标准的部门分类方法为稳定和易于比较的 R&D 统计公共报告奠定了基础，特别是能够满足政策制定者和其他主要使用者的需求，为此，建议在 R&D 数据统计中使用主要的机构部门。

3.17 在统计保密规则下，部门分类也能够规避 R&D 保密数据在数据收集过程中的泄密问题。保密规则和数据质量问题限制了编制 R&D 统计数据的机构发布不同、交叉的分类目录。当单位层级的数据可以公开发布时，部门分类为尝试检索有关各单位特定信息的用户提供了有用的组织、筛选工具。

3.18 众所周知，单一的分类方案不足以实现各方面的目标，也不足以满足对 R&D 统计感兴趣的用户日益增多的多样化需求。本手册提出的机构分类，为了满足用户的广泛需求，尝试在所有的这些目标和需求中找到合理的平衡点，并辅之以一系列可选择的交叉分类。

R&D 统计的分类标准及机构部门的选择

3.19 对于一般的 R&D 统计，国内经济由经济中的所有常驻机构单位构成，这些机构单位被划分成 4 个相互独立的机构部门，即：企业部门、高等教育部门、政府部门和私人非营利机构，此外出于统计完整性考虑，为了获取与非常驻单位的关系，还包括"国外"。机构单位划分为部门的基本原则是单位在经济目标、主要功能和行为方面的同质性。

3.20 基于 R&D 测度目的，对机构单位的分类旨在与 R&D 定义、R&D 统计用户需求及《国民账户体系》所使用的分类标准保持完全一致。《国民账户体系》的分类标准包括完整性标准和常驻标准，并且与经济活动类别、所有权、经济控制权有关，资金也可能是影响因素。

3.21 正如《国民账户体系》中定义的，一个机构单位的常驻性是指它与其所在的经济领土有着最紧密的联系，换言之，是其显著的经济利益中心。经济领土包括陆地、天空和水域，包括有捕鱼权和能源或矿物开采权的管辖区域。就海洋领土而言，经济领域包括属于领土范围的岛屿。经济领域还包括在国外的领土飞地。所谓飞地是指位于国境外领土内经与所在地政府达成正式协议后，为一国政府所拥有或租用，以用于外交、军事、科学或其他用途的有清晰界限的土地区域（如使领馆、军事基地、科学站信息或移民办公机构、援助机构、央行的代表机构等），它们一般具有外交豁免权（欧洲委员会 等，2009）。常驻性标准有利于从其他机构部门中划分出"国外"。

3.22 在 R&D 统计中，机构单位在经济领土内拥有一个重要的经济利益中心（如果存在），在经济领土内的场所、产地和其他处所中，单位可以无限期或长期从事或继续从事 R&D 活动和（或大规模）交易。通常将使用一年或一年以上的实际或预期场所界定为统计操作层面的场所。第11章提供了该标准和相关 R&D 统计数据方面的更多指导。

专栏 3.2　《国民账户体系》机构部门分类

《弗拉斯卡蒂手册》部门分类与《国民账户体系》建议的部门分类密切相关。《国民账户体系》把经济领域内的所有机构单位分为 5 个相互独立的机构部门。部门是由组织单位构成，每个机构单位都必须被划分在《国民账户体系》中的一个部门中：非金融公司、金融公司、一般政府、为住户服务的非营利机构（NPISH）及住户。《国民账户体系》建议的分类顺序：首先从法人机构单位分离出住户，然后重点关注主要活动为经济生产的单位，最后确定所有单位的部门分类。

判断单位是市场生产者还是非市场生产者，取决于单位的大多数产品是否以显著经济意义的价格出售（欧洲委员会等，2009）。

当非市场单位不受政府控制时，应该把这些单位定义为为住户服务的非营利机构，而其他的则归为一般政府。在2008年《国民账户体系》中给出了非营利机构的定义（欧洲委员会等，2009），它们可以从属于《国民账户体系》中的任意一部门。市场性单位构成了企业部门，而企业部门又包含了私有企业和公共企业，这取决于它们是否由政府控制。

来源：欧洲委员会等（2009）。

3.23 《国民账户体系》机构分类奠定了 R&D 统计中主要部门分类的基础（"《弗拉斯卡蒂手册》部门"）。表 3.1 描述了《弗拉斯卡蒂手册》部门与《国民账户体系》部门分类之间的关系，两者之间存在两点主要差异。

表 3.1 《弗拉斯卡蒂手册》部门与《国民账户体系》机构部门的近似对应

《国民账户体系》机构部门	《弗拉斯卡蒂手册》部门			
	高等教育（HE）	企业（BE）	政府（GOV）	私人非营利（PNP）
公司（金融和非金融）	公司中的高等教育机构	与《国民账户体系》公司相同，包括公共公司，但并不包括公司中的高等教育机构		
一般政府	一般政府中的高等教育机构		与《国民账户体系》一般政府相同，但不包括高等教育机构	
为住户服务的私人非营利机构	为住户服务的私人非营利机构中的高等教育机构			与《国民账户体系》中为住户服务的私人非营利机构相同，但不包括为住户服务的私人非营利机构中的高等教育机构
住户		个体企业化经营（类似准公司）		出于完整性：与《国民账户体系》的住户相同，不包括住户"个体企业化经营"

3.24 第一，自《弗拉斯卡蒂手册》第 1 版出版以来，R&D 统计的用户已经多次重点强调，要确保高等教育机构 R&D 活动，和其管理或控制高等教育机构的单位 R&D 活动的报告一致性。这需要制定一套能够把机构单位确认为独立高等教育机构的补充标准，而高等教育机构在《国民账户体系》中，依据每个国家市场标准和政府控制标准，划分到公司或政府单位或是为住户服务的私人非营利机构中。有关 R&D 统计中高等教育部门特定方面的详细信息见第 9 章。

3.25 第二，为了反映经济状况，R&D 统计部门将不属于单一住户群体的非营利机构，合并到不属于高等教育部门、企业部门或政府部门内的非营利机构中，即为住户服务的非营利机构单位并不属于本手册中的高等教育部门，由此产生的"其他私人和非营利"部门，是剩余的住户和其他私人非营利机构的简称，与为住户服务的非营利机构一起完整地包含了国内经济中的参与者，由于剩余的住户群体所做的贡献很少，因此，本手册中这一部门指的是私人非营利机构。

3.26 机构分类法奠定了在国家或国际水平上报告 R&D 数据的基础，应当重点对待，特别是在国际报告中应重点考虑机构分类法，同时也可以使用一些更灵活、互补的方法，这些方法已在下文中给出。因此，为测度 R&D，本手册界定了 5 个部门。下文 3.5 节中对这 5 个部门进行了概述，更多相关方法方面的详细内容在如下章节中讨论：

- 企业部门见第 7 章；
- 政府部门见第 8 章；
- 高等教育部门见第 9 章；
- 私人非营利机构见第 10 章；
- 国外见第 11 章。

开展机构分类

3.27 机构分类工作是一种资源密集型活动，尤其对第一次建立复杂的 R&D 统计系统的机构而言。在分类过程中会存在单位建立、消失或者有单位需要重新归类，因此，这种分类活动需要持续地进行。对于那些有权访问官方统计记录的统计机构来说，R&D 分类决策能够相对容易些，它们可以使用《国民账户体系》通用分类决策，再引入一个额外的筛选检查环节，以确定该单位是否对应 3.5 节中定义的高等教育部门，有关高等教育部门的内容将在第 9 章进一步讨论。

3.28 在一些情况下，编制 R&D 统计数据的机构可能需要重新考虑和修改从标准登记处中获取的通用分类。例如，登记中心发布的分类没有及时跟进对应 R&D 统计方面的最新进展，包括统计单位文件中的变化。通过它们的 R&D 系统监测和关系构建活动，R&D 统计的工作者能够更好地在观察和记录 R&D 实施单位和出资单位的变化，由 R&D 统计工作者发现的这些变化同样也对统计总体数据的编制者有参考价值。

3.29 对于无权访问官方统计记录的机构来说，为确保对统计单位——潜在的 R&D 实施机构进行完整、最新的分类，需要开展进一步工作。在信息不共享的情况下，负责编制 R&D 统计数据的机构更倾向于应用类似于《国民账户体系》的分类（通过应用高等教育部门标准做进一步扩充），或者采用序贯决策过程（更全面地关注 R&D 统计数据），如图 3.1 所示。

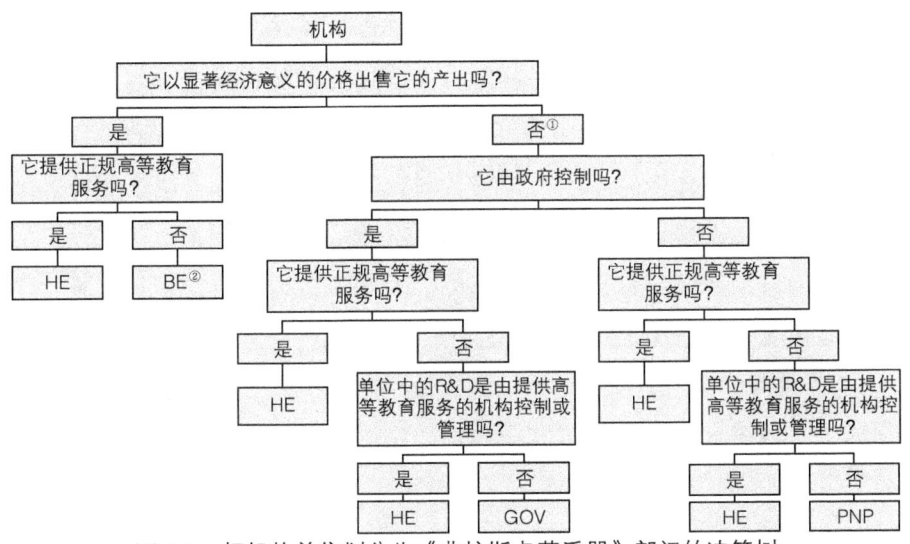

图 3.1 把机构单位划分为《弗拉斯卡蒂手册》部门的决策树

（BE：企业部门；HE：高等教育部门；GOV：政府部门；PNP：私人非营利机构）

---

① 主要为企业提供服务的非营利机构（如贸易协会等）属于企业部门，这符合把这些机构划分为《国民账户体系》公司部门的惯例。
② 依据机构是否由政府控制，这个部门可以进一步细分为公共企业和私有企业，这类似于《国民账户体系》中对公共和私有公司的处理。

3.30 应用上述标准对 R&D 统计中的机构单位进行分类时，会出现大量的边界问题。有关对主要部门和边界问题的指导将在 3.5 节及本手册描述各个部门的章节中给出。在此之前，3.4 节对用于补充和指导《弗拉斯卡蒂手册》机构分类方法的相关通用分类原则和方法提供了进一步指导。

3.4 适用于所有机构单位的通用分类方法

依据主要经济活动对单位的分类

3.31 经济活动是以所提供的货物或服务进行定义的，基本上所有单位都具有这一特征，一个经济体中所有的机构单位的特点都通过它们所提供的货物或服务得以反映。基于经济活动或产业（定义为从事相同或相似活动类别的机构的集合；联合国，2007）对 R&D 活动进行的描述可能与使用范围相关，例如，通过参考正规高等教育项目中的规定（联合国教科文组织统计所，2012），经济活动是本手册定义高等教育部门的一个关键属性，而医院单位，主要针对医疗服务，使得在收集有关它们 R&D 活动数据时，可能遇到需要特殊类型问卷的具体问题。根据经济活动进行的分类有利于针对具体的单位类型确定合适的数据收集工具，而不论这些单位属于《弗拉斯卡蒂手册》哪一部门。

3.32 按照产业分类划分单位的方法也能够大大促进 R&D 统计数据的展示。由于具有共同经济活动的单位可能被分到不同的机构部门，因此，依据经济活动进行的分类能够对整个经济体中 R&D 机构和动态提供进一步的洞察力，而不仅仅是对更系统地应用主要经济活动分类的企业部门。为此，即使国家选择不报告系统基础数据，也建议国家按照单位的主要经济活动把它们归类到各部门中。

3.33 一个机构单位可能实施一项或多项经济活动。对单位的分类应当按照主要活动。实际上，大多数生产单位开展的是混合型活动。按照经济活动的分类可参考《国际标准产业分类》（联合国，2008）。一些国家或地区为了满足它们各自需求，对这个分类进行了调整，同时尝试保留一个国际可比的通用核心分类方法。把单位分配到经济活动参考分类的特定类别中，有必要识别单位的主要活动。确定单位的主要活动，需要了解单位开展的不同活动类别的增加值份额（或其他适当的分类变量）。然而，在实际情况中，通常不可能获取这种信息，那就需要使用代替标准来确定活动类别。只要有可能且合理，建议R&D统计数据编制人员使用统计登记处的已有信息并避免做出单独分类决策。

3.34 在所有的机构部门中，机构单位经济活动分类的主要关注点与R&D服务、医疗和教育的类别有关。参与这些活动的单位很可能属于《弗拉斯卡蒂手册》机构部门。对于从事教育服务的单位来说，基于经济活动的R&D统计数据完整性展示，可能与高等教育总体报告存在一些潜在差异，这种差异归因于多个因素，其中，包括主要活动和次要活动间的区分。即使是高等教育部门内的单位，也有必要区分教育活动是本单位的主要活动还是次级活动，R&D作用是什么，以及在大学医院中可能开展的医疗服务。

依据公共或私有地位对单位的分类

3.35 区分由政府控制的单位和独立于政府的单位与分类过程相关，而只要企业部门和高等教育部门属于公共部门，那么则应当报告它们中确定的R&D份额。机构单位的公共或私有地位应当取决于单位是否由政府控制。

3.36 《国民账户体系》定义的公共部门包含一般政府和公共公司，因此，企业部门的单位，如果是由政府部门控制，应当被划分在公共部门内。相比之下，虽然大学通常被称为"公共"，但如果大学具备自己的董事会，在没有获取政府批准的情况下，能够决定其组织运行中的各个方面（包括资产的获取和处置及产生的负债），甚至可以终止组织运行，那么这样的大学应归为"私有"。

3.37 不管单位是公共或私有，都有可能获得大量的政府支持（直接支持或者间接支持），甚至公共机构可能有更大程度的自主权，因此，很难确定公共机构的界限，其关键点在于这个机构是否为明确地自我管理、是否属于政府行政体系的一部分。有时，对控制的界定存在挑战性，因为决定出资资金的数额大小和分配的权利可以是控制的一种方式，因此，在某些情况下，可能适合使用资金的主要来源确定机构是否由政府控制。

3.38 尽管通常会这样报告，但 R&D 统计的简化报表不应当试图把高等教育部门和政府部门两者等同于"公共部门"，把企业部门和私人非营利机构两者等同于私有部门，因为这样无法考虑到某些情况。例如，公共企业属于企业部门的一部分，私有、独立的大学属于高等教育部门。为了编制出满足使用者需求的统计报表，可以把所有机构部门中的私有（或公共）单位集合在一起进行报告。

依据（国内外广泛群体的）附属地位对单位的分类

3.39 基于单位是独立的还是附属于其他单位、是从属于同一部门还是不同部门、是位于国内还是国外，对单位的子分类，与理解单位内 R&D 活动性质及生成 R&D 统计数据有着明确的相关性。通过分析和强化单位间难以以交易获取的资金流基础信息来判断控制关系，而控制关系能够决定单位内的活动与决策制定。一个较大型单位集团的成员为了执行 R&D，也可能获取广泛的资源，并影响 R&D 信息的管理、存储和共享。因此，这种信息的系统记录及在汇总统计报表中的选择性应用，与所有的机构单位类型相关，尤其是对于企业部门中的单位。

3.40 机构单位中值得记录的特定属性包括：

● 单位是否由一个独立的机构单位控制；和（或）该单位部门是否控制其他机构单位？

● 最终控制单位所归属的部门，特别是它属于常驻单位还是国外单位，例如，该单位是否由非常驻企业控制或者由高等教育机构控制？

3.41 正如第 4 章所述，这些方面有助于了解按照资金来源和按照来自于统计单位 R&D 资金接收者对 R&D 分类。

依据公司、一般政府部门和非营利机构对单位的分类

3.42 正如本章起始部分所述，存在 3 种具有法律地位的机构单位类型，它们可以是 R&D 数据收集的对象。这 3 种类型单位可以与它们所属的机构部门不同：

● 公司包括以从事市场生产为目的，能够为其所有者创造利润或其他财务收益，在法律上被认定为独立于其承担有限责任的所有者的法律实体（欧洲委员会 等，2009）。这一术语包括合作社、有限责任合伙制公司和准公司。出于实际考虑，公司这一类别可以扩展成包含正式从事市场生产的住户和个体，在市场生产中，它们的责任很难划分。总体来说，该类别基本上能够与企业一致，更多详细信息见第 7 章。

● 政府单位是特殊类型的法律实体，它通过政治程序设立，能在一个给定区域内对其他机构单位行使立法、司法和行政方面的权力（欧洲委员会 等，2009）。这些单位与 R&D 预算和税收激励分析有着特殊相关性，R&D 预算和税收激励将分别在第 12 章和第 13 章中讨论。有关政府单位和政府部门更多的详细信息见第 8 章。

● 非营利机构是这样一类法律或社会实体：其创建目标虽然也是生产货物和服务，但其法律地位不允许那些建立它们、控制它们或为其提供资金的单位利用该实体获得收入、利润或其他财务收益（欧洲委员会 等，2009）。它们可以从事市场或非市场生产。有关在非常驻私人非营利机构的 R&D 统计数据中识别私人非营利机构成分的内容，见第 10 章。这部分与《国民账户体系》对非营利机构卫星账户的建议保持一致。并不是所有的非营利机构都属于私人非营利机构，它们也可能是高等教育部门、企业部门和政府部门中的组成部分，这取决于其所执行的活动性质及它们是否由政府控制。

3.43 《国民账户体系》将机构单位归类为部门，而本手册使用的部

门在 3.5 节中给出了定义。在《国民账户体系》中，除 3.5 节讨论的高等教育部门外，公司部门（欧洲委员会 等，2009）等同于本手册中的企业部门，一般政府部门（欧洲委员会 等，2009）等同于政府部门，为住户服务的非营利机构包含在私人非营利机构内。出于报告数据的完整性考虑，私人非营利机构还包含了《国民账户体系》中的住户部门，但不包括"个体企业化经营"的住户部门。

依据 R&D 领域对单位的分类

3.44 为描述 R&D 活动目标的特征，第 2 章引入了 R&D 领域分类（FORD），更多详细在线信息在本手册附录中予以介绍。如果两个项目 R&D 的主要目标相同或非常相似，那么可以说两个项目属于同一领域，以下 3 个因素可能影响 R&D 的相似程度：①为执行 R&D 活动而需要的共同知识来源；②共同的 R&D 利益目标和应用领域——需要理解的现象或需要解决的问题及方法；③科学家和其他 R&D 工作人员的技术认证和职业认证。

3.45 由于机构单位涉及的 R&D 领域存在很大差异，因此，使用这种分类划分机构单位与《弗拉斯卡蒂手册》机构部门的关联匹配不是太大。在《弗拉斯卡蒂手册》机构部门中，R&D 实施单位基本上都集中于生产基于知识的产出，特别是高等教育部门，而且在相对细分的层面上与统计单位的关联匹配性也不大。基于以上情况，应当使用包含以下 6 类 R&D 领域的一级分类：

- 自然科学；
- 工程与技术；
- 医学科学；
- 农业科学；
- 社会科学；
- 人文科学和艺术。

3.46 本手册主要从功能分布角度，分别为各部门提供了使用该分类方法的具体指南，更详细的信息可见本手册在线附录，网址为 http://oe.cd/frascati。

依据地理位置对单位的分类

3.47 虽然用户对 R&D 实施单位的位置信息很关注，但从统计数据收集角度来看，依据地理位置对单位进行分类存在挑战性，因为基于 R&D 决策而界定的统计单位可以分布在多个位置上，可以位于不同的国家及国家的不同地区。详细的地理分类与地点单位和基层单位最为相关，对于有些类型的调查，这些单位可能是相关的统计单位，但它们并不总能够确保自己 R&D 活动的数据全面，因此，有时也不能在一国内使用地理分类方法。地理分类的首要任务应当是对常驻和非常驻单位进行区分。在尝试将 R&D 数据区域化中，也可以使用基于报告单位（遍布多个地点）的功能分布方法。这些方法在本手册在线附录中单独作为一个主题进行讨论，可访问 http://oe.cd/frascati。

用于机构分类的记录活动

3.48 表 3.2 展示了统计机构如何能够编制单位的综合登记信息的例子，以便在各种分类方法和相关描述中标识它们。类似的系统能够使统计单位定期或专门解决特定国家或国际用户的需求。

表 3.2　在各维度上标识统计单位潜在框架结构的简单示例

	《弗拉斯卡蒂手册》机构部门	《国民账户体系》机构部门[1]	主要经济活动[1]	次级经济活动（如果有）[1]	私有/公共地位[1]	非营利机构？[1]	与其他单位的关联[1]
单位 A							
单位 B							
…							

注：1. 可以通过数据共享协议从其他统计框架或资源中获取，或者由编制 R&D 统计数据的机构制定。

3.49 出于国际可比和数据质量的考虑,建议国家在统计保密条款允许的程度下,向外界公开它们的分类,这将有利于理解数据的差异性,也有利于增加可比性。

3.5 《弗拉斯卡蒂手册》主要部门、单位和边界案例的概要介绍

3.50 最好将《弗拉斯卡蒂手册》部门归为四大部门。在这四大部门中,其中有 3 个部门(企业、政府和私人非营利)与《国民账户体系》机构分类相对应,而另一部门是在满足从事高等教育单位的用户需求基础上进行界定的,在其他 3 个部门中均有涉及。如图 3.2 所示。

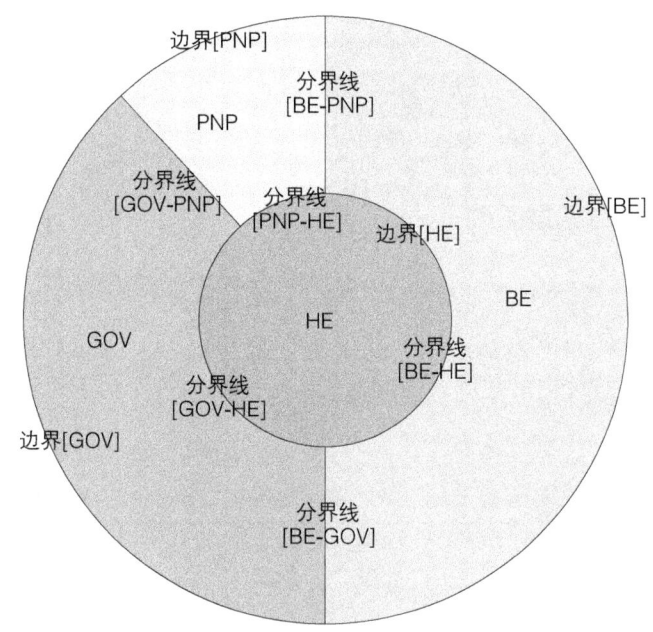

图 3.2 《弗拉斯卡蒂手册》国内机构部门及其边界

(BE:企业部门;HE:高等教育部门;GOV:政府部门;PNP:私人非营利机构)

企业部门

主要特征

3.51 企业部门包括：

● 常驻企业，指所有在本国境内合法成立，或者实际管理机构、总机构在境内的企业，包括私有企业和公共企业。

● 非常驻企业的非法人分支机构，因其长期在本国境内从事经济领域内的生产经营活动，而被视作企业部门的重要组成部分。

● 常驻非营利机构（NPIs）（非营利性产业组织），是市场上货物的生产者或服务的提供商。

3.52 本节之后介绍的有关高等教育部门的标准，从应用的标准来看，企业部门包括私有企业和公共企业，（这些单位）不应当被划入高等教育部门中。

企业部门中的统计单位

3.53 企业开展R&D活动是为了更好地实现它们的目标。数据需求（第4章和第5章在总体上明确了数据需求，第7章单独针对企业的数据需求进行明确）决定了企业中统计单位的选择。企业可以在各种层级上组织R&D的出资活动和实施活动。有关R&D财务和R&D工作方向的战略决策可能在最高领导层中讨论，无须考虑国界问题。从事R&D活动的企业活动范围可能涉及多个国家。

3.54 企业部门的统计单位通常是企业，正如专栏3.1所定义。当企业的经济活动比较复杂，而且为几种活动承担大量R&D工作时，如果能够获取必要的信息，可以列出更详细的报告单位，如基于一个活动类别单位或基层单位的报告单位。

主要边界案例

3.55 与其他部门之间最主要的边界案例将在本节进行描述。当确定一个企业是否为常驻企业时，可能会遇到一些实际性问题，尤其当企业为外资控股企业中的非法人分支结构时。而对于以显著经济意义价格出售成果的大学，应当基于其主要的经济活动将其归为高等教育部门，由高等教育机构所有的商业性公司应当归为企业。例如，在大学员工和（或）学生创立的衍生公司中，即使在协议中规定大学成为公司的主要持股人，也应当把该公司作为企业对待。

3.56 一些已成立的机构单位，基于特定目的，共同创建了特殊实体，这些特殊实体可能会出现一些分类问题。例如，许多公共单位准备与私营单位或其他公共单位共同承担活动，其中包括 R&D。正如《国民账户体系》中定义的，合资企业涉及公司、合作企业或其他机构单位的设立，各方依法对该单位的活动进行共同控制。除了各方依法对单位共同控制外，该单位与企业单位的运行方式相同。作为一个机构单位，合资企业可以自己的名义订立合同，以自身的用途筹集资金。如果 R&D 合资企业是独立单位，其分类也应当基于它们主要服务的单位，并且应尽可能地参考在《国民账户体系》中已确定的分类活动。

3.57 私有－私有或私有－公共的合作关系并不一定发生在机构单位中，在很多情况下，合作的两个机构来自于不同的部门。如果这些合伙企业有机构单位性质，这些实体的分类也应当取决于合作伙伴关系中有最大利益的机构。在一些国家中，R&D 合伙企业有法律地位，对它们分类则取决于其主要服务的单位。

3.58 在确定非营利机构是否从事市场活动时，可能会遇到一些实践操作困难。研究机构、诊所、医院、收费私人医疗从业者等，也许能够以捐赠形式筹集额外资金或拥有能够产生正常收入的资产，这些收入能够使他们收取低于平均价格水平的费用。同样，在确定一个非营利机构的建立是否以业务服务为目的时，接受服务的多个利益相关者的存在及它们随时间产生的变动性都会使这一活动变得复杂。一般来讲，企业协会创立并管理的非营利机构应当归为企业部门，企业协会开展的活动是为了促进由相关企业贡献或捐赠出资的商会、农业商会，制造业和贸易协会的发展，这些相关企业为这些商会和协会 R&D 活动提供核心支持或基于项目的支持。

3.59 与企业部门相关的边界实例与子分类将在第 7 章中进一步讨论。

政府部门

主要特征

3.60 政府部门由以下常驻机构单位组成：

- 所有中央（联邦）政府、区域（州）政府或地方（市）政府单位，包括社会保障基金委员会，不包括提供高等教育服务的单位或符合上一节描述的高等教育机构。
- 其他政府机构：实施机构和（或）出资机构，以及由各政府单位掌控的，并且不属于高等教育部门的非市场性质的非营利机构。

3.61 该部门不包括公共公司，即使公共公司的所有股权都归政府单位所有。公共公司包含在企业部门中，公共公司和政府部门单位在定义上存在的差异：公共公司是市场生产者，而政府部门单位不是。

政府部门的统计单位

3.62 该部门由政府单位和政府控制的非营利机构组成，政府单位是一类特殊的法律实体，它通过政治程序设立，在一个给定区域内对其他机构单位行使立法、司法或行政方面的权利。这些法人单位或分支对服务于政府、社会或宏观经济而存在的特定 R&D 的执行（供应）承担责任，并由财政直接拨款或不缴纳税费或由第三方支付费用。它们可能主要作为出资者而不是执行者参与 R&D 活动，但政府单位内部可能有实施一些 R&D 活动类型的研究部门或实验室，其中，包括一些具有独立法人地位的单位，其设立的目的是把研究活动作为其主要、次要或者辅助活动。虽然调查的重点取决于 R&D 的执行活动中和 R&D 的出资活动中或者两种活动都包含，但是统计单位一般也是机构单位。然而，在部门、地方当局、机构或政府机构中收集数据，即使报告单位不具备一个机构单位所应有的全部特征（持有或控制资产的能力），收集的数据也可能来源于部门、地方当局、机构或政府机构中。

3.63 在政府单位内实施的较大部分 R&D 很可能在政府控制的基金会、博物馆、医院和机构等非营利机构开展，统计单位一般会是企业，对此的理解已经在本章专栏 3.1 中描述。

主要边界案例

3.64 有关政府与高等部门的边界案例将在本节进行讨论。而与私人非营利机构的边界在根本上由政府对相关统计单位运行的控制程度决定，这种情况下的控制是通过有权分配私人非营利的管理和（或）从根本上指导其决策，来决定非市场性私人非营利机构制定一般政策或计划的能力。有时，对控制的界定存在挑战性，因为决定出资金额和分配的权利是控制的一种方式，因此，在某些情况下，可以由使用资金是否主要来自政府判断机构是否由政府控制。

3.65 对于政府控制的单位来说，与企业部门的边界取决于单位在市场中运行的程度，也就是取决于单位的主要活动是不是生产市场货物或服务，其目标是不是以显著经济意义价格出售大多数产品。政府研究机构可能偶尔获得用于某些知识产权产品开发的大笔经费，而如果该机构执行的大部分 R&D 活动出于非商业意图，那么其不应当归为公共企业。但由政府控制的单位，如果其运作取决于提供 R&D 服务的费用及充分反映这种服务的全部经济成本的研究基础设施，则应当将其列入公共企业。

3.66 影响政府部门单位的许多可能的边界案例及建议的子分类案例，将在第 8 章中进一步讨论。

高等教育部门

主要特征

3.67 这一部门是本手册中特有的，与《国民账户体系》中的机构部门没有直接对应部分。界定这一部门是为了反映 R&D 实施单位中与政策相关的类别。它包括大学、技术学院和其他提供正规高等教育项目的机构，同时还包括由高等教育机构直接控制或管理其 R&D 活动的所有研究机构、实验室和医院，而不论其经费来源或法律地位如何。"正规"一词在《国际教育标准分类法》（联合国教科文组织统计研究所，2012）中给出了定义并将在本手册第 9 章中进一步阐述。

3.68 在本手册中，大多数情况下使用"高等教育"一词，而不是更广泛的"第三层次教育"。在指代高等教育产品时，将使用"服务"一词代替"课程"一词，"课程"一词在教育统计和国际教育标准分类中比较常见。

3.69 高等教育部门单位可能与《国民账户体系》分类中的公司、一般政府或为住户服务的私人非营利机构中的一部分单位相对应。

高等教育部门中的统计单位

3.70 为了满足同质单位的需求，本手册建议把企业或其同等机构作为统计单位。而数据可以从 R&D 领域分类第一级的最小同质单位中收集（报告），或者在跨学科领域单位情况下，从该级别中的 R&D 分类组合中收集（报告）。依据单位在一致标准及各国应用的特定术语基础上，对人员、支出、资金流的报告能力，报告单位可以是一个系、一名人员、一个中心或研究所或一所学院。本手册建议通过单位提供完整性统计数据的能力来确定其是否为报告单位。

主要边界实例

3.71 该部门包括所有主要活动是提供《国际教育标准分类法》5、6、7 或 8 级的高等教育单位（基层机构），而不论其法律地位如何（《国际教育标准分类法》，联合国教科文组织统计研究所，2012）。它们可能是政府下属的公司、准公司，市场型非营利机构，或是由政府部门或为住户服务的非营利机构控制并主要靠其出资的非营利机构。正如上文所提出的，该部门的核心由大学或技术学院组成，但注意，并不是所有的高等教育机构都开展 R&D。

3.72 如果大学医院和诊所提供高等教育服务（可能将其作为次要活动），那么它们应当属于高等教育部门，而其他医院或诊所只有在高等教育机构直接控制或管理其整个 R&D 活动时，才能归入高等教育部门，这样划分的原因是在此情况下的 R&D 可以作为高等教育机构自身 R&D 的一部分，否则，医院单位的分类将取决于其核心市场准则及受政府控制的程度。本手册提供的这些指导可能需要处于整个医疗机构层级下的统计单位和报告单位的协作。

3.73 高等教育机构包含把 R&D 作为主要活动，把高等教育作为重要核心活动的研究中心和机构。例如，重点对博士研究生进行系统培训。高等教育部门也包含附属的非市场中心和机构，它们没有教学成分但其 R&D 由高等教育部门控制。而如果这两个条件都不满足，那么研究中心或机构应当被划分到相关部门，如果其是基于市场运行（不论政府控制如何），应当归为企业，而对那些基于非市场运行且不由政府控制的研究中心或机构，应当归为私人非营利机构，而基于非市场运行且由政府控制的，应当归为政府部门。地理位置不应当作为判别其类别的关键标准。

3.74 影响高等教育单位识别的许多可能边界实例及对该单位建议的子分类将在第 9 章中进一步讨论。

私人非营利机构

主要特征

3.75 这个部门包括：

- 正如 2008 年《国民账户体系》所定义的，所有为住户服务的非营利机构，但不包括高等教育部门中的为住户服务的非营利机构。
- 如本手册描述，出于统计完整性考虑，还应当包括从事或不从事市场活动的住户和私有个体。有关 R&D 统计的机构部门分类方法标准见前文。

3.76 该部门单位可能包括独立的专业协会和学术社团，以及不受政府部门或者企业部门控制的慈善机构。这些单位以免费价格或者非显著经济意义价格向住户提供个人或集体服务。这类非营利机构可以由各种协会创办，为成员本身的利益或一般的慈善活动提供物品，或者更为常见的是提供服务。它们的活动经费或来自于会员的会费，或来自于公众、公司、政府等以现金或其他形式的捐赠。该部门更潜在、广泛的群体是住户，这些住户参与的可能是 R&D 活动的出资阶段而不是实施阶段。

3.77 本手册提出的 R&D 测度统计指南关注点在于机构单位作为 R&D 实施者所发挥的作用，这与第 2 章 R&D 定义及为确保该定义获得广泛认可和应用而提供的解释标准相一致。为了完整反映经济情况，主要是出于一些特殊目的，如由个人、住户举办的慈善 R&D 出资活动，使经济得到了完整反映，这样的单位应当归为私人非营利机构。

- 个体在 R&D 中的作用基本上是通过他们在各种广泛可能的安排下在其工作的机构单位中体现出来。在一些情况下，个体研究者可能成为专用调查的目标总体。例如，旨在向改善估算过程中提供补充信息而执行的调查，这个估算过程的开展基于从机构单位收集的数据（例如，当不能从机构单位直接收集信息时，则使用要素来识别投入到 R&D 中的时间）。

- 在某些情况下，个体或住户可能符合机构特性，特别是当他们确定为法人单位或者是以其他形式注册，但无法划分权责却仍是正式组织时。既要保证满足第 2 章提出的标准又要符合第 6 章和其他特定章节中讨论的微观细节，特别是第 7 章中的规定，对这些个人或住户来说非常困难。

3.78 个体和住户对 R&D 知识的贡献价值，不仅仅体现在出资者身份（如慈善家）或者研究对象身份（如临床试验的参与者），同时也体现在新知识的积极创造者身份（如发明家和科学数据的编制者）。科学史上也有由于个人的努力而实现科学突破的案例。加强非正式群体间及与正式机构单位的竞争和合作的网络，促使了个人参与研究新形式的出现。个人对其参与的研究或更广泛创新活动方面的覆盖范围，如志愿者，是科学、技术和创新指标领域中一般"研究"事项的一部分。然而，在这一点上，本手册不建议在各国使用通用方法。个体为测度 R&D 而开展的任何国家级实验工作都不应当与正常开展的 R&D 统计相结合。

私人非营利机构的统计单位

3.79 本手册建议私人非营利机构的统计单位应当界定在企业层面上（如本章中的广泛定义）。在处理复杂机构和单一 R&D 领域内的最小同质单位时一定要进行判断，如从事特定交叉学科领域的私人非营利机构。当一家大型私人非营利机构在多个 R&D 领域内有重要 R&D 活动，而且其数据记录可用时，应当尝试从更小型单位的统计单位中收集数据并将它们划分到相关的 R&D 领域中。

主要边界实例

3.80 有关高等教育部门与政府部门的边界实例已经在前文中进行了讨论。而提供高等教育服务或由高等教育部门控制的非营利机构应当归为高等教育部门。正如本章阐述,应当把控制权作为主要标准。有时,对控制的界定存在挑战性,因为决定出资金额和分配的权利可以是控制的一种方式,因此,在某些情况下,可以通过使用资金的主要来源来确定机构是否由政府控制。

3.81 与《国民账户体系》一致,由企业控制或主要服务对象为企业的非营利机构,例如,贸易协会、工业控制研究所应当归为企业部门,即使这些机构运行基于的是能够勉强支付其运营成本的会费。

3.82 住户所有的非法人企业的市场活动,即以显著经济意义价格承担其他单位 R&D 的自雇顾问,只要切实可行,只要在执行中能够尽可能地体现第 2 章确立的 R&D 标准,就应当归为企业部门。

3.83 如前文所述,那些利用自己的时间以研究人员或发明者的身份追求个人利益的个体活动,已经超出了本手册中有关 R&D 统计的机构方法的范畴。

3.84 而对于那些受雇于完全成熟的机构单位,但不属于雇员的个人,他们会从第三方处直接获得用于他们 R&D 活动的资金,对他们的恰当处理方式在第 4 章及第 5 章中进一步讨论。

3.85 有关非正规部门及在非正规部门中由个人或"非正规雇主企业"执行的任何 R&D 活动也不在本手册讨论的范畴内(欧洲委员会 等,2009)。正如 2008 年《国民账户体系》所说明的(欧洲委员会 等,2009),对非正规部门的处理不仅是为了发展中国家,而是为了所有经济体,不论其发展状态如何。

3.86 第 10 章将进一步讨论影响私人非营利机构的许多可能的边界实例、对住户和团体的处理办法及建议的子分类。

"国外"部门

主要特征

3.87 该部门的定义是基于相关单位的非常驻状态,是由与常住单位有交易或有其他经济联系的非常驻机构单位构成,有关常驻性的定义见 3.3 节。国外包括:

- 在经济领域内,无限期或有限但长期,从事或打算继续从事显著规模的经济活动,但没有生产地点、场所的所有机构和个人。
- 所有国际组织和超国家机构(下文定义),包括在该国国界内的设施和业务。

3.88 从编制 R&D 统计数据的单位角度来看,把非常驻单位视为境外居民单位或国外有利于开展统计工作。建议无论在何时为机构部门和整体经济做统计数据报告时,都应当对国外有关联的 R&D 资金流量进行报告,正如第 4 章和第 11 章所指出的,只要是真实存在的部门,就要记录与国外的交易。该部门的界定也同本国经济中通过与国外具有附属关系的常驻单位执行的 R&D 特点有关。

"国外"的统计单位

3.89 对国外统计单位的描述与本手册讨论的情况并不相关,因此,本手册无法为国际 R&D 统计的编制者对统计数据的收集提出建议。

主要边界实例

3.90 常驻单位可能在一个国家经济领土外运营,包括使用测试场地、车辆、船只及由国内实体单位管理的太空卫星,这些单位通常不是独立于国内实体单位的机构单位。在《国民账户体系》中,将一个国家经济领土内的土地、建筑和不动产的全部所有者或有长期租赁的单位视为该国家的经济利益中心,因此,所有的土地和建筑都被当作常驻单位所有，基于此创建了特殊单位。

3.91 当一个单位为了长期（通常为一年及以上）从事 R&D，而在其他国家保持设有场地、分支机构、办公场所或生产场所，则将该分支机构、办公场所或生产场所视为所在国家的独立机构单位。如果 A 国的一个机构多年设立在所在国 B 内，即使团队轮换的周期少于一年，统计单位也应当把该单位视为 B 国的独立单位。这个单位也应当包含在 B 国数据收集的范围内。

3.92 经济领土和常驻概念是为了确保每个机构单位都能够成为一个单一经济领域的常驻单位。为此，建议编制 R&D 统计数据的机构在满足其他潜在相关国家的常驻标准的基础上协调单位常驻性的评估。

3.93 一些国家可能签署了涉及从成员国到联盟的超国家当局（见术语表），以及从超国家当局到 R&D 实施单位的货币流动的机构协议。而超国家当局自己也可能从事 R&D。对单个国家来说，超国家当局是非常驻机构单位，是其他国家机构的一部分，可划分在国外中的一个特定子部门中。在本手册中，"超国家当局"一词可与"超国家组织"交替使用。

3.94 根据《国民账户体系》，国际组织的成员包括国家政府或其成员为国家政府的其他国际组织。这些国际组织的成立是通过在具有国际条约地位的成员国之间达成正式政治协议，其存在得到了成员国法律的认可，但并不受所在国家的法律或法规的约束。例如，国家当局不能强制它们提供统计资料。为了《国民账户体系》目的及 R&D 统计，不论国际组织处所或运营的物理位置在哪里，都被视为国外中的单位。

3.95 为了实现一个地区甚至全球内 R&D 活动的完整展示，相关超国家机构和国际统计组织应确保全面覆盖跨越国家统计当局和机构范畴的单位。通过特定协议，国家统计编制员能够从这些单位中收集数据，例如，为了更好地发现与国内单位的联系，国家数据的报告应与本手册的指南一致，把这些单位看作国外部门的一部分。

3.96 该单位类型、子分类和边界案例将在第 11 章中进行讨论。

参考文献

EC, IMF, OECD, UN and the World Bank (2009), System of National Accounts, United Nations, NewYork. https://unstats.un.org/unsd/nationalaccount/docs/sa2008.pdf.

UNESCO-UIS (2012), International Standard Classification of Education (ISCED) 2011, UIS, Montreal. www.uis.unesco.org/Education/Documents/isced-2011-en.pdf.

United Nations (2008), International Standard Industrial Classification of All Economic Activities(ISIC), Rev. 4, United Nations, New York. https://unstats.un.org/unsd/cr/registry/isic-4.asp and http://unstats.un.org/unsd/publication/seriesM/seriesm_4rev4e.pdf.

United Nations (2007), Statistical Units, United Nations, New York. http://unstats.un.org/unsd/isdts/docs/StatisticalUnits.pdf.

第 4 章
R&D 支出测度：资金执行和来源

本章对 R&D 执行经费、资金来源及其他统计单位 R&D 支出的测度进行了讨论。国内 R&D 总支出的测度，涵盖了特定时期内，在经济领域中执行 R&D 的所有支出，是国家层面主要的 R&D 指标。在国际比较中，常使用国内 R&D 总支出、国内 R&D 总支出/国内生产总值的指标。本章讨论了对本手册 4 个部门，即企业部门、政府部门、高等教育部门和私人非营利机构 R&D 的支出和流动的测度，以及来源于国外且用于上述 4 个部门 R&D 活动的资金测度。《国民账户体系》把 R&D 绩效支出作为资本形成，在对 R&D 全球化更全面统计的需求背景下，我们需要在收集数据方面发掘更多的信息、提供更多的指导。本章同时也讨论了如何使用统计数据问题，以国内 R&D 总支出/国内生产总值的比率为例，《国民账户体系》使用国内 R&D 总支出/国内生产总值的比率估算 R&D 资本投资。为了更好地理解 R&D 实施情况和资金动态，需要在个体统计单位层面上分析数据。

4.1 引言

为什么要测度 R&D 支出？

4.1 国家和国际政策制定者都非常关注研究与试验发展的资金支出情况（R&D 支出），特别是经常将 R&D 支出统计数据用于测度 R&D 执行者、R&D 出资者、R&D 执行地点，以及这些 R&D 活动的水平和用途、机构和部门之间的互动与协作。R&D 支出统计数据用于表明激励 R&D 活动的财政和金融激励机制，以此了解 R&D 是如何贡献于经济增长、国防和社会福祉的。

4.2 正如第 1 章所述，2008 年修订的《国民账户体系》的一个主要变化是明确地将 R&D 视为资本形成，即"投资"（欧洲委员会 等，2009）。该种变化要求对 R&D 支出进行更详细的划分，这一点在整个章节中都得以反映。本章还提供了收集 R&D 资金来源、资金流动、交易类型详细数据的指导。特别是，还需要额外的、更广泛的信息来帮助测度 R&D 销售和购买。

4.3 本章的重点是在不同层级的汇总下，编制出具有国际可比性的统计数据，同时确保个体统计单位的数据能够支持微观层面的分析。因此，本章提出的指导建议旨在满足统计数据的多样化需求，并且协调它们之间的细微差别。

数据收集和编制概述

基本术语

4.4 首先介绍用于构建 R&D 统计收集指标的基本概念：
- R&D 内部支出：指报告单位内实施 R&D 的支出总额。
- R&D 外部支出：指报告单位外实施 R&D 的支出总额。

- R&D 内部资金：指用于 R&D 且资金初始来源由报告单位控制的资金。
- R&D 外部资金：指用于 R&D 且资金初始来源不由报告单位控制的资金。
- R&D 交换资金：指在统计单位之间流动并具有 R&D 补偿性回流的资金。
- R&D 转移资金：指在统计单位之间流动但不具有 R&D 补偿性回流的资金。

4.5 本章后续部分将对这些术语、它们之间的相互关系及测度问题予以讨论和明确界定。

基本收集方法

4.6 统计单位有用于执行 R&D 的支出或 R&D 资金，有时可能只出资而不执行 R&D 活动（例如，企业有时需要购买 R&D）；或者可能只进行 R&D 活动而不出资（完全由政府出资的小型企业可能有此情况，但并不常见）；统计单位也可能既执行 R&D 活动又出资 R&D，出资的资金可用于报告单位内（内部）实施的 R&D 活动也可用于报告单位外（外部）实施的 R&D 活动，测度这些支出的具体步骤如下：

- 确定每个统计单位用于实施 R&D 内部支出（见 4.2 节）。
- 确定由实施单位报告的这些 R&D 内部支出的资金来源（见 4.3 节）。
- 确定由各个统计单位提供的用于外部 R&D 资金额（见 4.3 节）。不论单位是否为 R&D 实施单位，都可以为在单位外部实施的 R&D 提供资金。
- 确定不同统计单位之间的资金流量，这些资金流可能具有（或不具有）实施单位的 R&D 补偿性回流（见 4.3 节）。
- 按实施部门和资金来源部门汇总数据，可以得到整个经济总量。其他分类也应当在这一框架下编制（见 4.3 节和 4.5 节）。

国内 R&D 总支出（GERD）——一个国家的主要 R&D 指标

4.7 国内 R&D 总支出（GERD）是指在某一指定期间内，本国境内执行 R&D 的内部支出总额。

4.8 国内 R&D 总支出是用于描述国家 R&D 活动的主要汇总统计指标，它包括在经济领域内用于执行 R&D 的所有支出。因此，国内 R&D 总支出包括由国外出资（"国外"部门）且在国内执行的 R&D，但不包括用于在国外执行 R&D 的资金。"常驻"概念见第 3 章 3.3 节，有关报告境外（在境内）执行内部 R&D 的惯例见本章 4.2 节。国内 R&D 总支出是对 R&D 活动进行国际比较的主要指标。

4.9 本手册涵盖一个国家在各个主要部门（企业部门、政府部门、高等教育部门和私人非营利机构）内实施 R&D 的统计单位。本手册第 3 章提供了有关 4 个部门概括性分类定义，第 7、第 8、第 9 和第 10 章中分别描述了这 4 个部门的具体定义和特征。每个主要部门的 R&D 内部支出总量应进行编制，然后把这些部门总量数据汇总为全国总量数据即国内 R&D 总支出。对于每个执行部门来说，都应编制来自各个部门的资金来源：企业部门、政府部门、高等教育部门、私人非营利机构和国外，有关国外的定义和特征见第 11 章。为了尽可能减少重复计算，国内 R&D 总支出的编制应当基于执行部门的报告，而不是基于 R&D 资金来源的信息。执行部门最有利于确定：

- 如何有效地利用资金（例如，经费是用于 R&D 活动还是非 R&D 活动，R&D 活动的性质，构成 R&D 活动的成本要素等）；
- 实际执行 R&D 活动的年份；
- 用于 R&D 资金的直接来源。

4.2　R&D 内部支出（R&D 执行）

定义

4.10　R&D 内部支出是指在一个特定基准期内，某一统计单位内实施 R&D 的全部经常性支出（流动资本）与总资本性支出（固定资本）之和，不论其资金来源如何。

4.11　R&D 内部支出等同于一个统计单位内部 R&D 的执行经费。部门中所有统计单位的 R&D 内部支出等同于经济领域内该部门 R&D 的执行经费；所有部门的 R&D 内部支出等同于整个经济领域内 R&D 的总执行经费（GERD）。

4.12　R&D 内部支出总量中不包括外部 R&D（在统计单位外开展的 R&D）的资金或支出。为了统计各单位开展 R&D 的全面信息，从其他单位接收的且用于执行 R&D 的资金应当单独报告。为了避免重复计算 R&D 外部支出，报告单位不应报告用于外部 R&D 的资金。从 R&D 外部支出中区分内部支出可能存在一定的困难。本章为诠释这些分类提供了例证。

4.13　为支持内部 R&D 活动而在统计单位外购买的非 R&D 支出（如为 R&D 活动购买供给物或一般服务）应当计入 R&D 内部支出总量。

4.14　经常性支出和资本性支出应当都计入 R&D 内部支出总量，但需单独报告。

R&D 经常性支出

4.15　R&D 经常性支出由 R&D 人员（包括 R&D 外部人员）的劳动力成本和 R&D 的其他经常性支出构成。一年内服务和项目（包括设备）的使用和消费属于 R&D 经常性支出，每年因使用固定资产而产生的费用或租金也应属于 R&D 经常性支出。

R&D 人员的劳动力成本

4.16 劳动力成本包括支付给 R&D 雇用人员（本手册中称为"R&D 内部人员"）的报酬，如全年的工资、薪金及所有相关费用或福利。相关费用或福利除了包含养老金缴纳费用和其他社会保障支付费用、工资税等之外，还包括奖金、股票期权和假日津贴。重要的是，只有当雇用人员（内部人员）对内部 R&D 做出直接贡献时，才能将其报酬计入劳动力成本。应当特别注意这些人员不是全职从事 R&D 活动的情况。例如，不能仅仅依据人员在 R&D 单位工作，就判定他们的所有劳动力成本都用于 R&D 活动。此方面的进一步说明参见第 5 章。

4.17 劳动力成本通常是 R&D 经常性支出的最大组成部分。按人员类别（如研究人员、技术人员及同等人员、其他辅助人员）收集或估算劳动力成本数据可能有助于某些国家的统计工作。这些补充的分类也可能有助于构建 R&D 支出的成本指数。

4.18 对于在统计单位中提供辅助服务的内部人员，以及未包括在 R&D 人员中的内部人员（如保安、食堂服务人员、保洁和维护人员、单位计算机信息部门和图书馆的工作人员、直接参与辅助 R&D 工作的单位财政部门或人事部门的工作人员），他们的劳动力成本不计入 R&D 人员的劳动力成本，而应当计入其他经常性支出。

4.19 对于未受雇于统计单位但为统计单位 R&D 项目或活动提供不可或缺的、直接服务的人员，他们的劳动力成本不应当计入 R&D 劳动力成本，而应当计入其他经常性支出（定义见下文）中报告。某些情况下，在同一统计单位中很难区分 R&D 内部人员费用（劳动力成本），和在该统计单位内执行 R&D 活动的自雇人士（非统计单位人员）费用（其他经常性支出）。通常情况下，统计单位会按照合同规定，根据提供的总体服务支付给自雇人士（非统计单位人员）报酬，而不是仅仅支付给他们工资和薪金。R&D 人员分类的进一步阐述参见第 5 章。

4.20 计算博士研究生或硕士研究生的工资薪酬可能会遇到一些问题。正如第 5 章指出的，只有那些受雇于统计单位的学生，以及参与统计单位 R&D 项目或活动的学生（如研究人员或研究助理），其工资薪酬才应当计入 R&D 劳动力成本。有时，他们工作得到的劳务费会低于他们的公允价值（按照"市场价值"计算的应得费用），但在 R&D 统计中只报告了这些学生实发"薪水"和相关劳动力成本，他们的公允价值不能报告。

4.21 劳动力成本包括 R&D 人员的养老金缴纳费用和其他社会保障支付费用的实际或估算费用，这些成本在统计单位的账户中没有记录；它们可能会包含在部门内（或部门间）的交易中，但即使没有包含在这些交易中，也应当尽可能地估算这些成本。为了避免重复计算，劳动力成本不包括支付给先前 R&D 人员的养老金缴纳费用。

4.22 R&D 人员的劳动力成本也应当包括雇主的工资和相关税费，但需要扣除一般补贴或退还款。然而，一些国家会通过各种工资税工具鼓励雇用 R&D 人员。为了确保所报告的 R&D 支出不受税收支持工具选择的影响，建议在估算劳动力成本时，不要调整任何具体的 R&D 薪酬激励机制。

例如，如果 A 国通过降低工资税提供聘用税收优惠（每个研究人员的成本为"100"个货币单位，其中，把正常的税收下减少的"10"个货币单位假定成工资税补贴），B 国通过企业税收制度，使用同等的"10"个货币单位税收单独补贴聘用税。如果没有这条规则，在第一年对 R&D 支出的测度中，A 国研究人员的成本（90）会误低于 B 国（100）。而实际在这两种情况下，劳动力成本都应当记录为 100。

R&D 其他经常性支出

4.23 这类支出包括基准年内，统计单位为支持实施 R&D 项目而购买非资产性的材料、物资、设备和服务的费用。例如，水、燃料（包括煤气和电）的使用费；图书、期刊、参考资料、图书馆借阅、科学协会等的费用；在统计单位外制作小型原型或模型的估算或实际费用；实验室的材料（化学品、动物等）费用。其他经常性支出还包括基准年内，统计单位为辅助 R&D 实施而产生的专利及其他知识产权特许权的使用费或许可证使用费，资本货物租赁（机器设备等）及建筑物的租金。

4.24 某些情况下，在统计单位中很难区分购买的 R&D（在外部执行 R&D 的支出不计入 R&D 内部支出中）和为辅助内部 R&D 而获取的服务。此方面进一步的说明参见下文"不包括 R&D 的获取费用"。

4.25 R&D 其他经常性支出还包括一年或一年内实施 R&D 过程中使用计算机软件的成本，包括计算机软件中已单独确认的获取费用或许可费用，其中系统软件和应用软件的程序描述及辅助材料也包含在计算机软件内。内部软件的生产成本（如劳动力成本和材料费）也应当在此类别下报告。通过直接购买专利或办理许可证的方式可以获取外部供应商软件的使用权，使用权或许可权在一年以上的软件应在资本性支出中报告（见下文"资本化的计算机软件"）。

4.26 对于未受雇于统计单位的 R&D 参与人员，如果他们提供的直接服务是统计单位 R&D 活动的不可或缺部分，那么他们的成本也应当包含在其他经常性支出中。这类人员包括自雇人士及来自于外部组织、研究机构、企业等的现场顾问和研究人员。如果外部统计单位雇用的技术人员和其他辅助人员，对统计部门内部 R&D 执行有直接贡献，那么也应当把他们计入以上人员类别中。按照本手册惯例，为了区别于统计单位 R&D 内部人员（从实施 R&D 的统计单位中获取工资或薪金），应当把以上这类人称为"R&D 外部人员"，表明他们未从实施 R&D 的统计单位中获得工资或薪金，有关他们的成本应当计入其他经常性支出科目下的"R&D 外部人员"成本。某些情况下，统计单位为辅助内部 R&D 而购买的 R&D（外部 R&D）与获取的咨询服务（其他经常性支出）之间的区分不明确。此方面更详细的指导参见下文"与劳动力相关的内部成本与外部成本之间的区别"。

4.27 某些情况下，很难区分统计单位为辅助内部 R&D 而获取的外部人员服务（其他经常性支出，外部人员子类）和一般服务（其他经常性支出，不属于外部人员子类的一部分）。报告上述其他经常性支出都应当依据统计单位内部 R&D 财务账户所提供的详细资料，但无论如何，这类 R&D 成本数据的报告方式都应当与 R&D 人员数据的报告方式相一致。有关 R&D 人员数据处理方式见第 5 章 5.2 节。

4.28 正如第 5 章所述，对于那些参与统计单位 R&D 的项目或活动但未受雇于统计单位的博士研究生和硕士研究生，应当把他们的成本计入其他经常性支出（R&D 外部人员）总量，这些成本包括统计单位发放的研究补助或奖学金。

4.29 行政费用及其他间接费用（如办公费用、信息和通信费用、公共设施管理费用、保险费用），也应当计入其他经常性支出。如果有必要，还应当在同一统计单位中按比例分摊不属于 R&D 活动的费用，无论这些按比例分摊的间接或辅助服务的费用，是在统计单位内开展还是从外部供应商购买（或租用），都应当包括在其他经常性支出，如安保费、存储费、使用费、清洁费、建筑物和设备的维修和保养费、计算机服务和 R&D 报告的印刷费等。按比例分摊的成本应当包括中央计算机部门、图书馆的工作人员成本和中央财政或人事部门的工作人员成本，但不包括利息。

4.30 开展内部 R&D 和出资外部 R&D 的统计单位，都可能涉及筹备和监管外部 R&D 合同的行政管理费用，这些行政管理费用应当计入其他经常性支出，而不应当计入劳动力成本。政府部门、研究机构、基金会或慈善机构为了出资 R&D 而进行资金筹集、管理和分配而产生的费用不应当计入 R&D。

4.31 为了衡量《国民账户体系》的 R&D，需要分别确定购买材料和服务的费用，但是也应当考虑数据质量，以及应答负担是否会大大增加。

企业集团内 R&D 成本的分摊

4.32 在符合国际核算准则的前提下，企业集团下的一些企业（尤其是跨国公司）为了支持企业集团内部的 R&D，在不收取任何实际 R&D 回报的情况下，会对同一集团下其他企业（尤其是外国母公司）支付大笔 R&D 资金。这种"转移费用"不应当计入付款方的内部支出总量，而应当计入外部 R&D 的资金。从 R&D 执行方（集团内 R&D 款项的接收单位）角度看（如外国母公司），如果它们得到其他企业的划拨款项但不必回馈 R&D 活动，那么应当把这些资金（外部资金）计入它们 R&D 内部支出，应当归为外部来源的资金。然而，在实际情况中，在这种跨公司划拨款项的接收单位记账账户中，可能不将这些资金看作 R&D 外部资金，而是将其作为内部资金处理（类似于留存收益以资助 R&D），详见第 11 章。

间接支付的经常性支出

4.33 R&D 活动中发生的费用，通常不是由该部门支付，而是由其他经济部门的机构，通常是政府部门承担。下文是两个例证。

例 1：研究设施的租金

4.34 在许多国家，由中央机构负责为公共机构（包括大学）提供"房屋"。该机构可能不是 R&D 实施单位，因此不在调查范围内。如果该机构作为政府部门中的单位，被纳入了调查，其账户可能不反映 R&D 和其他活动之间功能上的区别。这一状况尤其与高等教育部门相关。

4.35 某些情况下，公共机构可以免费使用研究设施，并且不登记在其账户中。其他情况下，公共机构会支付给设备所有者租金。为了获得 R&D 的实际成本，原则上，与 R&D 相关的所有费用、租金都应当计入 R&D 支出数据中。若费用或租金是支付给某一单位时，则比较容易统计。如果没有这些费用数据，可能需要计算出能够体现设备使用者需要支付的费用或者

"市场价值"的数额。研究设施的租金可能计入其他经常性支出中。应当特别注意避免这些服务的供应商和接收者之间费用的重复计算问题。

例 2：研究设备的运营和维护

4.36 例如，由政府所有和维护且仅用于 R&D 活动的特殊设备，可以由政府（包括拥有该设施的机构和其他政府机构）和已批准 R&D 项目的非政府（一般为企业）执行单位共同使用。当其他政府执行单位，或者非政府执行单位使用这些设备时，支付给设施所有者的使用费，可能包括运营与维护（O&M）成本，应当计入执行单位的经常性支出。为避免重复计算，这类费用不应当由拥有该设备的政府机构报告。

4.37 如果设备的年使用率很低，但是设备的所有者为了维持设备的可用性，可能会持续支付运营和维护费用。如果不支付这些费用，那么 R&D 项目中政府所有者或其他人员都不能使用此 R&D 设备。如果这种维持费用不由使用该设备的政府和非政府执行单位承担（或者通过其他间接方式支付），那么可能将它们作为内部支出，计入拥有该设备政府单位的其他经常性支出。

折旧及摊销费用（不计入 R&D 内部总量）

4.38 R&D 中有形资产的折旧费和无形资产的摊销费都不应当计入 R&D 内部支出总量。但是，这类固定资产费用在报告单位 R&D 内部财务账户中报告，往往将它们计入其他经常性支出。

4.39 为避免对 R&D 调查情况的错误报告，本手册建议把折旧费或摊销费加和，计入一个独立科目，与 R&D 成本类别相区分，或者至少指明这些费用不应当计入 R&D 内部支出总量。

估算 R&D 支出的原则：购买者价格

4.40 R&D 支出总量应当按照购买者价格进行收集和报告。购买者价格是指买家支付的金额，不包括增值税（VAT）和类似税费的抵扣额。

购买者价格反映转移到用户的实际成本。这意味着在 R&D 中使用的货物和服务的资本性支出和现值估价是由报告单位支付的总价格，其中总价格又包括有关产品的各种税费，税费提高了支付价格，增强了购买产品的各种补贴带来的降价效应。

例如，某企业在实施 R&D 过程中购买了"100"（货币单位）价值的材料。其中"60"用于购买税率为 10% 的材料 A，"40"用于补贴率为 4% 的材料 B。此外，还有 15% 全额抵扣增值税。在这种情况下，R&D 成本就是 100+60×10% −40×4% = 100+6−1.6=104.4。15% 可抵扣增值税不会影响 R&D 成本的测度。

可抵扣的增值税（不计入 R&D 内部总量中）

4.41 统计单位应当注意，报告的估算范围不包括产品的可抵扣税费，如某些情况下的增值税。市场生产者可以通过对客户开具增值税发票抵减自己应当缴纳（对政府）的增值税，收回自己在购买时支付的可抵扣增值税。记录增值税的网络系统，应当与《国民账户体系》保持一致，并且便于国际对比。此网络系统中记录的增值税应当是买方记录，而非卖方记录，而且只针对不能抵扣增值税的购买方。

4.42 在企业部门中，单独记录增值税进项税额是企业标准核算程序的一部分。如果在市场上销售产品计提增值税销项税额时，单独记录的增值税进项税额则可抵消。这一准则同样适用于营业额可能暂时不足以弥补缴纳的增值税的公司。建议统计单位在报告其 R&D 支出总量时，对此做出必要调整。在政府部门中，增值税进项税额通常是可抵扣的，应当单独确认。

4.43 高等教育部门和私人非营利机构的情况会更加复杂。它们包括为 R&D 项目购买货物和服务产生的增值税，这部分增值税可能不能抵扣。因此，应答单位中将这部分增值税视为其支出的合法部分。对于这些部门，国家应当尽力将可抵扣的增值税，从支出数据中分离出来。本手册建议在国际对比数据中，不应当包含可抵扣的增值税。

R&D 资本性支出

4.44 R&D 资本性支出是指在 R&D 实施过程中，用于支付能够在一年以上重复或连续使用的固定资产的年度总支出。不论这种固定资产是由内部研发还是外部获取，其支出应当全部计入相应报告年度的 R&D 资本性支出，并且不应当归为折旧。

4.45 "资本性支出"包括与获取或形成固定资产相关的购买成本及其他成本。一般情况下，固定资产包括有形（也称为实物）固定资产（如建筑物、运输设备、其他机械设备等）和无形固定资产（如计算机软件和矿产开采权）。

4.46 测度 R&D 资本性支出侧重于 R&D 资本的可追溯交易，而不是拥有或使用 R&D 资产的经济成本。实施内部 R&D 过程中，使用第三方所有的资产而产生的成本应当计入 "R&D 其他经常成本"，R&D 资本性支出应当在"获取"的基础上以一个独立类别加以报告。为了避免重复计算 R&D 资本性支出，对于建筑物、厂房和设备及无形资产折旧费和摊销费，无论是实际的还是估算的，都不应当在 R&D 内部支出中加以报告（见前文关于折旧费和摊销费的段落 4.38～4.39）。

用于 R&D 的固定资产类型

4.47 与 R&D 资本性支出密切相关的资产分类如下：
- 土地和建筑物；
- 机械设备；
- 资本化的计算机软件；
- 其他知识产权产品。

土地和建筑物

4.48 此类别包括为开展 R&D 活动而购置的土地（如测试场地、实验室和中试工厂用地）和建造或购买的建筑物，还包括一些重大扩建、改建和修理。由于在国民账户中，建筑物是生产性资产，土地是非生产性资产，因此，应当尽可能地单独确认土地和建筑物的 R&D 支出。

4.49 当混合使用购买或建造的新建筑时，这些资本性支出的 R&D 成分往往是难以量化的。因此，在 R&D 支出的统计编制中，往往忽略这部分成分。关于如何估算这些资本性支出的 R&D 成分，见下文"识别用于 R&D 的资本性支出"中的说明。

4.50 购买新研究设备的费用往往包括在新建筑物的费用中，而没有在报告单位的核算记录中单独列出，这可能导致低估 R&D 总资本性支出中的"仪器和设备"部分。应当明确鼓励报告单位单独确认这部分费用，并把这些采购设备包含在相关固定资产的类别中。

机械与设备

4.51 此类别包括用于实施 R&D 的（即资本化的）主要机械设备。为了便于国民账户测度 R&D，机械与设备的支出应按更详细的细目分类（如"信息通信设备"和"交通运输设备"）。但也应考虑到数据的质量，以及应答负担是否会大大增加。

资本化的计算机软件

4.52 此类别包括在 R&D 执行过程中，使用时间超过一年的计算机软件所产生的费用。它包含长期许可证或获取单独授权的计算机软件，其中涵盖与系统和应用软件程序有关的说明性和辅助性材料。内部开发软件的生产成本（如劳动力成本和材料费用）应当计入该类别下。可以通过直接购买版权或许可权的方式使用外部供应商的软件。对于使用或许可时间为一年（或更短时间）的软件，其成本应当计入 R&D 经常性支出（见上文"R&D 其他经常性支出"）。

其他知识产权产品

4.53 此类别包括用于执行 R&D 的专利、长期许可证或其他无形资产的购买成本,并且这些专利、长期许可证和无形资产的使用时间需超过一年。单位内部财务账户中报告的其他无形资产,如营销资产或商誉,不应当纳入此类别中(见下文"与《国民账户体系》资本投资进行对比"相关内容)。

区分经常性支出和资本性支出的常规方法

4.54 在测度实际 R&D 资本性支出时,一般不包括小型工具和仪器的使用费用,以及小幅改造或改建现有建筑物所产生的费用。在大多数核算系统中,这些项目往往计入经常性支出账户。由于各国的税制不同,且同一国家内公司和组织的核算制度也不同,因此,对项目"小"与"大"的界定会存在稍许差异。这些差异很少是显著的,在实际调查中,没必要也不可能遵守任何严格的划分标准,因此,应当依据国家惯例划分经常性支出和资本性支出。尽管如此,在有些国家中,如果把一些十分昂贵的原型(如飞机)或具有有限寿命设备(如发射火箭)的支出认定为经常性支出,应当在惯例中特别注明。

4.55 购置图书、期刊和年鉴的费用应当计入 R&D 其他经常性支出,而购买整套丛书、大量藏书、期刊和标本等的费用应当计入主要设备的支出总量中,特别是新成立机构购置这些物品的费用。

识别用于 R&D 的资本性支出

4.56 有时,在购置固定资产时可能已经知道固定资产中的 R&D 成分。在这种情况下,应当将用于购置资产的资本性支出中的适当部分归为 R&D 资本性支出。但在大多数情况下,很难确认资产中的 R&D 成分。购置的固定资产可用于多项活动,不受 R&D 和非 R&D 活动的制约

(如计算机与相关设施，用于 R&D、测试和质量控制的实验室），原则上这些费用一定应当按比例摊销到 R&D 与其他已有的活动中。这个比例可以基于使用设备的 R&D 人数与总人数的比值，也可以基于行政计算数据（如 R&D 预算中用于资本性支出的比例、分配给 R&D 的时间或房屋面积的一定比例）。

4.57 有时，统计单位（通常是政府机构或大型企业）对"新类型"或具有新功能的大型固定资产进行主要投资，由于这些大型固定资产对创新活动有着潜在的贡献，因此，报告单位可能倾向于将与它们有关的所有建设费用都计入 R&D 中。但是，为了便于国际对比，只有那些特别确认用于 R&D 的资本成本才应当计入 R&D 内部支出中。一般情况下，应当把这部分成本计入 R&D 资本性支出，而不是 R&D 经常性支出。

用于 R&D 资产的出售

4.58 在出售或转让为最初执行 R&D 所购置的固定资产时，会出现重复计算问题。虽然固定资产的这种处理可以看作对 R&D 的减资，但是不应当调整已记录的资本性支出。统计单位也不能相应地减少本年度或以前年度（记录资本费用的年份）的 R&D 资本性支出。因为当前的修改可能会导致异常，如 R&D 内部负支出。同时，修改以前数据不仅有困难，甚至会引发混乱。一般情况下，为了避免对 R&D 的重复计算，国内其他 R&D 执行单位因购买二手 R&D 设备所产生的费用，不应当计入 R&D 支出。在有些情况下，出售的资产可能用作其他用途，或者转让给国外的 R&D 执行单位，这种情况下不会产生对 R&D 重复计算的问题。

4.59 表 4.1 简要总结了上述支出类别。各国的具体情况决定了所收集信息的详细程度。

表 4.1　R&D 内部支出类别汇总

内部支出总计[1]
经常性支出
　R&D 内部人员的劳动力成本
　其他经常性支出
　　R&D 外部人员
　　购买服务，但不包括 R&D 外部人员（可选类别）
　　购买材料（可选类别）
　　其他，未分类的支出（如一般管理成本）
资金性支出
　土地和房屋
　　土地（可选类别）
　　房屋（可选类别）
　机械设备
　　信息和通信设备（可选类别）
　　交通运输设备（可选类别）
　　其他机械设备（可选类别）
　资本化的计算机软件
　其他知识产权产品

注：1. 折旧不应当包括在内部支出总量中，应单独报告。

主题与挑战：内部 R&D 总量的编制

不包括 R&D 的获取费用

4.60 报告统计单位或部门的 R&D 内部支出中不应当包括用于获取其他单位或部门 R&D 所产生的费用。对于获取与 R&D 内部活动相关所产生的服务费用，可能难以从概念上归为 R&D 内部支出还是 R&D 外部支出。如果这些服务是合同中的独立 R&D 项目，不受出资单位项目经理给出的详细规格影响，那么多数情况下可以将这些支出视为 R&D 外部支出。如果它们是单位内部 R&D 所必需的工作任务（不一定是 R&D 所必需的）但已承包出去，那么一般情况下将与其相关的成本视为 R&D 内部支出（R&D 其他经常性支出）。

4.61 对于大型企业而言，很难从 R&D 外部支出中区分 R&D 内部支出。在符合国际核算标准的情况下，只要实施 R&D 是"为提高公司效益"，那么它们在有关 R&D 费用的年度财务报告中，通常会将用于内部 R&D 和外部 R&D 的内部资金合并在一起进行报告。为了尽可能地降低用于内部 R&D 的资金和用于外部 R&D 的资金出现不一致的可能性，各国应当按照本手册给出的建议为报告单位提供明确的指导。

与劳动力相关的内部成本与外部成本之间的区别

4.62 如果外部人员（自雇人士或通过其他统计单位雇用的人）完全投身于报告统计单位的 R&D 活动，并且他们的工作由该执行单位所管理，那么对这些人员所支付的费用应当包含在内部 R&D 的其他经常性支出中，但最好是单独计入 R&D 外部人员的子类别中。本手册建议单独明确这些"非雇员"的人数和相关的全时工作当量，而不能把这些总量计入实施单位雇员总量中（见第 5 章）。为了避免重复计算，雇用这些外部人员的统计单位不应当以 R&D 成本和 R&D 人员对这些总量进行报告。

4.63 对完成具体任务（所得）中提供 R&D 的咨询所产生的成本 [该特定任务（所得）不是报告单位 R&D 项目的一部分]，应当计入接收 R&D 的报告单位的 R&D 外部支出。雇用这些咨询的统计单位，应当将此项活动产生的成本作为 R&D 内部支出加以报告。

4.64 长期在国外工作的人员是个特例。他们从事此类活动所产生成本在国内单位通常作为 R&D 外部支出（在国外执行）加以报告。而国外的单位却将这些成本报告为 R&D 内部支出的一部分。本手册建议不要精确地定义"长期"任务这一概念，它可能取决于主办机构的合同或管理安排。

确认在国家领土外执行的内部 R&D 活动

4.65 R&D 内部支出的概念是用来测度常驻于编制国国内统计单位的 R&D 活动。但是，有些支出可能产生于企业外部，甚至国外。例如，R&D 内部支出可能包括：

- 从事海洋生物研究的浮式海洋考察船研究支出；
- 跨国企业母公司的工程师在其国外子公司中从事短期工作而产生的成本，其中，这个国外子公司是由国内母公司持续为员工支付工资和费用；
- 在南极洲上为维护和使用长期研究所产生的成本；
- 高等教育研究人员进行国外实地考察的成本。

4.66 在对发生在编制国境外的内部 R&D 进行分类时，应当优先考虑活动的组织结构，而不是活动发生的地理位置。为这种分类提供精确的指导有一定难度。如果统计单位在 R&D 活动中投入了自己的资金和 R&D 人员，那么发生在国外的内部 R&D 至少应当包括统计单位为实现自身目标而实施的 R&D。此处的 R&D 必须由报告单位负责执行，而且报告单位必须符合第 3 章（部门与分类）中描述的经济常驻标准。

内部 R&D 的不完整及不准确报告

4.67 统计单位执行的所有 R&D 活动都应报告。很多原因致使未能完全涵盖统计单位的 R&D 活动，常见原因：

- 虽然 R&D 发生在统计单位内，但不属于具体的 R&D 部门，如中试工厂或初始生产准备，或在一般的技术开发活动期间。
- 为了开发特定产品，R&D 活动被完全整合在某一开发合同中（例如，当一个相对少量的 R&D 成分包含在一个非常大的战斗机国防采购中）。
- 由消费者出资的 R&D（研究合同），不能视为在执行单位的财务账户中的 R&D（但可能作为出售技术服务的费用）。

4.68 有效解决以上问题是个挑战。统计部门通常使用的解决办法是在数据检索和数据确认期间积极跟进受访者。然而，对于受访者和统计部门来说，统计单位的核算系统可能缺乏所需的 R&D 支出详细信息，或者是对于受访者来说，提供所需详细支出信息负担过重。

4.69 另外，由于种种原因，还存在很多夸大报告 R&D 数据的情况。统计单位在其财务账户中记录的创新支出，可能远远超出其 R&D 活动水平。例如，它们可能把所有信息技术成本和 R&D 人员培训成本看作 R&D 成本，即使这些成本与 R&D 并没有实际关联。

4.70 企业集团特别是跨国企业集团，存在多种误报 R&D 的可能。例如，公司间的转让和公司特定的成本分摊规定，使得收集准确的 R&D 支出总量变得更加复杂（见第 11 章 11.3 节）。

按服务测度 R&D 资本性支出

4.71 R&D 可以是服务活动也可以是服务产出成果。正如前文所述，R&D 总支出是通过汇总统计单位的 R&D 成本（内部支出）所得。这些支出是指在同一基准期内，用于人员和其他非资本项上的资金额，与在执行 R&D 中可以重复使用的固定资产的总金额之和。在特殊情况下，统计单位在基准期内唯一与 R&D 相关的活动，是为未来的 R&D 活动中使用的新建筑付款。这些实际资本性支出，在当前基准期内以服务活动（执行）加以报告。未来，R&D 使用建筑物的情况，将不会计入内部 R&D 中。了解这些报告惯例将有助于解释 R&D 支出总量，也有助于对不同来源下编制的 R&D 总支出进行比较，包括在国民账户和跨国公司内的 R&D 报告（见第 11 章）。

与《国民账户体系》资本投资进行比较

4.72 本手册中 R&D 资本性支出的核算不同于《国民账户体系》。

2008 年版的《国民账户体系》将无形固定资产更名为"知识产权产品",并为了包含 R&D 从而扩大了生产性资产的范围。因此,《国民账户体系》中认为 R&D 是资本性资产,其使用的 R&D 生产和投资措施是基于对上一版《弗拉斯卡蒂手册》R&D 内部数据而进行的调整。相比之下,本手册中使用的 R&D 资本概念,是指为实施 R&D 而对有形资产和无形资产支付的年度总金额。本手册中的 R&D 支出总量在概念上近似于《国民账户体系》中的 R&D 总产出。但在其他方面,这两个措施(生产和投资)对 R&D 资本性支出的处理方式(与 2008 版《国民账户体系》)不同(经合组织,2009)。

4.73 本手册把资本性支出计入内部支出总量(折旧费除外),而《国民账户体系》单独处理各项资本投资支出(各资产的资本账户),且包含对现有资本使用成本的测度。现有资本的使用成本既包括资本资产的机会成本,也包括折旧费和摊销费。(手册中描述的)统计部门测度 R&D 执行(R&D 内部支出)时未考虑类似的调整。关于这两个框架更多的详细说明,见本手册在线附录,网址为 http://oe.cd/frascati。

4.3 R&D 资金

4.74 R&D 及支付 R&D 成本的资金会在单位、部门和国家之间流动。为了满足政策制定者、分析者及国家核算人员(负责 R&D 资本化)的需求,应当努力追踪各类 R&D 资金流和资金类别,从资金的初始来源到资金的最终去处。

4.75 从执行的角度来看,统计单位用于执行 R&D 的资金既可以来源于统计单位自身(内部)也可以来源于统计单位外(外部)。4.3 节将进一步明确内部资金和外部资金的概念。

4.76 从资金的角度来看,R&D 资金既可以支付统计单位内(内部)实施 R&D 的费用,也可以支付统计单位外(外部)实施 R&D 的费用。

4.77 R&D 资金可以在不同统计单位间流动，或者有（交换）或者没有（转移），来自执行者的补偿性 R&D 回流。4.3 节将进一步明确 R&D 交换资金和转移资金的概念。

4.78 R&D 活动经常会使离散的执行单位和资金类别交叉在一起，导致很难准确地确认执行者及 R&D 资金来源。例如，根据合同规定，政府的研究实验室可能会给航空航天公司提供 R&D 资金，而该航空公司可能会将部分资金用于购买另一个专门从事研究服务公司的 R&D，航空航天公司还可能使用部分内部资金从服务公司处购买定制 R&D，并将此 R&D 项目运用到内部项目中。判别出资者和执行者的过程很复杂。当出资单位的所有外部 R&D 是部分执行单位的内部 R&D 时，判别过程会更加复杂。为了避免 2 倍甚至 3 倍重复计算 R&D 支出，或者将它们完全漏算，应当注意明确规定每个报告类别的含义。

测度 R&D 资金流的方法

4.79 R&D 和 R&D 资金流可以使用两种方式测度。第一种是以实施单位为基础，报告某一统计单位（或部门）在特定基准期内为执行内部 R&D 而接收的来自另一统计单位（或部门）的资金总和。早于先前时期执行 R&D 活动的资金或尚未开始 R&D 活动时收到的资金应从这一时期报告的资金来源中剔除。第二种是以出资单位为基础，报告某一统计单位（或部门）在特定基准期内为实施 R&D 活动而支付或承诺要支付给另一统计单位（或部门）的资金总和。

4.80 在收集 R&D 数据时，本手册强烈推荐使用以 R&D 执行单位为基础的报告。执行单位能更好地了解资金是否真正用于 R&D、已使用资金的总量与来源，以及开展 R&D 活动的年份，但是以出资者的报告可能更有利于了解单位的 R&D 资金意图。

4.81 表 4.2 总结了 R&D 实施单位和 R&D 资金来源的交集。报告中单元（i）与单元（ii）的金额之和表示 R&D 内部支出总量及这些资金的来源（由执行单位报告）。单元（iii）表示为了外部 R&D 的实施而支付或转移给其他单位的金额（由出资者报告）。

表 4.2 执行和出资 R&D 的交集

	单元内执行的 R&D	单元外执行的 R&D
资金的内部来源	(i) 使用内部资金执行内部 R&D	(iii) 使用内部资金出资外部 R&D
资金的外部来源	(ii) 使用外部资金执行内部 R&D	(iv) 使用外部资金出资外部 R&D

4.82 单元（iv）表示一个接收单位从第二个"原始"单位接收的资金，即随后支付或转移给（分包或者子合同）第三个子接收单位，并用于外部 R&D 执行的资金。为了避免重复计算，子接收单位应当将（iv）中由"原始"单位出资的资金作为 R&D 内部支出加以报告。原则上外部资金的初始接受者不应当在任何 R&D 总量内加以报告。国家统计局应当在 R&D 调查中明确提出，从报告的总量中识别和剔除诸如"直通"这类的 R&D 资金。

R&D 及 R&D 资金流动的原理示意图

4.83 图 4.1 从 R&D 实施单位的角度出发，阐明了 R&D 及用于 R&D 资金的各种可能流向。这些流动资金可用于测度某个统计单位、部门或国家的 R&D 执行情况。应当明确指出，用于 R&D 的资金流不同于 R&D 流量，转移资金不需要 R&D 补偿性资金回流。

4.84 从执行 R&D 的统计单位角度来看，应当调查图 4.1 中的区域 1 和区域 2。在首先确定单位已经开展了多少项 R&D 活动后，需要回答"资金从何而来？"这一关键问题。R&D 资金的来源可分为两大类：内部来源（图中的区域 1）和外部来源（图中的区域 2）。外部来源，或者从统计单位以外获得的资金，应当按 R&D 出资部门进行划分。参见本节

"R&D 的资金来源"。

4.85 从出资 R&D 的统计单位角度来看，应当调查图 4.1 中的区域 1 和区域 3。回答"资金去哪了？"这一关键问题。R&D 资金的接收者分成两大类别：自己的单位（图中区域 1）和外部接收者（图中的区域 3）。外部接收者或者外部 R&D 资金提供者，应当按 R&D 执行部门进行划分。参见本节"测度用于外部 R&D 的资金"及"R&D 出售和购买"。

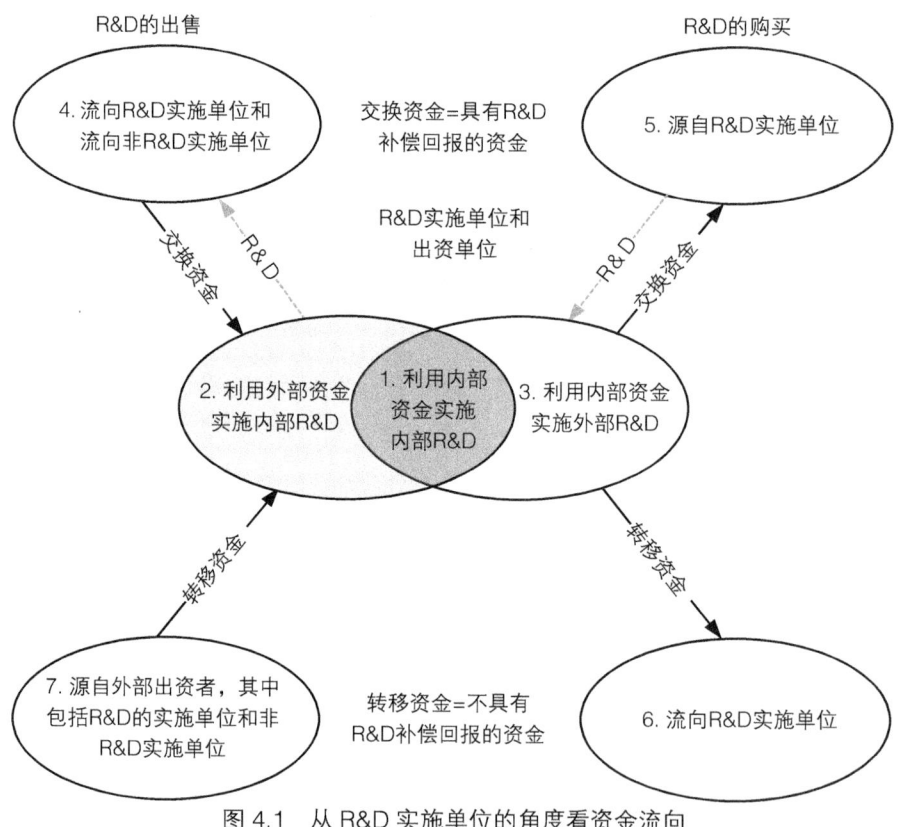

图 4.1 从 R&D 实施单位的角度看资金流向

4.86 图 4.1 的解释如下：

某单位执行的 R&D（R&D 内部支出总量 = 执行）：

(1) = 本单位执行的 R&D 及出资的 R&D（利用内部资金）；

(2) = 本单位使用其他单位资金（使用接收的外部资金）执行的 R&D；

(4) = 交换（如执行用于出售的 R&D）；

(7) = 转移（如补助金的接受者，被授予者）。

某单位用于 R&D 的资金：

(1) = 本单位用于执行内部 R&D 的资金（由本单位执行的 R&D）；

(3) = 本单位用于外部 R&D 的资金（由其他单位执行的 R&D）；

(5) = 交换（如 R&D 购买）；

(6) = 转移（如补助金来源，资金授予者）。

4.87 为了避免重复计算（无论是对 R&D 支出总量还是对出资总量而言），某单位用于其他外部实施单位开展 R&D 活动（外部 R&D）的资金，只包括本单位的内部资金。单位接收并随后转移给其他人的外部资金，不应当包括在本单位用于 R&D 的资金。确定这一点对于单位来说是一项挑战。

4.88 为了保证报告的完整性，R&D 执行单位在为其他单位提供 R&D 时，可能不需要任何补偿性的资金回流。例如，R&D 执行单位很可能向开源社区免费提供 R&D。

资金的内、外部来源

4.89 用于支付 R&D 执行成本的资金可能源于单位内（内部）或单位外（外部）。

内部资金

4.90 如何界定实施 R&D 的内部资金，取决于报告单位所在的部门，一定程度上取决于国家考虑。R&D 内部资金是指用于执行 R&D 且初始来源由报告单位所控制的资金。R&D 内部资金不包括虽明确用于 R&D

内部但来自于其他统计单位的资金。"内部资金"优于"自有资金",因为一些受访者对后者的理解更广泛。例如,一旦把研究补助给予研究项目人员,研究项目人员可能会误将(从本手册中使用的惯例来看)公共资金视为"自有资金"。

4.91 在企业部门中,内部资金包括诸如储备金或留存收益(尚未被重新分配股息的收益)、单位内普通产品的销售收入(R&D 除外)及以股权形式筹集的资金、债务或其他混合工具(如对金融市场的资金投入、银行贷款、风险投资等)。政府之前为鼓励 R&D 而从所得税中抵扣的资金也属于内部资金,因为它们不需要在当前基准期内用于 R&D 活动(见下文的"鼓励 R&D 的税收政策")。

4.92 在高等教育部门中,内部资金包括诸如学生学费、从捐赠和终身学习中获得的收入及提供其他服务的收入。根据国际比较惯例,公立一般大学资金(政府资助高等教育机构的一种类型)不属于内部资金(见第 9 章)。

4.93 另外,研究机构可以通过收取特许权使用费和出售货物和服务的形式来支持 R&D。虽然这些资金源自于其他单位和部门,但不应当把它们作为 R&D 交换而应当作为"留存收益",因为货物和服务的购买方并没有打算为 R&D 提供资金。

4.94 注意,"单位内部实施"并不等同于"资金来源于内部"。二分法明确指出,并非所有内部实施活动使用的都是内部资金(图 4.1)。

外部资金

4.95 R&D 外部资金是指用于开展 R&D 且初始来源不由报告单位所控制的资金。

4.96 先前从其他统计单位接收的且用于开展 R&D 的资金,或者尚未开始用于执行 R&D 的资金,不应当在当前基准期内报告,而应当在 R&D 执行期内加以报告。

4.97 应当明确指出，来源于赠款、礼品和慈善活动且明确用于 R&D 的资金属于外部资金。尽管接收单位对这些资金如何使用，以及何时用于具体 R&D 内部活动有很大的自主权，但是这些资金对于接收单位来说，仍然属于外部资金。这些资金应当在 R&D 执行期内加以报告（可能会涵盖多个报告期），而不是在接收赠款、礼品、慈善捐助的时期内报告。个人对 R&D 慈善的捐助，特别是对特定疾病研究领域的捐助日渐增长。正如第 3 章和第 10 章所述，私人非营利机构（其中包括个体），当接收单位并未要求（或期望）一定将上述资金用于 R&D 研究，而是自己决定将其用于实施 R&D 时，应当把这些资金归为内部资金。

4.98 根据国际惯例，一般大学资金应当作为外部政府资金加以报告（见第 9 章）。

4.99 根据国际惯例，从同一企业集团内的其他企业接收的 R&D 资金，应当作为外部资金加以报告（见第 7 章 7.7 节）。

鼓励 R&D 的税收措施

4.100 有些政府，主要在中央（联邦）层面或区域（地方）层面以鼓励出资 R&D 或开展 R&D 为目的，为企业提供专门的税收减免。虽然这种税收减免是支持 R&D 的一种公共资助形式，但是这种支持的资金额不应当包括在用于执行 R&D 的政府资金来源报告中。第 13 章为单独测度这种支持类型提供了指导。而关于 R&D 税收优惠措施对计算劳动力成本的潜在影响，参见本章 4.2 节。

4.101 目前的一个主要问题是，在给定期间内申请支持的企业（或机构）潜在转移的资金额和税收减免额，通常与过去 R&D 活动相对应。在决定对 R&D 投资的时候，一般不能精确地了解减免的具体额度。由于在厘清税收支持和 R&D 执行二者关系时，会存在一些实际困难，所以本手册建议把为获得未来收益或税收减免，或期望实现对过去执行的当期索赔而出资的 R&D 执行成本，作为内部资金加以报告。

4.102 在基准期内，单独报告与税收激励措施相关的资金（与 R&D 内部支出分开），可能有利于了解：①期望从 R&D 税收激励体系中获得的未来税收减免额或未来补偿额；②在基准期内得到的退还税款或放弃税额。有些国家希望在 R&D 调查中加入有关税收的问题，这种情况下应当确保这些问题不会扰乱内部 R&D 的报告，并且不会扰乱受访者所需报告的资金来源分类。

4.103 在一些国家，税收激励是政府支持 R&D 预算政策的明确部分，这也符合 R&D 出资的可预见模式。在这些国家的调查中，可能会包括单独科目来确定基准期内报告 R&D 实施的税收支持级别。出于国内报告的考虑，一些国家可能将这些款项归为政府资金。然而，国际上并没有把这些资金归入政府资金，而是把它们报告为内部资金。如果确实要将这样的税收收益报告为政府资金，那么为了确保国际一致性，应当遵循第 13 章中的指导，分别列明这些金额，这样同时也可以避免重复计算税收支出数据。

R&D 的资金来源

4.104 表 4.3 标明了应当从 4 个主要 R&D 执行部门的调查中收集（如果这样做有所关联且切实可行的话）详细资金来源，其中 4 个部门包括：企业部门、政府部门、高等教育部门和私人非营利机构。从广义上讲，R&D 资金有 5 个主要来源：企业部门、政府部门、高等教育部门、私人非营利机构和国外。每个部门都可能收集到额外的资金细类。R&D 执行部门对各种资金来源的侧重不同（以及所收集资金细类的水平），并且也可能因国家具体情况而异。

4.105 用于执行 R&D 的内部资金应当根据 R&D 统计单位所在的执行部门进行分类。

4.106 支持内部 R&D 的一般大学资金，不应当包括在政府其他直接资金中（支持高等教育部门执行 R&D），而应当单独报告（见第 9 章 9.4 节）。

4.107 对于政府部门，应当为中央（联邦）代理机构和省（州）代理机构中的 R&D 实施单位设计有针对性的调查。

4.108 "国外"的资金来源包括各类别的"国际组织"，这些"国际组织"包括超国家组织。各国将会确定不同的国际组织作为其相关的资金来源。例如，欧盟的成员国可能包含诸如"欧盟机构和其他团体"的资金类别。

表 4.3 在 R&D 实施单位调查中应当收集的资金来源

资金来源	被调查统计的实施单位			
	企业部门	政府部门	高等教育部门	私人非营利机构
企业部门	×	×	×	×
自有企业（内部资金）	×	—	—	—
同一集团下的其他企业	×	—	—	—
其他非附属企业	×	—	—	—
政府部门	×	×	×	×
自有代理机构、部、机构（内部资金）	—	×	—	—
中央或联邦政府（一般大学资金除外）	×	×	×	×
省或州（一般大学资金除外）	×	×	×	×
一般大学资金	—	—	×	—
其他政府部门	×	×	×	×
高等教育部门	×	×	×	×
自有机构（内部资金）	—	—	×	—

续表

资金来源	被调查统计的实施单位			
	企业部门	政府部门	高等教育部门	私人非营利机构
其他高等教育部门	—	—	×	—
私人非营利机构	×	×	×	×
自有机构（内部资金）	—	—	—	×
其他私人非营利机构	—	—	—	×
国外	×	×	×	×
企业部门	×	×	×	×
同一集团下的企业	×	—	—	—
其他非附属企业	×	—	—	—
政府部门	×	×	×	×
高等教育部门	×	×	×	×
国外分校	—	—	×	—
其他高等教育部门	—	—	×	—
私人非营利机构	×	×	×	×
国际组织	×	×	×	×
实施单位的总支出	×	×	×	×

注：×：将收集和报告此项来源的 R&D 资金；—：与此部门中实施单位不相关的资金来源。

R&D 资金的转移与交换类型

4.109 统计单位间会有资金流动，一种资金流（交换资金）从实施单位处获取实际或预期的 R&D 补偿回报，一种资金流（转移资金）不从实施单位处获取的实际或预期的 R&D 补偿回报。为了更好地满足政策使用者及《国民账户体系》统计的需求，本手册建议国家以这两种资金流类型来报告 R&D 内部支出总量（源自外部的资金）。如果应答负担及数据质量要求允许的话，可以收集不同类别的信息以用于追踪每项外部资金的来源。

4.110 在调查 R&D 实施单位时，本手册建议使用转移和交换的实例（如拨款和外包），而不是使用"转移"和"交换"的术语，这将会在很大程度上降低误解。

R&D 转移资金

4.111 R&D 转移资金是指在实施 R&D 的过程中，从一个统计单位流向另一个统计单位的一种资金，它不需要任何货物或服务作为回报，并且出资单位在它们所出资 R&D 产出中没有任何特殊权利。为 R&D 提供转移资金的单位可能会对实施单位提出某些条件，例如，定期报告、遵守协议中活动或项目要求，甚至要求其公开发布研究成果。转移资金的例子包括拨款、债务减免、慈善活动、众筹（除非它需要新产品的折扣价格）和个人转让，如以礼物形式或以一般大学资金形式（按照国际比较惯例）。本手册建议应当根据用于实施 R&D 的最初来源来确认这些资金是否为转移资金。通常情况下，R&D 实施单位将对 R&D 成果保留大部分权限，这也诠释了 R&D 资金的转移本质。

4.112 很多情况下，一些机构将用于 R&D 的实验室设备（或材料）转移给本部门其他机构，或转移给位于编制国内部或外部的跨部门机构。例如，政府或私人非营利机构通过国际援助渠道所提供的此类 R&D 设备。这样的"类别"转移并不涉及货币流动，因此，不应当包括在 R&D 内部支出总量或 R&D 外部支出总量中。然而，从国家报告和分析的角度来看，很多国家发现单独识别此类捐赠物的"市场价值"并编制实施单位报告的总量大有裨益。但是，如前所述，为了便于国际比较，本手册建议不应当把它们包括在 R&D 总量中。

R&D 交换资金

4.113 R&D 交换资金是指为了实施 R&D 并交付相关研究产出，从一个统计单位流向另一个统计单位的一种资金。出资单位会因项目的不确定性而承担交付风险。例如，R&D 购买（从实施单位角度是 R&D 出售）、R&D 外包及对 R&D 协议合作中所做的贡献。

4.114 R&D 购买是 R&D 交换资金中最常见的一种形式。它包括支付给研究服务企业（或者其他按照合同实施 R&D 的单位）的资金。从接收资金的单位角度来看，R&D 购买属于来源于外部出资的内部支出的一部分。某些情况下，R&D 出资单位可能会通过合同或采购，放弃一些研究产出的权利。例如，政府部门可能授予实施单位关于知识产权的优惠权利，但条件是政府为达到自身内部目标而保留对 R&D 产出的使用权。尽管存在隐含的转移因素，但仍需将这种情况视为 R&D 交换资金。

4.115 通过采购合同出资 R&D 项目的政府代理机构，可能转交出有关 R&D（已经同实施单位签订合同）的所有权利。这样的权利是出资者的特权，仍需将出资 R&D 活动的交易视为 R&D 交换资金。在划分内部 R&D 的范畴之外，R&D 知识以单独转移的方式向社会转移。

4.116 追踪交换资金的流向可能有助于满足那些关注 R&D 外包活动的政策分析者和经济研究人员的需求。服务外包是指把通常在公司内部开展的核心或辅助业务，全部或部分转移到无关联的外部供应商或国内外的下属企业的活动。国际外包有时也称作"离岸外包"。

4.117 原则上，应当把单位用于 R&D 合作项目中的内部资金（支持单位积极参与 R&D 合作项目）计为单位的内部支出。每项参与单位报告的 R&D 资金，等同于单位对该合作项目所做的贡献。如果一个单位在项目中具有主导地位，那么该单位就可以把 R&D 总量报告为内部支出，而其他参与单位需将它们的资金（如阶段性付款和分摊费用安排中产生的成本）报告为支持外部 R&D 而支付给主导单位的资金。但是，如果主导合作项目的联盟或合伙人是一个特有的、独立的法人实体，那么就需将其视为一个单独统计单位，并且所有合伙人所做的贡献都应当计为外部 R&D 资金。

测度用于外部 R&D 的资金

测度外部 R&D 的重要性

4.118 为了更充分地理解 R&D 实施单位和 R&D 出资单位之间的资金流动，本手册建议各国在用于外部 R&D 资金总量的基础上，收集所有单位的内部 R&D 数据。在实际操作中，国家也应当收集交换资金和转移资金之间的其他条目信息，并确定这些资金的接收部门。在 R&D 实施单位的调查中，设计一个或多个关于资金类型的问题来收集这些数据。这些问题将解决图 4.1 区域 3 中的信息。

4.119 汇总个体统计单位的 R&D 内部支出与用于外部 R&D 的资金（图 4.1 中区域 1、区域 2、区域 3 之和），需要一个能够反映 R&D 活动总量的更加完整的构图。然而，为了避免重复计算，在一个部门或者国家中，汇总 R&D 内部支出和 R&D 外部活动支出没有任何意义。原则上，一个统计单位的外部 R&D 是另一个统计单位的内部 R&D。

与外部 R&D 活动相关的测度问题

4.120 同交换资金和转移资金接收者的情况一样，当对调查问卷中的资金概念使用更熟悉的术语进行描述时，回答调查问题的出资单位会产生较少的误解。

- 从 R&D 购买单位的角度出发，通常将交换资金视为"R&D 外部支出"。

- 从 R&D 出资单位的角度出发，通常将转移资金视为"用于外部 R&D 执行资金"。

4.121 对于企业部门而言，它们希望把大部分用于外部 R&D 的资金视为交换资金，也就是用于 R&D 购买和出售的资金。而政府部门将该项资金视为交换资金还是转移资金，可能取决于政府部门（或代理机构）的职责使命及其所使用的政策工具类型。

4.122 用于内部 R&D 的资金和用于外部 R&D 的资金二者有时并未泾渭分明，因此，可能会误把外部 R&D 的资金纳入内部 R&D 报告。为了避免重复计算，本手册建议在调查中应具体、明确地告知受访者，用于外部 R&D 的资金不能包括在它们内部 R&D 的支出中。

4.123 R&D 出资单位可能会了解它们所提供的资金是用于交换还是转移（不期望有 R&D 回报），R&D 出资者也可能了解它们的资金提供给哪个单位或部门（外部实施单位）。但它们不可能了解接收单位资金的细节（如人工成本、材料费用），也可能不了解分包（或者分配）给其他单位或部门的资金数额。

4.124 由于购买 R&D（交换 R&D）的资金通常来源于内部出资，所以没必要详细说明其资金来源。然而，越来越多分包的出现引发了很多问题，特别是在企业部门中。如果从其他单位接收的外部资金原本是公共资金，那么分包人可能不知道他们所接收的公共资金来源，因此，他们可能会将这些资金的来源报告为承包商。同样，承包商也可能很难明确内部资金（或外部资金）是否用于支付分包人。

4.125 用于出资购买其他统计单位 R&D，并且来源于外部的 R&D 资金不应当包括在内部 R&D 中。

4.126 R&D 购买不应当与先前为获取 R&D 所产生的许可证或知识产权相混淆，因为后者不是 R&D 资金。

4.127 很难确认同一个企业集团中不同单位的 R&D 资金或 R&D 资金流动。由于 R&D 的价格可能难以反映"市场价格"（实际的内部成本），所以其准确性受多种因素制约。就如何纠正这种误报，除了强调鼓励受访者报告实际成本之外，本手册没有提供其他具体的指导。

非 R&D 实施单位对外部 R&D 出资的测度

4.128 对于涉及调查流向其他单位资金的问卷，如果只发送给已确定或主观认为存在 R&D 的实施单位，则会出现统计范畴问题（信息不完整）。R&D 实施单位的调查框架往往只涉及积极参与 R&D 的单位。然而，在各部门中有一些单位只对外部 R&D 活动出资而本身不开展 R&D。如果不展开具体调查，那么这些单位都不在调查统计范围内，从 R&D 实施单位收集的有关外部资金的信息也将不完整。

4.129 对这些单位开展调查之前，为了确定某些单位作为 R&D 出资者的重要性，建议采取初步调查。本手册建议国家统计局，或许通过对目标抽样，首先估算出资外部 R&D 但在执行 R&D 中表现并不积极的统计单位数量，同时统计局也应当估算这些出资额的相对大小。如果统计单位的数目及出资额都相对较小，那么在现有执行单位调查中增加资金问题所获得的结果应可接受，因为非 R&D 执行单位的"遗漏"资金很小。否则，为了综合估算用于外部 R&D 的资金，还需要对非 R&D 执行单位进行抽样。

R&D 出售和购买

4.130 本章的重点在于对收集 R&D 执行单位的 R&D 支出和资金来源的统计数据提供指导。正如本章前文（测度用于外部 R&D 的资金）所述，收集有关 R&D 出售和购买的补充信息可能会有一定用途，特别是对于企业部门内统计单位的 R&D 出售和购买。

4.131 本手册指出"R&D 出售"是将 R&D 交付给其他单位之所得，而"R&D 购买"是从其他单位获取转移 R&D 之所付，但如何最佳界定这两个定义，本文并没有给出明确的建议。在收集这些数据时应当非常清楚，所报告用于 R&D 购买和出售的总额可能与相关的 R&D 内部支出存在差异。例如，用于出售 R&D 的 R&D 内部支出包括劳动力成本和"其他经常性支出",但当执行单位出售 R&D 时,出售价格有可能包括固定资产折旧的核算成本及一部分利润。而购买者成本是为 R&D 支付的全部价格,包括折旧费、实施单位的利润、运输费等。

4.132 此外,实施 R&D 的基准期可能与 R&D 实际购买和出售期不同,即使是用于 R&D 的资金具有明确的资金来源,也可能在这两个概念上有所区别。例如,一个单位可能用内部资金执行 R&D,但是之后(未在计划之内)将 R&D 出售给另一个单位。对内部 R&D 而言,资金源自于第一个单位。而对这种特殊的外部 R&D 交换而言,资金源自于第二个单位。

以外部活动资金的提供者和接收者进行分类

4.133 对用于交换 R&D 的资金进行分类[和(或)单独的 R&D 购买和出售],本手册建议使用以下部门分类法,在单独统计 R&D 转移资金时也可以使用此分类。

国内:

- 企业部门:
    ※ 同一集团中的企业;
    ※ 其他非关联企业。
- 政府部门;
- 高等教育部门;
- 私人非营利机构。

国外:

- 企业部门:
    ※ 同一集团的企业;
    ※ 其他非关联企业。
- 政府部门;
- 高等教育部门;

※ 外国分校；

※ 其他高等教育机构。

- 私人非营利机构；
- 国际组织。

4.134 由于各部门所处的国家环境不同，因此，它们作为外部 R&D 资金接收者的相对重要性也可能不同。此外，只有企业才可以向同一集团中的其他企业（或从其他企业购买 R&D）报告 R&D 资金；只有高等教育部门才可以向附属的国外学校报告 R&D 资金。有关这些机构的定义参见第 9 章 9.4 节。

关于资金描述的问题

4.135 "内部活动""外部活动"与"内部资金""外部资金"这些概念，除了可以用于本手册推荐的统计单位外，也可以用于不同层级的数据汇总。例如，"外部执行"对于企业、企业集团、机构部门及国家来说，含义各有不同。在本章中，机构单位的属性（及该单位从属的部门）取决于该单位将资金视为内部来源还是外部来源，以及资金是提供给内部活动还是外部活动。如第 3 章 3.2 节所述，统计单位具有多种类型，包括企业集团、企业和基层单位。企业更加关注 R&D 统计。在本手册中（见第 6 章 6.2 节）"机构单位"一词优于"企业"一词，后者是企业部门的术语。

4.136 不论单位是否属于同一部门，都很难清楚界定它们之间流动的资金。本手册推荐的有关 R&D 资金处理和报告方式将在下文中详述。

4.137 在企业部门中，企业会对这些资金（或出资资金）的分类感兴趣。因此，同一企业集团下，一个单位从另一个单位接收的 R&D 资金，应将其报告为用于内部 R&D 的外部资金。而对于提供这些资金的单位（资金来源），应将其报告为用于外部执行 R&D 的资金。

4.138 在政府部门中，对资金和出资分类感兴趣的机构单位是由单个政府分部门组成的单位（如中央／联邦、地区／州、市／地方）。例如，中央政府部门 Y 从其他中央政府部门 X 接收的 R&D 资金，应将其报告为 Y 部门用于内部 R&D 活动的内部资金。而对于那些提供 R&D 资金的部门 X（资金的来源），它们既不可以将其报告为内部资金的一部分，也不应当报告为用于外部 R&D 的资金，因为尽管这些统计单位是诸如部委这样的小规模实体，但此类交易仍是中央政府相同机构单位中不同组成部分之间的交易。

4.139 政府部门中，预算外单位和由政府控制的非营利机构之间，以及中央政府和州（省、自治区、直辖市）政府之间进行的交易，应当报告为外部活动资金，因为这些都是拥有自己账户的独立机构。

4.140 例如，州（省、自治区、直辖市）政府部门中的机构 Z 从中央政府部门 X 接收的 R&D 资金，应当将其报告为机构 Z 用于内部 R&D 活动的外部资金。对于提供这些 R&D 资金的中央部门 X（资金的来源），应将其报告为用于外部 R&D 的资金。

4.141 在高等教育部门中，对资金和出资感兴趣的单位是各类机构（如大学、科研院所、大学医院等）。因此，同一大学 A 中的经济系从工程系接收的 R&D 资金，应当将其报告为用于内部 R&D 活动的资金，而不应当报告为外部 R&D 活动资金。因为对于大学 A 来说，资金来源于工程系。

追踪 R&D 资金流的问题

4.142 无论是作为单位内部 R&D 活动的一部分，还是作为单位用于外部 R&D 活动资金总和的一部分，精确收集 R&D 资金流的信息都存在着许多潜在困难。

4.143 在资金通过（部门内流动或跨部门流动）若干单位到达执行单位之前，会产生很多问题。这些问题可能发生在 R&D 分包之时（特别是可能出现在企业部门 R&D 分包中），也可能发生在 R&D 补助有子奖项之时，以及 R&D 资金流转到其他接收者之时（尤其是在高等教育机构中）。执行者应当只报告开展 R&D 的实际成本，而不是报告其对其他单位 R&D 的投入，同时还应当在一定程度上指明 R&D 资金的原始来源。

- 例如，大型制药公司（制药厂）可能聘请生物合同研究组织（CRO）以从事新药的第三阶段临床试验。CRO 向多家医院提供资金，用于患者招募和测试，以确认药品疗效并且检测其不良反应。虽然医院可能将临床研究结果的技术报告提供给 CRO，但是 CRO 负责检测药效并且向制药公司发布结果。在这个例子中，由制药公司提供的资金用于外部 R&D 活动且支付给 CRO，所有的第 3 阶段的成本都是用于内部 R&D 活动的外部（制药）资金。支付给医院的金额应当由 CRO 以 R&D 其他经常性支出（而不是 R&D 购买）加以报告。该医院不应当将其参与的临床实验报告为内部 R&D 活动或者外部 R&D 活动。

- 由于资金先进入主承包商，继而被拨给其他分包商，因此，欧盟的资金也会产生类似的追踪（或报告）问题。在一些国家中，不执行 R&D 的中间机构对于 R&D 资金流转也起着重要作用，它们在不同执行者之间分发补助，这些补助具有不同的来源且没有"特定"目的。这种情况下，尽管可以把这些机构作为资金来源，但最好去尝试追踪那些初始的资金来源。

4.144 当 R&D 获取与内部 R&D 执行密切相关时，很难清楚划分用于内部和外部的资金：

- 如果一个 R&D 执行者将 R&D 项目的一部分外包，那么就可能会出现漏报。如果外包活动是在自己权限范围之内的 R&D 项目，出资者就可以准确地将其报告为外部 R&D 活动。然而，如果负责承接外包项目的单位无法将该项目作为 R&D，而是作为出资者项目中的一种投入服务，那么就不会将其报告为外部资金出资的内部 R&D 活动。

- 相反，如果出资者和执行者将资金和 R&D 成本报告为它们自身的内部 R&D，那么就可能会发生过度报告。如果外包是在自己权限范围之内的 R&D 项目,那么内部 R&D 就应归属于外包单位。与此相反,若外包不符合内部 R&D 的执行标准,那么出资单位就应当将其作为用于购买自身 R&D 活动(或项目)相关服务的支出,将其报告为其他经常 R&D 内部支出。

4.4 协调基于实施者与基于出资者的两种方法之间的差异

4.145 由于抽样困难及追踪(报告)的不同,基于执行者报告的 R&D 支出估计总量与基于 R&D 出资者报告的支出估计总量会存在差异。

4.146 估算国内 R&D 总支出采用的是抽样调查,而不是对整体的调查,如此一来就会存在抽样误差。因此,基于执行者与基于出资者得出的总量很可能会不同。

4.147 因为国内 R&D 总支出的估算来自于管理记录的数据,所以在包含基于执行者报告的单位与包含基于出资者报告的单位二者之间,可能会存在不同的覆盖范围。参见第 6 章 6.3 节。

4.148 资金可能由中间机构提供,这使得执行单位很难了解资金的原始来源。与此相关的一个问题:从出资部门流出又流入该部门的资金应当以 R&D 外部资金的名义进行测度。

4.149 可能会存在这样的情况:主办单位的个人为了执行 R&D 直接从第三方(以工资或补助的形式)接收资金,但主办单位无法跟踪这些 R&D 资金的流动,甚至连接触这些资金信息的途径都没有。这种情况可能发生在政府部门,例如,政府提供给学生(或学者)用于开展 R&D 的资金,而无须直接控制这些机构的资金,使得这些人可以从一个机构自由转移到另一个机构。虽然各国不应要求统计单位估算这些个人 R&D 的成本,可以使用资助者的汇总数据来缩小这种三角约定的报告差距。一些国家会在部门层面上收集和报告来源于出资单位的个人关于执行 R&D 的统计数据,这样的数据可能会更完整地核算出 R&D 整体支出情况。整体而言，这些总量应计入"其他经常性支出"，而不应计入"其他经常性支出——R&D 外部人员"。请注意要避免重复计算执行单位报告的内部 R&D 活动数据。

4.150 测度以执行者为基础的 R&D 及以出资者为基础的 R&D 成本，会存在些许差异，特别在测度交换资金时。在以执行者为基础的报告中，R&D 内部支出包括人工费用和"其他经常性支出"。但是，当执行者出售 R&D 时，出售价格有可能包括固定资产折旧的核算成本及一部分利润。而在以出资者为基础的报告中，出资者有可能将其报告为 R&D 支付的全部价格，包括折旧费和执行单位的利润。

4.151 在出资者和执行者的核算记录中，可能包括对所开展项目是否符合 R&D 定义的各种解释。例如，在国防行业中，大类产品和供货合同（如涵盖 R&D 及飞机的实验生产）中的 R&D 资金，相对于国防承包商在财务账户中对 R&D 的记录数据（较大），这可能导致政府高估企业出资的 R&D 资金。

4.152 研究合同的时间常常在一年以上，这可能会导致出资单位和执行单位报告时间上的不一致。

4.153 执行者报告的数据与政府 R&D 预算拨款（或决算）的数据也可能存在差异，后者本质上是政府出资单位数据（尽管记录的是拨款而不是支出）。在这种情况下，可能存在多种原因导致数据缺乏可比性：可能是由于拨款阶段预期的 R&D 数量与实际执行的 R&D 数量不同，也可能是由于预算拨款分配的不精确，使得无法单独识别其专门针对 R&D 的拨款（有关政府 R&D 预算方法的更多信息见第 12 章）。

4.154 当报告本单位对外部 R&D 活动出资的接收部门，以及向本单位提供用于内部 R&D 活动的外部资金的出资部门时，执行者和出资者可能会在调查中选取不同的部门作为受访者。例如，如果一个统计单位接收由政府控制的非营利机构的资金，那它可能(从本手册的角度看来，错误地)将这些资金的来源报告为私人非营利机构。而 R&D 出资机构会把资金来源归为政府部门（见第 3 章）。

4.155 如果可能的话，本手册建议应当报告 R&D 出资单位和 R&D 执行单位所估算的 R&D 支出总量差异，也建议应当确定差异的各种原因（如果知道的话）。同时应当认识到这些差异并不一定是由不适当（或不准确）的测度所致，也要认识到提供这些数据将有助于提高分析和统计的准确性。

4.5 国民 R&D 总量

国内 R&D 总支出

4.156 建议将执行部门和出资部门中的高层次 R&D 汇总数据，编制成具有国际可比性的国内 R&D 总支出数据。在本手册中，国内 R&D 总支出是在总结了内部 R&D 支出总量的基础上，由 4 个执行部门的内部支出汇总构成：企业、政府、高等教育和私人非营利。在报告国内 R&D 总支出时，通常会把所有层面的政府数据合并在一起，针对每一个执行部门（企业部门、政府部门、高等教育部门、私人非营利机构和国外），编制其主要资金来源。

4.157 本手册提供了 R&D 定义、测度和报告的相关指导，包括对编制 R&D 支出数据的常规做法和建议。建议由执行者报告的 R&D 内部支出总和，代表一个国家总的 R&D。而其他有关 R&D 的编制可能会与这里建议的国内 R&D 总支出混淆。最值得注意的是，如今 R&D 总量在理论上可以从《国民账户体系》记录中获取。正如第 1 章及 http://oe.cd/frascati 网站中关于本手册附录的详细指导，《国民账户体系》中的 R&D 总量与国内 R&D 总支出有很大不同，其中一个原因便是在总量中，对软件 R&D 的处理方法不同。因此，为了进一步分析，有必要识别国内 R&D 总支出中软件 R&D 数量及企业 R&D 中的软件 R&D 份额。详见专栏 4.1。

专栏 4.1　软件 R&D

如第 1 章所述，2008 年修订的《国民账户体系》中的一个重大变化就是明确地把 R&D 作为资本形成，也就是"投资"。对于一些国家，从《国民账户体系》积累而得的 R&D 总量与国内 R&D 总支出有显著不同，造成这些 R&D 总量之间差异的一个主要原因就是它们对软件 R&D 的处理方式不同（专门为了软件应用而开展的 R&D，包括软件产品及嵌入其他产品或项目的软件，它们既可以用于出售也可以供自己使用）。1993 年修订的《国民账户体系》曾经将软件作为资本形成，因此，在执行 2008 年修订的《国民账户体系》时，在 R&D 投资估算中已排除了 R&D 软件以避免重复计算。也就是说，在《国民账户体系》中软件 R&D 已经是软件投资的一部分。

对于软件 R&D 在 R&D 总量中占据相对大份额的国家，使用《国民账户体系》常规编制的 R&D 总量与在本手册中所建议的差额可能很大。因此，建议 R&D 调查（或至少在企业调查部门）应当包括软件 R&D 执行数量的问题。对依据本手册建议收集的 R&D 总量与《国民账户体系》中 R&D 总量之间任何明显差异的了解，都是很有意义的。

4.158 国内 R&D 总支出由 4 个执行部门的内部支出汇总构成，通常是由执行部门和出资部门组成的矩阵（表 4.4）。

4.159 本手册建议，国际组织，包括超国家组织，如欧盟机构（定义见第 3 章 3.5 节）应当作为"国外"单位进行处理（不考虑其办公或运营地点）。

4.160 为了便于国际比较，收集和报告国际组织（本国国内）的 R&D 实施情况数据不应当包含在国内 R&D 总支出中，而应当单独报告。

4.161 揭示国防领域和民用领域国内 R&D 总支出的变化趋势对国内 R&D 总支出总体水平和结构的影响，最有效的办法是分别编制国防和民用国内 R&D 总支出数据,这对拥有大量国防 R&D 的国家来说尤为重要。同样也鼓励其他国家分开编制,以增加民用 R&D 数据的国际可比性。

4.162 作为测度一国 R&D 强度的指标,无论从时间维度还是与其他国家的比较上看,国内 R&D 总支出通常指国内 R&D 总支出占国内生产总值的比重。因此,国内 R&D 总支出/国内生产总值是修正各国 R&D 总计存在的巨大差异使之正常化的一种有效方法,这种差异只反映国家整体经济差异的一部分。

表 4.4　国内 R&D 总支出

执行部门 (performing sector)	执行部门 (sector of performance)				
出资部门	企业部门	政府部门	高等教育部门	私人非营利机构	总量
企业部门					1. 由企业部门出资的国内总支出
政府部门					2. 由政府部门出资的国内总支出
一般大学资金					
不属于一般大学资金					
高等教育部门					3. 由高等教育部门出资的国内总支出
私人非营利机构					4. 由私人非营利机构出资的国内总支出

续表

执行部门 (performing sector)	执行部门 (sector of performance)				
国外					5. 由国外出资的国内总支出
企业部门					
同一集团的企业					
其他不相关企业					
政府部门					
高等教育部门					
私人非营利机构					
国际组织					
	企业部门R&D总支出(BERD)	政府部门R&D总支出(GOVERD)	高等教育部门R&D总支出(HERD)	私人非营利机构R&D总支出(PNPRD)	国内R&D总支出(1～5总和)

R&D的区域分类

4.163 政府可能会发现，按地区分别编制国内R&D总支出分配总量是很有用的。区域分布的选择取决于国家和国际的需求。R&D区域分类指南可以在本手册附录中（http://oe.cd/frascati）查询。

4.164 在判断统计单位地理位置外实施的"内部"R&D时，应当优先考虑R&D活动的组织结构而不是"内部"R&D分类（统计单位物理位置外发生的内部 R&D 活动分类）中字面描述的位置。很难对这样的分类决策予以精确的指导。至少，在统计单位物理位置外实施但包含在统计单位位置（如区域）总量内的内部 R&D，应当仅包含统计单位为实现其目标而执行的 R&D 活动，如果统计单位向活动中投入了自己的财力资源和 R&D 人员的话。

例如，在一个国家中，坐落于区域 X 的单位"A"，它的一名大学教师可能会在同一国家的区域 Y 中进行短期工作（作为单位"A"R&D 项目的一部分）。除非有抵制性的原因（例如，位于南部地区的单位"B"安排融资），否则该 R&D 的所有内部支出都应当报告为区域 X 的 R&D。

国家 R&D 总支出（GNERD）

4.165 R&D 支出和资金总量的其他附表，可以为不同部门（跨国界）的统计单位之间 R&D 的相互联系及相互影响提供补充资料。国家 R&D 总支出包括整个国家机构出资的 R&D 总支出，不考虑其 R&D 执行区域。因此，它包括国家机构或常驻机构出资的在"国外"执行的 R&D，但不包括国家领土之外（也就是说，来自于"国外"某部分的机构）的机构出资资助的国家内进行的 R&D。国家 R&D 总支出等于由国内部门出资，各执行部门 R&D 内部支出与国外执行的 R&D 支出的总和（表4.5）。而后者的估算，假定国家统计局编制的数据是基于出资外部 R&D 的国内机构，即在国家领土之外执行的 R&D（也就是，在"国外"执行的 R&D）。

表 4.5 国家 R&D 总支出

出资部门	执行部门								总计
	国内经济领域				国外				
	企业部门	政府部门	高等教育部门	私人非营利机构	企业部门		其他部门	国际组织	
					同一集团的企业	其他不相关企业			
企业部门									企业部门 R&D 总支出
政府部门									政府部门 R&D 总支出
一般大学资金									
不属于一般大学资金									
高等教育部门									高等教育部门 R&D 总支出
私人非营利机构									私人非营利机构 R&D 总支出
	企业部门在国内执行的 R&D 总支出	政府部门在国内执行的 R&D 总支出	高等教育部门在国内执行的 R&D 总支出	私人非营利机构在国内执行的 R&D 总支出	同一集团中的企业在国外执行的 R&D 总支出	非附属企业在国外执行的 R&D 总支出	其他部门的机构在国外执行的 R&D 总支出	国际组织在国外执行的 R&D 总支出	国家 R&D 总支出

参考文献

EC, IMF, OECD, UN and the World Bank (2009), System of National Accounts, United Nations, New York. https://unstats.un.org/unsd/nationalaccount/docs/sna2008.pdf.

OECD (2009), Handbook on Deriving Capital Measures of Intellectual Property Products, OECD Publishing, Paris. DOI: http://dx.doi.org/10.1787/9789264079205-en.

第 5 章
R&D 人员测度：内部人员和外部人员

本章为研究与试验发展（R&D）人员的定义、识别和测度提供了相关指导，这些 R&D 执行人员包括训练有素的科学家和工程师（研究人员）、拥有丰富技术经验和较高教育水平的技术人员，以及在 R&D 执行单位中为开展 R&D 项目和 R&D 活动做出直接贡献的辅助人员。本章对统计单位雇用的 R&D 内部人员和 R&D 外部人员进行了区分，列举了表征 R&D 人员特征的活动，提供了 R&D 人员、R&D 外部人员、研究人员、技术人员及同等人员、其他辅助人员、R&D 人员的全时工作当量，以及 R&D 人头数的定义，并讨论了作为 R&D 人员的博士研究生和硕士研究生的作用。此外，还提供了一些有助于判断哪些人员属于 R&D 人员、哪些不属于 R&D 人员的实例。研究人员和政策制定者通常会将对 R&D 活动做出贡献的人力资源数量、可用性及人口特征等统计结果，用于 R&D 企业可持续发展的研究。

5.1 引言

5.1 政策制定者和学者对直接贡献于机构、经济部门和整个国家的 R&D 活动的人力资源数量、可用性、人口特征的信息有着明确的兴趣和需求。对 R&D 做出贡献的人员包括训练有素的研究人员、拥有高水平技术经验和高层次教育水平的技术人员，以及在 R&D 执行单位中对开展 R&D 项目和 R&D 活动做出直接贡献的辅助人员。R&D 人员可能直接受雇于统计单位（R&D 内部人员），或对报告数据的统计单位开展内部 R&D 活动有直接贡献的其他单位（R&D 外部人员）。还存在一些特殊人员：有些 R&D 人员虽然从事 R&D 活动，却没有因其对统计单位内部 R&D 活动做出贡献而得到补偿或报酬。本章为 R&D 人员的定义、识别和测度提供了相关指导。R&D 人员数据是 R&D 支出数据的补充（如本手册第 4 章所述），也可用于执行 R&D 总成本的测度，如 R&D 人员的薪酬的测度。

人员类别

5.2 从实施 R&D 的统计单位人员总量中识别并区分出 R&D 人员，可参考下文与 R&D 关键任务相关的列表。R&D 人员包括：

- 为 R&D 项目开展科技工作（准备和开展实验或调查，建立原型等）的人员；
- R&D 项目的计划和管理人员；
- 为 R&D 项目编制中期报告和结项报告的人员；
- 为 R&D 项目提供内部服务（如专注于计算、图书馆及文件编制工作）的人员；
- 为 R&D 项目提供财务和人事管理方面支持的人员。

5.3 任何承担一项或者多项上述任务的个人，都会对统计单位的内部 R&D 活动做出贡献，应当计入 R&D 人员总数中，不考虑其职责（正式角色）或者在统计单位的雇用职位。

5.4 并非所有对开展 R&D 活动做出贡献，或有促进作用的人员都应当计入 R&D 人员总量中。只有那些为 R&D 活动做出直接贡献的人（如上所述），才能包括在 R&D 人员的统计测度之内。R&D 人员不包括在 R&D 执行单位从事间接支持或辅助性活动的人员。其中，间接支持和辅助性活动的实例有：

- 中心计算机部门和图书馆为 R&D 提供的特殊服务；
- 中心财务部门和人事部门提供的处理 R&D 项目（经费）和 R&D 人员（管理）的服务；
- 针对 R&D 执行单位提供的安保、清洁、维护、餐饮等服务。

5.5 提供以上服务的人员不计入统计单位 R&D 人员总量中，但是他们的相关成本（包括提供这些服务的人员报酬），应当计入统计单位 R&D 支出中，并且在"其他经常性支出"科目下报告。为了排除统计单位中的非 R&D 活动，有必要按比例分摊这些成本（见第 4 章 4.2 节）。

5.2 R&D 人员的范围和定义

初始范围：内部人员及外部人员

5.6 统计单位的 R&D 人员包括所有直接从事 R&D 的人员（不论其是受雇于统计单位的人员还是完全参与统计单位 R&D 活动的外部贡献者），以及为 R&D 活动提供直接服务的人员［如 R&D 管理人员、行政人员、技术人员和（直接为 R&D 活动服务的）办事员等］。

5.7 提供间接支持和辅助性服务的人员，如餐饮人员、维护人员、行政人员和安保人员，不属于 R&D 人员，但是在测度 R&D 支出时，将他们的工资和薪金计入"其他经常性支出"中。

5.8 不同的 R&D 单位因组织形式的不同，可能会对 R&D 人员采用不同的雇用形式。因此，当对参与 R&D 的人力资源进行测度时，应当把统计单位的所有 R&D 人员计入在内。

5.9 在统计单位中可以识别出对 R&D 活动有潜在贡献的两类主体（因所在部门不同，也可能会存在一些差异）：

● 受雇于统计单位，并对单位内部 R&D 活动做出贡献的人员（本手册中也称为"R&D 内部人员"）。

● 内部 R&D 活动的外部贡献者（本手册中也称为"R&D 外部人员"）。这类人员又可分为两小类：①不属于执行 R&D 的统计单位，但是从该统计单位获得工资/薪酬的人员；②虽不属于统计单位，但是对其内部 R&D 做出贡献的一些特殊类别的人员。

5.10 R&D 人员一般包括在统计单位内工作或者为统计单位工作（不论全职还是兼职）的人员，也包括对统计单位内部 R&D 做出贡献的人员。这些人员可以受雇于统计单位，也可以受雇于那些为统计单位内部 R&D 做出贡献的其他单位。从这个角度来看，这两类群体都包括独立工作者和非独立工作者。基于联合国《国际工业统计建议》（联合国，2009）中的术语和概念，表 4.1 提供了与测度 R&D 相关的人员类别。

5.11 出于测度的目的，对内部 R&D 的服务人员进行识别至关重要。在实际操作中，只有当调查问卷涉及内部 R&D 服务人员的筛选时，才在统计调查问卷中报告 R&D 人员的相关特征（如性别、年龄、资质水平等；见本章 5.4 节）。因此，如果服务合同中包含服务人员的识别，那么这些人（以及他们的相关特征）需要接收单位以 R&D 外部人员进行报告，否则应当认为该服务是从外部供应商处购买，该服务参与人员因故不能确定。这种区分与 R&D 人员测度密切相关（即是否将提供服务的人员计入统计单位 R&D 人员总量中），但是不会影响 R&D 支出的测度，因为这两种活动都包含在"其他经常性支出"科目内（如果可能，确认为 R&D 外部人员的成本应当在一个特定子科目中报告）。关于报告 R&D 人员及 R&D 支出的进一步指导，见本章 5.2 节及第 4 章 4.2 节。

例如，受雇于人事机构，并且从事与 R&D 相关的现场办公室工作的人员，可能在未经 R&D 执行单位要求或批准的情况下被人事机构替换掉。那么这个职员不属于 R&D 人员，但是他的成本（或者实施单位实际向人事机构支付的全部费用）将会计入"其他经常性支出"中而不是在"外部人员"子科目中。

参与单位内部 R&D 的内部人员

5.12 在许多统计单位中，内部 R&D 主要是由统计单位的内部人员来执行。"内部人员"包括雇员（非独立工作者）和某些类型的独立工作者。雇员包括在统计单位工作，以及为统计单位工作的所有人员。他们与单位签订雇用合同，获得现金报酬或周期性的实物报酬。为单位主要活动提供辅助活动的人员，以及以下人员都属于雇员：短期离职（短期假、年假或假期）的员工、特殊带薪休假（教育或培训假、孕假或产假）的员工、罢工的员工；工资单上的兼职工人、季节工和带薪学徒。统计单位支付和控制的在统计单位场地之外从事体力劳动的人员（外包工），也应当计入雇员范围内。例如，外部服务工程师和维修保养人员属于雇员，也就是非独立工作者。对统计单位的内部 R&D 做出贡献的此类人员也应当计入 R&D 内部人员中。

5.13 企业部门的统计单位的"内部人员"包括：无酬家庭工人及作为"独立工作者"的工作业主（即积极的商业合伙人）。不包括主要在统计单位外进行活动的不积极的合伙人。

5.14 假设政府部门、高等教育部门、私人非营利机构（除住户外，按照惯例，在一定程度上住户包含在私人非营利机构中）的"内部人员"中没有独立工作者，那么在这些部门中，几乎所有"内部人员"都是雇员。

参与单位内部 R&D 活动的外部人员

5.15 开展 R&D 的统计单位，在提高 R&D 内部员工的工作效率、引进当前内部无法获取的专项知识和技能的贡献方面，越来越依赖外部人员。这种情况下，外部人员完全融入统计单位的内部 R&D 活动中，并且他们的工作由统计单位管理。此类 R&D 外部人员提供的服务不应当与单位的外部 R&D 活动相混淆。单位的外部 R&D 活动是为完成特定项目而从外部单位获取的 R&D，不能作为报告单位内部 R&D 项目的组成部分（见第 4 章 4.2 节中"R&D 其他经常性支出"及"与劳动力相关的内部成本和外部成本之间的区别"）。此类 R&D 外部人员的贡献不应当与外部单位实施的支持内部 R&D 的服务相混淆，这些外部单位在谁（一个或多个）来交付这些活动方面没有具体协议。

5.16 "R&D 外部人员"是指没有受雇于统计单位，却为统计单位 R&D 项目或活动提供直接服务的人员，即他们对统计单位内部 R&D 活动做出直接贡献。"R&D 外部人员"既包括实际作为 R&D 顾问的自雇专业人士，也包括向报告内部 R&D 的统计单位提供科学或技术服务的外部雇员。劳务派遣包括在这一类别中。租赁就业需要为客户业务中的人力资源费用制定条款。劳务派遣应当计入职业（或员工）介绍所的工资表中，而不应当计入统计单位用于支付此项费用的工资表中。这一人力资源规定明显基于短期基础（不属于租赁就业的情况见表 5.1）。

表 5.1 统计单位内部 R&D 人员

	部门			
	企业	政府	高等教育	私人非营利
参与单位内部 R&D 活动的内部员工				
非独立工作者	雇员[1]	雇员[1]	雇员[1]	雇员[1]
独立工作者	工作业主[2]；无酬家庭工人[3]	不适用	不适用	只适用于住户
对单位内部 R&D 做出贡献的外部人员特例[4]				
可能是独立工作者或非独立工作者		R&D 补助持者；博士研究生/硕士研究生[5]	博士研究生/硕士研究生[5]；R&D 补助持有者；退休的教授	志愿者[6]

续表

部门			
企业	政府	高等教育	私人非营利
对单位内部 R&D 做出贡献的外部人员			

非独立工作者	作为内部 R&D 顾问的专业雇员和技术雇员，完成由雇主与统计单位（报告内部 R&D）签订的科技服务条款；此类别包括劳务派遣[7]
独立工作者	作为内部 R&D 顾问的自雇专业人士

注：1."雇员"包括统计单位中所有从事经济活动的人员，业主及无酬的家庭工人除外。具体包括由统计单位支付报酬并控制的外部人员、参与单位与主要活动相关的辅助性活动的雇员及下列人群：短期离职（病假、年假或休假）的人员、特殊带薪休假（教育或培训假、孕假或产假）的员工、罢工的员工，以及工资单上的兼职工人、季节工和带薪学徒。

2. 包括积极的商业合伙人，不包括非合伙人或不积极的合伙人。

3. 需要支付报酬的家庭工人应当计为雇员。

4. 这些类别可以应用于多个部门，此处显示的是预期会有重大影响的部门。

5. 只有在主办机构中正式从事 R&D 的学生才可以包括在内。

6. 对非营利机构内部 R&D 活动做出贡献的志愿者，应由报告 R&D 活动的统计单位根据资质条件及实际完成的任务清晰界定。

7. 租赁就业需要为客户业务中的人力资源费用制定条款。劳务派遣应当计入职业（或员工）介绍所的工资表中，而不应当计入统计单位用于支付此项费用的工资表中。这一人力资源规定明显基于短期基础。以下情形不属于租赁就业：购买的或管理的服务，如保洁、安保人员或景观服务人员；从其他公司购买的专业或技术服务，如软件咨询、计算机编程、工程及核算服务。没有对统计单位内部 R&D 活动做出直接贡献的派遣服务的临时员工、承包商、分包商或独立承包商也不属于租赁就业。

5.17 出于本手册的用途，参考 R&D 人员中非"内部人员"的主要特征，提出了 R&D 外部人员的简要定义。

5.18 R&D 外部人员是指完全投入到统计单位 R&D 项目中，但是没有正式成为该统计单位雇员的独立工作者（自雇人士）或非独立工作者（其他单位雇员）。

5.19 R&D 外部人员通常是在 R&D 活动方面拥有较高技能和专业化水平的专业人员或技术人员。依据定义，R&D 外部人员的技能等同于同类 R&D 内部员工的技能。因此，任何经济领域的统计单位都可能只依靠 R&D 外部人员来实施内部 R&D，而不雇用任何 R&D 人员。

5.20 在很多情况下，R&D 外部人员为自雇专业人士，因此，应当将他们归为个体企业。在某些情况下，他们是外部组织、科研院所或企业（技术或科学服务由技术娴熟的雇员交付）的雇员。在其他情况下，职业介绍所不会向顾客出售具体的"R&D 服务"，但是为了满足特定顾客的需求，会为顾客提供既定时间内聘用 R&D 人员（熟练工人）的选择。此外，还有一些 R&D 外部人员可能是某个机构的雇员（如一些国家的大学教授或公共研究人员）。他们在完成机构工作要求的同时，经雇主同意，可以从事市场上的专业 R&D 活动。在这种情况下，单个个体通常有多种隶属关系，因此，将由两个或两个以上的机构对此类人员进行报告。

5.21 除了自雇人士，以及被其他统计单位以 R&D 外部人员聘用的雇员，执行类似任务的其他类别人员也应当包含在 R&D 外部人员总数中。

5.22 在高等教育部门中，可以根据就业状况对博士和硕士研究生（见下文关于"博士和硕士研究生的处理办法"的指导）及 R&D 补助金持有人进行区分。如果高等教育部门授予他们雇员身份（或者，该机构的雇员被授予了博士研究生身份），即他们是大学的在编人员，那么大学（或在高等教育部门中的其他任何统计单位）应当把这些人员看作"内部人员"并计入 R&D 人员总量中。但是，如果他们不是大学的在编人员，那么这些博士研究生及补助金持有人因承担 R&D 活动接受补助时，无论其来源和接受出资渠道如何，都应当作为 R&D 外部人员计入 R&D 人员总量中。那些未接受补助的博士研究生仍然可能会作为 R&D 外部人员计入 R&D 人员总量中。这些准则同样适用于未接受资助的硕士研究生，只要他们参加了硕士学位研究课程，全时工作当量研究部分就可以被可靠地识别，并与学费部分分开。

5.23 在高等教育部门中，还存在一种特殊类型的 R&D 外部人员，即"名誉教授"。这些已退休教授继续从事研究，并且与先前的雇主（通常是大学）积极开展学术合作，但是未收到任何补偿（尽管他们可能会收到开展活动的一些后勤支持）。作为高等教育统计单位内部 R&D 活动的外部贡献者，名誉教授在退休之前就已经是大学的在编人员。即使他们很多时候不再参与教学，却仍积极地参与研究，名誉教授通常对机构内部 R&D 活动做出显著贡献，因此，有必要将他们包含在 R&D 外部人员总量中。

5.24 R&D 外部人员还可能包含最后一类人员（出于测度目的）：自愿地为内部 R&D 做贡献的人员。志愿者是在 R&D 执行单位的职责下，无偿且积极地为统计单位提供明确 R&D 贡献的人员。在私人非营利机构中，这类人员会显著影响人员总量的估算。志愿者只有满足以下严格的条件，才可以计入 R&D 外部人员总量中：

- 他们有助于机构（私人非营利机构）内部 R&D 活动。
- 他们的研究技能与员工的技能相当。例如，自愿成为临床试验对象的人员。但提供计算机程序以支持 R&D 项目的人员等不应当包括在 R&D 外部人员总量中。
- 根据志愿者及机构的需求，系统地安排他们的 R&D 活动。
- 他们所做贡献是可评估的，并且是开展该机构内部 R&D 活动或项目的必要条件。

R&D 人员与相应的 R&D 支出类别

5.25 R&D 人员及其相关成本的处理，可能因下面所阐释的就业状况（表5.2）不同而有所差异。如前文所述，在报告 R&D 人员及其成本时，可能需要对 R&D 内部人员及 R&D 外部人员这两类主要的人员群体加以区分，后者包括受雇于其他单位的人员，以及特殊类别的外部人员（不属于雇员）。

表 5.2　R&D 人员及 R&D 支出类别的识别与报告

类别	人员就业状况	描述	机构部门	R&D 支出报告
对单位内部 R&D 做出贡献的 R&D 内部人员	内部人员（非独立）	雇员[1]		劳动力成本（工资单数据）
	内部人员（独立）	工作的业主；无酬的家庭工人等	与政府部门、高等教育部门及多数私人非营利机构不相关	因为他们没有报酬，所以通常不报告
R&D 外部人员：雇员	自雇顾问	基于合同对顾客内部 R&D 做出贡献的人		其他经常性支出 —R&D 外部员工
	作为 R&D 顾问的其他单位雇员	基于工资对雇主顾客的内部 R&D 做出贡献的人员		其他经常性支出 —R&D 外部员工
R&D 外部人员：特例	博士/硕士研究生		主要存在于高等教育部门，也存在于其他机构部门	其他经常性支出 —R&D 外部员工（报告学生获得 R&D 补助或者外部工资/薪金的程度）
	R&D 补助金持有者		主要存在于高等教育部门，也存在于政府 R&D 机构	其他经常性支出 —R&D 外部员工（报告 R&D 补助的程度）
	志愿者		在私人非营利机构中需特别注意	因为他们没有报酬，所以通常不报告
	名誉教授（类似于志愿者）		此特殊情况几乎只存在于高等教育部门中	因为他们没有报酬，所以通常不报告

注：1. 包括 R&D 执行单位在编的博士和硕士研究生，获取高等教育部门在编的博士和硕士研究生数量（或许）大有益处。

第 1 组：R&D 内部人员（对单位内部 R&D 做出贡献的内部人员），

包含：

- 从事 R&D 的雇员（内部人员、独立工作者）是统计单位的组成部分，他们的薪金或工资应当包含在 R&D 内部支出的劳动力成本中。如果博士（硕士）研究生是统计单位的在编人员，那么他们也应当包括在 R&D 内部人员总量中（有关博士和硕士研究生进一步分类的指南，见下文"博士和硕士研究生的处理方法"）。
- 工作的业主及其他雇用的独立工作者，通常不直接得到工作报酬。

第 2 组（i）：受雇于其他单位而不是统计单位（报告 R&D）的外部 R&D 人员，依据具体合同，为报告单位的 R&D 项目或活动提供必要的直接服务。不应将其成本计入 R&D 劳动力成本中，而是应当计入单位 R&D 内部支出下的其他经常性成本科目（最好是"R&D 其他经常性支出—R&D 外部人员"明细科目）。这些人员包括：

- 其他单位雇用的 R&D 顾问，依据工资报酬对顾客的内部 R&D 做出贡献。
- 自雇顾问，依据合同对客户的内部 R&D 做出贡献。自雇顾问通常指"R&D 承包商"。

第 2 组（ii）：未受雇于单位却承担着与其他 R&D 内部人员类似工作的外部人员：

- 博士（硕士）研究生如果因自己的 R&D 活动获得补偿，而不是由 R&D 执行单位提供工资（薪金），则应将其计入 R&D 外部人员总量中，如果通过"R&D 补助"或外部工资（薪金）获得补偿，那么应将其报告为"R&D 其他经常性支出—R&D 外部人员"（有关进一步分类指导，见下文"博士和硕士研究生的处理方法"）。
- 没有工资的 R&D 补助持有者。如果存在与 R&D 补助相关的货币支出，则应当计入 R&D 其他经常性支出。
- 对内部 R&D 做出贡献的志愿者，通常不直接获得工作报酬。
- 对内部 R&D 做出贡献的名誉教授，主要出现于高等教育部门，通常也不直接获得工作报酬。

如上文所述，R&D 人员总量主要包括两类群体：受雇于 R&D 执行单位的人员（R&D 内部人员，他们正式受雇于统计单位，是统计单位所有人员中的一部分），以及实施 R&D 活动但未受雇于统计单位的人员（R&D 外部人员）。建议尽可能对这两类群体的人员数据和支出数据进行分别识别、收集和报告。这是满足 R&D 人员数据和支出数据之间保持一致性需求和准确报告 R&D 人员构成需求的需要。

5.26 有些单位向其他 R&D 执行单位提供（租赁）R&D 人员，当从这些单位收集数据时，需要注意 R&D 人员服务提供者不包含 R&D 人员，相关 R&D 成本也不应计入其内部 R&D 中，否则会导致重复计算。由于有时候 R&D 人员服务提供者也开展内部 R&D（无论是自用还是出售），因此，这些单位可能很难区分投入到内部和外部 R&D 中的人员和经费。

博士和硕士研究生的处理方法

5.27 识别博士和硕士研究生可依据他们的学业水平。他们已经完成本科阶段的大学教育（《国际教育标准分类法》6 级），并正在分别完成硕士阶段（《国际教育标准分类法》7 级），或者博士阶段的学习（《国际教育标准分类法》8 级）（有关国际教育标准分类类别的定义，见本章第 5.4 节）。

5.28 博士研究生致力于"能够获得高级研究资质证书"的高等课程，这些高等课程专注于高级研究和原创研究而不仅是基于课程训练。博士研究生通常需要提交毕业论文或符合出版资格的专题论文，这些论文属于原创研究成果并会对学科做出显著学术贡献。因此，《国际教育标准分类法》8 级的博士研究生（以研究人员身份从事研究），应当包含在 R&D 人员及高等教育部门的支出测度中。在界定博士研究生（及他们的老师或导师）的 R&D 和教育培训活动时，可能遇到的困难，将会在第 9 章 9.2

节予以概括性的讨论。

5.29 原则上,所有博士研究生都会对他们所在大学的 R&D 活动做出贡献。此外,根据管理时间和设施使用情况,大学对研究成果通常享有若干权利。这些博士研究生可能没有正式的义务把自己的时间用于大学实施的内部 R&D 中。即使有,大学也不可能强制要求他们履行这些义务。按照惯例,应当对从大学(或任何其他来源)获得有关 R&D 补偿或者其他类型资金支持的博士研究生,与没有任何补偿或资金支持的博士研究生加以区分。在一些情况下,以工资的形式进行补偿(博士研究生属于大学的在编人员);在其他情况下他们只获得补助,通常是研究补助或具有研究成分的补助。尽管得到工资或补助的学生更容易对所在大学的 R&D 做出实质性贡献,但出于实际考虑,假定没有工资或补助的学生也会对所在的大学 R&D 做出实际贡献。只有前者才应当计入 R&D 人员总量中(是内部人员还是外部人员取决于他们的资金处理方式),特殊情况下,后者也可能会包括在 R&D 外部人员之中,如下所述。

5.30 在某些情况下,可能把硕士研究生计为研究人员,尤其接受《国际教育标准分类法》7 级研究硕士研究生课程的学生,即获得培养参与者开展原创研究能力的研究资质证书,但低于博士学位的学生。值得注意的是,只有因其 R&D 活动而获得报酬,或者主要全时工作当量中的研究部分可以得到可靠识别且可从学费中分离出来的研究生,才计入 R&D 人员总量中,这一点非常重要。

5.31 为了便于国际对比,下文为参与 R&D 的学生分类及处理办法提供了探索性的指导,这些指导具有一定的参考价值。如上所述,以下学生可以被初步认定为参与 R&D 的学生。

• 情形 1:博士(硕士)研究生开展研究的报酬由 R&D 执行单位支付(以工资或补助金的形式)。他们属于 R&D 内部人员,其成本计入劳动力成本,不以学生身份单独统计。

• 情形 2:博士研究生在开展 R&D 执行单位的研究时,从外部获得资金或没有任何资金。他们属于 R&D 外部人员，其成本（接受资助时）计入"其他经常性支出——R&D 外部人员"中，可以由实施单位跟踪报告，也可以通过三角法（见第 4 章 4.4 节）在部门层面进行估算。此外，还需要采取措施以避免重复计算。该准则同样适用于硕士研究生，前提是他们接受的资助明确是为了 R&D，或者一个重要的全时工作当量研究部分可以被可靠地识别并与学费部分分开。建议尽可能地统计博士（硕士）研究生的数目，尤其是在高等教育部门中的数目。对于一些国家，单独统计博士研究生和硕士研究生的数目有很大益处。

- 情形 3：如果博士研究生只进行独立的研究，无论是否接受资助，他们都不计入 R&D 人员总量。外部资助的资金可能计入"其他经常性支出"（可以通过三角法在部门层面上进行估算；见第 4 章 4.4 节）。该指导在一定程度上也适用于接受资助（明确用于 R&D）的硕士研究生。

R&D 人员按职能分类

5.32 在对统计单位内部 R&D 有潜在贡献的个体进行识别之后，需要制定标准以确定实际贡献的 R&D 人员，即那些在统计单位特定时间内实际实施 R&D 的人员：

- 对于参与统计单位活动的 R&D 外部人员，基于他们对内部 R&D 活动做出贡献的具体情况进行识别，因此，潜在和实际执行 R&D 之间没有差异。

- 对于统计单位雇用的"内部人员"，包括业主、需要支付报酬的雇员及其他人员，需要单独考虑每个人在统计单位开展 R&D 中所做的工作，以便在基准年内识别出为内部 R&D 做出"直接"贡献的人员。依照惯例，对 R&D 有直接贡献的任何类别或水平（强度）的人员，都应当计为"R&D 内部人员"。不过，建议只有那些对内部 R&D 做出显著贡献的内部人员才能计入 R&D 人员总量中。显著贡献是以他们工作时间的百分比来度量（参照一个工作年度）。关于"显著"贡献的指导，见下文的

"R&D 人员的全时工作当量"部分。

5.33 以上两类 R&D 人员都需要根据 R&D 职能分为：研究人员、技术人员和其他辅助人员。在不同背景下使用这些术语，通常会曲解这种职能分类。基于这方面考虑，本手册强调以统计单位中对内部 R&D 做出贡献人员的实际职能（根据任务）进行划分。实际上，报告单位（甚至是编制 R&D 数据的统计单位）有时候可能根据已有且易于应用的标准对 R&D 人员进行分类，这些标准可能有助于确定分类类别，但是不能成为把 R&D 人员划分为"研究人员"、"技术人员"及"其他辅助人员"的唯一标准。

- 不能基于工作岗位划分。尽管一些雇员以"研究人员"的身份签订工作合同，但这并不意味着他们在所有 R&D 活动中都承担着"研究人员"工作。有些情况下"研究人员"在特定 R&D 项目中执行"技术人员"的任务，后者应当在 R&D 统计中加以报告。同样，也可要求"技术人员"（正式职位）在特定 R&D 项目中执行"研究人员"的任务，后者（实际由个体执行的任务）应当在 R&D 调查中加以报告。

- 不能基于正式资质和教育水平。尽管博士学位持有者常常以"研究人员"身份参与 R&D 项目，但不应当认为所有人员承担的 R&D 任务都与其资质水平一致。例如，有多年相关工作经验却只有初等学历的技术人员，在特定背景下可能执行与"研究人员"类似的任务。

- 不能基于工作资历。显然，年轻的"研究人员"可能管理复杂的 R&D 项目，有经验的同事（或顾问）可能肩负多种不同职能的角色（如技术或管理支持）。

- 不能基于 R&D 执行单位的就业关系。虽然很多内部 R&D 活动由雇员（或小企业中工作业主）管理，但 R&D 外部人员也可以执行与"内部人员"相同的 R&D 任务。因此，统计单位可以仅仅根据 R&D 外部人员所承担的 R&D 活动来开展内部 R&D。

5.34 有时为了便于分析，有必要使用国际标准分类将下文定义的 R&D 人员类别与其他劳动力、就业数据联系起来，如《国际标准职业分类》(联合国国际劳工组织，2012) 和《国际教育标准分类法 (2011)》(联合国教科文组织统计所，2012)。参见下文按正式资质划分的 R&D 人员和研究人员。在识别 R&D 人员从事的主要职业方面，可参考《国际标准职业分类 (2008)》：研究人员属于《国际标准职业分类 (2008)》第 2 大类"专业人士"，同时也属于"研究与发展管理者"类别（《国际标准职业分类 (2008)》，1223）；技术人员和同等人员属于《国际标准职业分类 (2008)》第 3 大类"技术人员及专业辅助人员"；其他辅助人员基本上属于《国际标准职业分类 (2008)》第 4 大类"职员"、第 6 大类"技术娴熟的农业和渔业工作者"及第 8 大类"工厂和机器的操作者和组装者"。按照惯例，从事国防工作的 R&D 人员属于《国际标准职业分类 (2008)》第 0 大类，"军队职业"。

研究人员

5.35 研究人员是指从事新知识的构思或创造的专业人员，他们开展研究，提出或完善概念、理论和操作方法，开发或提升模型、技术设备和软件。

5.36 研究人员可能在任意一个经济部门中，完全或部分参与不同类型的活动（如基础研究或应用研究、试验发展、操作研究设备、项目管理等）。研究人员识别选择新的 R&D 活动，并通过使用高水平技能及从正规教育和培训，或者开展研究的实践经验中总结的知识，对这些活动进行规划和管理。研究人员在开展 R&D 项目或活动中发挥着重要作用，R&D 项目通常由研究人员领导开展（与此相反，其他 R&D 人员可能是项目某个组成部分的负责人）。因此，开展 R&D 的统计单位至少有一个研究人员，研究人员可以是单位 R&D 内部人员也可以是单位 R&D 外部人员，而且不一定是从事 R&D 活动的全职人员。

5.37 研究人员在特定 R&D 项目（或一般 R&D 项目）中执行的任务通常包括：

- 进行研究、试验、测试和分析；
- 提出概念、理论、模型、技术、仪器、软件和操作方法；
- 收集、处理、评估、分析和解释研究数据；
- 使用不同的技术和模型，评价调查和试验的结果并得出结论；
- 运用原则、方法和程序开发或改进实际应用；
- 为设计、策划及组织测试，施工咨询，以及结构、机器、系统及其组成的安装和维护提出建议；
- 为政府、组织及企业的研究成果应用提出建议和支持；
- 规划、指导和协调机构的R&D活动，这些机构为其他组织提供相关服务；
- 准备科学论文和报告。

5.38 从事研究人员工作中科学、技术方面规划和管理的管理人员和行政人员也属于"研究人员"，他们在单位的职位往往等同于或高于单位直接雇用的"研究人员"；有时也作为兼职研究人员身份工作。

5.39 出于实际考虑，应当把从事R&D的博士研究生视为"研究人员"。他们通常持有基本的大学学历（《国际教育标准分类法》7级），并且在攻读博士学位（《国际教育标准分类法》8级）期间从事研究工作。如不单独识别可能被归入技术人员或研究人员中，这可能会导致研究人员系列数据的不一致。

技术人员和同等人员

5.40 技术人员和同等人员是指，其完成主要任务需要一个或多个领域技术知识和经验的人员，这些领域包括工程学、自然科学和生命科学，或社会科学、人文科学和艺术学。他们通常在研究人员的指导下参加R&D活动，应用有关原理和操作方法完成科学技术任务。

5.41 在大多数情况下，技术人员和同等人员不单独开展研究人员的R&D项目。在负责管理R&D项目的研究人员指导下，基于自身的经验和资历，沿着研究方向开展 R&D。

5.42 尽管如此，由于技术人员和同等人员通常是具备高技能水平的员工，因此他们在执行任务时通常有较高的自主权。技术人员和同等人员执行的任务主要包括：

- 开展文献检索并从档案馆和图书馆中选取相关材料；
- 准备计算机程序；
- 开展试验、测试及分析；
- 为试验、测试及分析准备材料和设备；
- 记录测量数据，进行计算并绘制图表；
- 使用公认的科学方法收集信息；
- 协助分析数据、保存记录和编写报告；
- 开展统计调查和采访。

其他辅助人员

5.43 其他辅助人员是指参加 R&D 项目或直接协助 R&D 项目的人员，包括熟练和非熟练技工、行政人员、文秘和办事员。

5.44 其他辅助人员包括不同岗位、不同技能的所有人员。原则上，任何不是由研究人员或技术人员承担的内部 R&D 活动，都由其他辅助人员完成。因此，很难提供有关 R&D 辅助人员开展潜在活动的详尽列表或描述。活动主要涉及提供或管理材料和设备（R&D 项目运行所需）的行政和文秘工作。其他辅助人员通常履行与 R&D 相关的辅助职能，如规划、信息和财务支持、法律和专利服务，并协助组装、调试、维护和修理科研设备和仪器。主要负责处理财务、人事事项及一般行政管理的管理人员和行政人员，只要直接服务于 R&D，也应当计入"其他辅助人员"中。

5.45 重要的是，只有提供"直接辅助服务"的人员才可计入 R&D 人员统计中。例如，如果某大型 R&D 项目预算由特定研究团队所聘的会计人员管理，那么，这名会计人员应当计入 R&D 执行单位的"其他辅助人员"（R&D人员职能分类），相关补偿性支出应当计入R&D执行单位的"劳动力成本"。另外，由大型企业的"一般会计分支"管理的不同团队开展的内部R&D项目预算，属于"间接"行政服务。在统计中，不需要报告这部分R&D人员，但出于R&D调查目的，R&D活动中产生的行政开支将在"其他经常性支出"中加以报告。

5.3 推荐的测度单位

5.46 R&D人员（包括R&D内部人员及R&D外部人员）的测度，包括3个部分：

①测度他们的人头数；

②以全时工作当量或人年数测度他们的R&D活动；

③测度他们的特征。

5.47 收集人头数和全时工作当量统计数据的价值基于以下观察：R&D可能是一些人员（如R&D实验室内的研究人员）的主要工作，也可能是一些人员（如设计与测试机构的人员）的次要工作，还可能是一项重要的非全日活动（如大学教授，博士研究生和硕士研究生，顾问和其他外部专家），而且这些重要但非全日的活动并不一定有全职的R&D人员。如果仅仅计算以R&D为主要工作的人员，将会低估R&D，而计算投入到R&D中的所有人员总量又将高估R&D。因此，参与R&D的人员总数必须以人头数和全时工作当量来表示：这两种统计数据为使用者提供了补充信息。

5.48 为确保全时工作当量和人头数的相容性，建议基于以下原则对R&D人员进行综合测度：

- 在国际对比中把全时工作当量作为主要的R&D人员统计数据。
- 在表征R&D人员特征方面主要推荐使用人头数（通常以百分比的形式）。

- 建议采用直接收集 R&D 人员数据的方法生成全时工作当量和人头数数据序列。

- 无论是通过简单统计活动收集全时工作当量和人头数据，还是通过合并使用不同统计和（或）行政来源来收集数据，都应当保持全时工作当量和人头数之间的一致性。

- 如果不能直接收集数据，为了从行政数据中推导出全时工作当量和人头数，可以使用估算程序。

- 无论是事前还是事后，R&D 人头数必须与 R&D 支出数据相一致，主要是与"劳动力成本"和"其他经常性支出—R&D 外部人员"两类支出相一致。

R&D 人员的全时工作当量

5.49 R&D 人员的全时工作当量是指在特定基准期内（通常是一年），实际投入到 R&D 中的工作时间与相同时间内个人或群体常规工作的总工时数的比值。

5.50 国家统计局在编制 R&D 数据时，需要特别注意总工时的量化，这是计算 R&D 人员全时工作当量的基础。尽管没必要直接评估总工时及投入到 R&D 中的工时（特别是对 R&D 外部人员），但按照惯例需要注意，一年内没有人可以超过 1 个全时工作当量，因此，在一年内不能开展超过 1 个全时工作当量的 R&D。

5.51 但实际中很难应用该准则。例如，一些研究人员可在几个 R&D 单位中从事活动，如企业中担任 R&D 外部顾问的学者。在此类情况下，如果可获取有关个人对多个统计单位做出的多方面 R&D 贡献信息，有必要将个人的全时工作当量缩小到 1。该准则也同样适用于那些依据行政数据估算得到的 R&D 全时工作当量。

5.52 对 R&D 做出显著贡献的人员才计入 R&D 人员总量中。因此，对于内部人员和外部人员，建议使用小数来表示他们的全时工作当量，并且通过每年投入到 R&D 中的时间少于 0.1 全时工作当量的人来检测对实施 R&D 所做贡献的显著性（即总工作时间的 10%，一年中的 20 个工作日）。

5.53 应当指出的是，当把对 R&D 贡献很小（从工时角度看）的人员计入 R&D 人员总量中时（例如，每年投入到 R&D 活动中的时间只有几天），如本章 5.2 节所述，在单位层面和汇总层面上都很难恰当地报告 R&D 人员特征（如他们的 R&D 职能），有关此方面更详细的信息见本章 5.4 节。

5.54 全时工作当量表示的 R&D 人员总量，指一年内对统计单位、机构部门或国家的内部 R&D 做出贡献的所有人员（R&D 内部人员和 R&D 外部人员，包括志愿者）。

5.55 全时工作当量表示的 R&D 内部人员总量，指一年内对统计单位、机构部门或国家的内部 R&D 做出贡献的所有内部人员。

5.56 明确建议报告单位在测度时，应当把对 R&D 做出相关贡献（工时角度）的全职人员和兼职人员（包括永久或临时人员）都计入全时工作当量总数中。本节"全时工作当量指标估算"中的例子阐释了在没有详细记录员工 R&D 活动的情况下，报告单位如何估算各类 R&D 人员对 R&D 所做的贡献的全时工作当量。

5.57 尽管建议在基准期内，对内部 R&D 做出贡献的所有人员的全时工作当量单独计算，以便估算 R&D 人员的全时工作当量总量。但是填报 R&D 调查的统计单位可能会选择，以在基准期内对内部 R&D 做出贡献人员的"平均数"作为估算值。在这种情况下，强烈建议核查所报告 R&D 人员的全时工作当量和人头数之间的一致性。按照惯例，无论采用何种测度方法，在何种层级汇总，以全时工作当量统计的 R&D 人员数都应当等于或者小于以人头数统计的 R&D 人员数。

R&D 人头数

5.58 R&D 人头数是指在基准期内（通常是一年）统计单位层面或汇总层面下，对内部 R&D 做出贡献的人员总数。以下几种方法可用来报告人员总数：

- 在某一给定时间从事 R&D 的人员总数（如期末）；
- 一年内（日历年）从事 R&D 的人员平均数；
- 一年内（日历年）从事 R&D 的人员总数。

以上 3 个方法可能会得到不同的结果。最后一个方法很容易出现重复计算问题。测度 R&D 人头数的首选方法，应当是在某一给定时间内从事 R&D 的人员总数（第一种方法）。最好选择在同一时间点对报告国内所有部门中的所有报告单位进行报告。选择时间点时，应当考虑潜在的季节性因素，以及在一年内可能影响总数的其他因素。季节性因素可能因国家而异，因此，各国应当根据自身情况选择适当的时间点。使用的日期应当尽可能与其他人员总量统计系列（R&D 系列可能与之对比的统计系列，如就业、教育）的收集日期相一致。

5.59 编制 R&D 人头数据时，首先要保证人头数和全时工作当量总量的一致性。因此，包含在全时工作当量总量内的所有人员同样包括在人头数总量之中，即在基准期内对内部 R&D 做出贡献的人应当按人头数和全时工作当量报告。同理，未包含在全时工作当量总量之内，但是从事 R&D 的人员（即每年在 R&D 上投入少于 0.1 全时工作当量的人），也不应当计入 R&D 人头数总量之中。应当指出的是，对 R&D 活动贡献很小的人，可能被很夸张地报告在 R&D 人员总量中，这导致了国际对比及报告 R&D 人员特征的困难（见本章 5.4 节）。

5.60 当报告人头数时，可能对两个或多个统计单位（企业或者其他机构）R&D 活动做出贡献的人员进行重复计算。这一指标可能被解释为工作的总和，全时工作当量能够更精确地估算投入到 R&D 中的人力资源。

5.61 对已有人员特征信息不完整,且未报告在人员总量中的 R&D 外部人员,建议尽可能收集他们的相关信息,并将其从内部人员中分离出来单独报告。理想的情况下,应当根据就业类型(见本章 5.2 节)收集基础 R&D 人员指标(全时工作当量和人头数)。例如,内部人员(工资在"劳动力成本"科目下报告);需要支付报酬的 R&D 外部人员(其报酬在"其他经常性支出——R&D 外部人员"的特定子科目下报告);其他类别人员(无偿为 R&D 内部活动做贡献)。总之,本手册为使用直接数据收集方式(调查)编制的人员统计数据提供如下建议:

- 确定 R&D 人员总量。包括开展 R&D 的内部人员,以及为内部活动做出贡献的所有 R&D 外部人员〔关于内部人员的总数,建议使用最新的行政登记数据(作为企业部门的参考)和官方的企业登记数据(如果可用)〕。

- R&D 内部人员数据的编制和报告,需要与 R&D 外部人员(需支付报酬的人员及无须支付报酬的人员)数据分开。对包含在 R&D 外部人员总量中的在 R&D 部门工作的学生,应当单独编制其统计总量。

- 应当为 R&D 内部人员和外部人员单独编制人头数时间序列。包括在单位内工作并参与 R&D 活动的内部人员,以及"在现场"或者至少在近距离位置上参与单位 R&D 活动的 R&D 外部人员,统计单位应当能够获得这些员工的基本特征数据。如果不可能顾及所有员工,至少应在基准期内对内部 R&D 做出贡献的 R&D 内部人员单独编制。

全时工作当量和人头数的协调数据收集

5.62 收集人头数和全时工作当量总量的步骤如专栏 5.1 所示。

5.63 推荐(强烈建议)R&D 调查以统一形式收集与 R&D 相关的支出数据和 R&D 人员的所有已有数据,包括从 R&D 执行单位处收集他们直接参与 R&D 的程度(由全时工作当量呈现),这种方法最大限度地降低了数据收集的成本,并确保 R&D 不同指标间达到最高程度的一致性。人员支出的一致性检验应作为数据收集处理的一部分。按照惯例,全时工作当量总数应当小于或等于人员总数。

专栏 5.1　数据收集及报告过程

1. 在基准期内,受雇于统计单位并开展 R&D 内部活动的所有人员(通常可在官方的企业登记处获得)。这些人属于"潜在的"R&D 贡献者(N_t)。

2. 在基准期内,受雇于统计单位并对内部 R&D 做出实际贡献的人员(HC_{int})。

3. 在基准期内,受雇于统计单位并对内部 R&D 做出实际贡献的人员,对投入到 R&D 中的工作时间加权(FTE_{int});100%=1 (FTE_{int})。

4. 在基准期内,为内部 R&D 做出实际贡献的 R&D 外部人员(包括无酬的人员)(HC_{ext})。

5. 在基准期内,为内部 R&D 做出实际贡献的 R&D 外部人员(包括无酬的人员),对投入到 R&D 的工作时间加权(FTE_{ext});100%=1 (FTE_{ext})。

R&D 人员总数(HC) = HC_{int} + HC_{ext};

R&D 人员总数(FTE) = FTE_{int} + FTE_{ext};

R&D 雇用人员/雇用人员总数的比率 = FTE_{int}/N_t。

5.64 R&D 支出、以人头数统计的 R&D 人员总量及以全时工作当量统计的 R&D 人员总量之间的基本关系见表 5.3。

表 5.3　R&D 数据收集的一致性

R&D 支出		以全时工作当量统计的 R&D 人员总量		以人头数统计的 R&D 人员总量
劳动力成本	↔	R&D 内部人员（雇佣人员）	≤	R&D 内部人员
其他经常性支出—R&D 外部人员	↔	R&D 外部人员	≤	R&D 外部人员
不适用		无酬的 R&D 人员	≤	无酬的 R&D 人员

估算 R&D 人员的全时工作当量和人头数指标

全时工作当量指标估算

5.65 在某些情况下可能无法直接收集全时工作当量和人头数。因此，为了获取 R&D 人头数据，除了直接调查外，有必要基于其他渠道的已有信息估算这些数据。在这种情况下，强烈建议国家统计局核查 R&D 支出和所估算的 R&D 人员总量之间的一致性。

5.66 R&D 人员的全时工作当量应当在报告单位层面上进行估算。估算中使用的是机构层面（如行政数据）或者个体层面（如时间利用调查）的已有信息。在没有其他可靠数据源的情况下，时间利用调查是一种有效的数据来源，并常常用于推导出高等教育部门中 R&D 人员的全时工作当量。有关高等教育部门中关于时间利用调查的更详细信息参见第 9 章。

5.67 估算 R&D 人员全时工作当量的第一步，是收集实际或以合同形式（规范或法定）参与内部 R&D 活动的 R&D 人员详细信息（如果数据难以获取，可使用行政数据）。使用该方法很容易估算出研究机构（或大学）的总量，因为这些机构部门的工作角色和就业状况往往是正式确定的。

5.68 R&D 内部人员和 R&D 外部人员的兼职人员和全职人员数据应

当分别确定和报告。在确认全职人员时,需要参考这名人员的就业状况、合同类型(全职或兼职)及对 R&D 的参与程度。

5.69 因此 R&D 人员的一个全时工作当量等同于 R&D 人员全职从事 R&D,通过联合使用两个变量加以测度:实际参与 R&D 活动的全时工作当量及按标准(法定)工时正式参与 R&D 的全时工作当量。如果不能同时获取两个变量的信息,可以参考其中一个变量进行计算。

5.70 估算全时工作当量数据中可能遇到的问题:

● 确认单个 / 多个 R&D 贡献者投入到 R&D 中的时间及投入到其他活动中的时间。

● 考虑相关 R&D 人员的不同就业形式,即全职、兼职或临时工。

● 在编制全时工作当量总量时,选择适当的数据来源和方法。

5.71 估算的过程可总结成下面的公式:

$$FTE = ftRD + (ntuRD/stu)。$$

其中:

$ftRD$:R&D 全职人员的数量;

$ntuRD$:其他人员类型投入到 R&D 中的工时数;

stu:在某一部门或国家中,全职人员的标准(法定)工时数。

5.72 R&D 非全职工作人员,可以根据以下情况确认:

● 兼职从事 R&D 的内部人员,包括减少工作计划或有限参与 R&D 活动的兼职员工。

● 在计算全时工作当量的一个基准期内(如一个会计年度),临时雇用的人员(或 R&D 外部人员)。

5.73 运用公式计算全时工作当量的实例:

● 一年内 1 个全职雇员对 R&D 投入了 100% 的时间 =1 全时工作当量。

● 一年内 1 个全职雇员对 R&D 投入了 30% 的时间 =0.3 全时工作当量。

- 1个全职雇员在R&D机构内工作6个月，对R&D投入了100%的时间=0.5全时工作当量。
- 半年内1个全职雇员对R&D投入40%的时间（每年中只有6个月参与R&D活动）=0.2全时工作当量。
- 一年内1个兼职雇员（每年只投入全职40%的时间）参与R&D（在R&D上花费100%的时间）=0.4全时工作当量。
- 半年内1个兼职雇员（每年只投入全职40%的时间）对R&D投入60%的时间（每年只有6个月参与R&D活动）=0.12全时工作当量。

人头数指标估算

5.74 按人头数角度编制有关R&D人员的数量和构成信息时，建议尽可能使用行政数据、从人员登记处获取的数据（如果相关的话，还包括工资数据），以及从企业登记处获取的数据（如果可获取的话）。某种程度上，国家统计局不能对所有R&D人员类别（R&D内部人员、需支付报酬的R&D外部人员及无酬或志愿服务的R&D外部人员）编制一致的人头数指标，建议国家统计局重点关注R&D内部人员（统计单位为开展内部R&D而雇用的R&D人员）的识别和人头数指标估算。

5.4 按类别汇总R&D人员总量的建议

R&D人员的人头数及全时工作当量特征

5.75 为满足数据用户的需求，在切实可行的条件下，应当使用多个变量对人员总量和全时工作当量总量进行归类。特别是按照性别、R&D职能、就业状况、年龄和正式资质归类，也可以按照资历水平、籍贯和人员流动指标归类。

按性别归类 R&D 人员

5.76 依照 1995 届世界妇女大会（联合国，1995）及随后的《北京宣言》所言，应当尽可能按性别对 R&D 人员数据进行归类。这种归类方式也适用于全时工作当量和人头数总量，并且应当以两类 R&D 人员（R&D 内部人员和 R&D 外部人员）的真实信息为基准。

按 R&D 职能归类 R&D 人员

5.77 R&D 职能是归类 R&D 人员数据的关键变量（研究人员、技术人员与同等人员及其他辅助人员）。即便直接收集的个人数据存在问题，但是确定内部 R&D 项目中"谁在做什么"，将有助于检验统计单位报告 R&D 情况的准确度。按职能收集与报告的 R&D 人员总量，强调在统计单位、经济部门，或者整个经济中，研究人员对 R&D 整体工作的贡献。建议在 R&D 内部人员和 R&D 外部人员的全时工作当量和人头数测度中使用此归类方法。

按就业状况归类 R&D 人员

5.78 建议将 R&D 人员总量中的所有人员确认为 R&D 内部人员（雇用人员，其报酬计入"劳动力成本"中）；需要支付报酬的 R&D 外部人员（报酬计入"其他经常性支出"中的某一子科目中）；以及 R&D 外部人员志愿者或志愿者同等人员（为内部 R&D 活动做出贡献，但是没有报酬）。建议在 R&D 内部人员和 R&D 外部人员的全时工作当量和人头数测度中使用此归类方法。

在切实可行的条件下，也可以收集长期就业和临时就业之间的分类信息。有些指标，例如，一个全时工作当量研究人员的平均年薪，只适用于 R&D 内部人员（假定这些人员的数据可以在雇员的记录册中查询）。

按年龄归类 R&D 人员

5.79 当按年龄报告 R&D 人员数据，特别是"研究人员"时，建议将年龄划分为 6 类。这些分类均与《国际年龄分类标准暂行指南》相一致（联合国，1982）：

- 25 岁以下；
- 25～34 岁；
- 35～44 岁；
- 45～54 岁；
- 55～64 岁；
- 65 岁及以上。

5.80 通常，R&D 外部人员的年龄数据信息无法获得。因为聘用人员参与统计单位的内部 R&D 时，年龄一般不是（或不能是）重要因素。由于年龄数据受关注度较高，应当优先考虑收集 R&D 内部人员和 R&D 外部人员人头数的年龄信息，前提是已有信息真实、可靠。

按正式资质归类 R&D 人员和研究人员

5.81 按照正式资质划分 R&D 人员，特别是"研究人员"，可以参考《国际教育标准分类法（2011）》（联合国教科文组织统计所，2012）。在 R&D 统计中，建议使用 5 个大类：《国际教育标准分类法》5 级、6 级、7 级、8 级及《国际教育标准分类法》1～4 级。应当允许这 5 个类别与其他经济和社会的统计数据具有完全可比性。

5.82 《国际教育标准分类法（2011）》等级只由教育水平决定，不论人员在何领域获得学位。

- 博士或同等学位证书持有者（《国际教育标准分类法》8 级）。本类别包括在大学及具有大学资格的专业研究机构获得学位的人员。
- 硕士或同等学位证书持有者（《国际教育标准分类法》7 级）。本类别包括在大学及同等教育机构获得学位的人员。

● 学士或同等学位证书持有者（《国际教育标准分类法》6级）。本类别包括在大学及同等教育机构获得学位的人员。

● 其他高等教育学位证书持有者（《国际教育标准分类法》5级）。本类别的课程一般具有专业性，需要具有中学教育同等水平才能掌握。它实际提供了定向（或者特定）职业教育。通过此阶段，还可以参与其他高等教育水平的课程。

● 中学后教育非高等教育证书持有者（《国际教育标准分类法》4级）。本类别包括拥有非高等教育证书的学位持有者，主要针对已经完成《国际教育标准分类法》3级的学生。取得非高等教育证书的学生，能够进入高等教育阶段或者就业。

● 高中教育证书持有者（《国际教育标准分类法》3级）。本类别包括两类证书：一是在中学获得的《国际教育标准分类法》3级证书；二是从其他类型教育机构获得的同等于3级的职业证书。

● 其他资格。本类别包括《国际教育标准分类法》3级以下文凭持有者或者在不属于其他6类教育机构接受教育的人员。

5.83 在实际情况下，难以收集内部人员教育水平的真实信息（外部人员亦是如此），并且用人单位没有必要持续更新记录雇员的教育水平。从这方面来看，按正式资质对R&D人员和研究人员进行划分的方式，应当优先在R&D内部人员人头数中收集此类信息。

按资历水平归类R&D人员

5.84 "资历水平"数据可以丰富R&D管理实践的知识，可以深入洞察研究人员的职业生涯。对于这个变量，应当优先在政府部门(见第8章)和高等教育部门（第9章）R&D内部人员人头数据中收集此类信息。

按地理位置归类 R&D 人员

5.85 使用数据的用户也关注 R&D 人员的地理位置。地理位置可以从整体上反映研究人员和 R&D 人员的国际流动性。采用不同标准来确定国家来源：国籍、公民身份或出生国。数据用户也可能参考先前居住的国家、先前从事工作的国家或攻读最高学历的国家等其他标准。所有标准都有其利弊，并提供了不同类型的信息。两个或两个标准以上的组合将给出更多分析信息。当从雇主处收集此类数据时，很难确定这些数据的真实来源。建议优先在 R&D 内部人员人头数中收集此类信息。

R&D 人员流动指标

5.86 数据用户也经常询问有关 R&D 人员的流动指标数据（新员工、离职或者退休人员）。流动指标是用于完善主要关注 R&D 人员存量的已有信息。雇主、分析人员和政策制定者使用此类信息，预测 R&D 人员的需求及可能出现的人员缺口。这些指标在部门层面上具有特殊利益，因此，应优先考虑在 R&D 内部人员人头数中收集此类信息。

R&D 人员及研究人员的人头数和全时工作当量的推荐表

5.87 在切实可行的条件下，各国应当单独收集 R&D 内部人员和 R&D 外部人员的个人背景特征。随着时间推移，通过这些收集活动会逐步完善所有从事 R&D 的人员信息，并且进一步提升国际可比性。有些国家在收集这些信息方面可能会存在一定的困难（如果可以收集的话），各国报告 R&D 人员总量的方式不同也会使国际对比出现差异。因此，对于以下人口统计变量，建议优先考虑报告国家 R&D 内部人员，特别是"研究人员"。出于报告的目的，需要将这些汇总数据从 R&D 外部人员总量中区分出来，得到"国家 R&D 内部人员总量"。R&D 内部人员总量与 R&D 外部人员总量之和为"全国 R&D 人员总量"。

5.88 以下是编制 R&D 人员总量的模板（表 5.4～表 5.8）。

表 5.4　按部门和就业状况归类国家 R&D 人员总量

（按性别归类全时工作当量和人头数）

	部门				
	企业	政府	高等教育	私人非营利	总计
R&D 内部人员					
R&D 外部人员（其成本以"其他经常性支出—R&D 外部人员"报告）					
无酬的 R&D 人员（包括志愿者和名誉教授）					
总计					

表 5.5　按部门和就业状况归类研究人员总量

（按性别归类全时工作当量和人头数）

	部门				
	企业	政府	高等教育	私人非营利	总计
内部研究人员（如雇用研究人员）					
外部研究人员（其成本以"其他经常性支出—R&D 外部人员"报告）					
无酬的外部研究人员（包括志愿者和名誉教授）					
总计					

表 5.6 按部门和 R&D 职能归类国家内部人员总量

(按性别归类全时工作当量和人头数)

	部门				
	企业	政府	高等教育	私人非营利	总计
研究人员					
技术人员及同等人员					
其他辅助人员					
总计					

表 5.7 按部门和年龄归类国家 R&D 内部研究人员总量

(按性别归类人头数)

	部门				
	企业	政府	高等教育	私人非营利	总计
25 岁以下					
25～34 岁					
35～44 岁					
45～54 岁					
55～64 岁					
65 岁及以上					
总计					

表 5.8 按部门和资质水平归类国家雇用研究人员总量

(按性别归类人头数)

	部门				
	企业	政府	高等教育	私人非营利	总计
高等教育学位					
博士或同等学位(《国际教育标准分类法》8 级)					
硕士或同等学位(《国际教育标准分类法》7 级)					

续表

部门				
企业	政府	高等教育	私人非营利	总计
学士或同等学位（《国际教育标准分类法》6级）				
其他高等文凭（《国际教育标准分类法》5级）				
其他学位（《国际教育标准分类法》1～4级）				
总计				

参考文献

International Labour Organization (2012), International Standard Classification of Occupations(ISCO), ILO, Geneva. www.ilo.org/public/english/bureau/stat/isco/isco08/index.htm.

UNESCO-UIS (2012), International Standard Classification of Education (ISCED) 2011, UIS, Montreal. www.uis.unesco.org/Education/Documents/isced-2011-en.pdf.

United Nations (2009), International Recommendations for Industrial Statistics 2008, Statistical Papers, Series M, No. 90, United Nations, New York. http://unstats.un.org/unsd/publication/seriesM/seriesm_90e.pdf.

United Nations (1995), Beijing Declaration following the 1995 World Conference on Women, United Nations, New York. www.un.org/womenwatch/daw/beijing/platform/declar.htm.

United Nations (1982), Provisional Guidelines on Standard International Age Classifications, Statistical Papers, Series M, No.74, United Nations, New York. http://unstats.un.org/unsd/pubs/gesgrid.asp?id=1.

第 6 章
R&D 测度方法及程序

本章主要讨论了如何测度备受关注的 R&D 活动，特别是测度企业部门中的 R&D 活动，但是这种测度方法和程序也适用于整个经济领域。R&D 数据用途的多样化使得测度活动存在一定的困难，包括总体数据可以用于政策分析、政策评价和目标设定，R&D 支出既可作为《国民账户体系》中 R&D 资本存量的投入，也可用于单位水平的 R&D 活动分析。在测度 R&D 活动方面，无论是使用调查数据、行政数据或者两种数据的整合，都需要统计基础设施，包括机构登记名单、方法支持、数据对接方法（提高分析能力）及数据质量保证标准。虽然本章讨论了这些内容，但是考虑到不同国家面临的统计基础和测度困难，本手册没有提供具体的正式建议。在支持统计测度的发展方面，本手册提供了相关来源。

6.1 引言

6.1 影响 R&D 执行测度方法的制定与程序开发的因素有多个方面。R&D 活动倾向于集中在少数实体中,尤其是在企业部门。尽管 R&D 活动高度集中,但是它仍然分布于整个经济领域,而且执行者一直在变化。R&D 活动的深度和广度也会影响抽样策略。除上述特点,R&D 统计的目标也存在多个方面,包括:整合数据指标以支持科技政策;统计支出以确定对《国民账户体系》内 R&D 资本存量的投入额;在数据保护的限制下,统计微观数据以支持单位层面的分析(单位层面可以包括企业部门、政府部门、高等教育部门和私人非营利机构中的单位)。但有时,这些相互冲突的目标会影响数据抽样和处理策略。

6.2 R&D 执行的测度方法取决于统计基础设施的可获取性(完备性)。统计基础设施包括调查单位的登记名单、有经验的统计人员、义务调查的法律授权程度及调查数据(支持相关政策分析)和其他数据的有效关联程度。本节利用统计基础设施介绍了 R&D 测度理论和方法,为测度方法、数据信度和国际组织间的数据传递提供建议。由于不同国家在问卷标准、抽样技术和受访者调查方法的标准规则方面有很大的差异,本手册无法就调查及数据分析提供具体的方法。

6.3 R&D 数据有不同的来源,包括直接测度(问卷调查)得到的数据及行政数据,但是不局限于此。行政数据包括财务部门的财务数据(公司报表)和其他行政数据,本章 6.4 节将具体讨论如何使用行政数据。在某些情况下,还需要补充评估调查和行政数据来源,如高等教育部门的 R&D 支出模型(或间接估算)。统计机构以数据来源的有效性、质量、适合性和成本为基础来决定是否使用该数据,此标准在不同国家会有相应的变动。

6.4 使用一手数据（直接收集的数据）的一个明显优势就是能够匹配本手册中的概念和定义。然而不论是直接收集数据还是通过受访者填写调查问卷获取的间接数据都需要一定的成本。

6.5 在本章中，"R&D 调查"指的是通过统计调查、行政数据来源，或结合两种方法直接收集数据。

6.2 单位

6.6 R&D 调查的目标总体是在 R&D 活动中担当执行者或出资者的机构单位。此总体可以划分为执行 R&D 部门或出资 R&D 部门，包括企业部门、政府部门、高等教育部门和私人非营利机构。本手册主要是收集 R&D 执行者的数据，同时，依据《国民账户体系》的要求也收集 R&D 资金的数据，并且区分交换资金和转移资金（见第 4 章）。R&D 执行者的目标群体不足以支持 R&D 出资者的统计，同样，R&D 出资者的目标群体也不足以支持 R&D 执行者的统计。

6.7 本手册建议 R&D 调查的抽样单位为机构单位。

机构单位

6.8 机构单位是一个国民核算概念，是指能够以自己的名义拥有资产、发生负债、从事经济活动，并与其他实体进行交易的经济实体（见第 3 章；欧洲委员会 等，2009）。

统计单位

6.9 统计单位是收集信息的实体，同时也是最终编制信息的实体。调查框架由统计单位制作完成，统计单位作为部分样本在总样本中占有一定的比重（选择概率的倒数），并将应用于抽样总体的估算。

6.10 统计单位具有一系列属性，包括：

- 《弗拉斯卡蒂手册》部门（企业部门、政府部门、高等教育部门及私人非营利机构）；
- 《国民账户体系》部门（企业、一般政府、非营利机构）；
- 主要的经济活动 [例如，按《国际标准产业分类（第4版）》（欧盟，2008）对单位进行分类]；
- 地理位置；
- 规模（雇员数量、营业额）等。

6.11 第3章详细讨论了统计单位的不同分类，包括企业集团、企业、基层单位，虽然这些术语主要用于企业部门，但是也同样适用于其他机构部门。

6.12 本章主要使用的术语是机构单位，只是企业部门中用"企业"代替了"机构单位"。

报告单位

6.13 本手册中，报告单位是报告数据的实体。在一个统计单位内，可能存在不同单位拥有且可填报的所需数据。例如，某企业 R&D 活动的地理分布数据，可以在处于基础单位层面的报告单位获取，某高校 R&D 活动领域的数据可以在各个院系中获取。在行政数据方面，报告单位对应的是单个记录代表的单位。单个收集点可能是多个报告单位收集数据的渠道。

各单位之间的关系

6.14 报告单位一般是指单个机构单位或机构单位群体。但是也存在例外，特别是在受访者按照不同方式更容易报告的情况下。这种情况可能发生在处于国际交易情况下的机构单位群体、各个政府部门及大学院系中（在这种情况下，这些单位不需要满足成为机构单位的所有条件）。

6.15 相关机构单位可能组合在一起,形成机构单位群体(企业部门中的企业集团)。这个层面的部门能够生成综合收益报表和整个机构单位群体的资产负债表。

6.16 当报告单位的结构简单时,单一的法人实体可能对应单一的机构单位。当报告单位的结构复杂时,法人实体和企业之间可能存在多对一或者多对多的关系。

6.17 对于不同国家如何处理这些复杂的结构,本手册并没有尝试给出具体方法。

6.3 机构部门

企业部门

6.18 企业部门的定义详见本手册第 3 章 3.5 节。R&D 的企业执行者有两个突出特点:第一,它们可能在企业部门总体中形成一个特殊子集;第二,它们并不是持续执行 R&D 活动。这就给调查框架的开发和维护带来了一定困难(见第 7 章)。

6.19 因为某些企业可能偶尔执行 R&D 活动,但是其他企业可能持续执行,所以重要的是调查框架需要涵盖不同类型的企业。因此,不论企业是持续执行还是偶尔执行 R&D 活动,本手册建议在 R&D 调查框架中至少要包括所有可能执行 R&D 活动的企业(见第 7 章 7.3 节)。

6.20 企业部门的抽样单位一般都是机构单位或企业。抽样单位具备的属性包括主要的经济活动、规模、地理位置、所有权和控制权。报告单位依赖于最可能进行报告的实体,这可能涉及企业或基层单位的整合(见第 3 章专栏 3.1)。

6.21 样本从包含《国民账户体系》部门信息和《弗拉斯卡蒂手册》部门信息的协调框架中提取,已经在第 3 章做了详细讨论。使用这种框架是协助确保与《国民账户体系》中 R&D 部门分配相一致,但也可以从《弗拉斯卡蒂手册》部门中选取单位。在企业部门中,如提供正式教育课程的大学以显著经济意义价格出售其成果,在《弗拉斯卡蒂手册》中可以将其归为高等教育部门,而在《国民账户体系》中则可以归为企业部门。如果能够与企业登记名单相联系,将会有助于 R&D 调查数据和其他数据的整合,进而支持微观层面的分析。

6.22 建立企业单位的调查框架存在多种方式。当历史(现有)信息或行政数据可用时,应当在调查框架内识别 R&D 执行和出资单位,如果这些指标不可用,R&D 活动调查两阶段抽样方法(第一阶段)可以替代上述方法,进行企业识别。另一个确定覆盖范围的方法是提前与有可能实施或出资 R&D 活动的单位(目标公司)进行接触。有关各国开展 R&D 活动调查的更多详细信息见《联合国教科文组织统计报告(2014)》。

6.23 使用其他的数据来源能够精确调查范围。如果使用外部数据补充调查框架,那么应当对这些数据进行评估以确保数据质量,而满足质量要求的数据可用来识别 R&D 执行企业或出资企业。

6.24 鉴于此,本手册提出以下建议:

- R&D 调查应当涵盖企业部门中所有已知和可能执行(出资)R&D 活动的企业。

- 为了识别未知的或潜在的 R&D 执行单位,有必要对所有公司进行抽样调查。

6.25 调查框架应当包括实施或出资 R&D 活动的所有企业。数据质量报告中的受访者抽样和分层整理,可能会有预算和相关负担的限制。

政府部门

6.26 政府部门的定义详见第 3 章 3.5 节。

6.27 尽管本手册推荐的统计单位与企业等同,但在政府部门中,出于实际考虑,样本单位一般是部委或者(司)厅局,即使这些单位不完全具备机构单位的特征（持有和控制资产的能力）。抽样单位的选择并不意味着政府部门间的资金流是外部活动（见术语表和第 4 章 4.3 节）。政府部门抽样单位具备的属性包括主要的经济活动、地理位置和部门级别。报告单位主要依赖于最能够报告的实体，这可能会涉及整个地方政府或市政府。

6.28 更新 R&D 活动实施（出资）单位清单有以下几种途径，包括立法、预算、相关投资活动、注册名单、R&D 执行单位地址名录、研究协会、文献来源及行政团体的变更申请等。

6.29 如果可以获取相关数据，调查框架应当与企业注册登记中心相连，这可以协助整合不同来源的数据，也会降低重复计算的风险。

6.30 应当注意使用行政数据识别 R&D 活动执行和出资机构。

6.31 要识别市级地方政府的 R&D 活动极其困难，这是因为单位数目极多，并且可能进行 R&D 活动的单位很少，加之 R&D 定义的解释方面也有困难，因此，这些单位通常不在 R&D 活动执行单位的名单之内。如果地方政府承担了大量的 R&D 活动，则可以考虑把这些单位纳入省级地方政府的 R&D 执行者中。考虑到地方政府的特点，R&D 活动可能不是政府部委或（司）厅局的核心工作，它们的主要工作是解决经上一级政府或立法机关确认的问题。因此，地方部委或地方厅局执行的 R&D 活动可能是偶然进行的。更多政府部门的详细讨论见本手册第 8 章。

高等教育部门

6.32 高等教育部门的定义详见本手册第 3 章 3.5 节。该领域的调查和估算程序应当涵盖所有的大学、技术学院和其他提供正式高等学历教育课程的机构（不考虑机构的资金来源和法律地位）及由高等学历教育机构直接控制或管理其 R&D 活动的研究机构、中心、实验室和诊所。

6.33 高等教育部门并不能和《国民账户体系》中的机构部门直接对应，本手册第 3 章表 3.1 中列出了高等教育部门和《国民账户体系》部门的交叉分类，高等教育部门存在于《国民账户体系》的所有部门中。由于高等教育部门机构执行的 R&D 活动有很高的政治关联度，所以在本手册中将其单独作为一个部门处理。

6.34 高等教育部门的抽样单位是高等教育机构（相当于机构单位），抽样单位具备的属性包括地理位置和经济部门。报告单位可能是各院系或部门，它们是机构层面上报告支出和资金流的最优报告单位。需要注意的是医院执行的 R&D 活动也可能属于高等教育部门的 R&D 活动。

6.35 调查企业部门、政府部门、高等教育部门及私人非营利机构时，应当确保包含研究型医院的 R&D 活动，同时也应当确保将医院划分至正确的部门中（见第 3 章）。

6.36 在调查某些行政区内的 R&D 活动时，需要区分执行 R&D 的研究型医院，以及与这些医院相关联且为其 R&D 出资的慈善机构。如果大学医院在管理和财务上与教学机构紧密相连，则可认为是一个抽样单位；如果它们是独立核算和管理，则可认为是两个互相独立的抽样单位。

6.37 某些 R&D 单位是由两个（多个）实体或不同人员（从不同实体获得工资的人员及受雇于不同单位的人员）共同管理的，对于所有的部门单位，处理上述 R&D 单位需要保持一致。但是对医院 R&D 单位来说仍是一个问题。

6.38 高等教育部门 R&D 活动的测度指南见本手册第 9 章。

私人非营利机构

6.39 私人非营利机构的定义见第 3 章 3.5 节。私人非营利机构与政府部门识别潜在受访者的附加来源大致相同，但前者信息框架可能不太全面，需要从税务机构、研究员、研究管理机构收集信息来完善框架。私人非营利机构的调查更倾向于收集 R&D 出资方面的数据。

6.40 通常私人非营利机构的抽样单位是机构单位，抽样单位具备的属性包括主要经济活动、规模、地理位置和控制权。报告单位将依赖于最能报告的实体，可能涉及各个单位的整合。私人非营利机构 R&D 活动的测度指南见本手册第 10 章。

6.4 调查设计

抽样方案

6.41 与其他活动相比，R&D 活动属于小概率事件，只集中在少数机构单位。对于在总体估算中占有较高比例的大型单位，需要构建独立的抽样层。大型单位抽取的样本被称为"所有层"，这一层级的大型单位属于确定性抽样，其抽样权重为 1，而规模较小的单位被抽中的概率小于 1。因为企业部门和私人非营利机构与政府部门和高等教育部门间的抽样方案存在很大不同，而且调查设计和抽样方案必须考虑国家的环境和实际情况，所以本节提出的抽样方案并不是规范性的。

6.42 在分层抽样中，重要的是选择能代表总体规模的最佳变量。如果这些规模变量与 R&D 支出（出资）活动无关，上一年的数据或者 R&D 替代数据可能会比规模数据（如营业额、总体的经费拨款和雇用人员）更合适。如果单位是持续开展 R&D 活动的执行者，那么上一年的数据则更合适。

6.43 估算预期精度水平对确定分层抽样的最佳样本量具有重要意义。应该调整样本量以能够反映出预期的无应答率、单位分类错误率及抽样调查框架中的其他缺陷。

6.44 分层抽样包括"所有层"和"必须层"，在这两个层级中单位被抽中的概率为 100%，确定被抽中的单位应该是 R&D 活动最重要的执行者或出资者。"必须层"是用于抽取复杂的受访者，它们在所在地或行政区内，可能涉及多个产业类别和活动。分层抽样也包含"部分抽取层"，其单位被抽中的概率小于1，因为概率抽样能计算出样本误差，所以在这一层级中选择概率抽样比较合适。概率抽样作为质量测度方法，也有助于减少偏差风险。

6.45 如果存在足够的辅助数据识别现有企业登记清单中的单位是否为执行单位，则可以通过识别这些已知的执行者来建立调查框架。如果数据不足或缺失，则有必要使用两阶段抽样设计。在这种情况下，第一阶段使用大样本抽样确定涉及 R&D 活动的单位，然后在第一阶段样本中进行第二次抽样。

6.46 考虑到 R&D 活动部门分类，可以使用多个框架。这种情况下，重点是管理每个单位的框架成员资格。如果对多个框架进行整合，那么在整合的框架内，应当只计算一次机构单位。如果 R&D 机构单位记录在企业营业登记清单中，可能会降低重复计算 R&D 活动的风险。

数据收集方法设计

6.47 只要有足够的安全措施保护敏感数据，直接数据就可以通过不同的方式进行收集，包括问卷调查（纸质）、电话访谈、网络调查。在计算机、电话、邮政服务还没有得到广泛应用的国家里，既可以使用访谈的方式收集数据，也可以通过行政来源收集数据。

6.48 对于直接的数据收集，应当考虑成本及与调查相关的应答负担。

6.49 不管使用何种方式收集数据，在提供所需 R&D 数据的调查问卷内，应当使涉及的核心问题最小化。调查问卷应当尽可能简短（能够收集所需核心数据的前提下）、具有逻辑结构、清晰、提供可参考的定义及问卷说明。因为电子问卷具有编辑功能，可以帮助受访者填写完整、连续的数据，所以应当考虑使用能够嵌入问题信息的电子问卷。数据编辑是发现和改正填报错误（逻辑矛盾）的一种方式，例如，在数字字段插入一个字母，编辑过程就可以识别并通过问卷提示"编辑错误"。

6.50 数据收集方法应该考虑到填写问卷的人员情况。应答人员可以是 R&D 经理，或者更可能是 R&D 单位中核算或财政部门的人员。每类应答人员都有自己的优势与劣势，R&D 经理可以更好地识别 R&D 活动，更好地理解本手册的概念；如果调查问卷涉及财务或 R&D 人员信息，财务人员可以更好地报告详细的财务信息，人力部门人员可以更好地回答 R&D 人员问题。所有部门都有报告的责任。

6.51 为了获取完整的应答，数据收集策略需要考虑问卷在组织间传递的可能。最好是为企业或者机构确定单一的联系点，如果没有已知联系点，需要进行预调研来确定最适宜完成问卷的人，尤其是在特别复杂的机构单位。

6.52 除了收集刚结束报告期（t）的支出和人头数据，还需要收集下一年的预算支出数据，下一年指的是正在收集数据的这一年（$t+1$），编制者还可能收集报告期第二年的预算支出数据（$t+2$）。然而，需要注意解释这些预算结果，因为它们只代表企业预期的行为，而在预期数据和实际数据间可能存在显著差异，所以本手册建议收集报告期后第一年的预算支出数据，而不是人员数据（通过不可靠经验获取）。对于经费来说，更可取的预算支出数据收集方式是基于过去 R&D 经费对支出进行估算，或是基于同时点的经济绩效（销售收入）对支出进行估算。

行政数据和调查设计

6.53 如果行政数据来源使用的概念、定义和范围与本手册中的概念、定义和范围足够接近，则该行政数据来源可以作为信息的一手来源；如果行政数据来源的概念与本手册所述概念有差异，该数据仍可以作为信息的辅助数据使用，以弥补缺失信息、协调矛盾信息。由于各个国家行政数据的可用性和质量不同，所以它们在使用数据方面存在很大差异。

6.54 行政数据也会影响数据收集的方案，如果国家有 R&D 税收减免申请统计表，那么它形成的行政数据可以帮助少数 R&D 执行者估算其

R&D 执行情况，这样就减少了这些单位的估算任务。在没有 R&D 税收项目的国家中，则不需要考虑上述问题。

6.55 使用行政数据进行估算编辑的方法有很多。如果行政项目内包含的概念与本手册所述概念充分相似，那么行政数据库可以用来替代直接数据，这些数据可以用来替代调查数据和部分或完全缺失的数据。除了数据替代，行政数据也可以用来支撑抽样框架，同时也可以验证数据的有效性（检验调查数据和行政数据的变化趋势是否匹配）。如果行政数据和调查数据的变量间具有显著相关性，在校准估算中行政数据可以作为辅助变量。变量的使用描述请咨询澳大利亚统计局（2005）。

6.56 估算过程中，需要考虑行政数据的效度。行政数据的覆盖范围应当与 R&D 活动出资单位或实施单位的总体匹配，同时应当考虑行政数据的时效性（估算税收和监管部门完成输入数据工作的时间长度）。行政数据的定义与概念应当与本手册所述一致。行政数据的质量应与调查的标准和期望值进行比较，例如，如果实际的编辑错误率较高，则证明行政数据的质量较差；如果生成行政数据的计划频繁发生改变，行政数据的概念与本手册中的概念可能不能保持长久的一致性，这也许会限制行政数据来源的可用性。行政数据来源的长期稳定性至关重要，这需要适当的法律机构或监管机构依据统计目的调查行政数据。最后，行政数据需要充分记录整理以便允许上述机构使用。

问卷设计注意事项

6.57 无论是电子问卷还是纸质问卷，都对受访者行为、受访者关系、数据质量有很大影响。调查问卷应当尽量减小受访者负担，尽可能确保受访者填答简便。一份好的调查问卷应当有助于降低编辑量和错误率，从而使后期收集过程更容易。

6.58 调查问卷中的文字和概念应当尽可能与受访者和执行调查组织的认知一致，虽然不应当强制要求向受访者解释问卷调查的数据要求，但是为了与本手册的概念相一致而在后期收集转变这些变量，至少要求受访者能够理解调查问卷中列出的问题项。如果企业和政府机构有不同的核算标准和术语，应当设计不同的调查问卷。

6.59 为了便于受访者填写，调查问卷应当简洁、清晰、易于填写，各种概念应当容易理解，测度范围应该解释清楚。电子问卷应当加入一致性数量和编辑范围的限制，以便于受访者准确地完成调查问卷。无论哪种问卷，跳跃问题的路径选择和用词应当一致。

6.60 为了确保调查问卷易于理解，建议在大规模调查前进行问卷测试。测试包括定性试验（焦点小组或认知实验）或试点调查。重要的是，在电子问卷中，为确保内容易于理解、应用程序便于使用，最终的电子问卷需要在不同的使用者和操作系统中进行测试。问卷测度方法见相关资料（Couper et al., 2004）。

6.61 R&D 调查通常设置一个独立的收集机构。如果 R&D 调查机构与其他调查机构合作，需要确保合作的调查机构能够保持所有 R&D 活动的兼容性和代表性，并且没有降低数据质量。尽管存在 R&D 调查与创新调查相结合的案例，并且也有将它们与资本性支出调查结合的讨论，但本手册仍建议使用独立的 R&D 调查。

6.5 数据收集

6.62 在数据收集时，受访者承担的负担应当最小化。尤其是对企业的受访者，应该重点维护其机密数据，因为 R&D 经费通常代表了企业重大的战略决策。

6.63 在数据收集过程中，可能出现一系列与收集过程相关的并行数据或信息。并行数据可能包括单位是否在样本内、后续记录的回应和数据收集方法。调查周期结束后使用并行数据，可以帮助调查机构在未来减少反复调查的次数。

6.64 数据收集过程应当尽量最小化负担和成本，最大化数据的时效性、应答率和准确性。网络收集方式是新兴的首选模式，但是也可以使用多重模式收集数据，尤其是在电子或邮政收集方法可能无效的国家。数据收集方法应当足够灵活，能够允许收集模式的变化（当受访者没有按照要求完成电子或纸质问卷时，可以使用电话访谈收集信息）。如果使用多重模式收集数据，建议对模式效应的偏差进行收集后研究。

6.65 预先摸底是正式收集数据前确定信息框架的有效方法。预先摸底可能包括：受访者的联系方式（邮件地址）、机构单位的产业或活动分类、确认是否涉及 R&D 活动。

6.66 对于大型复杂的组织，如果特殊的报告关系能够帮助受访者完成问卷，也应予以考虑，包括：为收集数据确定单一联系点、定制报告单位，改进收集方法使受访者更容易把调查问题与自己的财务、人力资源联系起来。预计上述处理方式主要用于在整体估算中有重要贡献的机构单位。

6.67 由于 R&D 经费测度具有一定的复杂性，应该考虑制定采访者手册并对这些采访者进行培训，从而使采访者能够回答受访者的提问。尤其是在电子调查中，注释、假设的实例及不同情况的处理文件等工具，可以直接共享给受访者。

6.68 数据一旦收回，就应当对数据进行初步编辑，对编辑发现的错误数据进行后续补充。电子问卷中需加入编辑错误提醒，减少采访者后续补充工作。

6.69 整个收集过程都应当监测数据的应答率。如果应答率较低，收集完成后，可能会在未应答单位进行二次测度来确定整个估算是否有未响应偏差（受访者有可能是 R&D 活动执行者）。这些信息可以通过行政数据直接或间接收集得到。

6.70 在调查过程的最后，并行数据可以估算收集工作的有效性和成本效益。这种分析可用来简化和改善调查工作。

6.6 数据整合

6.71 如果数据集是整合的（在公司层面的分析），那么建立一个允许数据整合的联系关键点是很重要的，这个联系关键点通常建在营业登记中心。如果这种活动正在进行，就需要像监管数据质量一样监管数据集之间的相关度，如果相关度高得令人无法接受，就说明不能使用这个数据集。

6.7 数据资料的编辑和插补

6.72 对收集的数据进行编辑可以用于确定可能误差、检验记录或变量、纠正出现的错误和矛盾。重要的是编辑不会在总体估算中产生偏差。如果编辑对最后的调查估算影响很小，那么可能对记录进行了过度编辑，应当注意避免使用这种编辑方法。

6.73 数据编辑应当是自动的、可重复的。自动化处理能够增加准确度和范围，在开发自动编辑体系时必须注意避免过度编辑数据。在检查和纠正编辑错误方面，当编辑的重点是对某一特定估计量有重大贡献的单位时，应该考虑使用选择性编辑。因为编辑错误率提供了如何改进调查问卷和其他收集方面的信息，所以应对其进行跟踪。如果进行了人工审核，也应对其进行跟踪。

6.74 插补主要是为缺失或矛盾数据赋予有效数据。插补主要发生在数据收集之后（包括后续过程）和调查问卷的初步人工审核之后。插补可用来处理完全未填报的问卷（未响应单位）及对具体变量未响应的问卷（数据项未响应）。插补过程结束后，微观数据文件应当只包含完整的数据，并且该数据具有内部一致性。插补过程应该是自动的、客观的、可重复的。

6.75 一些插补数据的方法可以用来替代缺失或矛盾数据。现有的插补方法包括：

- 逻辑插补；
- 均值插补；
- 比率插补；
- 邻近插补。

6.76 收集方法制度的设置决定了其他有效方法的使用。

6.77 如果有效的行政数据与缺失或矛盾数据之间存在足够的联系，那么行政数据可以直接代替调查数据。

6.78 考虑到 R&D 作为投资活动的可变性，使用来自受访者数据（直接使用或通过辅助数据使用）的插补方法优于来自其他相近单位数据的方法（邻近插补）。

6.79 本手册建议保存元数据，以鉴别已经进行插补的变量、记录和插补方法。插补率是数据质量的重要指标，有较高插补率的领域应当慎重处理。插补导致的样本偏差数据可以支持上述结论。

6.8 估算

6.80 样本中所有单位的设计权重以被选中概率为基础，设计权重为被选中概率的倒数。在两阶段抽样中，设计权重为两阶段权重的乘积。

6.81 调整设计权重可以反映应答单位的实际数量，这种方法仅在受访者或非受访者（具有类似特征）中使用。估算方法见相关资料（Lundström et al., 2005）。

6.82 如果可获取的行政数据集中包含与调查问卷的变量(R&D总支出)高度关联的辅助数据，设计权重可以通过权重的校正进行调整。在校正估算中，为达到已知的控制目标，需要对数据进行调整。具体的使用方法包括回归分析、比率估算、排名估算。

6.83 应该优先选择校准估算，因为它既可以提高估算精度，也可以改善不同来源数据间的一致性。

6.84 估算精度可以通过估算标准差来测度。

6.9 输出验证

6.85 某些方法可以用于验证和确定 R&D 调查。

6.86 样本中的报告单位必须能够代表总体的 R&D 执行者。通过检查应答率可以评估总体的覆盖范围。使用 R&D 支出的加权应答率可以反映出估算数据占实际数据的比例。

6.87 为确保估算的连续性，应当把 R&D 调查数据与先前周期内的数据进行比较，并对差异进行解释。

6.88 调查数据需要与其他来源的可对比数据进行比较。如果存在差异，在估算中就需要进一步探索并提出改进或者对差异进行合理解释。

6.89 应当通过预期值和该领域信息验证最终的估算。如果存在差异，在估算中就需要进一步探索并提出改进或者对差异进行合理解释。

6.10 向经合组织或其他国际组织提供报告

6.90 政府执行 R&D 调查是为了收集国家所关注的一些数据，数据收集是在各国体制框架内进行的。各成员国的实际标准与本手册或其他手册所制定的国际标准间不可避免地存在一定的差异。尽管如此，当向经合组织或其他的国际组织呈报这些数据时，必须通过调整或估算尽量降低这种差异所带来的影响，即使这意味着将使国际来源中的 R&D 数据与国家文件中的数据有所不同。如果成员国官方不愿意承担调整数据的责任，它们可以帮助相关的机构做出有根据的估算。当不能做出这样的调整时，应当提交详尽的技术说明。差异主要表现在以下两个方面：

● 各国开展 R&D 调查的方法与本手册建议的方法存在的明显差异。

- 各国进行 R&D 调查所采用的国家经济或教育的分类标准与本手册建议的国际分类标准存在的"隐性"差异。

6.91 识别和报告这两类差异及数据序列的跳跃点是非常重要的。当调查过程中的任何改变（抽样设计、调查分类、数据收集方法、调查工具设计、问题设置或定义）导致历史数据序列发生跳跃时，就应当公开并告知数据使用者。只要有可能，就应当测度跳跃的可能影响（如报告总数的比例），以及当前（将来）与先前估计的对接关系。

6.92 国家当局应该为已出版的数据提供数据质量指标，这些质量指标以标准误差和应答率为基础，提供全体及单个领域的估算。估算范围应该包括调查总体如何构建、维持及估算。应当提供变量的插补率，这些比率可以判定数据质量和问题。不同受访者对概念的理解可能是不同的，调查问卷需要依据这些缺陷进行审核。由于机密性要求对数据最小单位的控制，有助于对太集中或太罕见的调查群体加以匿名化，以提供必要的细节信息。同时需要考虑修正率和时效性。

6.11 数据质量的结论

6.93 本章提供了一系列的方法测度主要机构部门（本手册提及）的 R&D 活动，使用可接受的一般性数据质量测度方法，产生可复制的结果。Snijkers et al. (2013)、Lyberg et al. (1997) 讨论了活动执行者方面的数据质量，也可参见 www.oecd.org/std/qualityframeworkforoecdstatisticalactivities.htm 和 http://unstats.un.org/unsd/dnss/QualityNQAF/nqaf.aspx。这一系列的方法预计为各国限制框架内的数据收集提供可供选择的方法，为高度发展的统计系统内的讨论提供热点问题。考虑到所有情况，统计方法、支撑技术和实践一直都在改变，鼓励本手册的用户监督使用符合本国统计环境的最佳方法。

参考文献

Australian Bureau of Statistics (2005), "The Experience of ABS with Reducing Respondent Burden Through the Use of Administrative Data and Through the Use of Smarter Statistical Methodology", UNECE Conference of European Statisticians 35th Plenary Session CES/2005/18.

Couper, M.P., Judith T. Lessler, E.A. Martin, J. Martin, J.M. Rothgeb and E. Singer (2004), Methods for Testing and Evaluating Survey Questionnaires, John Wiley and Sons, Hoboken, NJ.

EC, IMF, OECD, UN and the World Bank (2009), System of National Accounts, UN, New York. https://unstats.un.org/unsd/nationalaccount/docs/sna2008.pdf.

Lundström, S. and C.-E. Särndal (2005), Estimation in Surveys with Nonresponse, John Wiley and Sons, Hoboken, NJ.

Lyberg, L., P. Biemer, M. Collins, E. de Leeuw, C. Dippo, N. Schwarz and D. Trewin (eds.) (1997), Survey Measurement and Process Quality, John Wiley and Sons, Hoboken, NJ.

Snijkers, G., G. Haraldsen, J. Jones, D. Willimack (2013), Designing and Conducting Business Surveys, John Wiley and Sons, Hoboken, NJ.

UNESCO-UIS (2014), "Guide to conducting an R&D survey: For countries starting to measure research and development", Technical Report 11, UIS, Montreal. www.uis.unesco.org/ScienceTechnology/Documents/TP11-guide-to-conducting-RD-survey.pdf.

United Nations (2008), International Standard Industrial Classification of All Economic Activities(ISIC), Rev. 4, United Nations, New York. https://unstats.un.org/unsd/cr/registry/isic-4.asp and http://unstats.un.org/unsd/publication/seriesM/seriesm_4rev4e.pdf.

第二部分

R&D 测度：部门指南

第 7 章
企业部门 R&D

本章主要为测度企业部门的 R&D、资金来源、依据主要经济活动的 R&D 统计分类、企业就业规模和地理位置提供相应指南。企业部门 R&D 活动指标包括 R&D（经费）支出、R&D 人员、R&D 资金来源和依据基础研究、应用研究、试验发展进行分类的 R&D 数据。本章讨论了如何依据产业领域（产品领域或行业服务领域）进行统计细分，以及这样细分的原因。本章也讨论了依据 R&D 领域、社会经济目标、地理位置和具体技术领域进行的分类。本章最后对企业部门的调查设计、数据收集和估算方法进行了综述。（使用本章方法）开展调查所产生的统计数据支持以下方面的相关政策分析：主导产业和新兴产业、区域内 R&D 集群、产业和企业，以及由企业部门执行的 R&D 所服务的产业。

7.1 引言

7.1 大多数工业化国家的 R&D 人员、R&D 支出总量中，企业部门的 R&D 人员、R&D 支出所占份额最大。在分析企业部门及其单位时，应该首先考虑企业管理内部 R&D 活动时所使用的多种方法，尤其是相关企业会以多种多样的方式共同出资、生产、交换、使用 R&D 知识。复杂的企业结构，特别是跨国企业中的企业结构，会给 R&D 测度带来了一定的困难；而在某些企业中，R&D 是偶然（很少）发生而非持续执行的活动，因此对其进行识别和测度会更加困难。从政策角度看，在企业收集的信息中，政府对企业提供 R&D 财政支出与企业和公共科学研究基地相互协作的信息是相关的。从方法论角度看，通过企业收集信息也会存在一些实际问题，包括识别 R&D 执行公司、获取相关 R&D 信息（如本手册处理机密性数据、最小化受访者应答负担时所获取的信息）等。

7.2 企业部门的范围

7.2 如本手册第 3 章所述，企业部门包括：

- 所有合法注资企业、常驻企业（不考虑股东常驻性）及其他类型的准公司。也就是说，企业部门是在法律上被认定为独立于所有者的法律实体，它们以具有显著经济意义的价格从事市场生产为目的，并且能够为其所有者创造利润或其他财务收益。包括金融公司和非金融公司。

- 因为非常驻企业的非法人团体分支机构长期从事经济领域内的生产活动，所以它们应该视为常驻企业，是企业部门的一部分。

- 所有常驻非营利机构均是货物、服务的市场生产者或服务商。生产性常驻非营利机构的类别包括独立的研究机构、实验室、其他主要从事生产货物或提供服务以回收自己全部经济成本的机构；服务性常驻非营利机构的类别包括由商业协会控制，通过捐款、认购进行融资的实体。

- 本手册第3章3.5节及第9章提到的高等教育部门不属于企业部门，如果高等教育机构拥有商业公司［如大学员工（学生）创立的衍生公司］，并且在协议中规定大学为公司的主要持股人，那么该公司应视为企业部门。

7.3 企业部门包括私有企业（公开上市交易或未公开上市交易）和政府控制企业，政府控制企业在本手册中称为"公共企业"（见第3章3.5节；"私有企业"和"公共企业"可分别与"私有商业性企业"和"公共商业性企业"替换使用）。对于公共企业来说，企业和政府部门之间的边界在于该单位在市场基础上运行的程度，即它的主要活动是否为市场提供具有显著经济意义价格的货物或服务。政府的研究机构偶尔通过出售或批准使用知识产权获得大量收入，如果该机构执行的大部分R&D活动出于非商业意图，那么不应该将其归为公共企业。另外，由政府控制的单位，如果其依靠提供有偿R&D服务来运营，并且有权使用能够充分反映这种服务全部经济成本的研究基础设施，则应该将其列入公共企业。"公共"部门的概念比政府部门的概念要宽泛一点。

7.4 与《国民账户体系》一致，由企业控制或主要服务于企业的非营利机构，即使依靠会费勉强支付其运营成本，在很大程度上仍需要政府拨款才能保持收支平衡，它们也应该归为企业部门，如贸易协会、工业控制研究所等。一般来讲，企业协会创立并管理的非营利机构应该归为企业部门。企业协会开展活动是为了促进由相关企业贡献（捐赠出资）的商会、农业商会、制造业和贸易协会的发展，这些相关企业为商会和协会等的R&D活动提供核心（主要）支持或基于项目的支持。

7.5 由住户所有并开展市场活动的非法人企业（一些合作伙伴及以显著经济意义价格承担其他单位R&D的自雇顾问或承包商），只要切实可行，也应该包含在企业部门内。

7.6 如第 3 章所述，以研究人员或发明者身份使用个人时间及费用追求自身利益的个体活动，已经超出了本手册 R&D 统计机构的范畴。

7.7 与《国民账户体系》一致，合资企业涉及集团、合作企业或其他机构单位的设立，各方依法对该单位的活动进行共同控制。除了各方依法对单位共同控制外，该单位与企业单位的运行方式相同。合资企业应该尽可能地参考《国民账户体系》中已经确定的分类方法，依据它们主要服务的单位进行分类。

7.8 在产业方面，为了管理合资企业而建立的独立机构单位，应该与在合伙关系中拥有最大利益关系的机构单位一致。在某些情况下，当 R&D 合作企业有正式、独立的地位时，该机构单位应该基于企业主要服务的单位进行分类。

7.3 统计单位和报告单位

7.9 为更好地实现自身目标，企业会在各个层级上组织 R&D 出资活动和执行活动。R&D 财务和发展方向的战略决策，不需要考虑国界因素，直接由企业集团高层制定；日常的 R&D 运营管理决策，例如，R&D 支出类别的界定、R&D 活动从业人员的雇佣，可能会在组织的较低层级中开展。跨国企业从事的 R&D 活动可能涉及多个国家，因此，很难识别和调查负责决策的国家。上述因素可能会影响统计单位的分类识别和报告单位的选择（见第 6 章）。

统计单位

7.10 如本手册第 6 章所述，企业部门的统计单位一般是企业。

7.11 依据基本要求，应该以一系列描述性变量为基础，正确识别所有包含在 R&D 调查总体内的统计单位，这些描述变量可以从企业统计登记表中获取。识别变量（或第 3 章描述的变量）应包括标识码、位置变量（地理位置）、从事经济活动类别的变量和规模变量。统计单位的经济组织、法务组织、所有权方面的附加信息也非常有用，并且可以使调查过程效果更好、效率更高。

报告单位

7.12 不同国家会选择不同的企业部门作为报告单位，这取决于该国的制度结构、数据收集的法律框架、文化传统、国际优先权、调查资源，以及与企业的临时协议。一个涉及不同经济活动，执行大量不同类别 R&D 活动的企业，应当从更加具体的统计单位收集数据，例如，当区域位置很重要时，可以依据活动类别或基层单位来选择统计单位。关于各个国家在选择统计单位方面的困惑，本手册没有给出绝对性意见，但无论使用何种数据收集方法，国家统计局都应该确保 R&D 支出和人头数的可加性，恰当处理资金流数据。选择合适的报告单位，应当与本手册第 6 章识别统计单位、报告单位的相关准则一致，同时应当避免从没有正式核算记录的报告单位收集数据。

7.13 因为一些企业的统计信息只有在高层级的统计数据汇总时才能使用，所以为确保企业 R&D 统计符合国家统计原则，国家统计局应该与这些单位沟通，依据管辖区和业务类别对它们的活动进行分类。分析企业集团是一项重要工作，这项工作应该尽可能在机构和官员（负责企业注册）的共同协作下开展。在某些情况下，出于协同或全面考虑，R&D 统计的编制者可能会对境内企业集合中的所有企业进行抽样。

7.14 因为集团企业的调查问卷是在中央（总部）管理办公室的支持下应答或填写，所以其作为报告单位，可能发挥着举足轻重的作用。统计调查控股公司的情况可以使用多种不同的方法，例如，要求控股公司报告它们所持有（股份）的企业在实际行业中开展活动的情况，或者依照控股公司的要求，向实际执行 R&D 活动的企业转寄调查问卷。

7.4 统计单位的机构分类

标识码

7.15 标识码是调查目标总体中，统计单位的唯一编码。标识码的可用性与 R&D 统计员密切相关，统计员通常依据一系列不同的统计数据和行政数据来识别潜在 R&D 活动执行者。调查总体中，各个单位之间的标识码应该避免重叠和局部重叠（统计单位应该涉及不同的组织层次：公司、企业、团体）。标识码在有效的抽样和行政数据收集过程中是必不可少的（使用相同的编码也是出于管理性目的）。从 R&D 统计数据使用者的视角看，标识码允许匹配不同来源的微观数据，包括 R&D 调查、其他企业调查或行政数据收集。在单位结构不断变化时，标识码有利于纵向分析。如果统计单位登记处已经有可使用的标识码，编辑 R&D 数据时最好使用这个已有的标识码。

依据主要经济活动的分类

7.16 一个企业可能开展一项或多项经济活动。企业作为机构（统计）单位，可以依据它们的主要经济活动进行分类。实际上，大多数的生产单位都从事着混合活动。《国际标准产业分类》是国际经济活动或产业分类的相关参考文件。企业可能从事任何经济活动，包括农业、采矿业、制造业和服务业。

7.17 为了便于国际报告和国际比较，使用国家（或区域的）产业分类系统而不是《国际标准产业分类》的国家，应该使用索引表把它们的工业分类数据转换为《国际标准产业分类》的数据。各个统计单位主要经济活动报告的首选方式应该能够在《国际标准产业分类》"组"（4 位数字）层级和"群组"（3 位数字）层级上细化，但不应该适用于"类"（2 位数字）之上的层级。使用与《国际标准产业分类》不同的产业分类，例如，北美的产业分类体系和欧洲的产业分类体系，只要它们在产业定义上与《国际标准产业分类》一致，那么对 R&D 统计过程没有任何影响（通常，确保在 1、2 位数层级上直接对应，在 3、4 位数层级上间接对应）。

7.18 R&D 活动报告应当涉及所有产业。尽管每个单位执行 R&D 的概率不同，但是《国际标准产业分类》包含的所有经济活动都可能发生 R&D 活动，因此，各个行业中的每个单位都有可能成为 R&D 执行者。在这个方面，必须制定和实施适当的方法处理平均执行 R&D 活动概率很低的产业（如农业或住户服务业），在这种情况下，在正式 R&D 调查之前，应该对上述行业中的企业进行初步筛选。

7.19 依据主要经济活动对统计单位进行分类时，识别其主要活动是非常必要的。当一个单位的主要活动不止一个时，为了确定其主要活动，必须了解不同经济活动的增加值。然而，在实际情况下，这些详细的信息只能在注册中心获取，在其他地方很难获取，所以，只能用替代标准确定主要经济活动的分类。只要有可能，编制 R&D 数据的国家统计局应该避免使用单独分类决策，应该使用企业登记中心的可用数据或其他行政来源中具有类似特征的可用数据，这种信息在抽样调查中对抽取有代表性的企业样本来说非常重要。

7.20 开展多种经济活动并且具有复杂结构的大型企业会遇到许多实际问题，这种大型企业的 R&D 活动所占份额也很大。在 R&D 总量测度中，使用本章 7.6 节中的 R&D 产业分类信息。国家统计局应该努力维持企业经济活动信息的最低程度的同质性与企业能提供自身开展（R&D）活动信息范围之间的平衡。

依据公共（私有）属性或隶属关系进行的分类

7.21 根据第 3 章 3.4 节所述，建议使用以下企业分类：
- 国内私人控制企业（不由政府或非常驻机构单位控制）；
- 公共企业（由政府单位控制）；

- 国内或国外集团下的母公司或子公司；
- 外商控制企业（由非常驻机构单位控制）。涉及 R&D 全球化分类，见第 11 章。

7.22 为了满足本国特殊用户的需求，R&D 数据编制者也希望其使用的分类方法能够反映不同企业的法律地位（如上市名单、非法人企业等）。

依据企业规模进行的分类

7.23 企业也可以依据就业、收入、其他经济和财务属性进行分类。就业往往是一个更为明确的测度，因此更为合适。即使在这种情况下，一些国家更倾向于使用雇用人员数量（本手册推荐），而其他国家则可能选择使用雇员数量，两者之间的区别在于业主管理者数量和不支付报酬的人员数量。

7.24 规模分类与分层、抽样、目标调查形式类型和统计结果展示都存在关系。在某些国家，统计规定限制了对小微企业的调查。由于 R&D 活动往往是一种高度集中的活动，因此，统计范围内的小型执行者并没有对报告整体的总量产生重大影响，但是会明显影响其他类型的 R&D 统计和分析。因此，应该采取一切可能的方式来确保 R&D 统计范围的全面性。

7.25 企业规模是抽样设计和数据估算中必要的识别变量，也是行政数据收集活动的识别变量。因为雇用人员平均数具有简单性、普适性、实用性与国际可比性等特点，建议使用雇用人员平均数衡量企业规模，规模变量可以用于排除目标总体中的特定单位（例如，企业规模低于一个给定的规模临界值），或者调整数据收集方法以适应目标单位的规模和组织。

7.26 本手册建议直接将企业部门内所有单位认定为潜在 R&D 执行者，而不考虑其主要经济活动和规模大小。因此，在常规 R&D 调查中，为了顺应统计规定、实际情况和技术限制，没有涵盖小型或微型企业的国家，应该努力识别所有对企业 R&D 总量做出贡献的小微企业。

7.27 本手册建议使用以下区间（基于雇用人员数量）划分企业：

1～4 人；

5～9 人；

10～19 人；

20～49 人；

50～99 人；

100～249 人；

250～499 人；

500～999 人；

1000～4999 人；

5000 人及以上。

由于实际原因，在注册企业清单中，普遍存在零雇用企业，并且这些企业不可能执行 R&D 活动，因此应该把它们从 R&D 调查范围中排除。

7.28 规模区间的选择考虑了各种原因，特别是微型企业（根据不同国家的具体做法，包括雇用人员少于 5 人、10 人或 20 人的企业）、中小型企业（根据不同国家的具体做法，包括雇用人员少于 250 人或 500 人的企业）通常采用一致的规模分类。因此不建议联合使用这 10 个类别，而是根据多数国家的具体做法，提供一个分类结构。进一步，建议所有国家按照 9 人、49 人、249 人的雇用人员数把企业划分为小型、中型、大型企业，使得获取的统计数据具有国际可比性。而对于大型经济体，建议保留按 999 人的雇用人员进行的分类。

依据地理位置进行的分类

7.29 另一个关键分类变量是企业地理位置。尽管常驻位置通常用"常驻国家"进行界定，但是也可以获取不同水平的详细位置信息：省（州）或者区域（国家内的行政组织），地方（县市或城镇）或具体地址。与统计单位不同，当处理报告单位时（或单个企业的多个报告单位），为了编制数据，应该特别注意识别相关企业的具体位置。

7.5 企业部门 R&D 活动指标

7.30 对于由企业部门单位执行的 R&D 活动，应该测度 R&D 支出和 R&D 人员。依据第 4 章、第 5 章给出的建议，这两套指标通常是可行的，并且依据本章 7.6 节所述，企业 R&D 支出可以按功能进行分类。

R&D 支出

7.31 如果现实条件允许，为了保持从受访者处获取的 R&D 信息与非 R&D 信息之间的一致性，编制 R&D 数据的国家统计局应该对会计关系进行审核。例如，R&D 劳动力成本应该低于总劳动力成本（当所有雇用人员全时投入 R&D 工作时，两者之间趋近相等）。企业总资本支出包括 R&D 资本性支出，因此，R&D 资本性支出不会比企业总资本支出大。R&D 总成本通常不超过在参考年内由企业产生的增加值。对于持续开展 R&D 活动的企业，在多年时间内，R&D 可能成为增加值中的稳定部分。监测这些关系有助于减少 R&D 数据的错误报告，从而提升整体数据质量。

R&D 人员

7.32 同样报告企业的人员总数和收集的 R&D 数据之间也需要一致性。但是测度企业 R&D 人员、参与内部 R&D 活动的外部人员（见第 5 章）存在一定的困难。本手册建议报告单位首先检查在基准期内由企业雇用人员执行的 R&D 活动。如果报告单位直接使用工资单数据（能够包含兼职人员和实习生），将有助于全面统计这些人员对 R&D 的贡献，包括时间（全时当量）和劳动力成本。如果可以从企业登记中心或行政来源获取这些数据，那么国家统计局应该检查人员总量的一致性。例如，R&D 内部人员总数不应大于人员总数。

7.33 下一步工作是识别企业内部 R&D 的所有外部贡献者，这会涉及广泛的个人档案（职位）：自雇顾问、担任内部顾问的承包商雇员、劳务派遣等。其中一个重要工作是需要鉴别受访者是否为单位内部 R&D 做出突出贡献（时间方面；见第 5 章 5.3 节）的人员。

7.34 R&D 人员的功能分类（研究人员、技术人员、同等人员和其他辅助人员）已在第 5 章做了详细讨论，并提供了与企业部门完全相关的建议。调查过程中收集的全时工作当量和人头数的数据，可以作为这些人员总数分类的补充信息，这些总数通常依据性别、年龄、资历水平等特征划分（见第 5 章 5.4 节）。R&D 人员的功能分类应该基于个人在内部 R&D 中所发挥的可直接观察的实际作用，并且与这些人员在企业中的正式职位无关。按常规做法，雇用人员的正式（合同）技能水平（即使描述为职业）与他们对内部 R&D 的贡献类型之间没有直接关系。例如，经常发现，以"研究人员"身份参与企业内部 R&D 活动的人员，其正式工作职位是"技术人员"或"管理人员"，而不是"研究人员"。

7.6 企业部门 R&D 内部支出的功能分类

7.35 企业 R&D 内部支出是对企业部门 R&D 内部支出的测度，是描述企业部门内 R&D 经费的主要统计数据，产生于企业部门单位中，是国内 R&D 总支出的一部分（见第 4 章）。在企业 R&D 内部支出的编制、分类和报告中会用到许多变量。某些分类方法具有国际适用性并且得到广泛关注，而在分析和政策制定中运用的其他分类方法则与具体国家有关。为了最大限度地满足国际可比性需求，本手册建议国家统计局按下面提供的分类，编制企业内部 R&D 支出的数据。在本手册建议中，几乎所有功能分类可能仅仅用于单独识别个体统计单位内的活动，然后使用单位分类的详细信息计算出部门的汇总信息（如按资金来源分类的 R&D）。其他与企业 R&D 内部支出相关的报告分类以初始的机构分类标准（如按主要经济活动和企业规模划分的 R&D）为基础，能够从统计单位 R&D 总量计算中获取。注意，应该在这些建议指导下开展调查和其他数据收集工作。

依据 R&D 资金来源划分的企业 R&D 内部支出

7.36 正如第 4 章 4.3 节所述，本手册建议在收集、报告企业 R&D 内部支出资金来源时，依据资金的来源部门，考虑 5 个主要来源：企业部门（包括从其他企业接收的内部资金和外部资金）、政府部门、高等教育部门、私人非营利机构和国外（表 7.1）。

表 7.1 企业部门内部 R&D 的资金来源识别

资金来源
企业部门
自有企业（内部资金）
同一集团下的其他企业
其他非附属企业
政府部门[1]
中央或联邦
省或州
其他政府部门主体
高等教育部门
私人非营利机构
国外
企业部门
同一集团下的企业
其他非附属企业
政府部门
高等教育部门
私人非营利机构
国际组织（包括超国家组织）

注：1. 建议从 R&D 转移资金中单独识别 R&D 交换资金。

来自于企业部门的资金

7.37 本手册并没有推荐收集企业 R&D 内部支出中资金来源的数据的具体方法。某些国家可能在估算出内部 R&D 总支出后确定资金的各个来源，在核算出用于企业内部 R&D 工作的所有外部资金后，把剩余的资金记为企业内部资金。为了与从财务账户中提取的数据相匹配，其他国家也许会要求受访者单独报告用于内部 R&D 的内部资金及用于外部 R&D 的其他资金。后一种方法可能更容易从相关企业中获取报告信息，这些企业在财政上和属性上把自己内部出资的内部 R&D 活动与外包的内部 R&D 活动分开（例如，出于安全考虑，国防相关的 R&D 活动）。

7.38 企业部门的内部资金包括储备金或留存收益（没有用作股息分配的利润）、单位一般产品的销售收入（不包括 R&D）、股权形式的资本筹集、债务或其他混合工具（如金融市场的资金筹集、银行贷款、风险投资等）。因为政府激励 R&D 产生的所得税减免额，在当年的基准年内不必用于出资 R&D 活动，所以这些资金也属于内部资金。鉴于这个类别的数据具有高度相关性，每个国家可能选择性地调查需要识别的具体内部资金来源，如具体 R&D 政策的影响，但是本手册并没有对这些资金的具体分类提出相关建议。

7.39 在某些情况下，企业可能需要申请贷款（借款）来出资其 R&D 活动。从广义上讲，贷款是由一个单位（机构或者家庭）以一定的利率向另一个单位提供的债款。因此，当 R&D 执行企业作为借款人，从贷款方获取并用于出资 R&D 活动的资金时，企业后期会等量偿还贷款方的本金，并且支付作为债务利息的额外报酬。贷款金额也是内部资金的一部分，事实上，外部来源预示着将偿还贷款。借款的成本不计入 R&D 中。同样的推论也适用于外部单位为获取贷款而提供的担保，或者由其他资源支付全部或部分利息（在某些情况下政府会补贴 R&D 贷款），这种支持资金也属于内部资金。

7.40 建议单独识别从国内其他非附属企业及同一集团下的附属企业接收的资金，这两类企业应视为资金的外部来源。在大多数关于 R&D 支出的国际报告中，企业部门的资金来源是企业内部资金、从国内非附属企业接收的资金及从同一国内集团下的附属企业接收的资金总和。外部 R&D 报告见本章 7.7 节。

7.41 位于国外的附属或非附属企业应视为国外的一部分，单独调查统计。

来自于政府部门的资金

7.42 就政府提供的内部 R&D 资金而言，重要的是确保受访者能单独识别从 R&D 交换资金中获取的，无须偿还的 R&D 资金（如通过补助收到的资金），特别是从政府机构获取的购买合同。某些企业可能很难区分来自公共企业或政府单位的 R&D 资金。同样，在实际情况中，很难依据企业 R&D（政府出资）不确定产出的风险和权利的分配来区分交换资金和转移资金，但最终目的是区分第 4 章 4.3 节介绍的这两类资金。例如，商业企业在补助协议中使用"合同"一词并不罕见，但应尽力对这些资金做出精确的分类。

7.43 某些国家可能希望收集政府出资 R&D 活动的相关信息，甚至是具体的出资机构或计划信息。这种做法，常用于区分中央（联邦）资金和区域（州）资金（经常伴随着转移资金之间的划分，如补助金、交换资金、采购合同收入）。

7.44 考虑到报告用途和实践程度，即使是中间的公共或私有机构负责资金的实际转移，也应对资金的初始来源进行识别。但是在很多情况下，受益企业只能报告中间机构的相关信息，即最接近的资金来源。

7.45 为了鼓励企业执行和出资 R&D，一些政府提供了专门形式的税收减免。单独测度该支持类型的指南见第 12 章。正如第 4 章（4.3 节）

所述，本手册建议将执行 R&D 的成本（未来预期收入、减负的税收、当前时期内实现对过去经费的索赔）记为内部资金，而不是政府支持来源。

来自于国外的资金

7.46 在收集有关国外资金的数据时，通常需要确定资金的来源部门，就像国内资金来源一样。如前文所述，识别来自国外附属企业的资金，与其他非附属非居民企业分开是非常重要的。不同国家将会识别不同国际、超国家资助组织和机构，作为相关资助来源。对于欧洲的一些成员国，其中一个国外资金来源可能是"欧盟机构或其他实体"。

依据 R&D 类型划分的企业 R&D 内部支出分类

7.47 至于其他所有部门，本手册建议从企业收集依据 R&D 类型划分 R&D 支出分类的相关数据，定义已在第 2 章给出，详细阐述如下。

- 基础研究。企业能够并确实会开展"纯"基础研究。然而，他们无疑会更多地参与以期为下一代技术做准备的相关研究，即便他们并不打算立即进行特定的商业应用或使用。按照定义，这样的研究属于基础研究。因为它们没有特定的用途，只是有一些不确定的未来潜在应用，通常把这样的研究称为"定向基础研究"。由于假定只有小部分的企业 R&D 可能是基础研究，因此，建议国家统计局仔细审核受访者报告的有关基础研究的相关大额内部支出是否完全符合本手册定义的基础研究含义。
- 应用研究。这个活动旨在解决一个特定问题或者满足特定的商业目的。通常基础研究与应用研究之间的区分标志：为探索基础研究项目中具有良好前景的结果，而创建的新项目（经常从长期到中短期的视角）。而且，企业经常需要使用从应用研究中获取的额外知识来支持它们的"产品开发"活动，而"产品开发"活动的结果可能属于应用研究的潜在广泛范畴。

- 试验发展。试验发展通常是企业 R&D 的最大组成部分，试验发展的目的是为新的或有重大改进的产品或流程制定计划或开展设计，而不管是出售还是自己使用。基于过去的研究或实践经验，它包括代替产品的观念构想、设计和测试，也可以包括原型构建和中试工厂的运作（见第 2 章 2.7 节）。它不包括常规测试、故障排除或者对现有产品、生产线、流程或持续的业务操作进行的定期变更。首批单位为大规模系列产品开展的试验生产，不应视作 R&D 原型，因为这样的活动没有确切满足新颖性和不确定性标准。试验发展活动一定需要研究人员的知识和专业技术。而且，数据编制者应帮助受访者从更宽泛的产品发展中（包括商业化）及产前开发中区分出"试验发展"。产前开发这一术语经常用于大规模的政府国防或航空项目中，包括产品或系统的非试验工作，如最终设计工程、工装准备或工业工程、用户示范，有时还包括初期低速的生产活动，通常两者没有完全清晰的界限。

依据产业定位与依据经济活动分类划分的企业 R&D 内部支出

依据企业主要经济活动划分的 R&D

7.48 如前所述，在划分企业 R&D 内部支出时，可使用机构分类变量。例如，通常通过参考广泛的产业得出 R&D 支出和 R&D 人员指标。依据《国际标准产业分类》（联合国，2008）活动划分的分类变量适用于 R&D 调查目标总体中的所有企业（见本章 7.4 节）。汇总单个企业的内部 R&D 能够报告属于特定产业的所有单位的 R&D 水平。这种基于单位的指标优势在于易于和其他基于主要活动定义的、以产业为基础的经济数据相匹配，但前提是将企业界定为数据单元的标准，与企业的产业类型划分标准相一致。

7.49 企业的主要经济活动通常是依据占据其大部分产出的经济活动进行界定的。企业的这种分类也与 R&D 测度有关。例如，归类到《国际标准产业分类（第 4 版）》类 72 的企业 R&D 资源应该依据此类方法报告。基于 R&D 内容的分类方法与 R&D 产品或所服务的产业的分类方法相似，并在下面内容中介绍。

7.50 本手册认为，在某些国家的企业 R&D 报告中，最好是依据产业定位划分企业的 R&D 功能，但并不能确保与依据主要经济活动划分 R&D 的执行单位保持完全一致。为了确定 R&D 报告中的国家战略，应该比较不同事项的优先级，但也要强调，应该鼓励各国在 R&D 领域采用经济活动的国际标准分类。

依据产业划分的 R&D（产品领域或所服务的产业）

7.51 企业部门单位执行 R&D 的产业定位，不能仅仅根据主要经济活动进行简单的测度。原因有二：

- 第一，企业可以在同一时间参与多个当前（未来可能）的产品生产线。当一个公司准备进入新市场时，可能会开发一个超出其当前专业化投资组合的新产品。此外，国家在实际应用中使用的企业分类变量，可能与依据主要经济活动收集的数据之间存在细节上的差异。因为某些目的而没有考虑到内部 R&D 的功能分类，可能会导致数据汇总混乱 [内部 R&D 功能分类可能无法与货物（服务）的部分增加值（营业额）相匹配]。

- 第二，对于多数企业来说，它们并不适合"R&D 的主要经济活动是完全由内部执行，并用于企业自己的活动"这一隐性假设。某些企业可能专门为其他企业提供 R&D 服务，而其他企业使用这些 R&D 来支持自身的经济活动；某些企业在投资的基础上运用内部资源来执行 R&D 活动，但自身不使用 R&D，而是让其他企业对 R&D 进行商业化以换取支付专利使用费、许可费或出售 R&D 成果的全部知识产权。此类企业行为会减弱主要经济活动、R&D 执行和产业定位之间的联系。

7.52 在更实际的基础上，依据主要经济活动划分的分类可能仅仅没有反应出企业 R&D 活动的主要领域。例如，一个属于批发贸易产业的企业仍可以出售自己制造的货物，并且它的 R&D 活动可以完全致力于优化其制造生产流程。一般的分类实践可能在将来演变成具体的指南：关于如何处理不同类型的轻资产货物生产者的 R&D 分类问题，该指南由国家统计局实施（联合国欧洲经济委员会，2014）。这些指南高度强调了知识产权产品（包括以 R&D 为基础的产品）的作用。

7.53 由于测度 R&D 出资、执行、运用的模型不同，会出现潜在误差，降低此类误差的一种方法是向执行者询问其所执行 R&D 的实际产业定位。原则上，对于某些类型的生产统计比较，应该提供更多的信息，因为知识输入和使用知识的相关经济活动可以匹配。

7.54 某些其他不同的概念和 R&D 调查方式能够引导出上述信息，这些概念和方式与 R&D 产业定位存在潜在相关性。产业定位可以依据以下任意一种方法进行识别：

● 预计会嵌入到 R&D 成果中的产出或产品（货物或服务），不考虑生产这种产出或产品所属的产业。

● 可能会使用 R&D 预期结果（可以是编制的 R&D，如专利，也可以是嵌入新货物和服务的 R&D 结果）的产业。

7.55 这两种方法密切相关，从受访者的角度不易区分。而且，为产品开展的 R&D 活动可能是更为复杂系统的一个子系统，或者为工艺开展的 R&D 将可能被商业化或并入其他货物和服务的生产中。R&D 可能供既定行业内部使用，最终也可以供其纵向整合的产业使用。

7.56 面对这些困难，应该使用实用的解决办法。执行 R&D，尤其是在基础研究和应用研究中，一个主要限制是受访者可能没有充分意识到未来货物和服务最可能的"服务产业"。嵌入到 R&D 结果中的货物或服务的使用可能在商业环境与机会下逐步演变。受访者可以依据先前 R&D 工作经验和内部记录（企业 R&D 项目案例）对报告进行分类，对于非定向基础研究或有多个已知应用的研究，受访者可能会考虑依据企业所探索的业务种类对报告进行分类。

7.57 对于分类体系，国际标准产业和产品分类是潜在的、可供选择的方法，但《国际标准产业分类》设计的目的并不是测度任何详细水平下的产品数据，出于这方面原因，产生了一个单独的联合国分类法，《中央产品分类》（CPC）（联合国，2008b）。尽管《中央产品分类》中的每一个类别都参考了《国际标准产业分类》产业，尽管这些产业主要生产货物和提供服务（产业起源标准），但这并不意味着制造货物或提供服务的所有单位都可以按《中央产品分类》进行分类。以生产货物或提供服务的本质特性为基础的产品分类，与《国际标准产业分类》所使用的分类结构不同。在 R&D 中，使用已有产品或基于商品进行分类存在一些困难，因为这些分类包括诸如知识产品使用许可的条款。这些类别可能主要反映从事和探索 R&D 的成果，而不是反映 R&D 内容的商业模式，因此，尽管一些国家为了满足特定用户需求，可能希望临时使用特定《中央产品分类》类别，但本手册并不建议广泛地使用《中央产品分类》分类。

7.58 尽管本手册没有提出具体建议（能够帮助各个国家选择出最适合自身的方法），但为了根据产业定位划分企业 R&D，可使用一个简化的产业清单（基于《国际标准产业分类》或同等分类标准），这个产业清单需要选择关注所服务的行业还是关注生产领域。本手册也认识到，出于一些实际限制，某些国家可能会使用混合方法（表 7.2），但应尽可能避免。

表 7.2 基于活动的企业部门分类

分类	分类基础	分类准则	分类准则的实施	其他特点和潜在限制
主要经济活动（适用于所有机构门所有单位）	机构的分类基础：统计单位报告的所有R&D支出或人员依据与单位相对应的产业进行划分	统计单位的主要活动，依据《国际标准产业分类》或这一产业分类在国家（区域）实际使用的产业分类	营业额、总增加值或其他结算标准。R&D数据编制中心获取其他企业统计使用的分类方法。在上述情况下，基本没有其他问题	在大部分情况下，这有利于产品和就业的经济统计一致性。这种分类方法可能超越了R&D单位和积极投身于多种经济活动的企业的特殊服务产业（主要的、大规模的），并且营业额组成和增加值（或其他分类标准）不能与企业内部R&D活动相匹配
产业定位（所服务的产业/产品领域）（除了主要经济活动也建议使用产业定位为基础的方法）	功能分类：统计单位在R&D相关的不同业务线中分配R&D资源	以R&D产业定位为基础，产业定位可基于所服务产业的概念或嵌入到R&D产出中的产品类型（最终在《国际标准产业分类》中进行重新分类）	有必要通过专门的调查问卷实施调研。为了获取预期概念，可能在问题描述上有多种不同途径	与潜在受益于R&D的经济活动高度相关的使用研究者和政策，意味着企业附加报告负担。一些企业使用的R&D成果的意识是有限的，尤其是对基础和应用研究
混合方法（此方法仅在没有其他方法可选使用时使用）	功能与机构方法相结合。一些企业R&D资源以功能方法为基础进行分配，而其他企业以既定部门为基础进行分配	一部分企业部门适用功能分类法，其他部门适用主要活动标准法	不同的方法：主要经济活动的简单延伸，仅应用于R&D部门的分类；大型公司适用的功能分类，小型公司为避免负担，不需要询问产品主要经济活动问题，对于主要经济活动，可以选择使用功能的分类法	在不能获取R&D单位主要经济活动的可靠信息（如企业登记数据），或者在询问产业定位问题存在困难时，适用这个方法。由于组合标准不同，这个方法很难在国际上进行比较

7.59 在 2008 版《国际标准产业分类（第 4 版）》类 72 科学研究与发展中包括了研究和发展两类活动，正如本手册定义的：自然科学与工程学、社会科学、人文科学 [《国际标准产业分类》类 72 和本手册都不包括市场调查，见《国际标准产业分类（第 4 版）》组 7320]。《国际标准产业分类》类 72 的单位主要是为附属公司或第三方机构提供 R&D 服务。有些单位可能向产业提供一致的产业服务；在某些情况下，建议在产业定位分类上，其主要经济活动是《国际标准产业分类》类 72 的企业所执行的，R&D 应归为所服务的相关产业（通常是大部分客户所属的国际标准产业分类的产业）。上述情况也适用于专门从事知识产权租赁的企业（《国际标准产业分类（第 4 版）》群组 774）。

7.60 本手册建议所有企业按照主要经济活动进行分类，强烈建议不考虑企业规模和活动，以产业定位为基础，对企业内部 R&D 支出进行划分。原则上，R&D 资本性支出不应该依据产品领域和所服务行业进行分类，因此预计只有 R&D 经常性支出按照这些标准进行分配，因为只有单位的 R&D 经常性支出能够与一些预期成果及这些成果的潜在使用者相关联。在实际条件下，企业报告 R&D 总支出时可能会相对容易。为了确保不同国家提供的数据集的一致性，建议清楚地报告 R&D 元数据，元数据方法可用于这些数据的收集和划分。对于为所有企业 R&D 支出提供报告的国家，尽量基于给定行业内 R&D 资本性支出占 R&D 总量的比例，这将有助于表明企业 R&D 支出数额，这一数额可能与只应用到 R&D 经常性支出中的分布有差异。

主要活动和产业定位信息的结合

7.61 出于分析用途，可能需要提供按 R&D 执行者的主要经济活动划分的产业定位分类交叉列表。这些表格为临时 R&D 投入－使用矩阵的构架提供了基础，而这些矩阵可用于分析 R&D 影响。如果切实可行，鼓励各个国家编制这样的分析框架，这也可能有利于评估受访者（单位）提供的数据质量。

依据 R&D 领域划分企业 R&D 支出的分类

7.62 只有少数国家会把基于 R&D 领域的企业 R&D 支出作为常规实践。尽管对已经确认为是"基础"或"应用"研究的大部分活动的分类，可能属于 R&D 领域类别，但对于企业来说，按 R&D 领域类别对试验发展进行分类会存在一些问题。在许多国家中，企业很少会一直按这样的类别记录它们的 R&D 项目和活动，并且可确定的是，企业的试验发展很可能会涉及跨科学技术领域及多个领域的结合，在这些结合的领域中很难单独识别各个领域。由于存在这样的困难，本手册并没有对根据 R&D 领域划分的企业 R&D 支出分类给出具体建议，但是如果有国家确实选择根据 R&D 领域 R&D 支出的分类，建议它们选取第 3 章 3.4 节确定的 R&D 领域分类，更详细的分类可以在本手册在线附录中查询，网址为 http://oe.cd/frascati。

依据社会经济目标划分企业 R&D 支出的分类

7.63 目前，很少有国家尝试运用社会经济目标对企业 R&D 支出进行划分。尽管大部分 R&D 可以在临时的基础上，按照代表社会目标的类别进行分类，但企业不可能在这样的类别下查看它们的 R&D 分配。因此，本手册并没有对提供这样的分类给出明确建议。另外，为了影响企业部门 R&D 功能定位而制定具体政策的国家，与为实现社会或相关政策具体目标，企业 R&D 所做贡献信息的采集息息相关。考虑到上述信息采集方式能够反映具体国家的情况，建议在国际层面比较结果数据时更加谨慎。

依据地理位置划分企业 R&D 支出的分类

7.64 一些国家可能会发现，依据位置／地区有助于单独编制企业 R&D 支出分类。如果完全按照主要位置或运作中心对一个单位的企业

R&D 支出进行分类，可能无法展示出 R&D 实际执行地点，而具有多个 R&D 活动执行地点的企业并不少见。正如本章 7.4 节描述的，每一个统计单位都应该有一个地理位置分类变量，这一变量可能与识别企业的 R&D 执行地点有关，但也可能无关。企业可能在生产设施所在的地理位置（决定其企业 R&D 支出分类）外设有专业的 R&D 部门。而且，企业能够在许多跨越多个地理位置的地点上（基层位置）执行 R&D 活动（包括临时 R&D 活动）。依据国家和国际需求，可决定地理位置分类的选择。按区域划分 R&D 的指南可在本手册在线指南中查询，网址为 http://oe.cd/frascati。

依据特殊技术领域划分企业 R&D 支出的分类

7.65 有关收集和编制 R&D 数据（超出本章所确定的具体建议）的更多指南可在本手册在线附录中查询，如 R&D 授权问题和通用技术等，网址为 http://oe.cd/frascati。用户对这些问题的兴趣包括用于产生新技术的工艺及它们的扩散和应用模式。

7.66 经合组织大多数测度技术的统计工作，是以方法论、程序、测度信息通信技术和生物技术相关现象的分类为基础。信息通信技术和 R&D 统计之间的关系已经在开发信息通信技术指标中得以解决。近期通过应用生物技术模型，把更多工作投入到了纳米技术领域，并对捕捉行业和研究领域范围内的软件 R&D 影响产生了广泛的兴趣（见第 4 章专栏 4.1）。尽管一些国家使用的方法不同，但在企业 R&D 调查的这些技术领域都存在许多问题。例如，在某种程度上，即使很容易产生重叠现象（如生物纳米 R&D 活动），也允许把相同的 R&D 资源分配到不同的技术中去。

7.67 从 2005 年开始，经合组织在生物技术 R&D 统计领域中采用了具体准则（经合组织，2005）。最近为了收集国际方面的纳米技术 R&D 数据，已经启动了一个统计项目。一些国家为了从企业中收集此类信息，已经对它们的 R&D 调查进行了调整，而且经合组织会定期出版统计纲要。

7.68 数据使用者已对技术应用领域表现出了很强的兴趣（如卫生、能源、农业－生物、绿色或低碳相关的 R&D）。这些类别通常与特定的社会经济指标相关，但经常会涉及多个目标。而且，与按一致的方式收集的调查相比，在更大的间隔尺度上表现出了更大的兴趣。然而，对国家统计局 R&D 统计工作来说，重要的是考虑如何更好地为企业提供开展与社会挑战相关的工作信息，在这点上，本手册没有提出通用的准则或建议。特定技术领域 R&D 信息收集的定义和策略，应通过深度咨询统计学家、政策制定者、数据使用者和专业领域专家进行制定。

7.7 企业部门外部 R&D 活动的功能分类

7.69 为了执行外部 R&D，企业可能向其他企业提供 R&D 资金、购买 R&D、出售 R&D。这些对所有经济部门内的统计单位产生影响的情况已在第 4 章详细描述（尤其是第 4 章 4.3 节关于外部 R&D 的资金测度、R&D 出售和购买）。因为企业是 R&D 统计的目标单位，企业集团成员"A"向同一企业集团下的成员"B"出资的 R&D 资金应由成员 A 报告为成员 B 的外部经费，依据本手册第 4 章的建议，对出资执行外部 R&D 的企业进行分类，追踪 R&D 出售、购买情况，建议按照以下的分类：

国内机构：
- 企业部门：
   ※ 同一集团下的企业；
   ※ 其他非附属企业。
- 政府部门；
- 高等教育部门；
- 私人非营利机构。

国外：
- 企业部门：
    ※ 同一集团下的企业；
    ※ 其他非附属企业。
- 政府部门；
- 高等教育部门；
- 私人非营利机构；
- 国际组织。

调查设计：界定 R&D 总体

7.70 统计活动的第一步是识别参考（目标）总体。对于企业 R&D 数据收集来说，目标总体是给定领土内（通常是某个国家）执行 R&D（或者是在第 4 章 4.3 节中描述的与外部 R&D 出资资金测度有关的 R&D 经费）的所有企业。正如第 6 章 6.3 节所建议的，企业部门 R&D 调查应该识别给定领土内基准期中，已知执行或可能执行（出资）R&D 活动的所有企业。进而，把已知或可能执行 R&D 的企业总体认定为活跃企业的子群体，而这些活跃企业都可能执行 R&D。因此，为了识别那些不确定是实际执行 R&D 的企业还是有很大可能执行 R&D 的企业，建议也对所有其他公司样本进行调查。实际上，许多国家中的大多数微型企业，通常构成了企业总体的大部分，但是不太可能执行（或出资）R&D。因此，在实际水平上，这样的微型企业（出于统计目的）并不包含在"潜在"R&D 执行者的范围内。国家统计局的通常做法是使用单一的"企业登记表"，为了对所有企业进行调查，它包含了基准年内的所有活跃企业。

企业登记表

7.71 企业登记表是编制 R&D 数据的主要工具，但是并不足以识别需要调查的 R&D 相关总体。尽管登记表提供了 R&D 调查样本内相关潜在企业关键特征上的基本信息（如规模、行业、所有权、年限等），但通常不包括它们实际执行 R&D 的信息或可能执行 R&D 的信息。因此，仅出于探索目的，常规的实践做法是调查企业的总体（或者按照规模和行业识别出来的子集），即挑选（筛选）出有潜在 R&D 活动的企业。在收集 R&D 数据时，为降低数据收集成本和受访者应答负担，建议仅把有证据表明存在潜在执行 R&D 活动可能的企业作为调查的目标主体。

7.72 因为企业部门执行 R&D 活动并不常见（通常只有一小部分企业涉及 R&D 活动），所以应尽力识别和监测执行 R&D 活动可能性较大的企业。在这一方面，简单随机抽样可能不是判断 R&D 最可行的方法，事实上，向市场提供类似内容的公司，可能有不同的 R&D 策略，而随机抽样方法无法得出充足可靠的估算。

7.73 另外，许多国家既没有综合的、最新的企业登记表，也没有执行 R&D 的企业目录清单。即使有企业登记表，但重要的是，在调查工作开始之前，要确定登记表已被适当更新，并且只包括活跃企业，不包括虚报企业和空壳企业。没有完整的企业登记数据（或类似的企业清单），就不可能有可靠的调查或样本估算，甚至不能开展精确的 R&D 筛选调查。

7.74 假定可以充足完整地获取所有活跃企业的相关信息（可以从企业登记表中或其他来源处获取），那么有目的地开展一个调查，针对性地识别 R&D 执行者，然后从这些执行者中直接导出所需数据是相当简单的，这需要调查所有已知或极有可能执行 R&D 活动的公司。为了开展这个目的性调查，需要对执行 R&D 的公司制定一个专门的公司登记表（公司名录）。这类信息的导出和编制需要大量的时间，但它也是未来调查中的重要投入部分。

编制潜在的 R&D 执行者目录清单

7.75 当企业部门内没有现存的 R&D 执行者目录清单时,则需要在 R&D 调查发起之前,投入大量的工作来编制执行 R&D 活动可能性较大的企业清单或目录。以下企业行为的信息来源(可能有用)可能有助于识别这些企业:

- 商会(产业)、贸易协会、专业协会和 R&D 执行公司协会。首先是查找出这些协会,然后向它们的信息办公室询问公司执行 R&D 活动的信息(如果允许它们公开各个公司的相关信息)。实施单位协会可能会共享协会目录清单和其他相关信息。

- 公开的贸易公司目录清单,如国家股票交易所。必要的工作是研究证券交易所列明的企业。

- 企业年度报告、贸易刊物、R&D 实验室的目录清单。R&D 执行企业的基础清单可通过审查财务报告和定期核算体系中的 R&D 支出来创建。而为了得到与 R&D 活动相关的具体信息,也应对这些来源进行审查,尤其是原型的构建和中试工厂的建立等。

- R&D 公共出资的研究补助清单(合同清单)。在更加复杂的环境里,负责科技或研究活动的管理部门(通常与国家研究补助出资者最相关)可能会有研究或创新补助金受益企业的清单,也容易获取对国际研究项目做出贡献的企业清单。

- 为 R&D 活动和项目申请税收减免的企业登记清单。企业调查的管理者与负责 R&D 税收激励、进口便利化、出口促进、物价控制的政府部门密切合作,也可以帮助识别 R&D 执行单位。

- 在先前 R&D 调查、创新调查和其他结构的企业调查中报告 R&D 活动的企业清单。

- 在过去的几年内已经提交专利申请的企业清单。这是 R&D 活动的另一个指标。

- 已经批准临床试验的登记清单或类似的行政登记清单。

7.76 可以通过以下两种方法开发具有 R&D 活动的企业调查框架：咨询以上这些来源、与已知 R&D 实施单位直接交流。识别实际执行 R&D 单位的工作，应该首先致力于调查行业内通常展现高强度 R&D 的大型公司。当试图在几百个大型公司中识别出 R&D 实施单位时，可能需要经历一个连续的过程，首先识别出最有可能执行 R&D 的领域；其次，关注已经识别出的执行者与其他企业之间的关联，它们可能通过供应链、竞争对手等形式相互联系。除非已公开的信息确认 R&D 真实存在，否则需要与企业直接交流确认是否存在 R&D 活动。开展两阶段调查的方法是，首先用一个非常简短的问卷调查识别出 R&D 实施单位，这个简短问卷可能包含在其他企业调查中；其次，针对报告 R&D 活动的企业进行更广泛的问卷调查。

调查策略

7.77 虽然各国在开展 R & D 企业调查中实行的方法各不相同，但在所有情况下，数据收集过程中必要的第一步都是对已知或极有可能执行 R&D 活动的企业总体进行识别。不同于其他部门的情况（政府机构或高等教育部门的目录清单是可用的并且是完全已知的），企业 R&D 调查大部分依赖于可用框架的质量和可靠性（防止未达到或超过 R&D 活动范围）。

7.78 假设存在一个高度可靠的框架，国家统计局可以执行普查或抽样调查。为了在规模相对小的企业群体或行业中顾及高强度 R&D 活动（在 R&D 支出和 R&D 人员方面），通常建议对这类企业进行普查，因为基准年内，这些企业很有可能承担 R&D 活动。已知或极有可能执行 R&D 活动的企业均包含在普查的调查群体中。

7.79 而在给定时间内，执行 R&D 活动可能性较小的企业，也通过普查或抽样进行调查。使用这种方法需基于一定的假设，即所有潜在 R&D

活动执行者都包含在调查框架内，并且框架外企业成为 R&D 实施单位的可能性可以忽略不计，或者仅包含小型或微型企业。

7.80 如果确实不存在一个可靠的调查框架（潜在 R&D 实施单位的目录清单），那么则需要不同的方法进行调查。在这种情况下，可能存在一些不可忽略的 R&D 实施单位没有被识别出来，或者是一些大型的 R&D 实施单位尚未包含在框架内。在这样的条件下，对已知的、大型的 R&D 实施单位的调查，应该以普查为主，以整体企业登记名录（或类似的登记名录）中子群体的抽样调查为辅，在整体企业登记名录中，可以假定在一定概率上包含了大多数遗漏的单位（主要基于规模和行业的交叉分类）。而且，在这种情况下，为了降低数据收集成本及企业的统计负担，建议使用两阶段调查（R&D 实施单位的筛选和数据收集）。

7.81 对基于可靠框架的企业 R&D 调查，只要单个企业满足国家相关识别指标（可能成为 R&D 执行者），则该企业包含于调查框架内，与设置的最小临界值无关。另外，当从登记名录中的所有企业中抽取一部分样本以识别新的潜在 R&D 实施单位时，除非微型企业有足够资源对潜在 R&D 实施单位进行彻底审查及筛选，本手册建议将微型企业排除在外，因为这样能避免过度虚报实施单位的数量。过度虚报可能是由于微型企业总体数量过高导致的。这个建议也使得调查成本较低，总体的应答负担较小。

问卷设计

7.82 问卷是收集数据的工具。它们应易于理解、方便使用、有效并且灵活。企业调查问卷通常是自填式，由许多不同类型企业内的广泛个体填答。在这方面，需要按照不同的需求和使用条件对问卷进行适当调整。

7.83 电子问卷在递交数据方面具备一定的预处理能力，允许受访者跳过不相关模块，实现问题过滤，并且嵌入了数据编辑检查功能。在数据准备过程中，通过预防错误和不一致的数据，实现受访者之间有效的交互作用。当大部分相关企业不方便使用互联网或使用互联网产生的成本超出接受范围，有必要采用多模型数据收集策略。同时也应该考虑问卷易于公司内不同联系人（在企业 R&D 支出、合同和人员方面具备不同专业技能和知识的人员）的管理这一需要。

7.84 某些国家已经执行了"组合调查"，正如《奥斯陆手册》（经合组织 等，2005）中描述的，组合调查主要是通过合并企业 R&D 调查和企业创新调查来实现。本手册认可这个方法但是并不推荐使用，因为这一方法可能影响 R&D 结果的国际可比性：通过在一个单独的问卷调查中，询问有关 R&D 和创新的问题，受访者可能察觉到难以区分 R&D 和其他创新相关活动（见第 2 章）。对于那些选择使用创新-R&D 合并调查的国家，建议：①向受访者发放两份调查问卷，或至少发放一个具有两个不同部分的问卷，明确表示这两个统计概念不是互补而是并列的；②为了使问卷便于理解，尽可能减少组合问卷的规模；③以系统的方式报告所使用的数据收集方法信息（大多数是在与未使用组合调查的其他国家的 R&D 结果相比较时）；④使用单一的企业登记清单作为创新和 R&D 调查的统计框架（依据上面描述的程序）。这些步骤有助于确保本手册与《奥斯陆手册》的一致性。

数据收集实践

7.85 高应答率是每个统计调查的目标，由于企业 R&D 活动并不常见（企业部门总体中，相对很少的企业是 R&D 实施单位，因此它们很难识别出来），低应答率会导致重大的测度偏差（除了增加抽样误差外），因此，高应答率对 R&D 调查来说尤为重要，这一点在普查（因为在非应答者中假定实际 R&D 实施单位非常困难）和抽样调查中都已经着重强调。理想情况下，应该尽可能降低无应答率。为了保持数据质量标准，统计办公室应该确定可接受应答率的最低值，低于这个值则不能进行总体估算，当应答率降到了可接受的水平以下，需要进行后续的无应答偏差分析。本手册没有给出有关具体的未应答偏差值的建议。很明显，强制调查相对于自愿调查，更有可能获取高应答率。

7.86 在企业实际调查中，未加权平均应答率可能不是测度 R&D 覆盖率的最佳指标。事实上，对于大多数国家来说，在企业 R&D 执行者中系统观察到的高度异质性表明，大型 R&D 实施单位中小群组的全覆盖率在企业 R&D 总支出（以及 R&D 人员，尽管它占的比例较小）中占有很大的比例。

7.87 因而，为追求提高整体应答率及几乎完全覆盖主要的 R&D 执行者这两个目标，应制定具体的策略。这增强了利用所有可用信息来支撑数据收集活动的需要。R&D 税收减免的可用数据就是一个恰当的例子，因为这项信息有助于识别数据收集工作中被特别关注的关键执行者。

7.88 为了改进 R&D 数据收集工作，除了完善框架外，还应该执行一些其他活动。受访者在任何时候都应意识到它们一直参与统计调查：它们应该知道调查主题内容和性质，调查由谁负责，它们是否有权选择传递所需数据的方式（即使它们有可能不在调查范围内）。从广义上讲，数据收集团队应该能够不断地回答受访者的问题，并且提供技术支持和建议。目前，这一点是大多数官方统计机构的一个标准，旨在产生企业 R&D 国际可比数据的机构都应践行这个标准。

7.89 为了评估调查实施的成功程度和相关总体覆盖范围，统计部门应计算出应答率（RR）、加权应答率（WRR）、覆盖率（CR）。根据所感兴趣的方面，在不同的视角下，提供高质量的测度。由于与测度变量相对一致的总体，在这 3 种测度之间可能只存在很细微的差异。但因为开展的 R&D 活动在各领域受侧重程度不同，并且高度集中在企业部门，所以这 3 种测度是相关的（专栏 7.1）。

专栏 7.1 多重测度收集质量水平的重要性

在测度覆盖范围和应答率方面存在许多方式。收集企业内部 R&D 数据时，一些调查质量测度可能较为合适。

例如，如果在国际标准产业分类（ISIC）一部门内有 1000 个单位，其中 1 个单位有 1 000 000 种 R&D 测度方法；1 个单位有 1000 种 R&D 测度方法；其他 998 个单位适用 1 种 R&D 测度方法，统计部门从中选取了 10 个单位作为样本，其中特意包含了具有 1 000 000 种测度方法的单位、具有 1000 种测度方法的单位，并从适用 1 种 R&D 测度方法的单位中随机抽取 8 个单位。

以下是数据收集的 4 种方案，每种报告的应答率是 70%（即 10 个抽样单位中有 7 个填写了调查）。然而，根据单位在 4 种方案中的应答情况，测度结果也所有不同：

单位测度和应答数量

方案	1 000 000	1000	1
1	0	0	7
2	0	1	6
3	1	0	6
4	1	1	5

测度应答率

RR	WRR	CR
70.0%	87.3%	0
70.0%	75.0%	0.1%
70.0%	75.0%	99.8%
70.0%	62.6%	99.9%

在这个虚拟的例子中，依据统计总体的加权应答率（WRR），方案 3 相对较好，即使这个部门中占据第二大 R&D 支出的已知单位并没有做出应答。依据总体覆盖率（CR），方案 4 显示了这个部门企业 R&D 支出（BERD）的最佳覆盖。

权重与估算

7.90 企业 R&D 数据收集过程中的最后一步是国家在 R&D 活动水平上编制统计结果报告（依据 R&D 支出和 R&D 人员）。对企业 R&D 调查来说，估算过程高度依赖于参照总体的识别程序，这里讨论了一些具体实例和相关问题。

7.91 作为一个初步申明，本手册不提倡使用附加系数（如过去部门范围的 R&D/ 出售比率评估公司的总出售额）作为估算整个部门范围的企业 R&D 总量的方法。而在某些特定条件下，系数可能有助于估算其他经济部门中机构的 R&D 活动（主要针对高等教育部门，见第 9 章），这并不适用于企业部门情况。企业一直面临这样的选择，是否及在何种程度上参与 R&D 活动。企业内部 R&D 往往是昂贵且有风险的，企业可以在任何时候都选择放弃其内部 R&D 项目，转而采购外部 R&D 服务、获取知识产权内的知识。本手册并不建议在企业 R&D 统计中使用系数的基本原因是跨行业和各规模的企业战略（包括与 R&D 相关的战略）存在高异质性。

7.92 在启动估算程序前，应准确编辑和验证调查数据，发现并纠正异常值。为了修正大型 R&D 企业的无应答，再次检验受访者的数据时，应该以辅助信息（如公司报告）和历史应答信息为基础对异常数据进行插补。

7.93 此外，本手册也指导了企业无差异总体（如从企业登记表抽取的样本）R&D 调查结果的汇总。由于在统计范围内，可能成为 R&D 执行者的企业子群体很少，因此，建议在完全得出调查结论之前，应当对不合格单位进行初步筛选。另外，使用的统计方法尽量减少过度估算企业总体 R&D 活动产生偏差的可能性（见第 6 章）。

企业 R&D 应答数据的质量控制

财务会计记录相关的风险提示

7.94 如上所述，通常公司的年度报告是有助于识别可能的企业 R&D 执行者的很好来源，这些公布的总量也可能有助于评估报告的调查总体数据的质量，以及帮助解决项目无应答问题（见第 6 章）。同时，本手册明确指出，依据国家、国际财务核算准则和指南公布的 R&D 活动数据，可能与依据本手册建议编制的 R&D 活动数据有所不同。一些 R&D 成本可能在公司的资产负债表中资产化，剩余部分可能在收入成本报表中以费用（包括折旧，见第 4 章）的形式记录。出于公开报告的目的，一些公司把内部 R&D 纳入了由 R&D 人员执行"技术服务"中（见第 5 章，人事职称）。

7.95 即使 R&D 定义与第 2 章提及的高度相似，但是基于核算的总量也可能不同于按照本手册编制的 R&D 总量。例如，如果 R&D 产生的成本不计入企业总成本中，那么这些成本可能无法明确识别。同样，由他人支付的 R&D 可能无法从内部出资的内部 R&D 中单独核算；事实上，在财务记录中，根据合同执行的 R&D，可能没有计算或认定为 R&D（第 4 章）。特别是大型企业的报告，其内部 R&D 可能没有与外部 R&D 区分开。与大多数的核算标准一致，只要执行 R&D 的准则是为报告企业"牟利"，其 R&D 支出的年度财务报告可以结合包括内部 R&D 和外部 R&D 在内的内部资金。特别是跨国企业，公布的 R&D 总数可能包括全球集团（见第 12 章）而不是各个成员的 R&D 支出。

区分内部 R&D 和外部 R&D

7.96 R&D 出资资金无论是作为单位内部 R&D 资金的组成部分还是作为执行者外部 R&D 资金的一部分，在准确收集方面还存在许多潜在的困难。

7.97 当资金到达实施单位前，会在一些单位流通（流入和流出），这个过程中可能会出现一些问题。特别是在企业部门中，R&D 分包可能会出现问题。实施单位应该只报告实际执行 R&D 项目的成本，而不报告对其他单位的 R&D 投入，并在一定程度上注明 R&D 项目的初始资金来源。区分用于内部 R&D 资金和外部 R&D 资金的进一步指导见第 4 章 4.3 节。

企业 R&D 活动潜在漏报和过度报告

7.98 编制企业 R&D 统计的过程相当复杂，尤其是要考虑不同国家的具体做法。即使有详细的质量报告，依然存在漏报或过度报告企业潜在 R&D 活动的问题。基于国家经验，在测度企业 R&D 时，一些最佳实践（除了本手册的正式建议外）有助于降低误差风险。在这一方面存在两个非常相关的问题：①为企业 R&D 调查确定一个适当的参照总体（就实施单位而言避免不足或过度覆盖）；②调查受访者的实际 R&D 活动执行情况（就 R&D 执行而言，避免不足或过度覆盖）。

7.99 R&D 单位覆盖范围的不足造成了企业部门数据的缺失。通常，大企业不存在覆盖不足的问题，因为它们是企业部门的一小部分，并且很容易被识别。另外，覆盖不足对小规模的执行总体来说是一个相关问题。考虑到所有企业统计调查的筛选大部分是近似的，行政数据资源（公共 R&D 资金、R&D 税收激励、参与公共 R&D 项目、专利申请等）的系统性开发，应该有助于在微型企业中识别具有高度 R&D 潜力的企业。即便如此，一些 R&D 企业仍然很可能被遗漏，在解释 R&D 数据时必须接受一个潜在（最小）的未被覆盖的实施单位。对 R&D 支出和人员的总数而言，在多数国家中，这种覆盖不足的影响可以忽略不计。

7.100 低估企业 R&D 执行情况一直是一个引人关注的问题。本章所提出的一些方法性建议有助于减少这种风险（例如，通过确定被调查企业内的恰当接触）。一些数据收集的最佳做法有助于鼓励受访者：

- 考虑在统计单元内进行的所有 R&D 活动，即使某些活动是在特定的 R&D 部门外进行的，如集中试点测试、产前准备、通用技术开发的活动。
- 要包括"非显而易见"的完全（通常是大部分）集成到为特定产品/系统制定的开发合同（通常是大型的）上的 R&D。
- 要包括消费者基于具体项目出资的 R&D 活动。

7.101 过度覆盖执行 R&D 的企业会导致曲解从其他企业调查或行政数据库收集来的信息。对确定 R&D 调查参照总体必不可少的所有资源，需谨慎使用：许多参考资源的概念不可能与本手册 R&D 定义完全相同。例如，申请 R&D 税收减免的企业名单，由于税务当局使用的"R&D 活动"概念可能包括内部 R&D 经费和其他单位承担 R&D 的经费，因此，统计调查需要向受访者提供 R&D 的明确定义（检查答复的准确性）来减少受访者提供 R&D 活动数据的误差。

7.102 各种不同的因素会导致企业执行 R&D 的过度估算：
- 所报告活动缺失相关信息。
- 把 R&D 活动从其他创新或技术相关活动中区别开来存在客观难度。
- 从其他单位获取的 R&D 包含在内部执行总量中（具有双重报告的风险）。

7.103 由于接受调查的企业往往不愿意把自己对 R&D 现象的理解（通常受核算、财政和监管报告的要求的影响）与本手册中给定的用于统计目的的定义相适应，因此，很难夸大过度报道的风险。处理上述问题的最佳做法：精确核查从受访者收集的数据（理想情况下，把偏离企业预期行为确定为是企业规模和主要经济活动作用的结果）及对异常值的恰当处理。

企业 R&D 总量的质量控制

7.104 如第 6 章所述，强烈建议使用 R&D 统计质量报告标准。在这方面，企业 R&D 与其他行业的 R&D 没有任何区别。尽管如此，在各个国家开展的企业 R&D 调查中使用的方法存在差异性，表明对调查和数据质量报告需要相同的标准。

7.105 为了加深对企业 R&D 统计数据的理解和国际可比性，除了经合组织（2011）或其他组织［如联合国（2012）］提供的质量报告中的建议外，本手册在以下内容中提出了一些切实可行的建议，这些建议致力于保持企业 R&D 数据估计的精确性指标与其他企业统计指标间的一致性。

7.106 因为执行 R&D 活动比率很小，实际 R&D 实施单位的总体分布极不平衡，所以在决定企业 R&D 调查是否成功、是否提供高质量的结果方面，准确和最新的框架都是最重要的因素。企业 R&D 统计数据编制的质量在很大程度上取决于识别已经成为和极有可能成为 R&D 的主体。在统计意义上，由于估算真正执行 R&D 或潜在执行 R&D 的企业数量有一定的不确定性，导致了企业总体中执行者数量或执行率不容易统计。

7.107 当企业 R&D 支出（BRED）数据公布后，还应提供数据生成方法的详细报告。更具体地说，建议国家层面企业 R&D 统计的传播应该包括元数据的公布。例如，参照主体中的单位数目（R&D 潜在执行者），可能通过它们的主要经济活动进行识别；普查单位数量和应答率；抽样单位数目和应答率。

7.108 企业 R&D 统计的一个关键特征是它们与其他企业统计数据整合的潜力，尤其是 R&D 调查的抽样和分类标准与收集其他企业经济变量相同时。作为估算 R&D 支出和 R&D 人员与其他统计指标一致性水平的部分指标，用户可以使用一些比率以使元数据与国家公布的数据相平行：R&D 支出与主要经济活动增加值的比例；R&D 总人员（全时工作当量）与按主要经济活动（针对所有部门）雇用的人员总数的比例。

参考文献

OECD (2011), Quality Framework and Guidelines for OECD Statistical Activities, Version 2011/1, OECD Publishing, Paris. www.oecd.org/statistics/qualityframework.

OECD (2005). A framework for biotechnology statistics. OECD Publishing, Paris. www.oecd.org/sti/sci-tech/34935605.pdf.

OECD/Eurostat (2005), Oslo Manual: Guidelines for Collecting and Interpreting Innovation Data, 3rd edition, The Measurement of Scientific and Technological Activities, OECD Publishing, Paris. DOI: http://dx.doi.org/10.1787/9789264013100-en.

UNECE (2014), Guide to measuring global production, United Nations Economic Commission for Europe, Geneva. www.unece.org/fileadmin/DAM/stats/documents/ece/ces/bur/2014/Guide_to_Measuring_Global_Production_-_CES.pdf.

United Nations (2012), National Quality Assurance Frameworks, United Nations, New York. http://unstats.un.org/unsd/dnss/QualityNQAF/nqaf.aspx.

United Nations (2008a), International Standard Industrial Classification of All Economic Activities (ISIC), Rev. 4, United Nations, New York. https://unstats.un.org/unsd/cr/registry/isic-4.asp and http://unstats.un.org/unsd/publication/seriesM/seriesm_4rev4e.pdf.

United Nations (2008b), Central Product Classification (CPC Ver. 2), United Nations, New York. http://unstats.un.org/unsd/cr/registry/cpc-2.asp.

第 8 章
政府部门 R&D

本章为测度政府部门执行 R&D 的支出和人员提供了指南；讨论了政府部门作为 R&D 出资者的相关问题及与第 12 章政府 R&D 预算、第 13 章政府 R&D 税收减免的关联；运用《国民账户体系》中的相关内容对政府部门进行了描述，其中，政府部门不仅包括政府还包括由政府控制的非营利机构；进一步介绍了政府 R&D 内部支出的测度方法及依据第 4 章建议的成本类型划分的 R&D 职能分类，并提出了应予以关注的具体问题；对依据资金来源、R&D 类别、R&D 领域、技术领域、社会经济目标、政府职能和地理位置划分的政府 R&D 内部支出的分类逐一进行描述；对测度政府部门 R&D 人员提供了指南；最后，从出资者角度对政府 R&D 资金测度中出现的问题进行了概述。

8.1 引言

8.1 自 1963 年第 1 版出版以来，测度政府部门在 R&D 中的作用一直是本手册的特有内容，政府无论是作为执行者还是出资者在国内及其他地区的 R&D 活动中都发挥着重要作用。本章的重点主要集中于政府部门 R&D 支出和人员的测度，与本手册中建议的对投入到 R&D 中的资源的测度方法一致，而本章也尝试在整个经济体中，将基于执行者的方法与基于出资者的方法（补充方法）联系起来共同测度政府作为 R&D 出资者的作用。一直以来，许多国家不断改进 R&D 政策工具的使用方法，编制 R&D 数据的国家统计局必须考虑"在现有的统计框架内如何最佳地反映这些实践"这一问题，本章对此给出了基本指导，同时也说明了与第 12 章政府 R&D 预算的测度及第 13 章政府 R&D 税收减免的关联。

8.2 政府部门 R&D 测度范围

政府部门的定义和范围

8.2 为了拓展统计范围，《国民账户体系》指出，政府的主要职能是：①为社会和个体住户提供货物和服务，运用税收收入或其他收入提供财政支持；②通过转移重新分配财产和收入；③从事非市场生产。

8.3 依据《国民账户体系》（欧洲委员会 等，2009）及本手册（见第 3 章 3.4 节）所述，政府单位是一类特殊的法律实体，它通过政治程序设立，能在给定区域内对其他机构单位行使立法权、司法权和行政权。本手册与《国民账户体系》一致认为政府部门是一个比较宽泛的实体，不仅包含"核心"政府单位，还包含由政府控制的非营利机构，但是不同于《国民账户体系》，本手册（以及在报告 R&D 统计数据中）使用的政府部门定义与《国民账户体系》中的定义（"一般政府"）不同，因为前者不包括《国民账户体系》中满足政府机构属性的高等教育机构，除此之外，两者定义完全匹配（见第3章）。

8.4 与《国民账户体系》一致，政府控制的企业（"公共企业"或本手册中可代替使用的"公共商业性企业"）不属于政府部门，而属于企业部门（参见第7章及以下有关政府部门单位与企业部门单位之间边界的说明）。

8.5 政府部门由所有中央（联邦）政府、区域（州）政府、市（地方）政府构成，包括社会保障基金管理机构（不包含第3章和第9章中提到的符合高等教育部门的单位）、由政府单位控制的机构和不属于高等教育部门的非市场性非营利机构。

8.6 中央（联邦）政府一般由中央部委和其他机构单位组成。作为一个独立的机构单位，该单位通常是指包含在主要预算账户体系内的国家政府和单位。部委可能会在政府总体预算框架下负责数量相当可观的经费（R&D 内部支出或外部支出），但是它们通常不能独立于中央政府、拥有资产、产生负债、从事交易，它们的收入、费用和支出一般由财政部或同等功能的司法部门按立法机关核定的一般预算进行监管和控制。

8.7 除了政府各部委之外，政府部门可能还包括其他政府机构，例如，拥有独立法律地位和实质性自主权的代理机构，这些机构可以独立决定支出的大小和类型，有直接的收入来源。这些都是独立的政府单位，通常被称为预算外单位，能够进行独立预算，通过自己的收入来源（如针对服务征收的专项税或费用）补充主要预算账户中转移的所有资金。成立上述代理机构是为了实现出资 R&D 或（和）执行 R&D 的具体职能。在一些国家，这些专门的代理机构、中心和协会作为政府部门的一部分，在政府部门或整个经济的 R&D 执行者中可能占据相当大的比例。

8.8 "其他政府机构"还包括由政府单位控制且属于非市场性生产者的非营利机构（不考虑其法律地位是否独立于政府）。许多 R&D 执行机构如科研中心、博物馆可能符合此类别下的非营利机构。如第 3 章所述，很难建立经济体系控制这些实体，由此产生的大量细微差别，在实际执行过程中可能产生国际分歧。在多数情况下，政府可以通过出资决策对其进行控制，但这并不是判断一个机构是否由政府有效控制的唯一标准。政府可以向非营利机构提供大部分资金，但可能没有权利指导其研究活动。

8.9 区域（或州）政府的子部门由独立的区域政府或州政府、区域（州）政府控制的代理机构和非市场性质的非营利机构构成。这些子部门的级别在中央政府之下，在地方政府之上，在财政权、立法权和行政权上仅高于单个"州"（国家作为一个整体分为多个州）。"州"的概念在不同的国家可能使用不同的名词来表述，但通常称为"区域"或"省"。

8.10 地方（或市）政府的子部门由作为独立机构单位的地方（或市）政府、由地方政府控制的代理机构和非市场性质的非营利机构构成。原则上，为了满足管理和政治的需要，地方（或市）政府单位的财政权、立法权和行政权可以延伸到最小地理区域。地方政府的权利范围一般来说远小于中央（或联邦）或区域（或州）政府。

政府部门的识别和边界

8.11 政府部门内的单位可以参与一系列不同的经济活动，包括公共管理，卫生、社会福利工作，国防，教育（不包括高等教育部门的活动），以及其他公共服务活动，涉及机构可能包括公共博物馆、档案馆、历史遗迹、植物园、动物园、自然保护区等，甚至还包括一些专门为政府自身或其他部门提供研究和开发服务的机构。

8.12 识别某个特定单位是否属于政府部门有以下 3 个标准：是否以

显著经济意义价格出售其成果；是否由政府单位控制；是否应当将其视为高等教育机构部门（参考本手册识别该部门使用的特殊规则）。这些标准的应用汇总见表 8.1。

表 8.1 《弗拉斯卡蒂手册》中政府部门的组成部分和边界

政府级别	公共部门			
	政府部门	由政府单位控制的机构		
		非市场性质的非营利机构		市场生产者
		不属于高等教育部门	高等教育部门	
中央/联邦	部委，部，代理机构……	由政府控制的非市场性质的非营利机构[1]（如一些科研机构、中心和博物馆……）	由政府控制的非市场性质的高等教育机构[2]	公共企业（其中包括为它们提供服务的非营利机构）和属于市场生产者[3]的公共高等教育机构
区域/州	区域/州部部委，代理机构……			
地方/市	地方当局……			
分类意见	不同管辖级别下的核心政府单位，主要从事行政、立法和司法中的公共管理活动，也可以包括预算外单位	属于 FM 政府机构和 SNA 一般政府，所以是公共部门的一部分	不属于 FM 政府机构，但属于公共部门及 SNA 一般政府；属于 FM 高等教育部门	不属于 FM 政府机构或 SNA 一般政府；属于 FM 企业机构或高等教育机构，同时也是公共部门的一部分

注：FM：《弗拉斯卡蒂手册》；SNA：《国民账户体系》；政府部门的组成部分以粗体显示。

1. 本组不包括所有的非市场非营利机构，只包括政府控制的非营利机构。与该组相对应的非公共部门包括所有属于企业部门（《国民账户体系》公司部门）的私人非营利机构，其中包括为住户服务的非营利机构和市场非营利机构。

2. 本组不包括所有的高等教育机构，只包括由政府控制的高等教育机构。与该组相对应的非公共部门包括所有非市场性的私有高等教育机构。

3. 与市场生产者相对应的非公共部门包括所有私有企业和基于市场的私有高等教育机构。

8.13 由于核心政府单位的法定称谓和应用在不同的司法管辖区内会有所不同，因此，它们的法定称谓包括各部委或各部委下的各司委局、监管部门、代理机构、非政府部门的公共组织和具有特殊章程的机构，而本手册描述这些称谓只是便于说明。

政府部门和私人非营利机构之间的边界

8.14 控制权是界定非营利机构边界的关键因素。它可以明确地判断非营利机构是自主经营还是政府管理系统的一部分。然而判断一个给定机构（博物馆、研究中心等）是否由政府控制存在一定的困难，尤其当它们不能运用统计登记中嵌入的权威分类进行划分时，困难尤为显著。在确认一个单位（不包括与本手册高等教育部门相重叠的部分且未被单独确认为《国民账户体系》机构部门的单位）是否属于政府部门时，使用《国民账户体系》的分类标准更加合适。有关如何运用控制标准的指南参见第 3 章和第 10 章。

8.15 与其他资金来源相比，政府出资的优势在于政府并非完全控制其给出的资金，但是当判断政府是否对 R&D 执行单位有市场决策权（即控制权）时，参考因素以政府给出资金为主，以给出资金性质的其他相关信息为辅（如有无竞争性奖励、董事会成员、黄金股权等），见专栏 8.1。

专栏 8.1　政府控制的非营利机构

非营利机构（NPIs）的控制权是指决定非营利机构一般政策或规划的权力。通常使用以下 5 条具有代表性的指标来确定非营利机构是否由政府管理：

1. 任命官员或管理董事会的权力。

2. 决定其他条款的权力，允许政府拥有对非营利机构政策和规划重要方面的决定权，如对重要人员的调动权、对提议任命的否决权；要求政府对预算或财务安排有优先批准权、禁止非营利机构改变其章程而解体的权力。

3. 通过拟定合同以给予附加条件的权力，如上述权力。

4. 政府资助的程度和类型。就这方面而言，可以防止非营利机构决定自身政策方针和规划程序。

5. 承担一定的风险。如果政府公开允许自己置身于所有或者绝大部分与非营利机构活动有关的财务风险中，那么该非营利机构由政府控制。

来源：国际货币基金组织（2014）的《政府财政统计手册》。网址：www.imf.org/external/np/sta/gfsm。

8.16 很多国家都设有国家科学院，这些科学院可能发挥不同的作用，承担不同的责任。在某些情况下科学院也包含科研机构，但是通常，它们的作用往往与知识的传播和科研成果的全面推广有关。同时，在经济转型的浪潮中，这些科学院的性质不断变化，它们可能由政府机构部门变成私人非营利机构或者企业部门，企业部门既包括公共企业也包括私有企业。

政府部门和企业部门之间的边界

8.17 如前文及表8.1所述，区分"政府部门"和"公共部门"两个概念非常重要。公共部门的识别指标可以通过整合政府部门、企业中的政府控制部门和高等教育部门的识别指标得到。政府控制的公司和其他企业类型超出了政府部门的定义范畴，正如第3、第7章及《国民账户体系》指南所述，公共（商业）企业与政府部门单位的区别是，前者的主要目标是以显著经济意义价格（见术语表）出售它们的大部分产出，包括其活动的利润率。

8.18 研究中心、博物馆、科学院等 R&D 执行机构，可能会产生大量的商业收入，如从先前 R&D 的知识产权许可中获取收入、对市场提供研究和咨询服务获取收入。因此，在任何时候都应该注意，政府单位与企业部门的分类并不能受特殊情况或一次性事件（处置资产获取的特殊商业收入）所影响。

政府部门和高等教育部门单位之间的边界

8.19 从高等教育部门的活动中区分出政府部门存在一定的困难。因为本手册定义的高等教育机构与《国民账户体系》定义的政府部门单位，在人员和机构方面存在非常多的重叠现象及关联问题，所以第 3 章和第 9 章较为详细地处理了这些边界问题。

8.20 许多国家的政府部门有能力指导和控制一些高等教育机构的活动（如果不是所有的高等教育机构）。在本手册中，并不能依据这种控制关系把高等教育机构划分为政府部门，虽然高等教育机构仍属于公共部门。

8.21 政府部门的员工可能包括隶属于其他机构的研究人员，特别是高等教育机构的研究人员。因此，有时很难从高等教育人员的活动中区分出与政府相关的活动。高等教育机构中人员的双重隶属关系并不能对政府部门进行重新分类，除非其他机构取得控制权后，才能把政府单位划分为高等教育机构。

8.22 另一个潜在困难是处理政府医院及与高等教育机构有正式关联的卫生机构之间的边界，在这些机构中高等教育项目的正式规定和其他主要相关控制标准有助于将这样的政府机构划分为高等教育部门。但是以自身发展为基础，与高等教育机构相关的大学医院，如支持（开展）医学生教学工作的医院，有可能被划分为政府单位。如果一所由政府当局控制且主要资金来源为政府的医院，以非营利为基础，那么其从事的 R&D 活动方面充分独立于高等教育机构。

其他特殊情况

8.23 政府单位可能与其他政府组织或部门以合作伙伴的关系建立实体参与 R&D 执行活动。如果这些实体是机构单位，则依照第 3 章的通用分类准则对其进行分类。

政府部门单位的分类

依据主要经济活动进行分类

8.24 依据机构分类划分 R&D 经费（人员）的交叉相关性已经在第 3 章加以讨论。同样这也适用于依据各种可能的经济活动，尤其是由政府机构提供的服务类活动来划分政府部门。本手册建议所有政府单位包括由政府控制的非营利机构，依据它们的主要经济活动进行分类，这种经济活动是通过《国际标准产业分类（第 4 版）》中的 2 位数"类"（联合国，2008）进行识别的，详细分类可见本手册在线附录（http://oe.cd/frascati）。如果这种方法不可行，我们建议至少对属于《国际标准产业分类》类 72 科学研究与发展的单位进行识别（目的是识别政府研究组织）。同时也建议单独识别政府控制的医院和诊所（通常在类 86 人体健康活动中分类），原因已在上文清晰阐释。

依据政府职能进行分类

8.25 政府职能分类（COFOG）是职能或者社会经济目标的通用分类，政府部门一般依据不同的支出类别划分其职能。政府职能分类依据通用职能为政府实体和财政支出提供分类体系［见本手册在线附录有关政府职能分类类别的指南（http://oe.cd/frascati）］，由经合组织制定并与其他 3 种分类一起发布（联合国，2000）。政府职能分类的一级分类与划分 R&D 社会经济目标的分类非常相似（见本章 8.4 节和第 12 章 12.5 节依据社会经济目标划分政府 R&D 支出）。在 R&D 统计中，初步的对应表可能有利于政府职能分类在国家主流统计系统中得到广泛的应用，但是本手册并不建议政府单位依据政府职能进行分类，因为该分类法并不是描述 R&D 支出的最佳方法。

8.3 政府部门 R&D 的识别

8.26 有关 R&D 的识别应依照第 2 章所列的准则进行。中央/联邦、区域/州和地方/市政府的核心单位自身也能够执行 R&D 活动，不仅包括各部委下的专门研究单位，还包括更大的组织，如武装部队。

8.27 当组织同时开展多项活动时，把 R&D 从其他相关活动中区分出来存在一定的困难，虽然不是所有执行 R&D 的政府部门完全投入到该活动中，但它们可能经常把执行 R&D 作为实现单位主要目标的一种途径。政府部门可能从事卫生供给、收集通过数据用以监控自然和社会系统、建设大型基础设施等活动，这些活动的完成可能得益于内部或外部执行的 R&D 活动。政府单位核心活动中的人力和物力也可作为在这些组织内执行 R&D 项目（可在这些组织内执行）的主要投入资源。统计收集 R&D 数据中对这些活动的一致性处理，可能会对 R&D 数据结果的国际可比性产生重要的影响。

相关的科学和技术（S&T）活动

8.28 除了开展基础研究、应用研究、试验发展外，政府部门单位开展的 R&D 活动还包括提供技术服务，如技术检测和标准化，技术转化[如技术的物理转化、原型、工艺流程和（或）"专门技术"]，新型仪器的开发，通过图书馆、资料库、储存库获取的知识和科学收藏品的保存、存储和访问，以及提供主要科学基础设施和设备（如核反应器、卫星、大型望远镜、海洋考察船等），但以上这些都不应该归入 R&D 中。

系统开发和示范

8.29 政府单位偶尔可能是大型固定资产的主要投资者，这些大型固定资产属于"新类型"或是能够提供先前不可提供的能力，由于它们对创新活动存在潜在贡献，本手册倾向于把大型固定资产的所有建设成本计入 R&D 中。考虑到国际可比性，只有那些被明确识别为用于 R&D 活动的成本才应该计入内部 R&D 活动中。通常，这些成本不应该报告为 R&D 经常性支出，而应该报告为 R&D 资本性支出（见第 4 章）。

8.30 对于国防、航空航天及对系统工程有需求的其他部门的项目，一些国家会使用技术就绪等级（TRL）分类来描述和管理它们。为了评估这些项目技术要素的成熟度，目前已经开发了不同的技术就绪等级（TRL）模型，但在其他领域仍存在大量没有检测的技术要素。考虑到政府在技术就绪等级模型使用领域的干预水平，这些模型可以用于描述政府内部 R&D 活动及采购合同（特指由第三方执行的 R&D）。与第 2 章一致，为确定这些模型是否在某方面能够促进收集政府 R&D 支出或政府 R&D 出资资金(见本章8.6节)相关的统计数据，建议对这些模型进行评估。

8.31 考虑到技术就绪等级分类体系的多样性及描述的通用性，不太可能为 R&D 活动类别（基础研究、应用研究和试验发展）提供具体且普遍适用的技术就绪等级。在各种不同且更加切合实际的使用环境中，当对 R&D 技术就绪等级绘制与项目（系统）范式不同阶段相关时，绘制技术就绪等级会非常困难，从而产生了项目（系统）的新特殊需求。第 2 章阐明运用实际操作对原型的性能进行的评估活动不太可能是 R&D 活动，但如果为了解决通过运营和新需求识别出的主要缺陷而做出的工作，那么只要这些工作满足第 2 章阐述的标准，就应属于 R&D。

相关政策的研究

8.32 R&D 工作可能有助于政府的决策过程，这些工作可能外包给外部组织，一些机构也会临时甚至正规地组建专门的团队，积极开展分析（如事前和事后评估）或评价。在某些情况下，这些活动能够满足 R&D 项目的识别标准，但是也存在不满足的情况，并不是所有与政策咨询有关的情报工作，或者论据构建活动都是 R&D，这也与细致地考虑活动中涉及的专业知识、组织内知识如何代码化、如何确定研究问题和应用方法中的质量标准有关。因为某些社会经济咨询活动不能被准确地确认为 R&D，所以判断社会经济咨询（内部或者外部）是否为 R&D 存在很大的风险。

8.33 政府内部的科学顾问是一个很重要的角色。但是在政策制定中对已有的决策标准的应用不属于 R&D，而旨在完善科学决策制定的方法论则视为 R&D。

卫生保健和"公立"医院的 R&D

8.34 如前文所述，在许多国家中，大部分的医院和卫生保健机构是由政府控制的，并且不符合高等教育部门的分类标准，因此，与医疗相关的 R&D 是政府内部 R&D 的重要组成部分。而卫生保健、研究、培训活动的整合导致很难识别这些机构活动中的 R&D 成分。与医疗相关的 R&D 可以在高等教育机构、政府、私人非营利机构或企业共同合作下开展，如在临床试验方面的 R&D。相关指南见第 2、第 4、第 9 章。

R&D 融资和管理

8.35 如第 4 章所述，为 R&D 执行者出资，由主管部门、研究机构、出资机构及其他政府单位进行的资金筹集、管理和分配活动，不是 R&D。对于既执行内部 R&D 又出资外部 R&D 的政府单位，由于其对外部 R&D 实施的准备、检测活动而产生的管理费用可能作为 R&D 内部支出的一部分。

8.4 政府部门 R&D 支出和人员测度

政府 R&D 内部支出（GOVERD）

8.36 政府 R&D 内部支出是用于描述政府部门 R&D 支出的主要汇总统计数据，即政府用于 R&D 的经费。政府 R&D 支出代表了国内 R&D 总支出（见第 4 章）中产生于政府部门单位中的部分，是在特定时间内测度政府部门的内部 R&D 支出。

8.37 非政府机构负责执行的 R&D 项目的重要组成部分通常由政府部门持有。例如，为了开发新产品，政府机构允许企业使用其设备测试 R&D 项目，在这种情况下，尽管一些执行活动是在政府场所内开展，但并不能把政府单位描述为 R&D 执行者，因为政府只为执行 R&D 的企业提供了服务。如果政府单位使用其设备开展自己的项目，那么可能是 R&D 执行者。

政府 R&D 内部支出的功能分类

依据成本类别划分政府 R&D 内部支出

8.38 第 4 章（表 4.1）详细描述了依据支出类别划分政府 R&D 内部支出的规定，包括 R&D 人员的劳动力成本、其他经常性成本（经常性支出）和资本性支出（按资产类型）之间的分类，并且分别详细记录所拥有的资产的资本折旧成本。由于国家内不同政府单位存在各自的特殊性，此类信息应该尽可能直接从受访者处获取而不是通过其他单位信息估算得到。

8.39 在该通用指南中，如下一些特殊情况需要重点考虑：

● 劳动力成本包括为 R&D 人员实际或估算支付的养老金缴纳费用和其他社会保障费用。劳动力成本没必要在统计机构的账户中记录。它们可能涉及与政府部门其他单位的交易，如社会保障基金。即使没有涉及其他交易，也应该尝试从报告单位的角度估算这些成本。

● 政府部门单位因为出售材料、提供服务产生的增值税可能无法抵扣，在这种情况下，需要计入其他经常性支出中。

8.40 测度政府部门的 R&D 时，最困难的是测度 R&D 活动中设备产生的 R&D 支出额。第 4 章中讨论的例子表明在 R&D 活动中，没有支付实际费用而使用的设备，有必要计算其经济成本，同时也要避免双重计算资产的获取成本、建设成本及由设备使用者产生的成本。

8.41 有许多政府拥有和维护的某些特殊设备是由批准 R&D 项目的其他代理机构及企业中的员工和客户使用的。当这些设备由其他政府或非政府执行者使用时，使用者向设备拥有者支付费用，包括运营与维护成本，并在使用该设备的 R&D 执行者中记为日常成本。为了避免重复计算，这种从使用者处获取的运营、维护成本不应该记录在拥有此设备的政府机构中。由于设备使用频率低或收取的费用太低以致难以支付维持 R&D 设备正常运行的费用，所以运行、维护成本中的适当部分可能以内部支出名义计入设备拥有者的其他经常性支出中。

依据资金来源划分政府 R&D 内部支出

8.42 传统上，对于在政府内部执行的 R&D 中，鉴于内部来源的资金占主导作用，基本可以假定非内部来源的资金不太重要。然而，目前此类信息的缺失可能极具误导性。共私合作、广泛使用混合管理、预算外的政府单位和政府控制的非营利机构寻找可供选择的资金来源、国家和超国家组织之间的国际协议都需要收集有关政府使用 R&D 原始资金的详细信息，包括来源于国内和国外的资金。

8.43 政府机构及其 R&D 活动的资金来源包括专项收入（如作为政府财政总收入的比例、确定的特定税收及社会保障费用）、预算的转移额、货物（服务）一般销售额、使用者支付的费用、金融或非金融资产的销售额、借款（捐赠）资金总额（国际货币基金组织，2014）。预算外来源一般指的是政府与独立银行、机构安排组织发生的交易，中央政府层级的年度预算及地方政府的预算中，不包含上述独立银行与机构安排组织的预算。

8.44 表 8.2 中展示的报告框架是资金来源信息的收集指南。交换资金和转移资金的分类，对于政府控制的非营利机构和预算外的政府单位更重要，政府控制的非营利机构在很大程度上依赖于资金的非预算来源，承担的 R&D 更可能是为其他组织或公司提供服务，并获得财务报酬。

依据 R&D 类别划分政府 R&D 内部支出

8.45 对于其他部门，依据 R&D 类别划分 R&D 支出的数据可以从政府单位收集，如第 2 章所定义的，R&D 类别包括基础研究、应用研究和试验发展。

依据 R&D 领域划分政府 R&D 内部支出

8.46 只要可能，本手册建议依据 R&D 一级领域划分政府单位内执行 R&D 的经费。

表 8.2 政府部门 R&D 执行者调查中收集的资金来源

政府机构内执行 R&D 的资金来源	R&D 交换资金[1]	R&D 转移资金[1]	内部执行 R&D 的总资金
政府部门	×	×	√
自有代理机构/机构（内部资金）	×	×	√
其他中央或联邦	×	×	√
其他区域或州或地方	×	×	√
企业部门	√		√
高等教育部门	√	√	√
私人非营利机构	√	√	√
国外	√	√	√

续表

政府机构内执行 R&D 的资金来源	R&D 交换资金[1]	R&D 转移资金[1]	内部执行 R&D 的总资金
政府部门	✓	✓	✓
国际组织（包括超国家组织）	✓	✓	✓
企业部门	✓	✓	✓
高等教育部门	✓	✓	✓
私人非营利机构	✓	✓	✓
所有资金来源			= 政府 R&D 支出

注：此表由本手册的表 4.1 改编；×：不适用，不需要收集。
1. 交换/转移资金分类，相对于政府控制的非营利机构，与预算外的政府部门相关性更大。

8.47 至少在第 4 版《国际标准产业分类》类 72 政府机构分类的案例中，系统性的 R&D 将有助于依据研发领域划分这些政府机构。详细的 R&D 领域分类可参见本手册的在线附录（http://oe.cd/frascati）。鉴于政府存在多种学术中心，指明研究的第二领域或使用多元分类进行补充也是有益的。

依据技术领域划分政府 R&D 内部支出

8.48 一些国家可能发现依据技术领域有助于报告政府 R&D 内部支出的分类。其中，生物技术、纳米技术、信息通信技术是非常重要的技术领域。

依据社会经济目标划分政府 R&D 内部支出

8.49 依据社会经济目标，在执行者的基础上报告政府 R&D 内部支出，原则上在政府部门机构中是可能实现的。这一方法不应该与依据经济目标分析政府 R&D 预算拨款方法相混淆（关于此分类的详细内容见第 12 章）。

8.50 本手册推荐的分类表是根据《科学计划和预算的分析比较中使

用的术语》(NABS，欧盟统计局，2008)及其他与之直接对应的国家调整的类别编制的。除了一般大学资金出资的研究经费不适用于该表，该表与政府 R&D 资金表相同。R&D 应该由报告单位综合考虑主要项目目标和研究组合来划分。

8.51 在政府部门中，考虑第 4 章提出的指导方法，对执行具有重大国防意义 R&D 项目的国家分别编制国防、民用政府 R&D 支出数据，记录国防相关 R&D 的所有潜在覆盖范围是非常重要的。此外，这些国防 R&D 项目的信息可能高度敏感，分类方法使得该项目的 R&D 支出很难从非 R&D 项目中区分出来。正如第 4 章所述，确保民用 R&D 数据的国际可比性是非常重要的，政府 R&D 支出的辅助元数据明确记录了在政府内部无法测度的 R&D 不确定性边界也很重要。

依据政府职能划分政府 R&D 内部支出

8.52 一些国家可能发现依据政府职能分类(见本章 8.2 节)有助于划分政府 R&D 支出。然而，考虑前文所述原因，本手册并不建议在 R&D 统计中使用政府职能分类划分政府 R&D 支出。

依据地理位置划分政府 R&D 内部支出

8.53 一些国家可能发现依据地理位置或地区有助于划分政府 R&D 支出。地理位置选择依据国家和国际需求而定，进一步详细的描述见本手册在线附录(http://oe.cd/frascati)。

政府 R&D 内部支出与政府外部 R&D 资金

8.54 本手册 8.6 节将对政府用于外部 R&D 的资金报告进行详细阐述，而本小节主要阐述政府部门执行的内部 R&D 活动和外部 R&D 活动之间的边界问题。在政府部门执行的 R&D 中，某些经费可能用于外部开展的活动甚至是国外的一些活动中，如外太空、南极洲、代表政府机构的驻外使领馆或短期内的活动（如在其他国家开展的调查工作）。如果这些 R&D 活动是在政府机构的监管下执行，并由政府承担相应责任，那么这些活动的费用应该计入政府 R&D 内部支出。如果第三方为政府提供有助于 R&D 工作的服务，那么政府对其支付的款项也应该计入政府 R&D 内部支出。

8.55 为完成一个具体任务（获取购置物），但这个任务不是政府单位 R&D 项目总体的必要部分时，那些提供 R&D 咨询服务的人员成本应该计入 R&D 接收单位中的外部 R&D 资金。而提供 R&D 服务的统计单位，即雇用这些咨询人员的单位，应该将这一活动的支出计为 R&D 内部支出。R&D 外部支出的分类已在第 4 章中阐述。

8.56 当判断一个政府实体向另一个政府实体提供的资金是内部支出还是外部支出时，各级政府（即中央／联邦、区域／州、地方／市，见表 8.1）是利益相关的机构单位并提供了决策标准。例如，中央政府部委 Y 从另一中央政府部委 X 接收的 R&D 资金，部委 Y 应该记录为用于内部 R&D 活动的内部资金，而对于提供这些资金的部委 X，不应该记录为外部或内部 R&D 资金。由于这种交易发生在中央政府同一机构单位的不同部门，因此，在部门汇总时，这些资金也仅仅是用于执行中央政府 R&D 的内部资金，即使统计单位是类似部委这样的较小的实体也是如此。

8.57 当"中介"机构从部委和代理机构接收资金，然后把这部分资金重新分配给其他执行单位时，应该避免此类资金的重复计算。在先前的例子中，如果由部委 X 向部委 Y 提供的资金是通过中间部委 Y 传递给非政府部门的 R&D 执行单位，那么政府机构不是执行单位，即没有消耗政府 R&D 内部支出。如果收集此类信息，这个最初源于部委 X 的资金应该报告为政府执行外部非政府 R&D 项目所消耗的政府资金（见本章 8.5 节和表 8.3）。

8.58 政府部门的中央／地方政府、政府部门内不同的预算单位及政府控制的其他非营利机构如果是独立机构，并且拥有自己的账户，那么它们之间的交易应该记为外部活动资金。例如，省政府代理机构 Z 从中央政府部委 X 接受的 R&D 资金应该报告为用于代理机构 Z 内部 R&D 活动的外部（政府）资金，对于提供（来源）这些 R&D 资金的中央政府部委 X，应该报告为省政府执行的外部活动资金。

政府部门的 R&D 人员

8.59 政府部门报告的 R&D 人员分类与其他 R&D 执行部门人员的分类相同，见本手册第 5 章。上述建议的有关支出分类应该尽可能地应用到 R&D 人员分类中。

8.60 在政府机构中，只从事 R&D 资金申请的管理评估人员，如从事授予补助金或采购合同的人员，不应该划分为 R&D 人员，他们所从事的活动也不是 R&D 活动。然而，如第 4 章所述，同时开展 R&D 出资和执行工作的政府机构，可能把参与 R&D 合同中实际性工作、财政或管理方面活动的人员成本计入"其他经常性支出"，但是这类人员不应该划分为 R&D 人员。

8.61 鉴于在政府 R&D 活动中很可能存在 R&D 外部人员，建议按照第 5 章的标准以适当的类别对这些人员进行报告，并与 R&D 内部人员区分开来。上述方法也适用于实习生（如博士研究生和硕士研究生）的分类，如果这些人员依据第 2 章和第 5 章给出的标准应该划分为 R&D 执行人员。

8.62 一般来说，依据第 5 章给出的人员类别，很容易划分政府研究组织内的人员，但是在一些核心的政府单位存在一定困难。与第 9 章类似，使用资历等级划分研究人员的方法也适用于编制政府组织内部的 R&D 人员。人员类别还包括每类人员群体所在的典型职位（欧洲委员会，2013：87）：

- A 类：通常在最高级别或岗位中开展研究。
  ※ 例如："研究主管"。
- B 类：此类研究人员比处于最高职位（A）的研究人员等级低，

但是比刚毕业的博士研究生（《国际教育标准分类法》8级水平）等级高。

※例如："高级研究人员"或"首席研究人员"。

- C类：第一等级或岗位，通常指刚毕业的博士研究生从事研究的岗位。

※例如："研究人员"、"调查人员"或"博士后"。

- D类：既包括在《国际教育标准分类法》8级水平从事研究工作的博士研究生，也包括从事研究工作但没有博士学位的研究者。

※例如："博士研究生"或"初级研究员"（没有博士学位）。

8.5 政府部门 R&D 支出和人员编制方法

政府部门的统计单位和报告单位

8.63 调查涉及的政府单位有：

- R&D 机构、实验室和中心。
- 中央（联邦）、区域（州）、地方（市）政府的 R&D 运营和行政处，统计单位，气象单位，地质和其他公共服务单位，如博物馆和医院。
- 各级政府的 R&D 运营单位 [适用于：中央（联邦）、区域（州）、地方（市）]。

8.64 统计单位通常是司委局、部委或代理机构，甚至还包括那些不完全具备政府机构所有特性的机构 [如各个部委对独立于中央（联邦）、区域（州）的资产缺少持有或控制能力]。政府部门的抽样单位需要如下属性：活动分支、地理位置和政府级别。报告单位将依赖于有最佳报告能力的实体，这可能包含区域（州）、地方（市）政府的整个政府。

8.65 如果可以，调查框架应该与中央统计登记中心相连，这将有利于整合各种来源的数据，并简化分类决策过程。如果从不同视角统计，将减少重复计算单位的风险。

8.66 在识别 R&D 执行和出资单位时，应该特别关注管理数据的使用。在某些国家中，这包括依据第二级政府职能划分 R&D 支出的机构。

8.67 如果地方政府（区域州）在许多单位中，只有少数单位是可能 R&D 执行者，并且在诠释 R&D 概念十分困难，那么确认其 R&D 活动尤为困难。如果地方政府承担大量的 R&D 活动，建议尽可能让地方政府中的大型部门作为 R&D 执行者。考虑到许多区域（州）的性质，政府可能偶尔执行 R&D 活动；执行 R&D 活动可能不是政府核心部门或机构的任务，但是它们需要解决立法机关或部门识别出来的具体问题，因此，一些 R&D 活动可能是临时的。

收集调查数据

8.68 对已知或可能执行 R&D 的政府单位和组织开展的统计调查活动是常规活动。考虑到实际负担，通常受调查的单位占所有已知政府单位的比重很小。当政府部门、研究机构和法定机构的登记簿（目录清单）包含立法和预算活动内容时，这可能有助于识别政府部门内潜在的 R&D 执行者。其他信息可能来自学术团体、研究机构、科学与技术服务机构的目录，科学家和工程师的名单或数据库、科学出版物、专利和其他知识产权文件的数据库及管理机构更新的学术或专业信息。

8.69 负责编制 R&D 数据的人员不应该低估从政府部门收集数据的潜在困难。形式上基础数据的缺失和有限的支持程度都会严重影响数据收集的全面性与数据质量。当研究机构的全体人员都具有公务员身份时，建议提前做好安排以确保获得报告机构高级主管公务员的支持。一般建议使用一个适当的"延伸"项目来支持数据收集，包括提供受访者培训的条款，向下级政府人员提供的研究调查中包含他们熟悉的 R&D 术语，以直接反馈数据收集结果。

8.70 政府部门内的一些机构可能会报告所有参与执行 R&D 的人员，这些人员的全时工作当量接近或等于 1（联合国教科文组织统计所，

2014)。由于不同政府机构的定位和制度文化不同，所以，在统计中不应该包含不属于 R&D 的活动，但是这一点在现实情况中很难实现，因此本手册强烈反对运用一般的"经验规则"，在这些机构内以专业人员的固定百分比来确定研究人员。识别研究人员应该从受访者处获取系统的计算数据，主要从事科技活动的政府机构承担与此活动相关的研究时，应明确确认这种研究活动，并把其纳入 R&D 调查中。

R&D 支出与 R&D 人员的估算

8.71 与没有完整调查规范细则的其他部门一样估算政府部门的 R&D 支出和人员存在一定的困难。但是，鉴于无应答范围及在政府机构获取信息类别的有限性，估算工作可能需要采取一些策略。

8.72 有时候，政府信息系统的目的是提升协调能力，确保更高的透明度，这样的政府信息系统可能为收集有关中央政府执行（出资）研究调查工作的信息提供了充分基础，它可能整合了大量政府部门执行（出资）的 R&D 项目，并且允许政府单位统计 R&D 执行数据，而其他情况下，可能需要预算信息来处理数据的缺口以保证调查数据与总体数据的一致性。

8.73 由于各个 R&D 执行单位之间存在很大的异质性，因此通常不建议使用回归系数估算组织内 R&D 支出或人员结构。

8.74 在保证收集数据的质量前提下，建议在独立命名的各级政府机构上公开筛选分类的数据，这样能够满足其他数据使用者的需求。

8.6 政府部门 R&D 资金的测度

8.75 正如第 4 章所述，测度政府出资 R&D 时的资金成本，主要有两种方法，一种方法是基于执行者，报告统计单位（部门）在指定时间内从政府单位收到的用于执行内部 R&D 的资金总和；第二种方法是基于出资者，报告政府单位在指定时间内上报的支付（承诺支付）给其他统计机构和部门并用于执行 R&D 的资金总和。基于出资者的报告方法依赖于政府出资单位的报告，包括用于政府执行内部 R&D 活动及政府执行外部 R&D 活动的资金。

基于执行者的方法（建议）

8.76 编制政府出资 R&D 的资金数据，本手册建议使用基于执行者的方法，这种方法以整合所有部门（包括政府）报告的资金水平为基础。对于某个特定国家，汇总总量代表由政府部门出资的国内 R&D 总支出。由政府出资的国内 R&D 总支出这一指标不应该与政府 R&D 支出相混淆，政府 R&D 支出代表的是政府部门 R&D 内部总支出，而这两个总量之间的重叠部分是由政府内部出资的且在政府部门执行的 R&D 份额。

8.77 测度政府出资的国内 R&D 总支出依赖于精确测度所有部门内的资金来源。第 4 章和相关的部门章节中已经详细讨论了测度中遇到的主要困难。

8.78 调查非政府部门的 R&D 执行者时，本手册强烈建议依据政府出资资金的类型（交换资金／转移资金），划分从政府单位接收的资金。该信息与政策制定者及更好地理解支持 R&D 政策有关，同样也与国民账户中资本投资的产出有关。

8.79 然而，使用第一种（基于执行者）报告方法处理政府支持 R&D 的具体财政形式时，存在一定的困难。例如：

● 用于鼓励 R&D 出资（执行）活动的税收减免专用形式。这种税收专用形式的具体讨论见第 4 章，专门指南见第 13 章。由于一些特殊的免责条款，大部分支持 R&D 的税收形式不能与正式的税收形式保持一致，并且应用于本手册的 R&D 支出定义，因此，这种支持 R&D 税收形式的统计数据主要从资金来源角度获取并用于国际比较中，通常不用于政府出资国内 R&D 总支出的统计数据分析中。

● 政府为 R&D 提供的贷款及为其他部门 R&D 提供财政资源的其他

财政投资，应该划分为内部执行者资金（见第 4 章）。财政投资相当于交换财政资产（如未来按市场利率获取现金回报或参与利润分配），然而这种形式的投资可能是无偿的或者用利息代替了补贴，但不可能要求执行者去估算和揭示隐形价值。

- 执行 R&D 过程中，免费使用政府设备。由于实际原因，不可能安全可靠地测度 R&D 执行单位的服务或等价隐性补贴的经济价值。正如上文所述，在某些情况下，为了更好地整合统计全部的 R&D 工作，因未向接受服务方收取费用而产生的服务成本可能计入服务提供方的 R&D 支出中。

基于出资者的方法（补充）

8.80 尽管本手册强调了第一种（基于 R&D 执行者）报告方法在确保通用性和一致性方面的重要性（通过调查及其他合理的辅助方法），但也明确了能够提高数据质量、及时性的与 R&D 统计相关的一系列补充方法。对于政府内（外）部执行的 R&D，这些补充方法应该参考一些国家的实践经验，以政府出资来源为统计基础，统计政府出资的 R&D。

8.81 在许多情况下，为了提高 R&D 执行情况统计数据的质量，政府单位出资外部 R&D 方面的数据能够用于处理执行者的报告缺口，这可能适用于出资个体的活动，例如，在其他单位参与 R&D 执行活动的学生或学者，单位无法直接控制政府对这些学生或学者出资的资金（见第 4 章 4.4 节），这种安排便于个人从一个组织到另一个组织的自由流动，因此，从政府出资来源获取的数据能够更完整地反映完整的 R&D 执行情况。主办机构有必要正式地记录这些个体的参与情况和所做贡献，否则不能证明其符合第 2 章提出的 R&D 标准。

8.82 另一个基于出资者的统计应用实例是借助有关这些一般资源的系数，使用预算资金测度估算一般大学资金（见第 9 章）。

政府 R&D 预算（建议）

8.83 本手册在第 12 章提供了政府 R&D 预算数据收集方面的指南。使用这个基于预算的方法（包括预算计划），主要原因是数据具有更强的时效性，以及有能力依据社会经济目标对政府 R&D 资金分配提供第一手数据。

政府 R&D 资金的统计调查（可选）

8.84 正如前文所述，本手册建议对政府单位的调查包括政府单位对外部 R&D 出资的资金问题。通常情况下，这些调查不能被用来构建政府资金总量，除非扩展调查范围，使其不仅包括执行 R&D 活动的政府单位，也包括仅开展出资 R&D 活动的政府单位。

8.85 这些数据的潜在关联可从附加信息获取，附加信息可以通过有关内（外）部执行 R&D 资金方面的具体定向问题来收集，而标准的预算信息并不充分详细。许多案例表明，目前在潜在发展领域的国家并不适用通用准则。

来源于各个政府的 R&D 资金的详细信息

8.86 基于政府出资者的调查可能存在的一个优势是，这些调查能更详细地涉及政府机构为每个经济部门执行 R&D 提供的核算信息。当对企业部门、高等教育部门和私人非营利机构中进行 R&D 执行者的调查时，需要询问政府对其 R&D 出资的资金总额，要求受访者对提供资金的各个政府单位进行识别，这是特别繁重的一项工作，而在单独对政府 R&D 出资者的调查中统计政府对外部执行者提供的资金总额，不会有上述限制。

政府对国外执行 R&D 的出资资金

8.87 政府对国外或国际组织（所有"国外"）中的 R&D 执行者进行出资的指标不能从国内执行者的调查中获取。政府在与其他国家政府或超国家组织共同开发项目（机构）的参与信息具有很强的政策相关性，因此它能检测 R&D 的合作情况，并且在某种程度上促成实际由政府资金支持的双边或多边协议。

基于出资者的出资方式信息

8.88 信息收集可以从出资者提供的资金中，转移资金（如授予或捐赠协议的标准类别中）的比例，或者作为 R&D 服务的交换资金比例中（如在许多形式的政府 R&D 采购中）进行（见第 4 章）。受许多因素影响，出资者提供的信息与执行者提供的信息存在很大的差异，执行者可能把外部资金作为内部资金报告，因此低估了政府出资的真实数据。

8.89 可以从一些与其他政策相关的出资方式中收集信息，如哪一种资金是基于竞争（与其他标准相对立）或基于项目（计划）而不是基于机构进行划分的。在出资机构的模式下，接收出资资金的组织对承担的 R&D 项目类别和活动有完全的自由决定权，但基于项目（计划）提供资金在决策空间上则有很多限制。为 R&D 提供的一般大学资金（GUF）是 R&D 机构出资的一个特例，其出资对象是本手册中有特殊地位的高等教育部门（见第 4、第 9 和第 12 章）。应重点注意当通用资金接收者能够决定接收的资金是否用于 R&D 或其他用途时，出资者不能把这部分资金报告成基于 R&D 标准分配的资金（如过往科学出版物的经费），这必须与执行报告中用于 R&D 的资金相一致。

收集政府 R&D 出资资金统计数据的挑战

8.90 全面收集政府单位出资 R&D 的数据需要考虑许多实际问题：

● 为提高附加数据的有效性，需要额外的工作来调节基础预算数据和政府内部执行部门的资金来源报告之间的差异。如果收集到可能的执行者的部门隶属关系的信息，这可能会产生不同的基于执行者调查得出的执行—出资模型，如果对此没有适当的描述和解释，数据使用者必然会感到困惑。

- 本方法也需要将政府 R&D 的调查范围扩展到不执行 R&D 的政府单位，这可能会影响使用的资源和承受的负担。政府部门的负担取决于可获取信息的程度，以及与预期统计概念的一致性。
- 为了执行第二种（基于出资者）报告方法，需要解决由"中间"机构提供 R&D 资金的潜在重复计算问题，中间机构从部委和机构收到资金然后重新分配和传递给其他执行机构。例如，由部委向主要出资委员会提供的资金可用于"一般知识进步"任务，而中间机构在项目或计划层面上的 R&D 自有资金可能在更详细的基础上对资金进行登记。

8.91 表 8.3 展示了参与 R&D 出资和执行活动的政府机构的各种情况，这类政府机构在填写第三方提供的 R&D 出资和执行活动的调查问卷时，会发现自己在出资和执行中都参与其中。表 8.3 表明为了估算政府部门出资 R&D 的汇总数据，有必要关注最终使用资金的 R&D 单位和资金的首次分配。通常，会询问受访者向其他单位转移的支持 R&D 的资金数量，在这种情况下，接收机构不应该报告转移资金。同样，同一机构下的子机构向另一个子机构转移的资金应该记为单位的自有资金。为了确保执行内部 R&D 的资金没有过度误差，在实际限制内，机构转移资金时，应该尽力确定执行单位是内部单位还是外部单位，并做相应报告。当报告内部 R&D 支出时，向另一政府机构转移的资金不是唯一的报告基础。

8.92 基础预算数据或执行 R&D 活动支出数据可能会存在差异，这取决于政府单位报告支出的方式是收付实现制还是权责发生制。收付实现制或相关的支付可能在一年中不同的时间段内发生，在此期间，允许机构使用资金。相反，与执行者签订合同的时间和执行 R&D 的确切时间可能有所不同。

表 8.3 政府 R&D 投资和执行机构的资金流

机构可用资金	机构使用资金	可能最终使用资金	内部或外部 R&D 支出
内部或其他政府资源，包括预算和以前年度留存资金	留存资金	政府机构内部 R&D	内部
		延迟支出决定	不适用
	资金融通	机构委托另一个机构进行 R&D 资金分配	潜在重复计算
		通过补助、政府 R&D 采购和转包 R&D 等方式给执行单位分配资金	外部 潜在重复计算
其他外部资源	留存资金	政府机构内部 R&D	内部
		延迟支出决定	不适用
	资金融通	机构委托另一个机构进行 R&D 资金分配	潜在重复计算
		通过补助、政府 R&D 采购和转包 R&D 等方式给执行单位分配资金	外部 潜在重复计算

8.93 许多国家已经以系统的方法收集政府部门 R&D 出资和执行的全部数据，本手册支持有意向的国家使用这种方法。本手册进一步的工作是为政府出资 R&D 的综合调查制定一致的标准。

参考文献

EC, IMF, OECD, UN and the World Bank (2009), System of National Accounts, United Nations, New York. https://unstats.un.org/unsd/nationalaccount/docs/sna2008.pdf.

EC (2013), She Figures 2012: Statistics and Indicators – Gender in Research and

Innovation, European Commission, Brussels. http://ec.europa.eu/research/science-society/document_library/pdf_06/she-figures-2012_en.pdf.

Eurostat (2008), Nomenclature for the Analysis and comparison of Scientific programmes and Budgets (NASB), www.oecd.org/science/inno/43299905.pdf.

International Monetary Fund (2014), Government Finance Statistics Manual, IMF, Washington, D.C. www.imf.org/external/np/sta/gfsm/.

UNESCO Institute for Statistics (2014), Guide to Conducting an R&D Survey: For countries starting to measure research and experimental development. www.uis.unesco.org/Science Technology/Documents/TP11-guide-to-conducting-RD-surveys.pdf.

United Nations (2008), International Standard Industrial Classification of all Economic Activities(ISIC) Revision 4. Department of Economic and Social Affairs, Statistics Division, Statistical papers, Series M, No 4, Rev. 4. United Nations, New York. http://unstats.un.org/unsd/class/default.asp.

United Nations (2000), Classification of expenditure according to purpose: Classification of the functions of government, United Nations, New York. http://unstats.un.org/unsd/class/default.asp.

第 9 章
高等教育部门 R&D

　　由于政策相关性，高等教育部门是本手册中独有的内容，在《国民账户体系》中没有对应部分。本章借鉴现有高等教育课程及正式教育的定义，对高等教育部门进行定义。由于定义的目的是获取该部门所有 R&D 活动，因此定义的范畴包括所有的研究机构、中心、实验站和诊所，这些单位的 R&D 活动需要由高等教育机构直接控制或管理。不同国家的高等教育部门会有所不同，为了支持国际可比性，首要任务是确定属于该部门的机构，然后以同样的方式收集和报告 R&D 统计数据。本章为该部门的机构识别、R&D 经费、机构间及由外部流向该部门的流动资金、从事 R&D 的人员的测度提供了指南。

9.1 引言

9.1 高等教育部门是本手册独有的内容，在《国民账户体系》中没有对应部分（欧洲委员会 等，2009），高等教育部门的机构可以根据它们的特点归类到《国民账户体系》的任意一个部门中，界定这个部门是为了识别各个 R&D 执行机构间信息的政策相关性。

9.2 教育统计已经发展成熟，并参考了《国际教育标准分类法》（ISCED）和手册有关概念，以及联合国教科文组织、经合组织、欧盟统计局关于正式教育数据收集（联合国教科文组织 等，2014）所采用的概念、分类。UOE 手册中使用的 R&D 定义与本手册相同。

9.3 在教育统计方面，依据《国际教育标准分类法》对教育课程进行分类，高等教育水平依据《国际教育标准分类法》定义为 4 个等级（5 级、6 级、7 级、8 级）。在本手册中，将把满足高等教育部门定义的机构划分到该部门中，而高等学历教育和高等教育是两个完全不同的过程，本手册明确指出两者是不同的。

9.4 依据本章 9.2 节所述的部门定义，本手册中高等教育部门机构不仅包括提供正式高等教育课程的机构，也包括研究机构、中心、实验站和诊所，这些机构不一定提供教育课程，但需要满足第 3 章中定义的条件，有关此方面的内容将在下一节做进一步解释。

9.5 不同国家的高等教育部门有所不同，为了支持国际可比性，首要任务是确定属于该部门的机构，然后以同样的分类收集和报告 R&D 数据，这对统计高等教育部门 R&D 执行情况尤为重要。因此，本章的主题是如何完成这项工作。

9.2 高等教育部门的范围

9.6 高等教育部门包括：

● 所有大学、技术学院和其他提供正式高等教育课程的机构（不考虑机构的资金来源和法律地位）。

● 所有由高等教育机构直接控制或管理其 R&D 活动的研究机构、中心、实验室和诊所。

9.7 更确切地说，该部门包括所有以提供正式高等教育课程为主要活动的、隶属于《国际教育标准分类法》中 4 个等级（5 级、6 级、7 级、8 级）的单位(机构)，不需要考虑其法律地位(联合国教科文组织统计所，2012)。《国际教育标准分类法》（联合国教科文组织统计所，2012）中给出了正式教育部门的定义，正式教育部门是高等教育部门定义的一部分，只包括相关国家教育机构或国家认可、提供同等教育课程的机构。本手册使用"教育服务"这一术语而不是"教育课程"，但认为这两个术语是同等的。正如定义表明，本手册对该部门的范围进行了扩展，包括了其他执行 R&D、提供高等学历教育课程的非市场机构，如特定类型的研究机构和诊所，由于它们所有 R&D 活动都在高等教育机构的直接控制下进行，因此，出于实践目的，可以把它们的研发活动视为内部 R&D 的一部分。

9.8 上述定义界定了部门的范围（见第 3 章 3.5 节）。第 3 章图 3.1 决策树表明如果高等教育部门不存在，那么高等教育部门中的机构将被分配到本手册中的其他部门内。由于企业部门、政府部门和私人非营机构同《国民账户体系》部门类似，图 3.1 也表明了高等教育部门机构如何分配到对应的《国民账户体系》部门中。

9.9 高等教育部门机构间的一个主要区别在于机构是公共的还是私有的。在私有高等教育部门中，为了与《国民账户体系》相联系，确定高等教育机构是否属于《国民账户体系》中的公司、一般政府、为住户服务的非营利机构是非常重要的。本章 9.2 节将对公共和私有机构及国际比较做进一步讨论。

9.10 如第 3 章 3.4 节和第 8 章所述，依据政府实体对机构是否有最终控制权，把机构划分为公共机构和私有机构。依据这两章的定义，以及机构是否有权力决定一般性政策、机构活动、任命管理机构人员来确定其是否具有最终控制权。由于许多机构处于政府主体的持续控制下，所以政府主体的构成方式也会对其分类产生一定的影响。

9.11 所有国家的高等学历教育机构部门的核心均由大学和技术学院组成。其他高等学历教育机构与大学（技术学院）相关联的机构分类和核心高等教育部门分类不同。以下3种类别机构的处理方式应予以考虑：

- 高等学历教育机构；
- 大学医院和诊所；
- 边界研究机构。

高等学历教育机构

9.12 高等学历教育部门包括所有以提供正式高等学历教育为主要活动而创建的单位，不考虑其法律地位。这些单位可能是公司或准公司，可能属于私有单位或政府单位，也可能是主要由政府或为住户服务的非营利机构出资和控制的市场性非营利机构。如前文所述，高等学历教育机构部门的核心由大学和技术学院构成，但是，并不是所有的高等学历教育机构都执行R&D，而处于高中或大专等非高等学历教育水平的一些机构（《国际教育标准分类法》3级、4级）也可能执行R&D。依据这些机构的管控和出资情况，它们可能包含于高等教育部门内，这一点应在报告数据时表明。一些国家中会有专注于职业发展的高等学历教育机构，这些机构的目的是教学，不执行R&D。因此，对该部门进行统计调查时，可能不需要包含这些机构。

大学医院和诊所

9.13 虽然大学医院还没有正式的定义，许多其他类型的关联机构常被称作大学医院，但是这一概念通常应用于大学附属医院。卫生、教育和研究活动的合并及不同形式的政府安排限制，可能会给大学医院的分类在理论和实践层面增加一些困难。

9.14 应该将大多数类型的大学医院和诊所包含在高等教育部门中，因为它们是有自主权利的高等教育机构（教学医院），并且本身就是与高等教育部门"相关联"的研究单位（如医疗先进的大学诊所）。

9.15 大学医院和诊所的 R&D 资金可以有多种来源：大学的一般"通用资金"，即一般大学资金；医院持有的内部资金（如治疗患者的收益或与卫生供给相关的一般政府通用资金）；政府对 R&D 直接出资（如从医学研究理事会获得的资金）；以及私募基金（如慈善家或企业对临床试验的支持）。

9.16 如果医院或医学机构几乎所有活动都包括教学（培训），那么整个机构都应属于高等教育部门，而如果在医院/医学机构中只有少数的诊所（部门）从事高等教育，那么只有这些教学（培训）诊所（部门）属于高等教育部门。一般情况下，应当把其他所有非教学(培训)诊所(部门）划分到适当的部门中（如企业部门、政府部门或私人非营利机构）。为了加强部门间的交流合作，应该尽可能多地获取《国民账户体系》中相关机构的分类信息。有关部门间 R&D 活动的重复计算问题应该引起高度重视。

9.17 大学、大学医院和诊所之间的区分存在一定困难，本手册建议在报告 R&D 经费和人员时，把卫生机构划分为两组。高等教育体系内卫生机构的划分与第 3 章提出的依据经济活动划分机构的方法（欧盟，2008）一致，这个方法将有助于对大学医院和诊所的统计。

边界研究机构

9.18 有些机构处于高等教育机构和其他部门机构之间的边界上，这给机构分类增加了特殊困难，因此，需要用不同的方式加以解决，具体指南见第 3 章决策树。一般来说，在高等教育部门中，机构是否提供高等教育是对其分类的一个决定性标准，而资金、管理、控制、地理位置及大学预算的整合也可以作为参考标准。拥有完整机构登记名单的国家，也可使用《国际标准产业分类》（欧盟，2008）。

9.19 下文是一些常见的边界机构例子。

高等教育出资机构

9.20 在资金筹集中，一些机构发挥着重要角色，如高等教育委员会及类似机构，当这些机构也提供正式高等学历教育服务或由大学控制、管理并为大学服务时，可能会被归为高等教育部门中。

"任务或目标导向"的研究机构

9.21 大学是主要的研究中心，当国家想在特定领域扩展R&D时，经常把大学作为设立新机构和新单位的合适地点。多数这样的单位主要由政府出资并且可能是任务导向型的研究单位，其他单位则由私人非营利机构和企业部门出资。例如，为实现有关国家对环境、生命科学、医学或科学与工程的优先发展战略而建立的单位，通常有时间限制。当这些单位是在大学或大学院系管理下建立起来时，应该归属于高等教育部门。无论这些单位属于哪个部门，对该部门中的机构进行报告都是非常重要的。

与大学有关联的机构

9.22 高等教育机构可能与不直接涉及教学的研究机构或具有其他非R&D功能（如咨询）的研究机构有"关联"，例如，高等教育机构和相关研究机构之间的人员流动，或不同部门机构间的设施共享。这些机构可以依据其他标准进行分类，如控制权、财务或所提供的服务。

9.23 在一些国家，边界机构可能具有私人法律地位，并为其他部门开展合同研究，或者是政府出资的研究机构。在这种情况下，很难依据单位间的联系判断这些"外部"单位是否应该包含在高等教育部门中。

拥有大学研究人员的机构

9.24 一般由政府出资和控制的机构，如科学学会或国家研究委员会，也会雇用大学的研究人员。一般来讲，这些机构应该属于政府部门，尤其是在它们独立于大学，不包含在大学的预算范围内时。然而当这些机构和人员开展教学活动时，它们可能被视为高等教育部门中的单位。

其他情况

9.25 位于或邻近大学和学院的"研究园、科学或技术园区"集聚了许多生产货物、提供服务及执行 R&D 的实体。对于这些群体，本手册建议不要使用地理位置及共同资源作为其划分到高等教育部门的标准。在这些园区内，政府控制、管理和出资的单位，应该归为政府部门；私有非营利机构出资和管理的单位，应该归为私人非营利机构；企业和其他服务于企业的单位，应该归为企业部门。

9.26 依据之前的定义，由高等教学单位（包括教学医院）控制或管理的，不属于主要市场生产者的单位，应该归为高等教育部门，但如果这些单位属于主要市场生产者，尽管与高等教育单位有某些关联，也应该将它们归入企业部门中（第 3 章图 3.1）。

9.27 与第 3 章的指南一致，如果机构隶属于高等教育部门且为非市场生产者，或者所有 R&D 活动均由高等教育机构控制时，该机构应该归为高等教育部门，而具有大学人员但属于市场生产者的子公司，应该归为企业部门。

公共机构、私有机构及国际比较

9.28 正如第 3 章所述，划分公共机构和私有机构能够提供相关政策信息，并促进与《国民账户体系》中的部门及其子部门的比较，这也是本手册建议如此划分高等教育机构的原因。

9.29 了解大学、大学医院和其他高等学历教育机构之间的分类，作为补充机构的公共、私有分类，有利于国际比较。

9.30 高等教育部门内的所有统计单位应该依据最合适的标准进行分类，见表 9.1。在分类过程中遇到困难时，应报告其造成的影响。

表 9.1　高等教育机构分类

机构类型	公共	私有
A 高等水平教育机构		
A.1 教育机构		
大学		
其他高等学历教育机构		
A.2 大学研究机构或中心		
A.3 大学医院和诊所		
B 高等教育机构控制的 R&D 研究机构		

9.31 高等教育部门报告 R&D 经费和人员时，本手册建议使用表 9.1 中给出的机构类型标准进行分类。

9.3　高等教育部门 R&D 的识别

9.32 出于调查目的，R&D 必须以科学和技术为基础，并从广泛的相关活动中区分开来，虽然这些活动可以通过信息和资金的流动，机构和人员与 R&D 密切相关，但在测度 R&D 时应该尽可能地将其排除在外。在高等教育部门中，一些特定部门的活动在满足 R&D 概念方面有一定的难度，尤其是与教育、培训和专业医疗（大学医院）相关的活动。

R&D 和教育与培训之间的边界

9.33 在高等教育机构中，研究和教学总是紧密相连的。因此，大多数的学术人员同时从事研究和教学，许多建筑和设备也同时服务于研究和教学。

9.34 一个主要的准则是，在大学和特殊的高等教育机构中，所有自然科学、工程学、医学、农学、社会科学、人文科学和艺术学等各个领域的教育和人员培训都不属于 R&D，这与第 2 章中的指南一致。但是，博士研究生在大学中执行的研究活动应该计入 R&D，如果有可能，相关人员和经费应该记为 R&D 人员和经费的一部分。在某些情况下，参与研究硕士研究生项目（《国际教育标准分类法》7 级，9.4 节）的学生及相关的 R&D 经费，应该依据第 4 和第 5 章提供的指南，以适当的形式记录人员成本或其他支出成本、R&D 内部或外部人员。

9.35 由于科研成果为教学提供资源，从教学中获取的信息和经验通常也会产生研究投入，因此很难界定高等教育员工及其学生的教育和培训活动止于何处，以及 R&D 活动始于何处，反之亦然。R&D 定义中的 5 个标准可以将 R&D 与常规教学和其他工作相关的活动区分开来，而教学活动作为教育和培训的副产品，是否为 R&D 仍是一个问题。

9.36 应该考虑以下情况：

- 博士研究生（《国际教育标准分类法》8 级）及其活动，硕士研究生（《国际教育标准分类法》7 级）及其活动；
- 大学教职工对学生的管理；
- 教研人员的个人教育（自修）。

博士研究生（《国际教育标准分类法》8 级）和硕士研究生（《国际教育标准分类法》7 级）

9.37 对博士研究生来说，界定教育、培训和 R&D 之间的边界非常困难。博士研究生及其导师和管理者的活动都需要加以考虑。

9.38 《国际教育标准分类法》8级学生的部分课程是高度结构化的，例如，涉及了学习计划、课程设置和强制性的实验室工作。老师传授知识，并提供研究方法的训练，通常是这类学生参加的必修课程。研究学科文献、学习研究方法，并不满足R&D定义中规定的新颖性标准。

9.39 此外，硕士研究生（《国际教育标准分类法》7级）为获得博士研究生（《国际教育标准分类法》8级）的最终资格认证，学生们需要进行相对独立的研究来证明他们的能力，这些研究通常包含R&D项目所需的新颖元素，并且能够展示他们的学习成果，因此，这些研究活动应该归为R&D，导师对其进行的监管活动同样归为R&D。除了从事研究生教育课程框架内的R&D，导师和学生都有可能从事其他的R&D项目。

9.40 此外，该水平的学生通常参与或直接受雇于单位，他们在这些机构中学习并签有合同或类似的承诺书，使得在继续学习和研究的同时进行低年级教学或其他活动，如专业医疗护理。

9.41 《国际教育标准分类法》8级和7级的教育与R&D之间的界限见表9.2。实际应用这些概念遇到的问题已经在第5章得以解决，有关博士研究生和硕士研究生的处理见第5章5.2节。

表9.2 《国际教育标准分类法》8级博士研究生和《国际教育标准分类法》7级硕士研究生及导师活动的分类

	7~8级教育和培训	R&D	其他活动
非学生教学人员	7~8级学生的教学	7~8级学生所需要的R&D项目监督	7级以下学生的教学
	在R&D方法论、实验技能等方面对7~8级学生进行培训	监督其他R&D项目、执行自己的R&D项目	其他活动

	7～8级教育和培训	R&D	其他活动
博士研究生和硕士研究生（《国际教育标准分类法》7级）	课程学习以获取正式资质认证	获得正式资质所需进行的独立研究（R&D项目）	低年级教学
		其他的R&D活动	其他活动

大学教职工对学生的监管

9.42 与识别博士研究生工作中R&D成分问题密切相关的是，如何在学术主管监管这些学生和他们的研究项目所花费的时间中，提取出投入到R&D中的部分。这同样适用于短期硕士研究生（《国际教育标准分类法》7级）。

9.43 这些监管活动只有在具体R&D项目的方向和管理方面具有足够的创新性，并把探索全新的知识作为目标时，方可归入R&D中，在这种情况下，学术人员的监管和学生工作都应归为R&D。如果监管活动只进行R&D研究方法的教育，论文的阅读与修正，以及本科在校生的工作问题，则不应该归入R&D中。

教研人员的个人教育（自修）

9.44 此活动包含专业继续教育（"自修"）、与研究有关的培训（如设备方面）及出席的会议和研讨会。

9.45 在区分R&D和相关活动时，经常会提及"自修"是否应该归为R&D活动，可以肯定的是，"自修"是研究人员常规专业发展的一部分，并且从长远来看，"自修"获得的知识和经验即使没有进入R&D的实际活动中，也会潜移默化地影响研究人员的思维。事实上，"自修"是一个累积的过程，当从中获得的知识转化为研究活动时，应该属于R&D。

9.46 然而，只有专门为研究项目开展的个人教育（包括"自修"）

才应该视为 R&D 活动。一般来说，出席会议不能属于 R&D，但呈现研究人员的研究成果可能会归为 R&D。

专业卫生保健

9.47 在大学医院中，除主要的卫生保健活动之外，医科学生的培训也是重要的活动。教学活动、R&D 和医疗保健（高级保健和常规保健）经常是密切相关的。通常"专业卫生保健"不属于 R&D 活动，但在专业卫生保健执行的过程中，可能会含有 R&D 成分，例如，大学医院开展的专业卫生保健活动，大学医生及其助理很难在全部活动中评估其中的 R&D 成分。如果将投入在日常卫生保健上的时间和金钱都计入 R&D 统计中，将过高估计医学 R&D 资源。通常，这样的专业卫生保健不应该归为 R&D 活动，而且所有与特定研发项目没有直接关联的医疗保健，都不应该包含在 R&D 的统计范围内。

9.48 然而，由于某个原因承担的特别项目可能是 R&D，如果是其他执行原因，则不属于 R&D，例如，在医学领域，确认有关死亡原因的常规尸检是医疗实践而不是 R&D；对特定人群死亡率进行专门调查研究，以确定某些癌症治疗法的不良反应，属于 R&D；同样，医生进行的常规血液检测和细菌试验不属于 R&D，而与引进一种新药物有关的专项血液检查就属于 R&D。

9.49 大学医院也可能参与临床实验，关于识别临床实验中 R&D 的进一步指南参见第 2 章。

社会科学、人文科学及艺术领域的 R&D

9.50 社会科学和人文科学中的大部分 R&D 是由高等教育部门执行的。有关社会科学和人文科学领域中与 R&D 和非 R&D 活动边界的指南参见第 2 章。

9.51 艺术领域大部分的研究也由高等教育部门执行。有关艺术领域

R&D 的识别指南参见第 2 章。

9.4 高等教育部门 R&D 支出和人员测度

9.52 本节主要指导数据收集的主要变量和分类，并且特别强调高等教育部门中的特殊情况。本章 9.5 节将会描述用于收集和估算这些变量和分类的常用方法（如直接调查、管理数据和 R&D 系数）。

9.53 用于描述高等教育部门内 R&D 支出的主要汇总统计数据是高等教育 R&D 支出。高等教育 R&D 支出产生于高等教育部门单位，是国内 R&D 总支出（见第 4 章）的一部分。高等教育 R&D 支出是在指定时间内，对高等教育部门 R&D 内部支出的测度。

依据成本类型对高等教育 R&D 支出（HERD）的分类

9.54 参照本手册第 4 章规定，应该依据经常性支出和资本性支出对高等教育 R&D 支出进行划分，前者包括劳动力成本和其他经常性成本，后者包括用于 R&D 的固定资产支出，如机械或设备和土地或建筑。

9.55 对于某一单位，如果不能直接获取以上任何类别的 R&D 支出数据，那么必须在总支出信息的基础上进行估算。

9.56 劳动力成本（即工资和所有相关成本）在高等教育部门 R&D 总支出中占有相当大的比例。原则上，R&D 劳动力成本应与投入到 R&D 的时间有关，投入的时间使用全时工作当量进行测度。根据下述一个或多个数据来源，可以得到（估算）总劳动力成本：

- 每一个研究人员、技术人员或其他员工的工资，以及薪金级别；
- 按人员类别划分的劳动力成本；
- 按人员类别、R&D 领域及所属院系划分的劳动力成本。

9.57 劳动力成本包括实际或预计缴纳的养老基金，以及 R&D 人员缴纳的其他社会保障费用，这些成本不必在统计单位的记账账户中记录。

即使没有交易，也需要尽量对这些成本进行估算。为了避免重复计算，劳动力成本不包括为以前的 R&D 雇员缴纳的养老金。

9.58 其他经常性支出的信息通常由院系或同等机构提供，一般包括可由单位处理的，用于购买物件的资源，如文档、小型设备和订阅的科学期刊及差旅费等。通常要求报告单位基于"预期用途"估算支出中的 R&D 成分。不能从院系中获取的信息（日常开支，如水、电、房租、维护、一般管理费用等），应分配到相关机构单位中获取。如果"预期用途"标准不可行，可使用分布系数，该分布系数同样也适用于劳动力成本划分（见本章 9.5 节关于 "R&D 系数"的讨论）。也可以基于报告单位的惯例或价值判断来界定 R&D 成分。

9.59 不同国家估算高等教育机构不动产和设施管理费用的方法有所不同，这是因为教育或研究所用建筑物和土地可能由机构所有或免费租借使用。同样，能源成本也可以通过不同的方法进行估算。因此，不同国家对这些支出的处理，将对经常性支出和资本性支出的国际比较产生影响。考虑到国际可比性和获取数据的实际成本，可以考虑把能够代表实际支付的名义金额纳入进来，作为估算的"市场价值"，计入其他经常性支出中。

9.60 机械和设备总资本性支出的信息通常可在机构层级中获取。在许多调查中，R&D 活动所占的份额可由机构依据设备的"预期用途"进行测度。与估算各种类型的经常性支出相比，测度机械和设备 R&D 成分时使用 R&D 系数（见本章 9.5 节）频率较低。估算机械设备中 R&D 成分，同样是以报告单位的惯例或价值判断为标准进行测度，正如上述已讨论的其他经常性支出的某些类型。

9.61 土地和建筑总资本支出的信息通常只能在机构或大学层级中获取。测度这些投资的 R&D 比例很少使用 R&D 系数，R&D 通常是以设施的"预期用途"为基础进行测度。

依据资金来源对高等教育 R&D 支出的分类

概述

9.62 正如第 4 章所述，高等教育部门 R&D 执行资金有不同的来源。

- 一般来说，许多国家高等教育部门的主要资金来源通常是公共一般资金的一部分，即高等教育机构接收的用于支持其所有活动的公共一般大学资金（GUF）。高等教育机构员工的不同活动包括教学、R&D、管理、卫生保健等，一般不会专门从这些拨款中识别这些活动单独支付的款项，这些拨款通常涵盖与工作相关活动的所有支付款项。
- 此外，高等教育机构可能以基金或合同的形式从其他机构获取 R&D 资金，如政府部委及其他公共机构，包括研究委员会、私人非营利机构、行业机构及国外。
- 一些大学也可能设有内部资金（如捐赠收入、学费收入等），用于最终支付 R&D 执行费用。

9.63 在本手册中，一般大学资金指大学从中央政府（联邦）、教育部或相应的区域（州）、地方（市）当局获取的一般性拨款中用于其全部研究和教学活动的 R&D 基金份额。

9.64 用于识别大学所有活动中 R&D 成分的时间利用研究和其他方法都只关注一般大学资金。外部资金通常用于 R&D，但是也可能用于其他活动，因此，对于每个外部出资的项目，如果中央政府登记处不能获取信息，那么调查对象需经常去评估该资金是否用于研究。

9.65 一些外部资金（尤其是来自基金会和研究委员会的资金）并不总是全部计入大学的主要核算账户中。事实上，一些研究合同可能直接与大学研究院或个别教授签订。为了尽可能获取广泛的数据，在某些情况下，机构的外部资金数据需要从出资者账户中获取（尽管本手册建议优先考虑基于执行者的报告），或至少应对这些账户进行二次核查。基于出资者的数据通常只提供支出信息，因此获取相应 R&D 人头数据有一定难度。

9.66 核算程序在很大程度上决定了在多大程度上单独定义和识别 R&D 资金来源，R&D 统计人员依靠的是这些账户详细可用性。事实上，无论如何定义，外部机构不会一直为高等教育机构支付 R&D 的"全部市场成本"，从而使得识别 R&D 资金来源更加复杂。

9.67 确定资金来源的精确范围是所有国家普遍面临的一个问题，但缺少国际可比性的主要领域，是一般大学资金和其他公共 R&D 收入来源之间的区别。

一般大学资金与其他资金来源的区分

9.68 前文已经讨论了一般大学资金和其他来源资金中的哪些部分应该归于 R&D，识别的过程是各个国家方法论中的固有部分，由于不同国家对一般大学资金中的 R&D 部分进行了不同的分类，因此出现了不一致的情况。

9.69 一般大学资金定义为高等教育部门资金来源中的一个独立类别，与其他部门相比，要考虑到 R&D 的特殊融资机制。大多数国家认为，R&D 已经成为高等教育机构活动中的固有部分，分配给高等教育机构的任何资金都自动内设 R&D 成分，基于此，这些资金应归为一般大学资金。

9.70 对全国总量进行汇总时，这些数据通常包含在政府出资资金的分类总量中，由于政府是资金的初始来源，而且预测所提供的大部分资金都将投入到 R&D 活动中。

9.71 大学有权决定除了一般资源（包含公共一般大学资金和自有来源资金）外还需向 R&D 中投入多少资金。在此基础上，一些国家认为相关资金总量可以先作为资金来源计入高等教育部门。有的国家依照这一惯例报告国家层面的数据。

9.72 依照惯例，公共一般大学资金中的 R&D 部分应该作为资金来源计入政府部门，建议在国际对比时使用该方法。如第 4 章所述，在任何情况下，都应该单独报告一般大学资金，并且考虑社会保障支付费用、养老金和其他相关成本（实际成本或估算成本），将它们一并计入一般大学资金。为了使统计更加清晰，由政府出资的高等教育 R&D 经费分为两类：直接政府资金和一般大学资金。一般大学资金的计算方法见本章 9.5 节。

其他内部资金

9.73 从捐赠、股权与财产和非 R&D 服务的营业盈余，如费用、学生学费、订阅期刊费及销售血清或农产品中获取的收入，都应该视为内部资金。虽然国民核算实务将控制识别上述收入的难易程度，但在私立大学中，R&D 收入中的留存收益是很重要的收入来源，也应该归为内部资金。

外部资金

9.74 除一般大学资金外，政府部门、企业部门、私人非营利机构还以研究合同或研究经费的形式为高等教育 R&D 提供资金，当然这种出资资金也可以从国外获得。这些研究资金的来源很容易识别，数据编制者可以简单地把它们归为直接资金来源，因此一般不会出现很大困难。

建议

9.75 为了提高高等教育 R&D 统计的国际可比性，最好对资金来源进行分类，这很大程度上取决于高等教育机构中央核算记录信息的有效性。

9.76 如果一般大学资金数据未单独报告，而是由不同的国家按高等教育部门内部资金或政府部门资金进行分类，那么在统计数据的国际可比性上会产生一定的问题。

9.77 每当这种资金类型出现时，一般大学资金应在政府部门出资资金类别下单独报告，而不是作为高等教育部门资金进行报告。

R&D 外部支出

9.78 组织 R&D 活动的日益复杂性，给高等教育部门及其他部门带来了一定挑战。在大型合作 R&D 项目中，大学可能会收到政府或其他组织的拨款，以及项目中其他合作伙伴的出资，因此，为了避免重复计算 R&D 外部支出，也可以在高等教育部门中统计通过分包和分批拨款出资给外部 R&D 执行者的 R&D 资金（见第 4 章 4.3 节）。正如第 4 章所述，为同一高等教育机构的其他院系提供的 R&D 资金不应视为外部 R&D，因为这些不同的院系属于同一统计单位。

R&D 与国外的联系

9.79 在第 11 章 R&D 全球化中，已经对参与 R&D 全球化活动的高等教育部门做出了定义。本节对以下高等教育部门国际化的 4 个方面进行详细说明：出资及接受国外出资的 R&D；外资分校；国外分校；外国留学生。统计这些机构（个人）的 R&D 活动可能有助于理解：科学研究在某些 R&D 领域的全球化；新兴市场（特别是外资学校）的分析、政策的制定；教育政策或研究目的。

9.80 高等教育机构应该提供向编制国之外的组织出资的所有类型 R&D 资金信息和从编制国之外的组织接收的所有类型 R&D 的出资资金信息。

9.81 此范围涵盖了所有报告国的国内教育活动（在其领土范围内），而不考虑相关机构的所有权或赞助及教育交付机制。高等教育机构已经在境外建立了分支机构或者分校园，在这个意义上，调查编制国内的外资分校及由国内教育机构所有的国外分校（即国外）执行的 R&D 及高等教育 R&D 支出的情况，可能包括有关这些学校的补充信息（见本章 9.3 节）。

9.82 考虑到本手册的目的，外资分校（FBC）是指由位于（或常驻于）

编制国外的实体所有（至少部分所有）但位于编制国内的高等教育机构。外资分校以国外教育机构的名义运营，至少从事一些面授教学，并提供能够开展的相关学术项目，可以获得国外教育机构授予的证书。高等教育 R&D 支出的调查作为一部分识别信息（可能是可行的 R&D 附表），可能会追查调查范围内的调查对象是否为外资分校。

9.83 考虑到本手册的目的，国外分校（BCA）是指由当地（编制国内）高等教育机构所有（至少部分所有）但设立在国外（非编制国）的高等教育机构。国外分校在当地高等教育机构的名义下运行，至少从事一些面授教学，并提供相关学术项目，能够获得由当地高等教育机构授予的证书。调查高等教育 R&D 支出情况时，可能会询问以下信息：a) 海外分校的所在国（称为东道国）；b) 这些海外分校在东道国内是否执行 R&D（二进制或是与否的问题）；c) 以编制国货币结算的 R&D 支出总额。如果一个机构在某个国家中有多个这样的分校，为了报告的目的，若信息整合有利于填写问卷，R&D 信息可能会在东道国进行整合，而关于 R&D 领域的细分可能会使这些学校在整合水平上进一步提高。

9.84 外资分校执行 R&D 的支出是编制国高等教育 R&D 支出总额的一部分，而国外分校执行 R&D 的支出不能包含在编制国高等教育 R&D 支出总额中，应该单独识别并计入位于编制国外的高等学历教育机构在国外执行 R&D 的支出中。

9.85 除使用以上定义对这些学校进行单独识别外，也应该根据本章其他指南对这些单位的 R&D 经费和人员数据进行收集。

9.86 由于国外分校不在编制国家内，所以可能很难收集或编辑相关信息，因此，这类学校的信息可视为补充信息，但是也鼓励收集。例如，高等教育部门对外公开的全球性活动信息，如执行 R&D 的国外分校，可能会出于某种特殊目的成为应答机构。

9.87 高等学历教育机构全球化的另一个方面是招收外国学生的范围。外国学生（有时称为留学生）属于他们从事研究所在国家的非公民（见

《UOE 手册》4.6.1 栏 1）。博士研究生和硕士研究生（《国际教育标准分类法》7 级）在大学内所有研究的支出都应计入 R&D 经费，不需要考虑学生或研究发起者的国籍。

R&D 人员类别

9.88 本手册第 5 章给出定义认为，高等教育部门与其他 R&D 执行部门报告的 R&D 人员类别相同，而依据受教育水平报告 R&D 人员的分类，可以参考《国际教育标准分类法（2011）》。

9.89 在高等学历教育机构内的 R&D 人员调查中，不理解也不常使用"R&D 人员"及"研究人员"的概念，所以，在调查过程中，可能需要使用与人员学术头衔相近的概念。使用能够显示研究或学术生涯资历的学术等级有助于报告研究人员的数据。

9.90 建议尽可能地在应用学术头衔的高等教育部门使用以下资历等级分类来报告数据（欧洲委员会，2013）。每类典型职位类别包括：

- A 类：通常在单一最高级别岗位中开展研究。
  ※ 例如："教授"。
- B 类：此类研究人员比最高职位（A）的研究人员等级低，但是比刚毕业的博士研究生（《国际教育标准分类法》8 级）等级高。
  ※ 例如："副教授"或"高级研究人员"。
- C 类：第一等级（岗位），通常会招聘刚毕业的博士研究生。
  ※ 例如："副教授"或"博士后"。
- D 类：既包括从事研究工作的博士研究生（《国际教育标准分类法》8 级），也包括从事研究工作但没有博士学位的研究者。
  ※ 例如："博士研究生"或"初级研究人员"（没有博士学位）。

9.91 参与研究《国际教育标准分类法（2011）》7 级硕士研究项目的硕士研究生，可能会记为研究人员（见第 5 章），即"这一项目旨在培养参与者开展初始性研究的能力，并且能够授予研究资质奖励，但级别低于博士学位水平"。在定义中可以看出，"这些 7 级项目往往会符合 8 级项目的许多标准，但是它们持续时间较短（从大学教育开始持续 5~6 年），且通常缺乏学生为谋求高级研究资质所需的独立研究能力，是作为进入到 8 级研究的预备项目"。因此，这些硕士研究生通常划为 D 类以上的研究人员。

9.92 当硕士研究生因其 R&D 活动直接或间接收取薪酬时，才能记为 R&D 人员（见第 5 章 5.2 节）。

9.5 高等教育部门 R&D 支出和人员编制方法

9.93 该部分介绍了高等教育部门 R&D 支出和人员的估算方法，图 9.1 对高等教育部门 R&D 支出统计框架内的不同方法进行了阐述，其中，特别关注 R&D 支出的估算方法，尤其是一般大学资金的估算方法。一般大学资金可能是高等教育部门出资资金的基础部分，通常这些资金包含了 R&D 出资资金的重要部分，但是对大学本身来说，一般大学资金中，用于 R&D 活动的资金所占份额是未知的。

一般方法

9.94 高等教育部门具有一定的异质性，国家的高等教育系统、机构也有许多不同的组织方式，这对编制 R&D 统计数据来说有很大挑战，而且各个国家在统计方法上也存在很大的差别。在实践中，这意味着在编制高质量的 R&D 统计数据时可以使用不同的方法。

9.95 在为高等教育部门编制 R&D 统计数据时，与统计组织的可用资源、高等教育机构行政数据的质量和可用性、首选类型统计单位、学院或系的数据可用性相一致的情况下（使用或不使用调查），高等教育 R&D 支出统计框架能够帮助统计者为统计机构确定最合适的研究方法。在许多国家，时间利用调查是高等教育部门内 R&D 统计的重要部分，还可与机构 R&D 调查（单独应用或整合）或是行政数据整合单独应用或整合，或者是时间利用调查、机构 R&D 调查、行政数据三者协同整合。

9.96 图 9.1 对收集数据的不同方法进行了解释。使用行政数据的一个重要前提是保证行政数据在实用性、可靠性和及时性方面的质量（见下文）。无论何种数据收集方法，包括机构调查（全部或部分）、行政数据、这些数据来源的各种整合，通常均与时间利用调查中的 R&D 系数相结合。

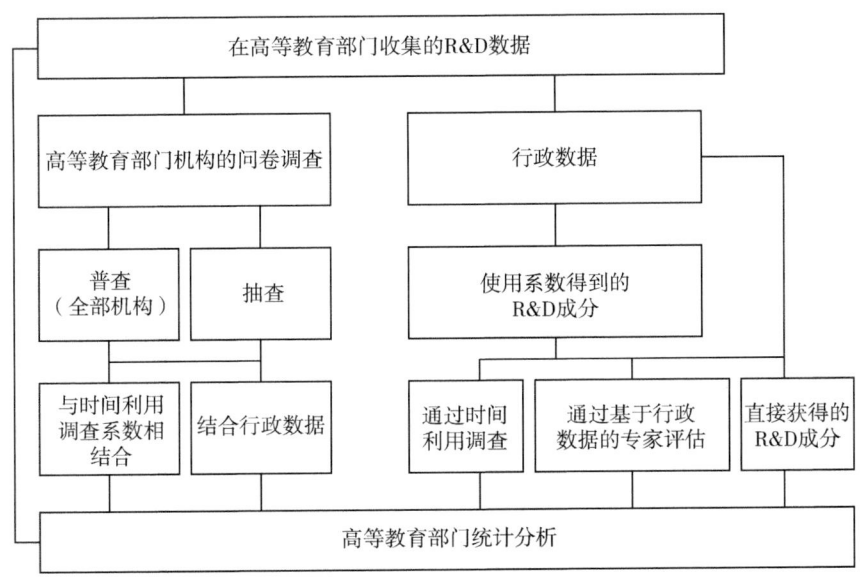

图 9.1 高等教育部门统计数据编制框架

统计单位

9.97 当机构单位差不多被明确定义为高等教育部门时（见本章 9.3 节和第 3 章 3.2 节），识别统计单位（获取信息的实体）会更具挑战。由于各国的教育系统存在很大的差异，所以对此并没有统一的规则。

9.98 应该尽可能地将高等教育部门的统计单位依据如下研发领域进行分类：

- 自然科学；

- 工程技术学；
- 医学和卫生科学；
- 农学和兽医科学；
- 社会科学；
- 人文科学和艺术。

9.99 主要的 R&D 领域和子领域已在第 2 章说明。

9.100 尽管本手册已经明确界定了主要研发领域，但是每个国家仍可以自由决定每部分的层级划分。高等教育部门内，可以获取详细的行政信息，详细的 R&D 领域分类信息可以作为机构分类依据使用。

9.101 因为高等教育机构往往涉及多个 R&D 领域，所以此类信息可能需要在更细化水平的报告单位中获取，如院系、研究机构、"中心"、医院或学院。

9.102 在某些国家，教育部能够提供高等教育机构的相关信息，这些信息也可以从地区政府获取。由于调查对象通常是机构本身，因此，在许多情况下，有必要将调查对象细分至大学院系层级，找到恰当的报告单位对于从整体数据中提取 R&D 数据来说至关重要。

调查数据

9.103 具有定期性、系统性、协调性的专项调查是收集 R&D 数据的首选方法。如果统计调查过于烦琐，并且能够获取符合要求的行政数据记录，而统计调查又过于频繁，那么使用其他方法可能更为合适。这点尤其适用于高等教育部门。

9.104 高等教育部门的 R&D 信息有两个主要来源：调查（基于调查方法）和行政数据。通常是联合使用这两种信息。基于调查的方法有很多优势，例如，有利于更好地识别 R&D 内容，有利于更好地将 R&D 活动分配到不同 R&D 领域、R&D 类型等。

9.105 为了提高并确保国际可比性，本节为开展 R&D 调查提供了一些方法论指南。由于许多国家已经制定出较好的 R&D 调查方法及程序，本手册提供的指南相当笼统，尽可能具有普适性。关于这些方法的补充信息参见第 6 章。

R&D 调查的范围

9.106 理论上，在 R&D 调查中，应该识别和测度高等教育部门中全部 R&D 执行单位内所有 R&D 活动中的资金和人员。R&D 调查主要针对的是 R&D 执行单位，这些实施单位也对其他单位实施的 R&D 进行出资。

确定目标主体和调查对象

9.107 R&D 数据编制者并不是总能够对高等教育部门内所有潜在 R&D 执行者进行详尽可靠的调查。通常在确定调查范围上会存在很多限制。例如，为了降低成本，可能必须限制调查对象的数量；R&D 调查可能必须与另一项调查同时展开，而另一项调查的对象对于 R&D 调查来说并不是理想的受访者，只是可接受的受访者；对某些群体的调查可能需要其他机构参与，该机构所需数据与 R&D 调查所需数据不同，因此，不同的调查对象应该用不同的问题。由于不同国家 R&D 的规模和结构有很大差异，因此，本手册无法给出对所有国家适用的详尽建议。

9.108 高等教育部门内的调查和测度程序应该包含所有大学与相应机构，特别是那些可授予博士学位的大学或机构。该部门中已知或可能执行 R&D 的其他机构也应该包括在内（见本章 9.2 节）。如果可能的话，依靠子单位（如大学的院系或机构）作为报告单位会更为可取。

大学医院和诊所

9.109 医院或医疗机构是一个特殊的类别。一些国家认为将医院和医疗机构纳入常规 R&D 调查，并适用标准问卷是合理的。医院和医疗机构的问卷调查中可以写明关于研究和医疗活动的边界及处理临床试验的附加指南，并且满足第 2 章中给出的定义和标准一致。

9.110 出于 R&D 调查和数据编制目的，可能把在行政和财务上与教育机构有紧密联系的大学医院集中在一起处理。对于相互独立并具有独立账户和行政机构的单位，会对其发放专项问卷（如果该问卷更为合适）或者是 R&D 标准问卷。至于不包含教学机构的大学医院（或部分大学医院），专项调查可能会更为有效，如果不能使用专项调查问卷，也可以选择使用 R&D 标准问卷。

9.111 无论采用何种调查方法，在处理以下单位及项目 R&D 时，应该注意确保一致性：由两个及以上不同实体共同管理的单位及项目；从不同实体中获取双份工资的人员共同管理的单位及项目；在医院工作但受雇于其他机构的人员共同管理的单位及项目。

9.112 调查问卷必须包含最低数量的 R&D 活动基本问题，这是为了确保统计的协调性和可比性，方便国际组织间的数据传递。考虑到问卷调查的应答负担，问卷结构应该具有逻辑性和简短性等特点，并且要有明确的定义和说明。一般来说，调查问卷越长，应答率越低。大多数国家使用可在线填写的电子问卷调查（调查方法的更多细节见第 6 章）。

行政数据

9.113 行政数据是高等教育部门中 R&D 统计数据的一种常见来源（见前文的框架讨论和图 9.1）。行政数据中获取数据的途径有高等教育机构核算数据、雇用人员的登记信息、R&D 出资机构的数据等。

9.114 在高等教育部门的 R&D 统计中，绝大多数国家通过调查进行全部或部分统计，而一些国家只通过行政数据进行统计，还有许多国家结合使用这两种方法。一般来说，对统计而言，登记数据和行政数据的使用与调查数据相比，资源密集程度较低，而且可以减轻受访者的负担。为了扩大行政数据的可获得性、数据质量和实用性，并简化 R&D 统计过程，需要确保行政数据的实用性和质量。

9.115 但不应该低估调查法的明显优势，特别是在识别不同活动中 R&D 成分，以及依照不同领域或 R&D 活动类别对 R&D 进行分配等。调查数据和行政数据相结合，是高等教育部门收集 R&D 统计数据时常用的方法，结合时间利用调查或其他程序来估计 R&D 的成分。

9.116 高等教育部门在编制 R&D 统计数据时，行政数据有多种使用方式。如果行政数据资源使用的概念、定义和范围与本手册中足够相近，那么行政数据资源可以作为主要的信息来源。更常见的是，为了测度 R&D 内容，行政数据可与时间利用调查中的 R&D 系数相结合。行政数据也可以用于代替缺失或不一致的调查数据，还可用于数据编制之后的管理工作（见第 6 章）。

9.117 在大多数情况下，行政数据需要从多个来源处获取，如全国性的、区域性的、地方性的教育管理机构或高等教育机构本身。不同国家、不同级别的中央行政部门的作用不同。不考虑行政级别，在该级别执行的活动通常会产生大量的数据信息。中央行政机关在其档案中持有的行政信息因其特殊行政管理职能而不同。教育管理部委可能有非常广泛的整体信息，高等教育机构的财务人员可能有各个研究人员和其他人员的收入与支出信息，但是无法确定这些信息是否符合本手册的定义。因此，限制了直接使用这些数据的可能性（尽管仍然可能有助于推导估算系数，见下文）。

9.118 识别单个学科 /R&D 领域中的 R&D，可能需要研究人员水平的信息或者在许多学科中开展研究的大型机构中的机构或部门信息。如果机构的 R&D 仅限于单个 R&D 领域，那么统计机构水平的信息就可以。

估算程序

9.119 调查和行政数据的使用（如果它们编制使用的是本手册中建议的定义和指南）是收集高等教育部门信息的首选方式。然而，它们并不适用于所有资源、法律框架，或满足个别国家的需要。如果由于某种影响不能进行全面调查，或不能使用行政数据来估算高等教育部门的支出和人员，结合调查数据、行政数据的评估程序可以作为另一种选择。

R&D 系数

系数的目的

9.120 R&D 系数是一种计算 / 估算工具，可以计算 / 估算对 R&D 有贡献的人员和支出所占份额，特别是用于描述高等教育部门研究、教学和其他活动（包括行政管理）的总资源，可以用来测度全部或部分高等教育 R&D 总支出，如公共一般大学资金或只估算 R&D 人员总量。

概念

9.121 作为可供选择的大规模昂贵调查或调查补充，R&D 系数有不同的分类方式。具体分类方式的选择依赖于国家的具体情况，因此没有计算系数的唯一最佳方法。可供选择的方式如下：

- 直接使用行政（登记）数据：在少数国家可行，但在大多数国家中不适用；
- 基于行政数据的专家估算；
- 基于时间利用调查的估算（见下文指南）。

9.122 为了控制质量，应该考虑有关系数估算方法的元数据报告。

方法

- 使用 R&D 系数在适当的层级（个人、机构、部门、大学）直接估算 R&D 在总劳动力成本中的份额，如果有必要，应该对各种相关社会保障或退休计划的成本进行调整。

- 预期的 R&D 系数可能会有所不同，因为依据不同的教学或研究的学科、直接参与 R&D 的人员职业类别、执行活动的机构类型各不相同。系数可以在最大程度上应用于各个机构的财务数据和人头数中。

系数通常分阶段应用

- R&D 系数适用于不同类别的员工,如果学科和制度上允许,同样适用于估算 R&D 人员全时当量。
- 在 R&D 支出估算中,可以把这些人员的估算转化成系数应用到财务数据中。

9.123 在缺少直接调查数据的情况下,R&D 系数是测度 R&D 在劳动成本中所占比例的唯一方法。在测度 R&D 在其他经常性成本中所占比例时,R&D 系数起到了非常重要的作用,但是在测度用于 R&D 的机械、设备、土地、建筑所占比例时,R&D 系数则不那么重要。

9.124 建议 R&D 编制者在报告国际比较数据时,应该给出适用于计算 R&D 支出和人头数据的系数,以及实际使用的系数。这些元数据每隔一两年就会收集一次,与定期数据收集平行进行,并可在线查阅。

时间利用调查

9.125 如果不能从其他调查或行政数据中获取必要的系数,为了估算全时人员工作当量和支出中 R&D 份额,本手册推荐使用时间利用调查法获取必要信息。为了减少使用进行时间利用调查时各种可能方法的差异,在可供选择的基础上,下面给出了设计更加统一的时间利用调查方案的指南。

普查或抽样

9.126 由于国情不同(如法律框架、国家规模),不建议对所有国家进行普查。在抽样调查时,样本应该是在一个调查年度中具有代表性的员工类别,并且根据 R&D 领域分层。

报告单位

9.127 时间利用调查的首选报告单位是独立研究人员,而不是大学管理机构。

员工的类别

9.128 时间利用调查应该考虑受雇于高等教育部门从事 R&D 活动的研究人员（内部人员，见第 5 章）的最小值及其他可能的 R&D 人员，如合同中的其他研究人员（R&D 外部人员）、技术人员和其他辅助人员。

活动的类型

9.129 投入到 R&D 执行中的时间比例是调查的重点。在时间利用调查中应该有一个统一的、易于理解的活动清单，有 3 个关键活动。

(1) R&D

- R&D；
- R&D 的行政管理。

(2) 教学

- 教学；
- 教学的行政管理。

(3) 其他

所有的其他工作。

9.130 考虑到不同国家的特殊需要，大多数国家用更全面的活动列表来收集更详细的信息，本手册建议把这些活动进行归类或者纳入上面列出的 3 个主要活动之中。

时间周期

9.131 各国在时间利用调查问卷中所用的基准周期可能会有较大的差异（全年或通常的 1～2 个周或滚动式调查）。如果不能进行全面的综合调查，应该确保对一年中各种活动类型的估算比重进行抽查，抽查应该覆盖整个年度，也应该覆盖一年内所有典型时期，如考虑授课期间的典型周及无授课期间的典型周。由于不同的高等教育组织有不同的系统，所以基准周期应该由各个国家单独选择。

时间利用调查的频次

9.132 最理想的是定期调查，这种方式的可行性取决于国家大小、法律框架和进行调查所具备的资源，但建议调查间隔不应该超过 5 年。

中间年份的程序

9.133 如果调查间隔超过 2 年，可以设想系数有潜在变化的可能，如随着时间的推移大学人员的结构发生变化。

合同规定的工作时间

9.134 对高等教育 R&D 活动利用时间的调查，建议在基准周（或多周）收集合同工作时间量的信息，然后按百分比报告不同活动的相对分布情况（工作时间的定义见第 5 章）。

一般大学资金的计算

9.135 通常可以从大学记录中获取大学资金的数据，但越来越多的国家选择通过 R&D 调查来收集一般大学资金数据。在某些情况下，通过调查收集的是"一揽子拨款"的总额，随后将使用时间利用调查所衍生的系数测度 R&D 所占份额（用于 R&D 的一般大学资金份额）。

9.136 在没有高等教育 R&D 支出调查的国家，可以联合使用不同来源和应用系数来编制数据，大多数情况下这些来源和应用系数来自于时间利用调查。在某些情况下，一般大学资金可以通过高等教育 R&D 支出减去其他来源的资金计算得到。

9.137 通过时间利用调查和其他方法确定高校总活动中 R&D 份额，是一般大学资金估算的主要方法，一般大学资金占据了许多国家的高等教育 R&D 支出的大部分份额（见本章 9.4 节）。机构从政府获得的一揽子拨款涵盖了所有基本活动的支出：教学、R&D、指导、行政管理、租金和其他开销支出。大学本身通常不知道该出资资金中 R&D 所占份额，使用 R&D 系数是计算活动中 R&D 份额最便捷的方法，也可以使用能够达到此目的的其他方法。

9.6 与教育统计的联系

9.138 高等教育部门 R&D 支出数据也是在联合国教科文组织统计机构、经合组织、欧盟统计局的教育统计数据收集的框架下收集的。为进行国际水平的数据报告，由教育统计学家编制的《UOE 手册》(UOE, 2014) 对概念、定义和分类进行概述。用于报告研发数据的《UOE 手册》中给出的指导原则是基于《弗拉斯卡蒂手册》的。为了在两本手册中建立一个共同指南，教育和 R&D 统计专家共同合作了几十年，而且还会继续合作下去。然而由于两个数据收集的性质不同，所以不可避免地会产生数据差异，但是经验表明，双方数据提供者之间的协调有助于减少这种差异。

参考文献

EC, IMF, OECD, UN and the World Bank (2009), System of National Accounts, United Nations, New York. https://unstats.un.org/unsd/nationalaccount/docs/sna2008.pdf.

EC (2013), She Figures 2012: Statistics and Indicators-Gender in Research and Innovation, European Commission, Brussels. http://ec.europa.eu/research/science-society/document_library/pdf_06/she-figures-2012_en.pdf.

UNESCO-UIS (2012), International Standard Classification of Education (ISCED) 2011, UIS, Montreal. www.uis.unesco.org/Education/Documents/isced-2011-en.pdf.

United Nations (2008), International Standard Industrial Classification of All Economic Activities(ISIC), Rev. 4, United Nations, New York. https://unstats.un.org/unsd/cr/registry/isic-4.asp and http://unstats.un.org/unsd/publication/seriesM/seriesm_4rev4e.pdf.

UOE (2014), UOE data collection on formal education: Manual on concepts, definitions and classifications, Version of 5 September 2014, UIS, Montreal, OECD Publishing, Paris, Eurostat, Luxembourg. https://circabc.europa.eu/sd/a/38b873d6-4694-459f-ae56-d5025f3d7cf3/UOE2014manual.pdf.

第10章
私人非营利机构 R&D

在许多国家的 R&D 活动中,私人非营利机构中的机构单位一直发挥着重要作用。非营利机构可以被识别并划入各部门中,它们既可以是市场生产者,也可以是非市场生产者,既包括 R&D 执行者,也包括 R&D 资助者。考虑到非营利机构的特殊性及有关 R&D 资助方式的新趋势,本章指出了哪些非营利机构应纳入私人非营利机构测度范畴的非营利机构,并且提供了测度其 R&D 活动的相关指南。该部门具有剩余性,因为将未被划分为企业部门、政府部门或者高等教育部门的非营利机构都归类于私人非营利机构,所以这一部门(相对国民经济主要部门)具有剩余性。出于统计完整性的考虑,该部门还包括从事或者不从事市场活动的住户和私人个体。本章为依据主要经济活动划分的机构分类法及 R&D 支出和人员测度提供了指南,并且对该部门调查设计和数据收集进行了讨论,同时本手册新增加了对慈善家作用、众筹及测度影响因素的简要讨论。

10.1 引言

10.1 在许多国家的 R&D 活动中，私人非营利机构一直发挥着重要作用，《弗拉斯卡蒂手册》先前版本中就已经认识到了这一点。正如第 3 章所述，可以对非营利机构进行识别并划入各部门中，它们既可以是市场生产者，也可以是非市场生产者，既包括 R&D 执行者，也包括 R&D 出资者。考虑到非营利机构的特殊性及有关 R&D 出资方式的新趋势，本章指出了哪些非营利机构应纳入私人非营利机构的测度范畴的非营利机构，并提供了测度其 R&D 活动的相关指南。

10.2 私人非营利机构的范围

出于 R&D 测度目的而定义的私人非营利机构

10.2 本部门包括：

- 正如 2008 年《国民账户体系》所定义的，所有为（本地）住户服务的非营利机构，但不包括高等教育部门中的为住户服务的非营利机构。
- 出于统计完整性考虑，还应包括从事或不从事市场活动的住户和私人个体。

10.3 该部门单位可能包括独立的专业协会和学术社团，以及不受政府单位或者企业部门控制的慈善机构。这些单位以免费价格或非显著经济意义价格向住户提供个人或集体服务。在实际情况下，可能把该部门机构称之为基金会、协会、联营企业、合资企业、慈善机构、非政府组织（NGO）等，但无论它们的通用名称是什么，机构、个人和住户都应按照本手册提供的指导，被划分到相关部门中。

私人非营利机构的剩余性

10.4 前文定义的私人非营利机构在本质上具有剩余性。为了与本手册给出的定义（见第6章和第9章）保持一致，提供高等教育服务或由高等教育部门控制的私人非营利机构应归入高等教育部门中；同样，由政府拥有或控制的私人非营利机构（如果它们不是市场生产者）应归入政府部门中；由企业控制或服务于企业的私人非营利机构应归入企业部门中；由住户所拥有的、无非法人资格企业的市场活动，即以显著经济意义价格承担另一个单位R&D项目的自雇顾问，也应包含在企业部门中。此框架在表10.1中进行了说明。

10.5 应注意，在某些情况下有关"控制"的定义容易引起争论，这是因为决定分配和出资数量的权力可以成为控制的主要手段，因此，在确定一个机构是否由政府控制时，把出资资金的主要来源作为判断的附加标准是合理的（见第8章专栏8.1）。

表 10.1 不同类型非营利机构的处理方式

《国民账户体系》标准——主要经济目的	《国民账户体系》附加标准——控制/服务部门服务	《国民账户体系》处理	特例	《弗拉斯卡蒂手册》处理
市场生产	独立的非营利机构，但主要参与市场生产	企业	（一些）私立大学	高等教育部门
			（一些）私立医院	企业部门，但不包括大学附属医院
	为企业服务的非营利机构（国内或非居民）	企业	行业出资的研究机构	企业部门

续表

《国民账户体系》标准—主要经济目的	《国民账户体系》附加标准—控制/服务部门服务	《国民账户体系》处理	特例	《弗拉斯卡蒂手册》处理
非市场生产	由政府控制	一般政府	由政府控制的R&D基金会	政府部门
		一般政府	由政府控制的大学	高等教育部门
	不由政府控制	为住户服务的非营利机构（NPISH）	独立的慈善机构、学术团体等（可能会收到大额的政府补助，但政府不能行使主要决策权）	私人非营利部门
			非居民私人非营利机构控制的居民非营利机构	
			具有慈善地位的独立大学	高等教育部门

10.6 未独立于所有者且没有从其所有者中单独区分出来的私人非营利机构，如很多无法人资格的协会、联营企业及由企业、研究机构、大学、协会等构成的组织不是本手册中所定义的机构单位。因此，这些无法人资格的非营利机构的 R&D 活动，应根据成员所做的贡献归属于每个成员。换句话说，任何无法人资格的非营利机构中 R&D 活动做出贡献的任何部门任何单位都不应将其活动作为外部 R&D，而应将其作为自身内部的 R&D。

10.7 私人非营利法人机构的 R&D 活动，其成员属于两个或多个部门组成的，应该依据第 3 章提供的指南进行划分。

10.8 应该特别注意对个人的处理方式。首先，作为雇员及被机构雇用的个体（包括自雇人士），不应该包括在本部门中。其次，研究人员或出资者由于个人兴趣，利用自己的时间进行的活动，目前看超出了本手册中给出的 R&D 统计规范的范围。最后，属于机构单位雇用群体中的一员而不是该机构的雇员，以及从第三方直接获取 R&D 活动报酬的个人，有关此类人员处理方式已经在第 5 章中讨论。

与其他部门的边界

10.9 当私人非营利机构和政府部门之间存在强关联性时，可能很难确定一个特定的非营利机构应划分到哪个分类中。许多最初由个人捐助者资助成立的基金会或慈善机构也从政府获得很大份额的资助，通常把这些单位划分为私人非营利机构。与政府部门的界限划分应当基于私人非营利机构对自身运行的控制程度（见第 3 章和第 8 章）。

10.10 应该注意，在企业和高等教育部门之间的法人合资企业或联营企业可能属于私人非营利机构。根据它们的法律地位，一些公 - 私合办的企业也可能属于私人非营利机构。

10.11 许多私人非营利机构的成员关系或活动已经跨越了国际界限，但企业的常驻标准同样适用于这些机构。这些机构要想成为常驻机构，需要在相关经济体设立经济利益中心。有关此方面的进一步指南见第 11 章，如 11.6 节国际组织对这一特殊情况的描述。

10.3　私人非营利机构分类建议

依据主要经济活动的分类

10.12 建议依据《国际标准产业分类》或同等国家级分类标准（联合国，2008），对该部门内执行 R&D 的统计单位进行分类。

10.13 对于一些国家，根据活动的预期目的对私人非营利机构的机构单位进行分类有一定的好处。在《国际标准产业分类》对非营利机构最初的阐述中，依据为住户服务的非营利机构的目的分类（COPNI）（联合国，2000），可以作为一种分类参考。然而，本手册不建议把为住户服务的非营利机构的目的分类作为私人非营利机构的分类标准。关于这种分类的更多信息可参见本手册的在线附录（http://oe.cd/frascati）。

可能的分类标记

10.14 为了与第 3 章保持一致，同时满足《国民账户体系》的需求，建议将在该部门中执行 R&D 的统计单位，标记成服务住户的非营利机构或住户，而后者不能按照本手册给出的建议进行调查。

10.15 其他部门的非营利机构使用统计登记中心做进一步标记进行分类。这可以（允许）通过单个一般非营利账户形式对总执行情况进行展示，这需要（进一步）增加分类：

- 私人非营利机构的 R&D（如本手册中对私人非营利机构中的非营利机构 R&D 的定义）；
- 为公司服务的非营利机构 R&D，以及企业部门中参与市场生产的非营利机构 R&D（见第 7 章）；
- 政府控制的非营利机构 R&D（见第 8 章）；
- 高等教育部门的非营利机构 R&D（见第 9 章）。

10.4　私人非营利机构 R&D 的识别

10.16 私人非营利机构可能在多个领域内执行 R&D。根据私人非营利机构的性质，以及成员关系和其目的，从相同单位开展的其他活动中区分出 R&D 可能或多或少存在一些困难。例如，在该部门中占据一定数量的机构（如研究基金会），其成员本身就是研究机构，而相比于拥有更广泛目标（不仅仅是研究目标或科学目标）的私人非营利机构，这些单位 R&D 活动的识别会更加直接。

10.17 许多基金会或慈善机构活跃于卫生、环境、教育或社会发展援助等领域。在很多情况下，这种组织所开展某种形式的初步研究或探索作为行动的第一步，挑战在于要确定开展的研究类型是否符合第 2 章的标准，从而将其确定为 R&D 还存在一定的困难。在其他情况下，业务活动本身也可能包含着需要被明确识别的 R&D 成分。

10.18 R&D 工作可能有助于非营利机构内部的决策过程，这些工作可能外包给外部组织，一些机构也会临时甚至正规地组建专门的团队，积极开展分析（如事前和事后评估）或评价。在某些情况下，这些活动能够满足 R&D 项目的识别标准，但是也存在不满足的情况，并不是所有与政策或项目评估有关的工作都是 R&D，也要详细考虑活动参与者的专业知识，组织间如何将知识编码，如何根据研究问题和所采用的方法来确保质量标准。某些类型的社会经济咨询活动（内部或外部）有被误认为 R&D 的风险。

10.19 在卫生领域，有必要从卫生保健活动中（见第 9 章 9.3 节）的临床实验阶段（见第 2 章 2.7 节中的定义）中区分出 R&D。

10.20 第 2 章对于 R&D 与其他科学和教育活动的边界问题，第 2 章已经给出了可供参考的补充信息，同时还提供了在社会科学、人文科学及服务活动中有关边界问题的例子。

10.5 私人非营利机构 R&D 支出和人员测度

私人非营利机构 R&D 内部支出

10.21 在私人非营利机构中，用于描述 R&D 支出的主要汇总数据为私人非营利机构 R&D 内部支出。私人非营利 R&D 内部支出是由私人非营利机构内的单位产生的，代表了国内 R&D 总支出的一部分（见第 4 章），它测度的是特定参考年度内私人非营利机构 R&D 内部支出。按照一般规则，私人非营利机构 R&D 内部支出应按照第 4 章 4.2 节中提出的建议进行测度。

10.22 一些非营利机构在 R&D 活动中扮演着"出资—执行"的双重角色。在这些情况下，用于执行 R&D 活动而使用的机构内部支出，应该不同于用于其他外部单位执行 R&D 活动而使用的经费，即用于外部 R&D 的私人非营利机构的资金，但是由其他非营利机构接收的且用于内部 R&D 执行的非营利机构资金，应该由接收出资的非营利机构将其报告为来自其他非营利机构的外部资金。

10.23 该部门的一些机构，可能会在最终出资者和实际执行者之间的资金流方面起到一个中介的作用。正如第 4 章所述，这些机构收到并随后转移到其他单位的外部资金，不应该划分为本单位的 R&D 资金。

私人非营利机构 R&D 内部支出的功能分配

依据资金来源划分私人非营利 R&D 内部支出

10.24 依据本手册中第 4 章给出的指导，应该优先根据资金来源报告 R&D 支出。

10.25 一些基于公众捐赠的慈善家和研究慈善机构，也会为 R&D 活动提供资金支持，他们通常支持具体领域或研究课题及主要在大学、研究机构和医院执行的 R&D。最近，众筹已经变成一种新的私人资金来源，它把个人和家庭动员起来出资支持 R&D 及其他活动。

10.26 从私人非营利机构中的机构、个人和家庭筹集 R&D 资金的数据，应该从包括私人非营利机构在内所有部门的执行者处进行收集，测度时不应考虑该部门的剩余性及其小规模性。

10.27 个人和家庭可以作为 R&D 资金的来源（尽管他们不属于 R&D 执行者的测度范畴）。若认为资金的来源需与《国民账户体系》

的统计分析相一致，则有可能区分为家庭服务的非营利机构与个人/家庭。

10.28 正如第4章所阐释的，统计单位内只有明确用于R&D执行的出资资金才应该归于内部资金。出于一般目的，提供给R&D执行机构的资金或者统计单位可以自由使用的补助、津贴、礼物或救济物，只有将它们用于R&D活动时才能归于内部资金。

私人非营利机构R&D内部支出分类的其他建议

10.29 正如第4章（表4.1）所述，本节建议按照R&D支出类别来划分私人非营利机构R&D内部支出。这些建议包括R&D人员劳动力成本与其他经常性成本（经常性支出），以及资本性支出（通过资产类型划分）之间的分类。

10.30 本节还建议依据R&D类型（见第2章）及研究与发展领域来划分私人非营利机构R&D内部支出，至少应该收集研究与发展领域的一级指标数据。

10.31 也可以考虑按照社会经济学目标来划分私人非营利机构R&D内部支出，这种观点基于《科学计划和预算的分析比较中使用的术语》（欧盟统计局，2008），以及其他国际上直接对应的科学计划和预算类别分析比较时所做的调整。

10.32 虽然本手册中没有明确的建议，但应注意，为家庭服务的非营利机构目的分类（见本章10.3节）也可以用于私人非营利机构R&D内部支出的划分。

用于外部R&D的私人非营利机构资金

10.33 正如第4章4.3节所述，用于外部R&D的资金应该通过调查私人非营利机构中的R&D执行者来测度，并应对附属和非附属接收者进行区分。在收集这些数据时，私人非营利报告单位很可能既包括为其他私人非营利报告单位执行 R&D 所提供的资金，也包括为个人和住户执行 R&D 提供的资金（他们虽定义为私人非营利机构的一部分，却未包括在 R&D 机构调查中）。数据收集者应该尝试提供相关指南，以确保只包含那些满足 R&D 定义标准的用于外部活动的资金。

私人非营利机构中的 R&D 人员

10.34 R&D 人员的数量，尤其是研究人员数量，应依据第 5 章给出的建议进行测度，这些总量应该包括 R&D 内部及外部人员，还建议其他部门的方式相一致。尤其是，私人非营利机构的 R&D 可能由外部自雇专家执行，这些专家虽然作为内部 R&D 的顾问，但可能归属于企业部门中。

10.35 需注意，在私人非营利机构的 R&D 内部人员中可能会有独立工作者，按照惯例他们应归属于家庭（见第 5 章）。

10.36 为了便于测度，私人非营利机构通常包含从事内部 R&D 活动但在很大程度上不接受薪酬的个体。正如第 5 章所述，志愿者是无薪工作者，他们会为统计单位 R&D 做出特定的贡献。志愿者只有在以下非常严格的标准下，才可以计入外部 R&D 人员总量中：

- 他们有助于私人非营利机构内部 R&D 活动的执行。
- 他们的研究技能与员工的技能相当。
- 依据志愿者自身及机构的需求，系统地安排志愿者的 R&D 活动。

10.37 志愿者所做贡献是可评估的，并且是该机构内部 R&D 活动或项目执行的一个必要条件，单独报告私人非营利机构中为 R&D 做出贡献的志愿者数量，将会非常有意义（进一步的指导见第 5 章）。

10.38 该部门中的博士研究生和 R&D 补助持有者，偶尔也可能会为 R&D 活动做出贡献。

10.39 特殊类别人员的成本在很多情况下将归为"其他经常性支出"，或者不进行报告。

10.6　私人非营利机构的调查设计及数据收集

调查设计

统计单位的识别：实践和挑战

10.40 正如第 6 章所提到的，本部门的测度框架信息可能缺少综合性（系统性）。可能的统计和报告单位名单，应该通过常见的来源来维护及更新，如企业注册名单、R&D 机构目录、协会名单及以前调查的结果。各国可能会基于 R&D 执行问题对非营利机构展开更广泛的调查，以确定可能的 R&D 执行统计单位。

10.41 在 R&D 测度中，只有符合本手册中阐释的 R&D 执行条件的机构，才可能将其确认为统计单位。为了与 R&D 测度中的机构分类法相一致，个体和家庭不应包含在框架群体中。

10.42 对非营利机构的控制可能（使机构性质）产生改变，例如，政府控制会（使国有性）变得更加明显，其他类型机构的情形更是如此。当出现这种情况时，注意要依据第 3 章所给出的定义把机构重新分配入其他部门中。

个人作为 R&D 出资者产生的影响

10.43 个人出资 R&D 的一些形式使用了全新的方法，或者重新使用几十年前有重大影响的方法。例如，富有的慈善家可以在出资研究机构，或在促进有关多领域研究中发挥重要作用，他们的这些活动可以以个人形式开展，也可以通过慈善机构或混合机构诸如基金或信托开展。

本手册建议，对这种资金流的测度应该主要从执行者处收集数据，资金流的收集应该以总值为基础，而不应考虑捐赠人的潜在税收利益。

10.44 众筹通过新的互联网技术实现的众筹，已经成为 R&D 资金新兴的、潜在的和有前景的来源。众筹通常是一种出资项目的做法，或者是通过面向大众融资的风险活动，而这主要是通过互联网来完成的。R&D 众筹的对象是个人。卫生和医疗领域的研究就是一个例子，这些领域的众筹可以为患者获取直接利益。

10.45 与 R&D 相关的众筹构成了一种新的出资模式，在这种模式中个人不一定会得到公平对待，但是会得到其他类型的利益，如新发明的命名权、期刊论文里面的致谢、领域网址的访问权、减免税款等。

10.46 如果不能通过调查或相关方式获取这种资金接收者的信息，那就可能会造成对 R&D 国内生产总值的低估。从出资者及众筹平台处收集的数据，可以协助完善 R&D 执行者名单。

基于出资者的方法（补充）

10.47 正如上文所提到的，私人非营利机构中的机构单位既可以执行 R&D 又可以对 R&D 出资，因此，建议对于这类执行者还应统计它们用于外部 R&D 活动的资金情况。然而在许多国家中，私人非营利机构中的许多机构（如基金会、慈善组织）内部没有执行 R&D，通常只对外部 R&D 大量出资（通常以捐赠或礼品的方式，即转移资金），且一般针对的是高等教育部门或其他非营利机构（私人非营利机构内或机构外），但是本手册建议从 R&D 执行者而不是 R&D 出资者处收集数据。基于出资者的方法也是一种互补的方法，这种方法只应该作为第二选择，而样本选择的重点应是该部门的机构，而不是个体和家庭。

参考文献

Eurostat (2008), Nomenclature for the Analysis and comparison of Scientific programmes and Budget (NASB). www.oecd.org/science/inno/43299905.pdf.

United Nations (2008), International Standard Industrial Classification of All Economic Activities(ISIC), Rev.4, United Nations, New York. https://unstats.un.org/unsd/cr/registry/isic-4.asp and http://unstats.un.org/unsd/publication/seriesM/seriesm_4rev4e.pdf.

United Nations (2000), Classification of the Purposes of Non-Profit Institutions Serving Households (COPNI), United Nations, New York. http://unstats.un.org/UNSD/cr/registry/regcst.asp?Cl=6&Lg=1.

第 11 章
R&D 全球化的测度

　　本章讨论的"国外"主要是作为国内研究与试验发展（R&D）执行的主要（外国）资金来源（和在国内 R&D 总支出一样）或作为国家资金来源的（外国）目的地（与在国家 R&D 总支出相同）。本章提出的"国外"定义与《国民账户体系》相一致。本章的全球化是指国际融资、要素供给、R&D、生产及货物和服务贸易的全球一体化。在企业部门内，全球化主要与国际贸易、外国直接投资相关，但是公共或私人非营利机构（包括政府和高等教育部门）也参与国际活动，如 R&D 投资及合作。R&D 全球化是全球化活动的一部分，包括 R&D 的出资、执行、转移及使用。此外，本章为企业及非企业部门建立了 R&D 全球化指标。

　　译者注：本手册中文版延用第 6 版"国外"一词。

11.1 引言

11.1 本手册明确定义了R&D全球化的概念。该手册的先前版本认为R&D全球化是国内R&D执行资金的（外国）主要来源（包含在国内R&D总支出中）或国家资金来源的（外国）目的地（包含在国家R&D总支出中），这类来源以前被描述为来自（流向）"国外"的资金。与《国民账户体系》标准一致，本版《弗拉斯卡蒂手册》的首选术语是"国外"。"国外"的定义基于相关单位的非常驻状态为基础，由所有与常驻单位发生交易的非常驻机构单位，或与常驻单位有其他经济关系的单位构成。识别和测度R&D支出的非国内来源及其目的地仍然是R&D的一个重要方面，并且已在第3、第4章，以及各个部门的章节中涉及。然而，本手册超出了R&D资金流范畴，包含了更广泛的有全球R&D测度的问题。

11.2 从广义上讲，全球化是指国际融资、要素供给、R&D、生产及货物和服务贸易的一体化。在企业部门内，全球化主要与国际贸易和外国直接投资有关，但是公共和私人非营利机构（包括政府机构和高等教育机构）也参与国际活动，如R&D出资和合作。在本手册中，全球化和国际化可互换使用。外国直接投资的资金流动及其产生的行动是全球化的分项指标（国际货币基金组织，2009），但是目前外国直接投资的资金流动指标已经超出了本手册的范围，细节请参见《经济全球化指标手册》（经合组织，2005）和经合组织对外国直接投资的基准定义（经合组织，2009a）。

11.3 R&D全球化是全球化活动的一部分，包括R&D的出资、执行、转移和使用。本章首先关注对企业部门R&D全球化的3类测度问题，之后对非企业部门相关测度问题进行总结。

11.2 企业部门 R&D 全球化测度

测度企业部门 R&D 全球化的统计框架

11.4 企业部门 R&D 全球化的 3 类测度包括：

- 跨境 R&D 资金流（见本章 11.3 节）；
- 编制国内外跨国企业成员执行 R&D 的经常性成本和人员（见本章 11.4 节）；
- R&D 服务的国际贸易（见本章 11.5 节）。

11.5 第一类测度是传统 R&D 统计的拓展，传统统计建议从常驻企业收集来自国外的资金数据或者出资给国外的资金数据（见第 7 章 7.6 节）。尽管本章关注的是跨国公司的报告，但跨国公司和非跨国公司可能都开展这项活动。第二类测度关注的仅是跨国公司的活动。第三类测度以非常驻单位在 R&D 交换中的收付款为基础，通过服务贸易统计数据内容进行构建。

11.6 本手册建议的多数测度，仅限于描述基准年度内执行的 R&D 方面，尤其是在特定时间内，测度内部 R&D 的跨境资金流、跨国企业的 R&D 出资与执行，存在一定的局限性。另外，R&D 服务中的国际贸易可能涉及与先前年度执行 R&D 的产出权利有关的交易，R&D 服务中的这种贸易具有累计 R&D 支出的作用（在出口编制国内和进口贸易伙伴国家内），并不仅仅是当前年度的 R&D 出资或生产，后者以市场价格进行测度，需符合国际收支差额（BOP）概念，并且从现有服务贸易调查中收集数据，有关此方面的信息将在本章后面进行讨论。鉴于全球不同地方 R&D 的复杂性和潜在变化性，每一类服务测度都具有不同的目的，代表着不同却能互补的内容。例如，出于资本化目的（在本章后面讨论），R&D 服务中的贸易用于调节国内 R&D 存量，这与经合组织《知识产权产品资本测度手册》（经合组织，2009b）相一致。测度跨境 R&D 资金流和 R&D 服务贸易的另一个主要不同点是：跨境资金流统计范围包含转移资金（如补助金，见下文）并涉及所有部门；R&D 服务贸易的统计不包含 R&D 补助金，对企业部门之外的覆盖范围可能会受到限制。

11.7 与跨国公司 R&D 执行和出资有关的 R&D 全球化统计测度，不仅关乎国家 R&D 的统计，而且涉及全球化生产、直接投资、就业、金融和贸易等更广泛的国际经济统计。多样化的参考来源为统计部门、调查对象、R&D 用户及相关全球化统计带来了一定挑战。鉴于 R&D 全球化问题的复杂性，任何一个单一的参考资料都无法涵盖所有相关测度概念，因此本章使用的术语力求与本手册其他地方已经定义过的术语相一致，同时也与相关全球化统计手册中的术语一致，特别是与本章中引用的全球化统计手册中的术语一致［详见本手册在线附录（http://oe.cd/frascati）］。

11.8 一般来说，全球化对于 R&D 活动和 R&D 测度有两个主要的影响。首先，R&D 是复杂全球价值链的一部分，包括货物、服务的零散供应商和分散的生产流程。其次，R&D 本身涉及更多分散于不同国家的机构、个人，从而拓展了全球化趋势的拓展。鉴于这种复杂性，任何一种调查工具都无法满足 R&D 全球化所有调查数据的需求。这种情况为数据开发和（或）R&D 调查或其他调查中的数据的发展与收集合作提供了机遇，尤其是在企业 R&D 支出、外国直接投资（跨国企业）及在此讨论的其他服务贸易调查数据。因此，本章对多种全球化手册和《弗拉斯卡蒂手册》内的相关概念进行了总结。

11.9 尽管本章关注的是跨境所有权关系和全球 R&D 活动资金（如支出、成本、资金流），但 R&D 全球化同样也反映了 R&D 人员的流动性。因此，鼓励对跨国公司内外 R&D 人员流动进行识别和追踪。然而，在 R&D 调查中，收集全球化人力资源数据的能力，与调查单个研究人员或受过高等教育的人相比，仍然存在一定的局限。

跨国企业的定义

11.10 收集和编制企业部门 R&D 全球化统计数据的精确度，取决于对必要全球化商业术语的一致性理解和应用。依据从现有全球化和相关手册中获取的广泛资料，关键术语定义如下（专栏 11.1），总结了提供统计框架和基础术语的相关参考手册。

11.11 外国直接投资反映的是一个经济体（跨国母公司或"直接投资者"）中的常驻企业在另一个经济体（外国子公司或"直接投资企业"）中的常驻企业内获取持续利益。出于官方统计用途，通过持有 10% 的直接所有权、间接所有权、更多的普通股、法人企业的投票权，或非法人企业的等价物确实会导致持续利润存在。10% 的投票权准则也确立了子公司与其跨国企业母公司之间的直接投资关系。

11.12 为了实现本手册的目的，统计关注的是 R&D 及涉及主要拥有或控制子公司的相关活动。多数所有权或控制权指的是拥有大于 50% 的普通股或股份制企业的表决权、非法人企业的等价权。多数控股（控制）的附属单位的例子有：子公司（股份制企业）或分支机构（非法人企业）。

11.13 从编制国（跨国企业母公司常驻国家）的角度来看，跨国企业母公司是指编制国家内完全合并的企业集团，包括所有位于编制国家大多数公司所有的单位（有关跨国企业成员合并问题的总结见经合组织，2005），不包括位于国外拥有多数股权的子公司。

11.14 从编制国角度来看，跨国企业泛指常驻于本国的母公司，以及位于国外且拥有多数股权的子公司被称为国外控制子公司（CAA），因此，外国控制子公司是位于常驻编制国外，由常驻于编制国的母公司拥有的多数控股子公司。跨国企业也是全球企业集团（欧洲委员会，2010）。

> **专栏 11.1　与企业部门 R&D 全球化相关的国际统计手册**
>
> 《国民账户体系》（欧盟委员会 等，2009），为测度综合账户体系中经济领域内的经济活动提供了指南，同时也为测度编制国家和国外机构之间的经济流提供了指南。在 2008 年《国民账户体系》中 R&D 的定义与 2002 年《弗拉斯卡蒂手册》的定义在本质上是一致的，但《国民账户体系》还关注基于 R&D 资产（也叫 R&D）的经济交易的测度，这个可能已经在过去几年内发展起来了。
>
> 《经济全球化指标手册》（经合组织，2005），描述了全球化的统计框架和分项指标，包括外国直接投资控制资金流、股票存量（头寸）和跨国企业的活动或运行。
>
> 《外国直接投资的基准定义》（经合组织，2009a），描述了外国直接投资的详细定义和相关资金流动，与第 6 版的《国际收支手册》相一致。它同样包含跨国公司相关活动的（跨国企业活动）统计。
>
> 《国际收支和投资头寸手册（第 6 版）》（国际货币基金组织，2009），包含编制具体时间内常驻和非常驻之间国际收支的核算及统计标准，连同外部资产负债表、累计资产和负债（或者地位）作为外部部门交易的结果。这是关于国际交易、经济领土、居住和相关定义的概念来源。由于包括了专利申请的测试服务，它对 R&D 服务中的"R&D"定义超出了《弗拉斯卡蒂手册》的定义。
>
> 《2010 服务业国际贸易统计手册》（联合国 等，2011），该手册涵盖了国际服务的供给统计，包括 R&D 服务的两种主要形式：常规的跨境服务贸易和外国控股子公司的当地服务供给。后者包括国外附属机构统计（FATS）（欧洲委员会，2012）。但是它的 R&D 服务中的"R&D"范围超出了《弗拉斯卡蒂手册》的定义，其包含申请专利的测试服务，但是它的子分类表述只是为了方便比较。本手册的

编译指南已经在 2014 年出版（联合国 等，2014）。

《知识产权产品的资本测度手册》（经合组织，2009b），描述了开发 R&D 和其他知识产权产品市场价值测量的统计程序，目的是合并国家和国际经济账户中的此类资产，与 2008 年版《国民账户体系》一致。它为达到测量目的描述了与《国民账户体系》和《弗拉斯卡蒂手册》都相一致的国内 R&D 产出的 3 个方面：自有账户的 R&D（不考虑资助来源的 R&D 内部执行及使用）；定向 R&D（投资其他单位或受其他单位资助的 R&D）；投机或非定向 R&D。它描述了国际交易、R&D 的使用或出售和其他知识产权产品的不同形式记录，其他知识产权产品包括：出售或许可协议、转让（看看是否能用"转让"）（没有费用条款，尤其是在跨国公司中）、公司资产价值的变化、包括（但不分别识别）R&D 流动的投资收入。这本手册也描述了如何使用 R&D 服务贸易中的数据增加进口和减少出口，以调整国内 R&D 输出，从而获得国内 R&D 供给。这考虑到 R&D 资本形成（投资）的计算和 R&D 资本存量的估算。

《全球化对国民账户的影响》（联合国欧洲经济委员会 等，2011），关注于跨国公司对国家生产及贸易，包括 R&D 测度活动带来的困难。本手册进一步完善了第 7 章中知识产权产品的生产和贸易内部可比性测量的统计指南。本手册还讨论了测量问题，如转让价格和国家与国际统计的影响。

《全球产品测度指南》（联合国欧洲经济委员会 等，2015），通过聚焦全球价值链、供给链、商品及服务的生产安排和 R&D 投入，对以前版本指南进行了扩展。

11.15 从编制国家来看，外国控制附属机构（FCA）是编制国内完全联合的企业集团，它是外国跨国企业中具有多数所有权的成员（因此多数所有权由外国母公司所有）。外国控制附属机构的活动是外国在本国直接投资的结果，而国外控制子公司的活动与本国对外国直接投资有关。有关外国控制附属机构的合并问题的总结见经合组织（2005）。

11.16 国外同一母公司下的子公司可以从外国控制附属机构（常驻于编制国内）的角度进行识别。外国控制附属机构这一术语是指位于编制国外，由同一外国母公司控制或者影响的企业。出于本手册的目的，国外同一母公司下的子公司与涉及外国控制附属机构的 R&D 资金来源与目的地有关。

11.17 对于外来投资，外国控制附属机构的直接母公司是编制国家外的首个国外投资者，且对外国附属机构有控制权。外国控制附属机构的最终控制投资者（也称"最终控制机构单位"）是企业链的顶层，能控制该链上的所有企业，且本身不受其他公司控制。

11.18 非跨国企业位于编制国家内，不是跨国企业（国内或国外）的成员，不参与任何形式的外国直接投资（经合组织，2005），但非跨国企业可能参与其他形式的全球化活动，如国际 R&D 出资、合作、订约和贸易。

11.19 图 11.1 举例说明了跨国企业的概念和术语，定义国家 1 为编制国家（国家 2、国家 3 即为"国外"）。从母公司指向子公司的箭头，表示在直接投资关系中拥有多数所有权。本章 11.2 节阐明了在跨国企业成员和其他成员之间的 R&D 资金流动，本章 11.3 节提供了为跨国企业（非跨国企业）的 R&D 资金、支出的来源编制经常性成本交叉表格的指南。

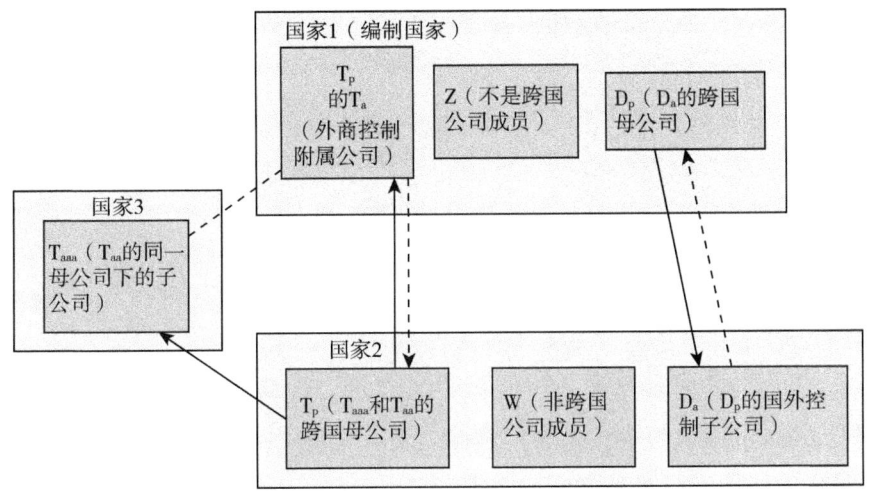

图 11.1　跨国企业成员所有权关系相应术语实例

注：D_p 是 D_a 的母公司，T_p 是 T_{aa} 和 T_{aaa} 的母公司。
──▶：母公司到子公司的关系；----▶：子公司到母公司的关系；------：同一控制下的子公司。

11.3　跨国企业的国际 R&D 出资

国外

11.20　国际或跨境 R&D 的出资资金涉及以非常驻单位作为资金来源或资金目的地的出资。如第 3 章 3.3 节的详细阐述，国外的定义以相关单位的非常驻状态为基础，如果它确实是一个部门的话，应该记录为与国外的交易。本部门由与常驻单位有交易或者与常驻单位有其他经济关系的所有非常驻机构单位构成。对于常规的企业 R&D 支出报告（见第 7 章 7.6 节），国外 R&D 资金来源有：

国外

企业部门：

同一集团的企业；

其他非附属的企业。

政府部门；

高等教育部门；

私人非营利机构；

国际组织。

跨国企业国际 R&D 资金流动

11.21 本部分讨论了与跨境资金流有关的跨国公司，本章 11.1 节为 R&D 全球化识别的第一类统计测度，对识别企业 R&D 支出中，国外资金来源的指南进行了补充。

11.22 国外企业单位可以是 R&D 资金的出资者也可以是接收方。跨国企业成员（见本章中的定义及图 11.1 的阐释内容）通常会涉及它们在全球运营内的跨境资金流及同其他企业或组织相关的跨境资金流，这种流动反映了在获取或提供 R&D 方面，不同的全球化安排。在企业中，附属资金来源与非附属资金来源存在重要的差别，附属单位包含跨国企业母公司、同一母公司下的子公司（如果是由外资所有）、国外控制子公司（如果是同一个跨国母公司）。为了在非常驻 R&D 出资来源中获取精确度较高的数据，跨国企业的 R&D 调查应该在国外问询以下单位资金来源的细节（图 11.2）：

- 附属单位（同一集团的企业）：

  ※ 国外控制子公司；

  ※ 外国母公司（如果应答者是外商所有）；

  ※ 国外同一母公司下的子公司（如果应答者是外商所有）。

- 非附属单位——其他国外企业（任何非跨国企业集团内的公司应答者）。

11.23 以第 4 章所述定义为基础，现金或实物的转移就是一次交易，而提供者不接受任何回报的交易（现金的流动不需要货物或服务的补偿性回流）。跨境或国际转移是常驻单位和非常驻单位之间的转让交易。流向或来自国外的 R&D 资金应该分别从交换中识别转移，该信息可能有助于区分跨境资金流和 R&D 服务贸易，因为 R&D 服务贸易通常不包含在转移中。进一步说，内部跨国企业资金流更倾向于转移而不是交换，并不被记录在服务贸易调查中，而是记录在 R&D 调查中的 R&D 资金科目，详见下节所述。

11.4 开发、编制和公开跨国企业 R&D 汇总数据

编制跨国企业 R&D 汇总数据的一般方法

11.24 这部分对位于编制国内或国外的跨国企业成员收集 R&D 执行的经常性支出的方法进行了讨论，即本章 11.1 节中企业部门 R&D 全球化第二类统计测度方法。除了资金来源，关于跨国企业的 R&D 执行信息是理解新知识生成的重要信息。例如，测度 R&D 执行的经常性支出与 R&D 雇用情况直接相关。相比只关注跨境 R&D 资金流，跨国企业和非跨国企业 R&D 执行或资金统计数据的交叉表为理解生成新知识(探明 R&D 流动规律)提供一个更完整的全球分类图景（基于 11.2 中的分类总结）。关注跨国企业 R&D 经常性支出将有助于比较跨国企业的非 R&D 运行数据，如输出、销售或周转、增值、雇用、企业数量及货物和服务贸易。当然，也可以单独识别跨国企业的 R&D 资本性支出。

11.25 同时，调查对象和国家统计单位在收集国外活动的统计数据方面面临一些现实挑战，这是因为编制国家的数据收集部门不能超越其国家边界工作；国外附属机构的数据通常必须通过调查进行，目标是跨国企业母公司或者对跨国企业母公司直接参与调查。外国直接投资或跨国企业的调查范围，应该包括国外分支机构的活动，这些调查中可能包含 R&D，与本章及本手册中的定义和指南相一致。

11.26 企业 R&D 支出的调查可能包括国外控制子公司的 R&D 活动，以及与之有关的外国直接投资、跨国企业调查范围之外的其他信息（如 R&D 的类别），该调查直接将问题指向了编制国的常驻跨国企业母公司。

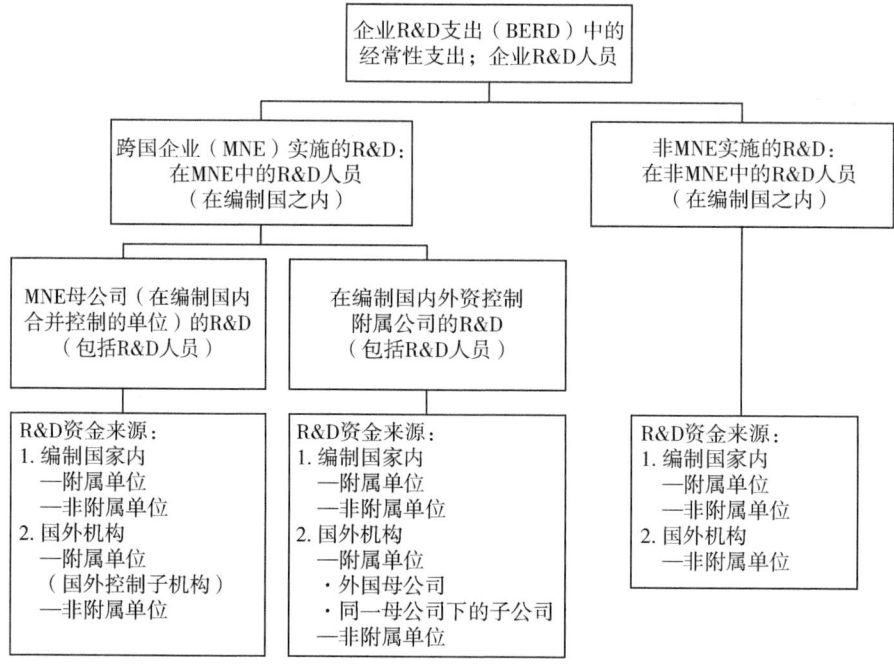

图 11.2 编制国家内跨国企业和非跨国企业 R&D 执行的经常性成本[①] 及人员的整合、资金来源

11.27 一定程度上，本章所定义的国家在收集跨国企业成员（在本章已定义）的 R&D 支出和相关统计数据（如人力资源）时，应首先考虑收集编制国内的跨国企业成员的数据，也就是：

- 拥有国外控制子公司的跨国企业完全联合母公司；
- 属于外国跨国企业成员的外国控制附属机构。

11.28 统计时应尽可能按照以下类别制成表格，这些类别是国外的组成部分：

- 常驻跨国企业母公司控制的国外控制子公司；
- 由编制国常驻单位控制的联合跨国企业，也就是常驻跨国企业母

---

① 关注于能够促进跨国企业中的非 R&D 运营统计对比的 R&D 经常性支出，也有可能单独识别跨国企业的 R&D 资本性支出。

公司加上它们的国外控制子公司。

依据国家或其他特征对跨国企业的 R&D 统计

11.29 国外跨国企业可以通过将所有权链扩展到多个国家在给定国家内拥有附属机构。与外来投资有关的 R&D 和其他活动统计（如雇用人员）可依据直接控制国家或最终控制国家进行分类。直接投资国家是直接母公司的常驻国，最终投资国家是最终投资者的常驻国。

11.30 对于对外投资相关的活动统计，可能依据其运营实际发生国（直接投资母国）对国外控制子公司进行分类。

11.31 本手册建议，对跨国企业 R&D 统计数据应尽可能地由最终控制国家（外来投资）和国外控制子公司（对外投资）所在国家进行收集并编制成表格，特别是如果其他跨国企业统计数据(雇用、销售、贸易等)是在此基础上由编制国进行出版公开的情况下。事实上，在不断变化且复杂的组织安排和交易中，提高 R&D 和非 R&D 全球化统计的一致性，的确有助于提高数据的分析价值和政策的相关性。

11.32 对于内部和外部跨国企业统计的行业分类（和相关分类）应按照第 7 章的指南进行划分。国外控制子公司的行业分类应该首先依据它们国外所在地的主要经济活动所在地而不是它们母公司所在国家（编制国）进行分类。由于编制国可在一定程度上访问母公司的数据，所以第二个优先选择的分类方式是国外控制子公司可以按照母公司主要经济活动产业进行数据汇总，尤其对于关键变量，如对于执行 R&D 的经常性成本和 R&D 内部人员。

11.33 跨国企业的 R&D 统计是跨国公司活动统计的一方面，统计范畴包括跨国企业母公司和附属机构，数据可以在专用的 R&D 调查或部分其他国际活动调查中获取，如外国直接投资调查。跨国企业 R&D 也可能在国家统计中作为外国附属机构统计的内容进行公布，由于不包括跨国企业母公司，所以这与跨国企业活动统计不同。编制国内的外商控制附属公司的 R&D 活动是外国控制附属机构内部的一部分；国外控制子公司的 R&D 活动是外国控制附属机构外部的一部分。

11.5 R&D 服务贸易

11.34 本部分讨论了 R&D 服务贸易数据的收集，是本章 11.1 节中企业部门 R&D 全球化统计的第三类测度方法。在《国民账户体系》和国际贸易统计中，"R&D 服务"包括基础研究、应用研究和试验发展相关的服务，涉及物理科学、社会科学和人文科学。"R&D 服务"可以由任意公司开展，因此这种服务不受"国际标准（依据《国际标准产业分类（第 4 版）》类 72）划分的公司或其他类似分类"的影响。在标准产品分类中，随着 R&D 的资本化可以区分 R&D 原型和其他 R&D 服务，后者与 R&D 执行直接相关，而前者对应与先前执行 R&D 生成的资产相一致，这些"完成"资产的销售、获取应在贸易统计中计入 R&D 服务贸易，但这超出了本手册涉及的资金流范畴。

11.35 在贸易统计中，R&D 服务的一般分类可能还包括测试活动和其他产生专利的非 R&D 技术活动，因此这反映出了一个比本手册 R&D 定义更广的范围。但是引用的手册考虑到这种范围上的差异，明确建议把与"为增加知识存量在系统的基础上承担工作"的服务从"R&D 服务"中的"其他服务"中分离出来并单独记录。在经济账户和服务贸易统计中 R&D 服务的细节，以及国际收支分类代码、R&D 产品代码标准分类和未来选择的相关技术服务之间的一致性等方面的细节，可在本手册的在线附录中查询（http://oe.cd/frascati）。此外，根据这里讨论的更新的全球化手册，有关《技术国际收支手册》的指南将来可能会更新。

R&D 服务贸易统计调查

11.36 国际服务贸易统计调查是从位于编制国内的公司中，收集有关 R&D 服务跨境交易的数据（不考虑所有权或行业分类），这些跨境交易通常包括在其他知识产权交易和商业服务中。国际交易是指常驻单位和非常驻单位之间的交易，"交易"这一术语的定义见术语表。这种调查也收集由 R&D 衍生的所有权的出售（购买）和许可方面的数据（如专利和版权的出售与许可费用），这也是"R&D 服务"的一部分。服务贸易是国际收支经常账户的组成部分，是在给定时间内，对常驻单位和非常驻单位之间经济交易的汇总测度。

R&D 服务贸易估算与 R&D 资金记录

11.37 在服务贸易调查中，国际交易价值基于市场价格，交易记录以权责发生制为基础，在提供或接收服务时记录，而不考虑收取或支付现金的时间点。同时，由超出本手册定义的公司出资的 R&D——报告为 R&D 出资者，而不是 R&D 执行者——假定包含超出 R&D 成本的加价部分和其他款项。然而，所有 R&D 支出数据的收集是以现金支付为基础，一般来说，估算问题已超出了《弗拉斯卡蒂手册》的范围。

11.38 先前的讨论中建议，考虑到国家账户和国际收支进行的服务贸易调查考虑，R&D 出资测度并不是一个合适的替代方式。同时，具有详细出资和补助金信息的 R&D 调查能够为服务贸易调查提供补充信息。

国际收支中的跨境转移

11.39 国际收支中，经常转移（如 R&D 现金补助）记录在经常账户的二级科目中。资本转移既包含现金以外的货物和资产所有权的转移，也包含不接受任何经济价值回报的服务供给。作为产出资产（根据 2008 年《国民账户体系》中把 R&D 作为投资或资本形成的认识），R&D 的实物转移被记录为 R&D 服务贸易。跨国企业内部的 R&D 实物转移很难量化，尽管它们都属于服务贸易调查和企业 R&D 内部支出调查的范围。需要注意的是，R&D 实物转移的国际收支处理不同于可能在 R&D 调查中获取的 R&D "实物"转移。如第 4 章 4.3 节中的第 4 部分所述，R&D

转移的资金，因为实物转移不需要必要的现金流，所以它们不含在 R&D 内部总支出内，也不包含在 R&D 外部总支出内。

跨境、跨部门 R&D 转移

11.40 R&D 现金补助和其他转移可以跨机构部门产生（从政府部门或企业部门到教育部门或非营利机构），但服务贸易调查通常不包含跨部门国际交易，因此无论是在编制国内部还是外部，企业 R&D 支出或其他 R&D 调查是 R&D 转移的主要来源。如涉及国外 R&D 的现金转移，在 R&D 调查中属于 R&D 总出资额的一部分（见第 4 章）。

非附属公司内的跨境 R&D 转移

11.41 在非附属公司中的 R&D 转移（现金或实物）可能很少出现，但在发达经济体中可能以跨国技术援助的方式执行，并且涉及政府和非营利机构的 R&D 转移。从 R&D 调查中获取的补助金数据，连同其他来源，如行政数据，能用于区分私人和公共部门单位内国际技术援助的 R&D 或非 R&D 部分。

集团内部服务和转移价格

11.42 当 R&D 在跨国企业内部进行跨境转移时，由于账户和组织的复杂性或税额最小化策略，内部转移价格可能会产生混乱，因此通过市场等价测度来评估内部转移价格存在一定的困难（经合组织，2014）。在跨国企业内部，未被记录或低于市场价格记录的货物或服务的供给，不是上文所定义的"转移"，除非在调查指定时间内没有给出资者任何回报。误报交换反而构成了应报而未报的分红或投资。尽管 R&D 跨境转移及公司内部的其他服务没有被单独识别，但它们可能是其他核算实体的一部分，如留存收益、股息支付、成本重估或分配。对于集团内部 R&D 服务的详细指南，见欧洲经济委员会或经合组织(2015)。尽管人们对"转移价格"（误报或未报交换）在概念上的统计调整已经达成了共识，但几乎不存在一致且实际的调整指南。联合国欧洲经济委员会或经合组织（2015）建议"密切关注统计观测值"。

11.43 为了便于统计跨国企业内部的 R&D 服务贸易与 R&D 资金交换，一些报告数据可能基于核算中的费用或成本分配公式，与实际 R&D 现金流没有任何相似之处，然而自由或未报告的转移可能造成应答错误（见表 11.1 中的可能情景）。存在的另一个困难是，跨国企业的国际 R&D 交易通常很难从相关活动及构想、原型和其他知识产权的转移中区分出来（见在国际货币基金组织 2014 中的相关讨论）。复杂的全球生产安排（如去厂房化的货物制造和特殊目的实体）使公司内部或跨公司间的无形资产的生产和贸易的记录更加复杂（经合组织，2014）。受访者记录保留研究、调查和统计方法研究、跨国企业核算研究，以及将在下文讨论的调查间的合作实践，对进一步开发涉及跨境的跨国企业 R&D 资金流、R&D 补助金和其他相关无形资产的测度方法是非常必要的。

表 11.1 企业 R&D 支出和服务贸易调查中的可能报告情景与跨国企业实际的 R&D 资金流

报告当前年跨境 R&D 出资资金或报告的 R&D 服务贸易		跨境 R&D 或 R&D 服务的实际交换	
		是	否
是		1. 理想情景 #1，除了应答误差之外：当前年或者是累计 R&D 出资及报告 R&D 服务，与实际 R&D 现金流有关（R&D 调查和服务贸易调查）	2. 分配公式的使用要与跨国企业核算标准相一致，但是与 R&D 的实际现金流不一致（R&D 调查和服务贸易调查困难："误报"）
包含	完全市场价值	较小的应答误差	
	歪曲的市场价值（高估或低估："转移价格问题"）	重大的应答误差	

续表

报告当前年跨境 R&D 出资资金或报告的 R&D 服务贸易	跨境 R&D 或 R&D 服务的实际交换	
	是	否
否	3. 未报告的资金补助或未报告的实物转移（R&D 调查和服务贸易困难"漏报"）	4. 理想情景 #2：在没有实际 R&D 现金流的报告中，没有资金或服务支付或购买（R&D 调查和服务贸易调查）

11.6 非企业部门 R&D 全球化测度

11.44 尽管目前人们广泛认同非企业机构在 R&D 全球化出资和执行方面的重要作用，但对于如何测度这些机构的国际 R&D 资金流的相关指导却相对较少。虽然在很大程度上，一些用于企业部门 R&D 全球化测度的概念和实践也同样适用于政府部门、高等教育部门和私人非营利机构的单位（或统称为非企业部门），这些概念包括 R&D 资金流概念及所有权和控制关系概念，但也有必要考虑能够表征非企业部门机构（以后统称为"非企业单位"）国际 R&D 关联的一些具体特征。

测度非企业部门 R&D 全球化活动的基础概念

"国外"用于内部 R&D 的资金

11.45 非企业单位能够在国外（非常驻单位）参与出资、执行 R&D 活动。"国外"包含所有与常驻单位发生交易或者与常驻单位有其他经济联系的非常驻机构单位，"国外"还包括所有的国际组织和超国家组织，其中，包括国家边界内的设备和业务，有关国际组织和超国家组织的定义将在下文给出。一些边界情况已在第 3 章中给出。

11.46 正如第 4 章中阐释的，国内组织执行 R&D 的资金来源分析应该试图按以下类别来识别来源于国外单位的资金：
- 企业部门；
- 政府部门；
- 高等教育部门；
- 国际组织，包括在编制国家内有实体的国际组织。

11.47 尽管这些来源与每个执行部门都潜在相关，但在调查中使用这些分类应该依照报告单位与所在部门的隶属关系适当调整。尤其是，调查可能使用第 4 章给出的术语来询问接收的资金的类型，以及它与转移支付（不要求补偿 R&D）、用于 R&D 的资金交换或对 R&D 成果未来索赔的一致程度。

通过国外控制关系类型划分的附属机构

11.48 大多数类型的非企业单位能够通过各种形式的所有权和控制关系与多个国家产生联系，正如先前章节中有关企业部门的描述，这是 R&D 全球化的一个重要元素，因为附属机构执行的 R&D 既意味着整体"集团"中要付出财务努力，也意味着潜在的知识收益。例如，随着大学和独立研究机构全球化的扩展，重要的是要考虑到这些机构的 R&D 表现在多大程度上具有本章前面所述的经济全球化特征。例如，一个由许多研究机构组成的组织可以在国外开设研究机构，利用其机构所在地特定的资金来源，如当地研究经费和合同。除了附属关系的记录可以揭示非企业 R&D 执行者接收资金的目的和性质之外，本手册目前对于识别和报告这种关系上没有特殊的建议。

非企业部门的 R&D 人员和全球化

11.49 R&D 全球化不仅与资金流和跨境所有权关系有关，而且也与 R&D 人员流动有关。正如在企业部门中，非企业部门的 R&D 调查对 R&D 全球化人力资源方面数据的收集能力可能会存在一定的局限性。

11.50 有些情况下，非企业机构人力资源（尤其是研究人员）的记录可能包含国籍、出生国或 R&D 人员先前就业国家的信息（见第 5 章 5.4 节），尽管机构调查可能解释某些类型的 R&D 国际流动，但不建议通过此种方法收集这些数据。

11.51 当有关机构受控状态的信息可用时，该信息可以提供标准人力资源 R&D 指标的分类，并区分在外商控制和独立的非企业机构中的活动。

政府部门

11.52 政府单位可能从国外获取 R&D 资金，它们也可以资助国外的 R&D 活动。这些国外出资活动（非常驻单位）应该通过以下国外（第 8 章已定义）部门分类进行数据收集：

- 企业部门；
- 政府部门；
- 高等教育部门；
- 私人非营利机构；
- 国际组织。

11.53 建议将政府部门 R&D 全球化执行和出资分为两种资金类型：交换资金（政府部门出资公共采购的特殊术语）和转移资金。因为政府内部 R&D 执行超出国土范围的情况并不常见，政府 R&D 应出资国外的情况应该得到重视。例如：

- 作为出资者，政府可以使用国外公共采购（交换资金）来鼓励开发一项技术或建立 R&D 部门。
- 政府也是国际 R&D 组织的主要出资者。通过使用"国家出资"（转移资金），政府可能对政府间的 R&D 组织、R&D 项目/计划进行出资，但只有出资的国际 R&D 项目/组织只关注(或主要关注)R&D 时才应包含在统计范围之内，除了明确规定专门用于 R&D 活动的资金，对于一般预算的一般常设捐款应排除在外（如联合国、经合组织、欧盟等）（见第

8章和第12章)。

高等教育部门

11.54 高等教育单位能够从国外接收R&D资金,并且可以出资国外的R&D活动。这些由国外出资的非常驻单位的活动应该依照以下分类统计:

- 企业部门;
- 政府部门;
- 高等教育部门:
  ※ 国外分校;
  ※ 其他大学。
- 私人非营利机构;
- 国际组织。

11.55 特别是,高等教育部门的许多机构已经在国外建立了分支或学校。根据编制国内的外资分校及由当地教育机构所拥有的国外分校执行R&D的情况,高等教育R&D支出的调查可能包含这些学校的补充信息。

- 根据本手册的目的,外资分校(FBC)是指由位于(或常驻于)编制国外的实体(国外教育提供者)所有(至少部分所有)但位于编制国内的高等教育机构;外资分校以国外教育机构的名义运营,至少从事一些面授教学,提供相关学术项目,可以获得国外教育机构授予的证书。

- 根据本手册的目的,国外分校是指由当地高等教育机构(常驻于编制国内)所有(至少部分所有)但设立在国外(常驻于非编制国)中的高等教育机构。国外分院在相同的当地高等教育机构下运营;至少从事一些面授教学;提供相关学术项目,可以获得由当地高等教育机构授予的证书。

11.56 外资分校执行的R&D是编制国中的国内高等教育R&D支出总量的一部分,而国外分校执行的R&D不包含在编制国中的国内高等教育

R&D 支出总量中，而是作为编制国的教育机构以外的国外中高等教育机构执行的 R&D 单独识别和计算，国外中高等教育机构不属于编制国的教育机构（收集外资分校和国外分校总量的进一步指南见第 9 章 9.4 节）。

私人非营利机构

11.57 如其他部门的单位，在私人非营利机构的 R&D 执行机构可能与附属单位（非附属单位）发生多种全球化活动。一个机构可能会接收境外非附属非营利机构以补助金或合同形式的出资，或（依据它的附属结构）从其他附属或母组织接收资金，以支持它所在国家的活动。因此，私人非营利机构能够从国外接收 R&D 资金，也可以出资国外的 R&D 活动，这种关系在识别或统计测度上都相当复杂。

国外的相关分类是：

- 企业部门；
- 政府部门；
- 高等教育部门；
- 私人非营利机构：
  ※ 附属机构（国际非政府组织，INGO）；
  ※ 其他非附属机构。
- 国际组织，包括超国家组织。

11.58 有些私人非营利机构可能具有全球影响力，如一些非政府组织，这些不是《国民账户体系》或本手册意义上的国际组织（见第 3 章和以下国际组织部分）。

国际组织的特殊情况

11.59 根据《国民账户体系》，国际组织成员包括国家政府或其成员为国家政府的其他国际组织。国际组织包括第 3 章中定义的超国际组织，它们是由具有国际条约地位的成员国之间达成正式政治协议建立的，其存在得到了成员国法律的认可，但并不受所在国家的法律或法规的约束。这种特殊地位的一个潜在影响是，如国家当局不能强迫它们提供有关其 R&D 执行或出资活动的统计信息，从编制国的角度来看，它们属于国外。

11.60 因为国际组织对某些领域全球 R&D 执行发展起到重要的作用，而且为了获取世界范围内 R&D 活动更完整的统计，相关国际统计组织和超国家统计组织应该合作以保证全面覆盖位于国家统计局范围之外的 R&D 执行单位。将来，在可对比的国际统计中，这些总量数据可在单独的国家层面类别中展示，这也有助于提高 R&D 统计和其他指标之间的一致性，如科技出版物，这类出版物通常根据作者从属机构所在的国家进行归结。

11.61 当国家统计局能够从其国内运营的国际组织收集数据时，国家统计局数据应该依据本手册，把这些单位作为境外单位来报告。为确定一个既定机构单位是否拥有国际组织的地位，应注意其基本章程和管理其运作的相关协议，还应注意其在当地法律中一些方面获得的司法管辖豁免，由其组织成员国中主权国家的参与所致。

11.62 国际组织间的潜在相似性可能会导致潜在的混淆领域，本手册和其他统计手册定义的国际组织指的是政府间组织，以及包括非政府组织的其他国际团体，这些团体不满足作为非常驻单位的标准。

11.63 非政府组织是自发组建的自治团体或组织，其建立的目的是为其出资者或者成员追求非营利性质的目标（欧洲委员会，2007），政治党派不属于非政府组织。非政府组织包括的机构或组织既可以通过个人（自然人或法人）建立，也可以通过团体建立；它们既可以是会员制也可以是非会员制；可以是非正式机构或者是具有法人资格的组织机构；非政府组织的构成和运营范围可以是国内或国际。非政府组织不应该为其出资者或成员分配任何由活动获取的利润，但是可以用于追求它们的目标。

11.64 例如，一个全球性的非政府组织是一个大学的国际协会，其涉及的是对特定领域的研究，使用研究设备，与拥有政府成员的已有国际组织在类似的地方从事着十分相似的活动。从拥有R&D执行设备的编制国角度来看，由国际协会（全球性非政府组织）拥有的地方中心应计入国内经济中，其内部R&D执行经费应包含在国内R&D总支出中，而政府间组织应该被视为国外的一部分。

11.65 一些国家可能是某个机构协议的一部分，该协议涉及成员国与相关国际组织（如R&D的执行单位）之间的资金流动。国际组织自身也可能从事R&D。对于单个国家，国际组织是非常驻单位，属于国外，可能被归类为国外的具体子分类中。

11.66 即使同一个国家中，其他研究基础机构和组织的运营活动与国际组织的经营活动也可能非常相似。如一个非营利科学研究与测度的设备可能是由一个具有多个主权国家组成的组织制造，而另一个具有同等功能的相似设备是由大学的国际共同体或其他个人、非营利机构控制。在政府间的意义上，前者应为国际组织，后者应属于私人非营利机构（国外控制）的一部分。后者的非政府组织能对国内经济的国内R&D总支出有所贡献，但前者没有。相似标准也适用于这些组织中从事R&D的人力资源。

R&D执行者的问题——国内或国外

11.67 国际附属关系的产生不一定限定于同一部门中。例如，一个具有非营利性质甚至企业性质的国内私人研究中心可能归国外大学所有，反之亦然。在常规调查实践中，如果尝试引入具有附属关系的非常驻机构资金来源的所有可能情况，任务可能过于繁重。

11.68 第4章阐明了R&D内部支出概念及它对国内部门或国外的分配不只基于R&D执行地，还要考虑开展该研究的机构。例如，如果一个当地大学研究人员是该大学的雇员，在大学工作中，对国际组织拥有的设备上投入了一定的时间，那么与该研究人员的工资对应的成本应计入国内大学内部支出中。如果拥有该设备的国际组织出资了一些工作，或者个人可以要求双重隶属，处理起来将更为复杂，而且有重复统计的风险，所以应该严格管理。

11.69 同样如第 4 章阐释，R&D 内部支出旨在测度编制国国家领土内常驻统计单位的 R&D 执行情况，但是一些支出可能已经发生于国外。例如，R&D 内部支出可以包括：
- 维持、使用位于南极洲的永久政府研究设备所产生的成本；
- 高等教育研究人员承担一项位于编制国家之外或者是处于自己国家内的国际组织中实地调查工作而产生的成本。

11.70 在划分发生在编制国国家领土外的"内部"R&D 时，应更多地优先考虑活动的组织结构而不是活动发生的地理位置，虽然为这样的分类决定提供确切的指南非常困难，但发生在国外的内部 R&D 至少应该包括统计单位为完成自己的目标而执行的 R&D，以及统计单位为该活动投入了自己的财力和人力的 R&D。这种 R&D 必须在报告单位职责范围内产生，并且报告单位必须满足第 3 章所描述的经济常驻标准。

参考文献

Council of Europe (2007), Recommendation CM/Rec (2007) 14 of the Committee of Ministers to member states on the legal status of non-governmental organizations in Europe, Council of Europe, Strasbourg. https://wcd.coe.int/ViewDoc.jsp?id=1194609.

EC, IMF, OECD, UN and the World Bank (2009), System of National Accounts, United Nations, New York. https://unstats.un.org/unsd/nationalaccount/docs/sna2008.pdf.

EC(2012), Foreign Affiliates Statistics (FATS) Recommendations Manual, Eurostat, Luxembourg.

EC (2010), Business Registers Recommendations Manual, Eurostat, Luxembourg.

IMF(2014), Balance of Payments and International Investment Position Compilation Guide, IMF, Washington, D.C.

IMF(2009), Balance of Payments and International Investment Position Manual, Sixth Edition, IMF, Washington, D.C.

OECD(2014), Guidance on Transfer Pricing Aspects of Intangibles, OECD/G20 Base Erosion and Profit Shifting Project, OECD Publishing, Paris. DOI: http://dx.doi.org/10.1787/9789264219212-en.

OECD (2009a), Benchmark Definition of Foreign Direct Investment, 4th Edition (BD4),OECD Publishing, Paris. DOI: http://dx.doi.org/10.1787/9789264045743-en.

OECD (2009b), Handbook on Deriving Capital Measures of Intellectual Property Products, OECD Publishing, Paris. DOI: http://dx.doi.org/10.1787/9789264079205-en.

OECD(2005), Measuring globalisation: OECD Handbook on Economic Globalisation Indicators, OECD Publishing, Paris. DOI:http://dx.doi.org/10.1787/9789264108103-en.

UNECE/Eurostat/OECD (2011), The Impact of Globalisation on National Accounts, UNECE, Geneva.

UNECE/OECD (2015), Guide to Measuring Global Production, UNECA, Geneva.

UN, Eurostat, IMF, OECD, UNCTA D, UNWTO and WTO (2014), The Compilers Guide for MSITS 2010, United Nations, New York. http://unstats.un.org/unsd/trade/publications/MSITS2010_Compilers%20Guide_Unedited%20White%20Cover%20Version%20-%2012%20February%202015.pdf.

UN, Eurostat, IMF, OECD, UNCTA D, UNWTO and WTO (2011), Manual on Statistics of International Trade in Services 2010 (MSITS), United Nations, New York.

第三部分

政府支持 R&D 的测度

第 12 章
政府 R&D 预算

本章提出了一种使用政府预算数据来测度政府 R&D 资金的方法。这种基于出资者报告 R&D 的方法，涵盖了确定政府支持的 R&D 活动、测度或估算（政府）自身 R&D 活动内容的全部预算科目。这种方法的优点包括：既能够更加清晰、及时地报告以预算为基础的政府 R&D 总量，又能够将此 R&D 总量与依据社会经济目标分类表述的政策因素相关联。

本章中讨论的定义尽可能与 2014 年国际货币基金组织的《政府财政统计手册》、2008 年《国民账户体系》中规定的国际方法和准则及欧盟统计局开发的方法保持一致，如《科学计划和预算的分析比较中使用的术语》等。

12.1 引言

12.1 当前有多种方法测度政府 R&D 经费支出总量。第 4 章所提到的以执行者为基础的方法，就是对执行 R&D 的主要单位（企业、机构、大学等）进行调查，目的是确定基准年度内 R&D 内部支出资金量，进而可以识别出在 R&D 内部经费中政府出资比重（见第 4 章表 4.4）。作为国内 R&D 总支出的一部分，这些总量能够精确地测度政府对经济中内部 R&D 活动出资的资金额。此方法的缺点是：为了获取上述信息需要投入大量的时间，而且 R&D 执行者不一定将它们获得的政府资金同政策目标相联系。

12.2 测度政府 R&D 资金的另一种方法是基于出资者，这是一种补充方法，是通过使用预算数据而开发出来的。这种报告 R&D 的方法，包括识别可能支持 R&D 活动的全部预算科目及测度或估算研究内容。这种方法的优点是：能够更加明显、更加及时地报告以预算为基础的政府 R&D 总量，并且可以依据社会经济目标的分类将这些总量同政策因素相联系。

12.3 在本手册的第 3 版中首次对这种基于预算数据的方法进行了介绍，本章对其进行了详细阐述。在前一版本手册中，已经正式把基于预算的数据称为"政府 R&D 预算拨款或费用"，本版手册将使用其简称"政府 R&D 预算分配"。

12.4 本章中讨论的定义尽可能地同 2014 年国际货币基金组织的《政府财政统计手册》、2008 年《国民账户体系》中规定的国际方法和准则及欧盟统计局开发的方法相一致，如《科学计划和预算的分析比较中使用的术语》。

12.2 政府 R&D 预算的范围

与政府 R&D 预算相关的政府部门

12.5 正如第 3 章 3.5 节所提到及第 8 章所进行的详述的，政府部门包含中央（联邦）政府、区域（州）政府和地方（市）政府三部分。政府 R&D 预算统计的重点在于各层级政府指导执行的 R&D 支出情况，以及在标准预算审批程序下由预算出资的 R&D 经费。为了最大限度地降低潜在的报告负担并保证及时性，当地方政府对 R&D 的贡献不是很大或者数据不易收集时，那么这部分政府预算资金可能不包含在统计范围内。

12.6 正如在《国民账户体系》及国际货币基金组织的《政府财政统计手册》中强调的那样，中央（州）预算政府通常只是中央政府的一个单位，而中央政府包含国家行政、立法和司法权力的基本活动的部门。一般政府的这一部分通常由主要的（或一般）预算承担。中央政府预算的收入和开支的预算，通常由财政部或者具有同等功能的部门根据立法部门批准的预算进行管理和控制（国际货币基金组织，2014）。

12.7 在既定的政府层级下，部委、机构、董事会、委员会、司法机关、立法机关和其他实体等政府的组成机构，对它们所拥有的资产几乎不具备所有权及不能够承担负债或者在自己的权力范围内从事交易。通常，在运营中接受出资的实体，它们的经费将与立法机关控制的预算相一致，此类实体通常不是独立的机构，应仅视为简单的统计单位。

12.8 个体预算没有被完全纳入一般预算中的一般政府实体，通常被视为额外预算实体（见第 8 章），并包含在政府 R&D 预算测度中。不同国家对这些实体的预算处理也有很大差别，描述它们的术语也不一样，但通常被称为"额外预算资金"或者"分散机构"（国际货币基金组织，2014）。

12.9 政府 R&D 预算包括预算范围内满足政府可预见收入来源的所

有支出分配，如税收。额外预算政府实体的支出分配，只有资金是通过预算程序进行分配的，才可包含在该范围内。公共（商业）企业出资的 R&D 资金在政府 R&D 预算统计范围之外，因为这些资金是基于市场内部及预算程序之外筹集的。只有 R&D 的预算拨款与公共企业分离的特殊情况下，这部分资金才能成为政府 R&D 预算的一部分。由于支出概念在不同国家之间有很大区别，一些国家的报告基于开支费用，一些国家基于预算授权，而还有一些国家基于预算义务，因此本手册中并没有明确应当使用哪种概念，在政府 R&D 预算总量的编制中，使用哪种概念不重要，重要的是概念要一致。

政府 R&D 预算中 R&D 的定义和识别

12.10 R&D 的定义在第 2 章已经给出。正如 2008 年《国民账户体系》和 2014 年《政府财政统计手册》已指出的——政府和公共部门的核心统计框架——使用的是本手册之前版本的定义，其与本版第 2 章中给出的定义在本质上是一致的。

12.11 基础研究、应用研究和试验发展都包含在政府 R&D 预算中，但政府 R&D 预算在编制过程中并没有对其单独区分，同样地，R&D 预算数据分析包括自然科学、工程学、社会科学、人文科学和艺术。

12.12 在区分 R&D 与非 R&D 活动时，应尽可能应用第 2 章所给出的所有指南和惯例。应特别注意对正式称为"科学和技术活动""开发合同""原型购买"（已在第 2、第 4、第 7 章讨论）的预算科目中的 R&D 成分进行核查，也应特别注意对其他科学、技术和创新经费进行核查，一些国家可能在一般预算数据中将这些费用识别为 R&D 支出或与 R&D 支出相结合。

12.13 为了确定非额外预算科目中的 R&D 比例（包括执行非 R&D 以外活动的机构的非额外预算科目），政府 R&D 预算统计的编制者可能需要根据规章、制度、其他标准或共同依据所有这些标准来制定一组系数,这些系数应尽可能地与基于执行者调查 R&D 的机构报告相一致。为了促进系数的复审和更新,有关信息应尽可能对用户公开。

12.14 政府对 R&D 的预算中可能会包含 R&D 计划和项目行政成本的规定,如包括使用规划、竞争采购程序、拨款申请及项目的检查和评估。原则上,政府 R&D 预算应仅仅包括执行 R&D 的资金。然而必须承认,交付成本会成为保证资金用于 R&D 及实现政府目标的过程中不可分割的一部分,并且这些交付成本是很难分离的,尤其是在预算阶段。这是对政府支持 R&D 基于执行者和基于政府估算之间出现分歧的一个潜在来源(见第 4 章 4.4 节),因此使用可获取的信息有助于对 R&D 行政资金潜在数值的报告。

政府 R&D 预算数据中包含的 R&D 支出类型

支出类型

12.15 政府 R&D 预算原则上既包括经常性支出也包括资本性支出。政府 R&D 预算与财政统计的一个主要区别是:政府费用应当包含基于折旧的部分,而预算可能会对资本性支出进行单独报告。为了避免重复计算,在第 4 章所考虑到的对资本性支出测度的建议,同样适用于政府 R&D 预算统计。另外一个需要考虑的因素是,出资者和执行者可能在资金支出构成上持有不同的观点。

资金接收者的类型

12.16 政府 R&D 预算的对象不仅包含政府实体执行的 R&D,也包含本国经济构成的其他 3 个部门(企业部门、高等教育部门和私人非营利机构)及国外(包含国际组织)执行的 R&D。因此,政府 R&D 预算不应与政府 R&D 内部支出相混淆。正如在第 4 章和第 8 章所指出的,不一定是所有的政府 R&D 内部支出都需要政府出资。

12.17 预算分配的机构不一定是 R&D 执行部门。政府 R&D 预算的很大部分可能专门分配给那些具体负责向 R&D 执行部门或其他符合规定职责的中介机构或组织。在中央、区域及地方政府的一般预算中，可以获取预算的详细信息，因此没有必要让政府 R&D 预算数据的编制者确定资金的最终用途。相反，在政府内部或外部中介机构的预算报告中，可能会包含 R&D 财政支持最终受益者的身份等其他详细信息，这些最终受益者也可能会转包部分 R&D 活动。

12.18 许多部委和机构在其他公共或私有组织分配预算资金过程中起到一定作用。虽然不能预设政府 R&D 预算被用来报告政府下属部门的情况，但应对下面的情形予以高度关注：

- 如果已经考虑到中央政府层面的政府 R&D 预算，那么在州层面编制政府 R&D 预算时就应该去除中央（联邦）政府对区域（州）或地方（市）政府的预算分配；
- 在构建基于中央政府机构和部门单独报告的政府 R&D 预算统计数据时，要避免重复计算或漏算的风险。

政府对国外 R&D 的出资

12.19 政府 R&D 预算可能会包含对非常驻机构 R&D 的出资。政府 R&D 预算对国外 R&D 的出资资金只应包括对专门或主要涉及 R&D 活动的国际 R&D 项目或组织而贡献的资金。一般预算的长期贡献（如对国际组织或欧盟的贡献）都不应包含在政府 R&D 预算内，除非其中有一部分是具体指定用于 R&D 活动中的。在网站 http://oe.cd/frascati 中提供了一个说明性列表，列出了 R&D 水平强度高水平的国际组织，这是本手册的在线附录中的补充。第 11 章 R&D 全球化对这一主题进行了更加详细的阐述。

R&D 支持机制的类型及其对政府 R&D 预算统计数据的处理

用于政府内部 R&D 的政府资金

12.20 第 8 章介绍了在政府部门内部执行的政府支持 R&D 执行的概念。从政府 R&D 预算的统计角度来看，由政府机构执行却预计从其他来源得到出资的 R&D 预算审批是面临的主要挑战。在一些国家，这些预算审批可能包含在政府预算中，因为所涉及的机构只有政府批准才能使用这些资金（总值方法），而在其他一些国家，这些预算审批不包含在政府的预算范围中（净值方法）。在处理这些政府资金时，应当区分以下内容：

a）其他部门为政府机构进行 R&D 提供的合同或拨款，此类资金不属于政府 R&D 预算分配；

b）其他政府资金（如一般税收收入），它们同税收或其他基于预算的政府融资的地位相当，此类资金属于政府 R&D 预算分配的范畴。

12.21 根据净值原则，预计从非预算来源获得相应数量收入的预算资金，不应包含在政府 R&D 预算中。例如，如果一般预算显示政府 R&D 机构有 1000 万的总预算（其中 300 万用于外部融资的研究合同），那么仅有 700 万应当算作对机构的净预算拨款，因为 300 万用于出资者的研究合同中。

有关第三方执行 R&D 的基础设施和服务的规定

12.22 第 8 章中已经讨论了一些关于政府部门提供服务的例子，并特别讨论该服务是否属于政府内执行的 R&D。根据净值原则，由政府单位提供服务的经济成本可以通过政府预算资金得到部分补贴，因为由政府设备提供的服务的经济成本用于执行 R&D 使用者所支付任何费用或价格之间存在区别。服务的成本可能包括运营成本及资源投入到基础设施资产中资源的机会成本。在某些情况下，费用可能扩展到包含基础设施的折旧和融资成本。对于政府 R&D 预算的统计有如下建议：

- 政府收购或重建 R&D 设备的预算资金应当算作为政府 R&D 预算，并尽可能列出明细。大部分预算文件将经常投资和资本投资分开，这种类型的资本投资可能不是很详细，尤其是如果资产长期被占用和缺少可比性时（可比性的缺失是在进行比较时忽略资本投资而造成的）。

- 只要在预算范围内，基础设施的运营和维护成本、网络使用费用等，都应在现有基础上算作政府 R&D 预算。

- 为避免重复计算，如果可能的话，基础设施的折旧和融资成本不应包含在政府 R&D 预算内。出于某些目的，对这些成本进行独立报告可能会更有价值。

12.23 如果由第三方开发和（或）运营基础设施，在确定 R&D 成分和预算意图时可应用同样的规则。

R&D 服务支付

12.24 为第三方提供的 R&D 服务而进行的支付，可能会使政府获取 R&D 产出的经济和法律权利，这种权利不一定具有排他性，这相当于 R&D 服务的购买，通常将其描述为 R&D 服务合同或 R&D 购买，正如第 4 章所描述的定义一样，R&D 购买是交换活动而不是转移活动，在商业或者准商业基础上执行的 R&D 购买可能受到具体规则的限制，但只要这两种形式是预算的一部分，就应包含在政府 R&D 预算中。

12.25 R&D 合同中的支付可能包含收益和（或）补贴。支付的全部价值应算作政府 R&D 预算，即使这会凸显与基于执行者估算的差异，基于执行者估算在原则上不包括利润部分。对包含或预设 R&D 活动的货物和服务的支付，不应算作政府 R&D 预算，除非能够从预算中识别并分离 R&D 成分，并具体支付款项专门用于 R&D 成分的交付。

R&D 补助金

12.26 政府可以为企业或其他类型的组织提供研发资金，而不需要任何有关项目成果/产出的重要权利，也不需要指定任何产品和服务作为其提供资金的要求。这些交易是转移支付，并且通常被描述为 R&D 津贴或补助金。正式协议中可能会支持这样的补助协议，这些补助协议中把可预见的重要阶段和交付物作为付款条件，如果条件不满足，所赠金额应被退回。只要补助金在预算之内，就属于政府 R&D 预算之内，所提供的补助金可用于支付运营和资本性支出。为了交付服务，或获取基础设施，或向 R&D 执行者转移资本资产，政府也可能为其他部门的单位提供补助。

12.27 一般大学资金是政府 R&D 转移机制的特殊形式。因为高等教育机构（HEIs）在使用从政府获得的一揽子拨款方面有很大程度上的自主权，所以一般大学资金（见第 4 章和第 9 章）是应用于 R&D 统计直接支持规则的一种例外情况。另外，这些一揽子资金（经常为大部分）通常发生在政府和由政府部分控制的高等教育机构之间的交易中，因此很自然地把它看作直接出资。在有些国家，政府可能提供类似于一般大学资金的整笔或机制性资金，有些情况下资金可能会提供给高等教育部门之外的机构，这些受助机构可以但不一定把这些资金投入到 R&D 中。能够包含在政府 R&D 预算中的整笔或机制性资金的唯一类型是应用这些资金的国家的一般大学资金。

12.28 实践中，预算文件本身并不是一般大学资金中识别 R&D 成分所需的细节和信息。调查信息或许需要提供在政府 R&D 预算中加以报告的一般大学资金的精确估算信息，这反过来会大大降低政府 R&D 预算数据的及时性。正如本章 12.3 节所述，应避免这样的延误。

支持 R&D 的金融投资

12.29 政府为各部门执行 R&D 活动提供贷款或等额出资，这种支持类型需要以对未来要求付款的形式对用于财政资产的资金进行交换，尤其是不确定的现金流。政府也可能承担一些由第三方提供出资所引发的风险，并且可能会（或不会）要求全额（或部分）费用的补偿。

12.30 第 4 章引言中基于执行者的报告将这些财政投资视为执行者的内部资源，而政府 R&D 预算统计数据必须说明政府倾向记录这些交易的预算影响，特别取决于核算原则基于资源还是基于现金的会计准则。在预算中经常使用估算的等价成本（考虑风险因素）来考虑资源需求，但这些可能需要复杂的计算和需要随时间修订的重要假设（见第 13 章）。

12.31 为了实现 R&D 统计，特别是政府 R&D 预算统计的目的，制定一个内部一致的、可获取数据源支持的且具有充分国际可比性的基本报告准则，具有很大的挑战。在为 R&D 申请贷款时，鉴于风险性，政府可能不会或者不希望要求付回全额。如果预计可能付回全额，就需要使用净值方法获取转移的预期价值，当这一要素具有经济显著性并且包含在预算中的时候，那么它也应包含在政府 R&D 预算中。只有基于预期净值和转移成分的基础上，政府 R&D 预算才应当包含贷款和其他潜在的有偿借款。

12.32 债务减免在政府统计中以转移资本名义记录，而这种转移资本是债务人在债务减免生效的协议中可以从债权人处获取。在与 R&D 相关贷款中，政府 R&D 预算应该将这些贷款分开记录，因为事后减免转移并不代表实际的 R&D 出资。同理，不应把偿还金额视为负向预算资金。

12.33 R&D 项目的股权投资，包括行业中新入股合资企业的股权条款，不应计入应用预期净值原则的政府 R&D 预算中。预期净值原则是指政府以所有权的形式从未来的利润中获取金融资产回报。出于实际考虑，国家可能希望对这类股权和贷款投资的价值单独进行报告。

R&D 贷款担保

12.34 出于实际考虑，不太可能识别政府担保投资中的 R&D 成分，所以不能把贷款担保计入政府 R&D 预算中。当 R&D 项目直接使用贷款担保融资时，大多数政府可能在资产负债表之外记录"或有负债"，并在预算成本的核算中加以区分，潜在地为数据公开制定规定。关键时刻，为贷款担保或其他债务资金提供资源，借方向贷方支付的资金利息应当算作直接出资资金计入政府 R&D 预算中，而预算过程中把这部分利息视为经费支出。按照之前较为宽松的政策，政府为担保需要所支付的资金不计入政府 R&D 预算中。

R&D 支出的税收减免

12.35 某些情况下，许多政府对企业及其他单位执行的 R&D 实行较为宽松的税收政策，政府可能不收取它们当前或未来的税费，当这些单位的纳税义务不足以抵消税收减免权利时，政府会直接把资金转移到这些单位中。企业 R&D 支出的税收减免是 R&D 补贴的一种形式，它通过税收系统进行执行旨在减少 R&D 投资的经济成本（见第 13 章对这种 R&D 税收减免可能性的系统描述）。

12.36 为 R&D 支出提供税收减免的成本可能是预算的一部分或特殊部分，该部分用于描述预算范围内的不可控预算支出和调整收入，但也存在其他情况。政府可能为这样的活动设立专项预算资金，用于事后调整实际支出以符合可用预算，或者政府基于需求原则对所有符合资格的单位提供税收减免。正如第 13 章所述，为了达到本手册的目的，政府放弃的税收及实际支付给企业的大量资金都视为税收补贴，但这些信息并不总是在预算文件中可以获取。

12.37 鉴于这些潜在差距，出于国际报告的目的，建议在统计政府预算时，不包含任何形式的税收减免。当政府部门确实认为税收减免是其预算中的必要部分时，那么应当列出预算的适当明细，以防用户在估算 R&D 税收减免时出错，R&D 税收减免是按照第 13 章提供的指导，运用政府 R&D 预算估算进行编制的。政府 R&D 预算估算包括了一些有关税收减免的具体预算支出形式。说明性的报告模板见表 12.2。

其他间接支持

12.38 在政府间接支持某一经济领域内的 R&D 执行和出资方面，还存在一些其他机制，由于缺少这种支持类型的分配货币价值的经验证的方法论（特别是在国际比较中），因此间接支持不应当计入政府 R&D 预算的估算中。

12.3 政府 R&D 预算数据来源和估算

出资资金和基于执行者的报告

12.39 正如本章 12.1 节及第 4 章、第 9 章所述，政府出资的 R&D 经费既可以由政府当局提供的出资来源（资金）报告，也可以由实际执行 R&D 的机构单位报告。一般来说，为了同国内 R&D 总支出的估算保持一致，本手册建议采用第二种方法，但为了达到及时收集社会经济分类资金数据的既定目标，政府 R&D 预算应该从资金的出资者而不是执行者处收集数据。

预算数据的来源

12.40 通过分析政府支出可以确定立法机关投票表决的时间、财政审批部门支付资金的时间、各部门确定特定任务的时间、交付时间、支付次序及支付支票的时间。虽然下文给出了指导建议，但因为每个国家的支出概念不同，因此本手册没有规定必须使用哪种支出概念。但无论使用哪种概念，最重要的是要同政府 R&D 预算总量的编制保持一致。

常规模式

12.41 尽管不同国家具体的预算程序有所不同，但一般都包含以下 7 个阶段。

（1）预测（在预算讨论开始之前进行预算估算）。

（2）预算预测（各部委要求的初步数据，特别是用于部委之间讨论的数据）。

（3）预算提案（提交议会的下一年度所需数据）。

（4）初始预算拨款（议会投票通过的下一年度所需数据，包括在议会讨论中所提要改变的数据）。在这种情况下，拨款的定义是拨出款项或其他资源用于立法机关授权用于某一特定方案或项目等特定目的的行为。

（5）最终预算拨款（议会投票通过的下一年度所需数据，包括本年内的补充决议）。

（6）债务（本年度实际确定的资金）。

（7）在账户内应计或以现金/货币实际支付的支出。

12.42 第 1~第 4 阶段描述了政府 R&D 支出的意愿。t 年份的预算数据应该尽可能在 $t-1$ 年份的年底得到。建议政府 R&D 预算应该基于政府和议会达成一致的第 4 阶段最初预算数据。一些国家甚至可能以它们在第 3 阶段的初始数据为基础。由于初始意向数据报告可能太过宽泛而不能确定 R&D 内容和具体目标，因此可能需要一些估算形式或者使用具体假设，如 R&D 预算的增长将与可识别的预算类别的增加相匹配这样的具体假设，但是这可能会导致后续年度的重大修订。

12.43 预算年度内由投票选出的补充预算，包括 R&D 资金的增加、减少和再分配，这些在第 5 阶段会得以反映。在预算年度年末应尽可能快地提供可使用数据。本手册建议最终的政府 R&D 预算数据应基于最终的预算拨款，而有些国家可能需要基于第 6 阶段或第 7 阶段的数据来确定最终的政府 R&D 预算数据，这些数据可以通过收付实现制或权责发生制获取。收付实现制记录的交易发生在现金收到或支出之时，权责发生制记录的交易发生在活动（决定）产生收入或消耗资源之时，而不管现金何时收入或支出。预算拨款可能会出现剩余，没有分配给任何用途的现金储备也可能存在分配不平衡。本手册建议政府 R&D 预算的报告不应以第 6 阶段或第 7 阶段的数据为基础。

拨款结转

12.44 在一些国家，政府把上一年度的大笔资金结转到下一年度是一种预算处理惯例，有时把这笔资金计入后继年度经批准的拨款总额中。在某一年度或几个年度都有预算的多年度项目应按政府 R&D 预算拨款或决算编制的年份分配，而不是其执行的年份。在某个时期审批的但在若干年后才进行预算的多年度项目，应按其预算年份而不是审批年份进行分配。

超出预算程序的债务和支出的数据来源

12.45 对于很多国家来说，使用政府单位的延伸调查来测度 R&D 执行和出资是一种惯例，其中政府单位包括政府代理机构和部委。使用这种延伸调查的潜在原因是：能够得到比一般性预算文件内容更详细的信息，如确定预算项目的 R&D 资金、其性质和其他相关政策信息。

12.46 当需要采取措施以避免资金重复计算带来的潜在风险时，除了要注意额外数据收集的资源影响，还要避免时效性的严重下降。这适用于资源从部委流向内部中介机构的情况，这些中介机构将资金按顺序转移到其他中介机构或执行机构。从国际角度来看，为使预算数据完整，对变量更加深入的调查可能会导致很难形成可对比的数据，特别是只在高水平预算项目中反映 R&D 的国家，与那些对预算科目内支出条款做深入研究的国家。

12.47 正如第 8 章所述，为提供更完整精确的数据，虽然不同国家采用的各种方法与本手册的指南相违背，但也可以使用这样的调查。如果使用这样的调查，应形成完备数据，并且不能与政府 R&D 预算的及时性和国际可比性相冲突。

12.48 大量的政府 R&D 预算数据不能在充分及时性的基础上满足最初的数据要求标准（如在 $t-1$ 年公布 t 年的估计数）。例如：

- 可能不能获取在地方政府层面上的估算。要得到区域（州）水平的或地方（市级的）政府层面上的预算数据，需要更多的努力，并且这也会推迟最终的编制时间。
- 将公共一般大学资金与政府 R&D 预算相结合（见第 4 章和第 9 章），可能需要根据高等教育部门的调查数据进行估算。
- 在一般性预算科目中应用最新的系数，可能需要代理机构层面的数据，关于如何在实际中使用这些资金的数据。

12.49 总之，在及时性方面，建议当没有其他选择时，初期估算可能推算出来。例如，运用某一个重要成分的已知增长率，如 R&D 的中央 / 联邦预算的增长率，从最新的可用估算数中推算出政府 R&D 预算水平。这一实践应该通过持续评估一级指标，追踪政府 R&D 预算系列增长率来得到验证。统计数据的使用者应当做好处理潜在数据修订工作的准备，因为这在其他统计领域是非常普遍的。对初期数据的修订工作虽然不是必要的，但却有很大帮助，并且与政策高度相关。前瞻性的估算包括依据社会经济目标对政府 R&D 预算进行的分类。

12.4 社会经济目标分类

分类标准

目标或内容

12.50 运用恰当的社会经济目标（SEO）分类有可能对政府 R&D 预算进行分类，依据是 R&D 计划或项目的一般知识内容或依据 R&D 计划或项目的目的（目标）。然而，确定 R&D 的内容，并恰当解释这些内容与项目目标的相关性，存在一定的困难。这两种概念（指的是 R&D 内容和项目目的）的区别可用以下例子来说明：

一项完全由国防部出资，为军事作战提供远程动力而进行的燃料电池开发项目：R&D 内容可能是工程和技术领域，并且与"能源"总体目标相关，但其主要目标是"国防"。

12.51 在政府 R&D 预算的情况下，从政府对 R&D 的政策目标角度看，主要目标更为重要。情况也是如此，主要目标的信息至少是受到执行者保护的，为基于预算数据使用这一标准提供了一个实例。因此，建议在收集和分配预算数据时，原则上应使用主要目标法。

12.52 尽管政府支持的一些 R&D 项目只有一个目的，但是其他项目可能有许多相互依存的或共同追求的目标。例如，一国政府最初投资一个航空项目可能出于军事目的，但同时也可能通过航空工业来鼓励出口，甚至是为了支持将其副产品用于民用航空。在国家信息系统中能够记录多个目标。然而，在递交给国际组织的报告中，R&D 应根据它的主要目标来归类。

主要目标的确定

12.53 针对社会经济目标的 R&D 预算分配，应该在最能准确反映出资单位目标的层次上进行。实际报告层次的选择取决于实际的可能性。

一笔拨款可能全部分配给某个 R&D 执行单位或 R&D 出资单位。某些情况下，可以获取在计划或项目层面上的信息。

政府 R&D 预算的分类

12.54 分类建议列表在表 12.1 中给出并将在下文中予以解释。分类建议依据欧盟统计局为一级用于分析与比较一级的科学计划和预算采用的欧洲联盟分类。1969 年建立《科学计划和预算的分析比较中使用的术语》，并在 2007 年进行了最新修订（欧盟统计局，2008）。虽然并不是所有的国家都使用《科学计划和预算的分析比较中使用的术语》，但在向经合组织报告时应当保持系统命名列表和本手册的一致性，即使国家出于生成本国的政府 R&D 预算编制或同等的编辑考虑，而使用它们自己的分类标准。

12.55 原则上，由于受到可用信息的制约，应将所有预算科目都可以分配到社会经济的次级目标中，以获得更完整的统计。这种方法能为敏感性分析、具体目标的多国纵向比较，提供一个有用的信息来源。报告次级目标的潜在风险是：分配到各个目标的资金的比较，可能不能充分地解释这种多样性。

社会经济目标（SEO）

地球的探索与开发

12.56 这一类别所投入的 R&D 的资金，其目标与地球的地壳和地幔、海洋和大气等相关，以及它们开发利用的 R&D 的资金，它还包括气候和气象研究、极地勘探和水文研究，但不包括土壤改良（社会经济目标 4）、土地利用或渔业（社会经济目标 8）、污染（社会经济目标 2）相关的 R&D。

环境

12.57 这一类别涉及的是旨在提升污染治理的 R&D，包括识别和分析污染源及成因和所有的污染物质，其中包括它们在环境中的扩散和对人类、物种（动物、植物、微生物）和生物圈的影响。各种污染检测设备的开发也包括在内，用于清除和预防所有环境中的各种形式污染的 R&D 也同样包含在内。

表 12.1　政府 R&D 预算的社会经济目标分类

（基于 2007 年《科学计划和预算的分析比较中使用的术语》）

章节编号	R&D 社会经济目标的《科学计划和预算的分析比较中使用的术语》类别	建议的子类别
1	地球的探索与开发	
2	环境	
3	空间的探索与开发	
4	交通、通信和其他基础设施	
5	能源	
6	工业生产与技术	
7	健康	
8	农业	
9	教育	
10	文化、娱乐、宗教和大众传媒	
11	政策和社会体制，结构和进程	
12	知识的总体发展：由一般大学资金出资的 R&D	12.1 自然科学的 R&D 12.2 工程学的 R&D 12.3 医学的 R&D 12.4 农业学的 R&D 12.5 社会科学的 R&D 12.6 人类学的 R&D[1]

续表

章节编号	R&D 社会经济目标的《科学计划和预算的分析比较中使用的术语》类别	建议的子类别
13	知识的总体发展：由一般大学以外的其他来源出资的 R&D	13.1 自然科学的 R&D 13.2 工程学的 R&D 13.3 医学的 R&D 13.4 农业学的 R&D 13.5 社会科学的 R&D 13.6 人类学的 R&D[1]
14	国防	

注：建议修订和更新分类。

1. 将艺术学包含在内。

来源：欧盟统计局，可访问 http://oe.cd/seo。

空间的探索与开发

12.58 这一类别涉及与太空科学探测、太空实验室、太空旅行、发射系统相关的民用空间 R&D。国防领域的相关研究归类在社会经济目标 14 中。尽管民用空间研究通常不与特定目标相关，但是它常常都有一个明确目的，如知识进步（如天文学），或与特定用途（如通信卫星和地球观测）有关，而且这样的分类可以促进拥有重大空间项目的国家进行报告，本部分中不包括与国防目的相关的 R&D。

运输、通信和其他基础设施

12.59 这一类别涉及基础设施与土地开发的 R&D，包括建筑物结构。更宽泛地说，这一类别涉及所有与土地利用总体规划有关的 R&D，包括在城镇和农村规划中免受有害因素影响的 R&D，但不包括对其他类型污染进行的研究（社会经济目标 2）。此类别还包含与运输系统、通信系统、土地利用的总体规划、建筑建造和规划、土木工程和供水系统相关的 R&D。

能源

12.60 这一类别包括对各种能源的生产、储存、运输、分配和合理利用而进行的 R&D，它也包括对提高能源生产及分配效率流程的研究及节约能源的 R&D。它不包括与勘探相关的 R&D（社会经济目标 1）及有关车辆和发动机的 R&D（社会经济目标 6）。对本手册定义的"能源 R&D"构成的进一步解释见专栏 12.1。

专栏 12.1 能源的政府 R&D 预算和国际能源署研究、发展与示范数据之间的差异

由经合组织委员会科学、技术和创新司收集并发表的一系列数据，以及其他国际或国家组织为政府 R&D 预算收集并发表的数据，这些数据在本手册的指南下进行编制，不应该和经合组织的国际能源署（IEA）收集与发布的特殊系列数据相混淆。经合组织的国际能源署是一个更广泛的概念，包含能源研究、发展和示范支出或"研究、发展与示范"（RD&D）。

国际能源署的能源研究、发展与示范概念和《弗拉斯卡蒂手册》的 R&D 概念的差异在于：①注重与能源相关的项目；②包括所有类型的"示范项目"；③包括国有企业。由于示范项目通常是新技术开发的重要部分，因此国际能源署在收集 R&D 预算数据时包含了示范项目，是因为示范项目通常是新技术开发的重要部分。项目的产出可能是不确定的，而且存在风险因素，这种风险对于私有部门来说太高而不能独自承担（国际能源署，2011）。

国际能源署将示范项目定义为在商业规模或接近商业规模上对技术原型的设计、构建和运营，其目的在于为企业家、金融学家、管理者、政策制定者提供有关技术、经济和环境信息。在 R&D 中收

集有关示范资金的信息并单独列明。

国际能源署的研究、发展与示范数据的种类和范畴比社会经济目标5要更宽泛，因为它包括了关注于以下内容的所有项目：①采购能源；②运输能源；③利用能源；④提升能源效率。这包括了涉及以下能源相关发展的7个主要分支的所有研究、发展与示范项目，这也在国际能源署统计范围内，它们是：①能源效率；②矿物燃料（石油、天然气、煤）；③可再生能源；④核裂变和核聚变能源；⑤氢能源和燃料电池；⑥其他能源和存储技术；⑦其他跨领域技术或研究。

资料来源：国际能源总署（2011），访问 www.iea.org/stats/RDD%20Manual.pdf。

工业生产与技术

12.61 这一类别研究涉及提高工业生产与技术的 R&D。它包括对工业产品及其生产工艺的 R&D，但作为实现其他目标（如国防、太空、能源、农业）的组成部分的 R&D 除外。

健康

12.62 这一类别的 R&D 旨在保护、改善和恢复人类健康，广义上还包括营养健康与食品卫生两个方面。从预防医学（包括用于个人和群体的药物及外科治疗、医院和家庭护理）到社会医学、儿科和老年医学的 R&D，都应包括在内。

农业

12.63 这一类别包括所有为提高农业、林业、渔业和粮食生产而进行的 R&D，或是旨在深化有关化肥、杀虫剂、生物害虫防治和农业机械化的知识而进行的 R&D，以及关注农业和林业活动对环境影响的 R&D，它还包括旨在提高粮食产量、发展技术等领域的 R&D。但它不包括减少污染的 R&D（社会经济目标 2），农村地区发展、建筑结构和规划、改善农村休闲娱乐设施、农用水供应的 R&D（社会经济目标 4），节能监测 R&D（社会经济目标 5），食品行业 R&D（社会经济目标 8）。

教育

12.64 这一类别包括旨在支持一般或者特殊教育的 R&D，包括培训、教育学、教学法，以及对特殊天赋的人或有学习障碍的人的针对性方法。这一目标适用于各层级的教育，从学前班、小学到高等教育和辅助教育服务。

文化、娱乐、宗教和大众传媒

12.65 这一类别包括旨在提升对与文化活动、宗教和娱乐活动有关的社会现象理解的 R&D，以便界定这些社会现象对社会、种族和文化整合及这些领域中社会文化变迁的影响。"文化"这一概念涉及了科学社会学、宗教、艺术、运动和休闲，同时还特别涉及媒体的 R&D，如语言和社会融合、图书馆学和档案学及对外文化政策。

12.66 这一类别还包括与以下方面相关的 R&D：娱乐和体育服务、文化服务、广播和出版服务、宗教服务和其他社区服务。

政治和社会体制，结构和进程

12.67 这一类别包括 R&D 旨在改善对社会政策结构、公共管理问题和经济政策、区域研究和多层次治理、社会变革、社会进程和社会冲突、社会保障和社会救助系统的发展及工作组织的社会方面的理解和支持。这一类别也包括与关于性别的社会研究相关的 R&D，包括歧视和类似问题；消除当地、国家及国际层次的地区贫困的方法；保护社会层面的特殊人群保护相关的 R&D（移民、罪犯、辍学儿童等），在社会学层面上的特殊人群，关于他们的生活方式(年轻人、成年人、退休人员、残疾人等)

和经济层面（消费者、农民、渔民、旷工和失业者等）；与对社会的突然变化（自然的、技术的或社会的）提供社会救助方法相关的 R&D。

12.68 本类社会经济目标不包括与以下方面相关的 R&D：工业卫生、组织和社会媒体视角下的社区卫生控制、工作场所的环境污染、工业事故的预防及造成工业事故的医疗方面（社会经济目标 7）。

知识的总体发展：以一般大学资金出资的 R&D

12.69 当按"目的"来报告政府 R&D 预算时，根据惯例，这一类别应包括来自教育部门一般性拨款所出资的所有 R&D 项目，尽管在某些国家中，许多这样的项目可能还与其他目标有关。由于存在获取合适数据及数据可比性问题，这一惯例已经被采用。为了防止这一分类变成大类、不详细的分类条目，建议按照研究与发展的一级领域进行补充分类。

知识的总体发展：由一般大学以外的其他来源出资的 R&D

12.70 这一类别包括所有用于 R&D 的预算，但这里的 R&D 不服务于某一个目标，而且是由一般大学资金之外的进行出资。在这种情况下，同样也建议根据研究与发展的一级领域进行补充分类。

国防

12.71 这一类别指用于军事目的的 R&D。它也包括由国防部门出资的基础研究和核能与空间研究。由国防部门出资的民用研究，如气象、电信和卫生领域，应划分在与其相关的社会经济目标类别中。

12.5 政府 R&D 预算的其他分类方式

按政府职能分类

12.72 政府职能的分类已在第 8 章进行了介绍。政府职能的分类是一种按职能对政府支出进行分类的方法［见本手册的在线附录（http://oe.cd/frascati）］。该分类的一级标题与 R&D 使用的《科学计划和预算的分析比较中使用的术语》分类非常类似。本手册不建议在政府 R&D 预算估算中使用政府职能的分类法，因为该分类并不是描述 R&D 支出的最佳选择，也与本手册中对 R&D 的定义不一致，而且它在世界范围的应用仍然相当有限，近期内用于政府 R&D 预算的试验对照表可能会有一定的作用。只要可能，建议统计机构整理出基于政府职能分类的政府支出估算与基于政府 R&D 预算中的政府支出估算两者之间的可观测差异，以便用户可以获取相应的信息。

R&D 筹资模式

12.73 近几年提出了政府 R&D 预算及其前身的其他分类，以此响应政策关注政府直接支持 R&D 的本质。例如：

- 按资金目的、机构部门划分政府 R&D 预算，也包括国外。有关国外的政府 R&D 预算信息不能从国内 R&D 执行者的国家调查中收集。
- 按融资模式划分政府 R&D 预算，这取决于资金是否分配于项目、计划或机构的基础上进行分配。许多用户对根据竞争标准对政府出资进行分类感兴趣（竞争标准在项目层次和机构层次都适用）。
- 按政策工具类型划分政府 R&D 预算，如内部 R&D 的出资资金以外的采购合同和补助金。
- 按政府组织的水平和类型划分政府 R&D 预算。
- 此外，欧盟委员会收集"跨国合作 R&D 的国家公共资金"的数据收集，包括：

※ 国家对跨国公共 R&D 执行者的贡献；
※ 国家对欧洲跨国公共 R&D 项目的贡献；
※ 国家对欧盟成员国之间建立的双边或多边公共 R&D 项目的贡献。

12.74 最近收集实验数据的经验表明，目前只有有限数量的国家能够在预算数据的基础上提供大多数的指标数据。这意味着必须从各部委、代理机构和档案管理处收集更加详细的信息。尽管它有潜在的用途，但是本手册不能建议通过政府 R&D 预算框架收集此类信息。对此类数据感兴趣的国家可以通过使用政府实体的调查来满足需求，如第 8 章所述，扩展政府部门内已知 R&D 执行者以外的范围。

12.6 政府 R&D 预算数据的使用

12.75 原则上政府 R&D 预算数据的生成有两个主要目标：为政府 R&D 预算提供及时信息；在社会经济目标基础上为如何分配资金而提供一致的描述。

政府 R&D 预算和国内 R&D 总支出数据的主要差异

12.76 政府 R&D 预算的使用者常常发现并很难理解政府 R&D 预算总量（基于出资者的方法）与政府出资的国内 R&D 总支出（基于执行者的方法）之间的区别。报告总量数据的差异源于数据特性的差异。

总体差异

12.77 原则上，政府 R&D 预算数据和国内 R&D 总支出数据应该基于相同的 R&D 定义和范围，涵盖了各个知识领域的 R&D，并由经常性支出和资本性支出组成，但这两个系统在很多方面都有差异。

- 政府出资的国内 R&D 总支出及其目标数据以 R&D 执行者的报告为基础，然而政府 R&D 预算数据则以出资单位的报告为基础，而且原则上是基于预算数据。执行者可能会对相关 R&D 项目的内容或相关活动有不同或是更准确的认识，但也可能会低估政府的全力支持。

- 执行者对所关注的项目目标的理解可能与出资者有很大不同，特别是对从一揽子拨款中获取的 R&D 出资资金的理解（如一般大学资金），在报告此分类的国家中,这部分资金应在国内R&D总支出中按目标进行划分。

- 对于一般大学资金的测度,可能从 R&D 执行者(国内 R&D 总支出内)与在政府 R&D 预算中测度的结果可能存在差异。例如,中央政府向大学提供 100 个货币单位的一揽子拨款,其中,30 个货币单位依据科学的与 R&D 高度相关的标准进行分配,而剩余部分依据学生数量和教育成本分配。当收到这样的拨款后,大学可能依据研究、教育或其他合法目的自由地分配这 100 个货币单位。最后它们可能选择第一年向 R&D 分配 40 个货币单位,下一年分配 20 个货币单位。在某些情况下,按政府 R&D 预算测度的一般大学资金可能报告为 30 个货币单位,但是基于高等教育 R&D 总支出的一般大学资金测量可能是 40 个(或 20 个)单位。在任何情况下,按政府 R&D 预算测度的一般大学资金无论如何都不会报告为 100 个货币单位,因为这会明显高于预期提供给 R&D 的预算支持数量。

- 基于预算的测度也可能包括为利润和日常管理费用提供的资金,而利润和日常管理费用不包含在 R&D 执行测度中。

- 基于国内 R&D 总支出的测度仅包含由常驻单位执行的 R&D,而政府 R&D 预算也包括外国执行者(包括国际组织)的支出。差异的产生也可能是因为所采用的参考期间有所不同(日历年度或财政年度),或者是因为拨款可能一直无法实现,也可能是因为拨款和执行 R&D 之间存在时间差。

- 政府出资的国内 R&D 总支出的估算应当包括中央(联邦)政府、区域(州)政府、地方(市)政府出资的 R&D,但是政府 R&D 预算不包括地方(市)政府,而且不是所有国家都报告,或者可以报告区域(州)水平的数据。

政府 R&D 预算报告和指标

12.78 表 12.2 展示了政府 R&D 预算数据报告的指示模板。这个模板强调了及时报告政府 R&D 预算总量的重要性，并预测基于相关预算类别进行估算的可能性。推迟获取一般大学资金数据可能会对不包含一般大学资金的政府 R&D 预算先期报告时间点产生影响，这些先期报告数据可能作为政府 R&D 预算整体增长的指标。

表 12.2　政府 R&D 预算报告的指示模板

主要类别	子类		年度				
			$t-\cdots$	$t-2$	$t-1$	t	$t+1$
总 GBARD			✓	✓	✓	✓ p	✓ e
			✓	✓	✓	✓ p	✓ e
不包含 GUF 的 GBARD	SEO1		✓	✓	✓	✓ p/e	
	SEO2		✓	✓	✓	✓ p/e	
	…		✓	✓	✓	✓ p/e	
	SEO11		✓	✓	✓	✓ p/e	
	SEO13	总体	✓	✓	✓	✓ p/e	
		按 FORD 的一级标题进行分类					
	SEO14		✓	✓	✓	✓ p/e	
GUF GBARD	SEO12	总体	✓	✓	✓	✓ p/e	
		按 FORD 的一级标题进行分类					
可选分类和相关备注项							
资本	R&D 资本资金		✓	✓	✓	✓	✓
	R&D 折旧资金						
政府层级	中央／联邦政府						
	区域／州政府		✓	✓	✓	✓	
通过税收减免分配的预算资金	不从总 GBARD 中分离						
	从总 GBARD 中分离						
筹资模式							

注：GBARD：政府 R&D 预算；GUF：一般大学资金；FORD：研究与发展领域；SEO：社会经济目标；p：准备工作；e：估算；✓ 代表优先信息。

12.79　这个表格也指出了按研究与发展领域划分的社会经济目标 12

和社会经济目标 13，逐条记载了与资本有关的内容、政府层级及包含在政府 R&D 预算估算中或不包含在政府 R&D 预算估算中但在预算中报告的潜在税收减免，而后者的估算需要进一步整合预算数据并避免 R&D 税收减免估算（遵循第 13 章中的指南）的重复计算，以及对政府财政支持 R&D 更加完整的表述。

参考文献

EC, IMF, OECD, UN and the World Bank (2009), System of National Accounts, United Nations, New York. https://unstats.un.org/unsd/nationalaccount/docs/sna2008.pdf.

Eurostat (2008), Nomenclature for the Analysis and Comparison of Scientific Programmes and Budgets (NABS), Comparison between NABS 2007 and NABS 1992, Eurostat, Luxembourg. www.oecd.org/science/inno/43299905.pdf.

International Energy Agency (2011), IEA Guide to Reporting Energy RD&D Budget/Expenditure Statistics, IEA/OECD Publishing, Paris. www.iea.org/stats/RDD%20Manual.pdf.

International Monetary Fund (2014), Government Finance Statistics (GFS) Manual, Prepublication Draft, IMF, Washington, DC. www.imf.org/external/np/sta/gfsm/.

第 13 章
政府 R&D 税收减免的测度

许多国家的政府为 R&D 提供税收支持，旨在通过对符合条件的 R&D 支出尤其是企业给予优惠的税收待遇，以推动经济领域中的 R&D 投入。税收支出是复杂的测度目标，而且并不是所有的统计系统都单独获取各类税收减免措施。在补充报告中报告此类税收支持，将会促进透明度的提升及国际对比的平衡。为了回应对解决本手册先前版本中这一问题感兴趣的用户和执行者，本章对政府通过税收激励支持 R&D 的报告提供指导，这种指导基于从经合组织收集的一系列探索性数据中所累积的经验。由于本章中提出的指导具有新颖性，在本手册出版之后，可能会有进一步改进相关测度的说明。

13.1 引言

13.1 许多国家的政府为 R&D 活动提供税收支持，旨在通过对符合条件的 R&D 支出给予税收优惠，尤其是企业，以推动经济领域中对 R&D 的出资。政府会在国家层级和一些地方层级提供这种支持。税收支出是复杂的测度对象，而且并不是所有的统计系统都能分别涵盖各类税收减免措施。然而，由于政府 R&D 税收减免的政策目标可能也会通过补助金或其他直接支出方式实现，因此普遍认为在补充报告中报告这种税收支持，将会促进透明度的提升和国际对比的平衡。

13.2 为了回应对解决本手册先前版本中这一问题感兴趣的用户和执行者，本章对政府通过税收激励支持 R&D 提供指导，这有助于政府 R&D 税收减免（GTARD）国际可比性指标的建立，这种指导基于从经合组织收集的一系列探索性数据中所累积的经验，而这些经合组织数据包括了 2007 年以来的数据收集及 20 世纪 90 年代的早期成果，它们也尽可能与经合组织标准规定（经合组织，2010）和一般的统计规则（欧洲委员会，2009；国际货币基金组织，2014）相一致。

13.3 虽然 R&D 税收支出与第 12 章提到的政府 R&D 预算（GBARD）存在一些共同点，但本手册建议应当对政府 R&D 税收减免单独进行测度，因为只有这样才能综合展示所有的 R&D 统计数据，尤其是便于国际比较。为了生成政府对 R&D 的整体财政支持指标，政府 R&D 税收减免指标可以适当与政府 R&D 预算指标相结合，从而生成政府对 R&D 的整体财政支持的指标，在直接支持与基于税收支持的相对重要性方面，该指标会随时间逐渐增强。而这些估算与基于执行者的统计数据相比，可能准确性相对低且缺少国际可比性（因为它们来源于预算和其他政府），但是它们可能更加及时全面，而且能为达成政府意愿及实际财政工作提供信息。

13.4 由于本章中提出的指导很新颖，因此在本手册出版之后，相关的测度会改进。数据的提供者和使用者可参考本手册在线附录（http://oe.cd/frascati），以便查询不包含在本版本手册中的任何最新内容。

13.2 R&D 支出的税收减免

税收减免和税收支出

13.5 税收减免是一种用来减少机构单位纳税额的奖励措施，这些机构单位包括企业或其他需要缴纳不同税种的组织（国际货币基金组织，2014；欧洲委员会，2009）。机构所能减少纳税义务的程度，与基准期内符合条件的 R&D 支出数量有关。本手册对这种类型的减免定义为：R&D 支出的税收减免，以及把投入到此方面的财政资源（放弃的收益和追加的支出）定义为 R&D 税收支出。

13.6 通常，税收减免一般采取税收津贴、豁免、减税或税收抵免的形式。税收津贴、豁免和减税在纳税义务履行之前从基础税收中扣除——在计算税收之前减少纳税额。例如，在 R&D 特殊税收津贴的情况下，R&D 支出的货币单位可以通过多种因素从应纳税所得额中扣除。可使用公司所得税的简化公式来表述：

税后利润 =（1- 税率）×（收入 - 其他扣除费用 - 税收津贴因素 × 符合条件的 R&D 支出）。

13.7 税收抵免是在履行纳税义务后，从受益单位的应纳税额中直接扣除（国际货币基金组织，2014），可以用一个公式简单表述如下：

税后利润 =（1- 税率）×（收入 - 所有免税金额）+ 税收抵免率 × 符合条件的 R&D 支出。

13.8 税收抵免可以是可支付的也可以是不可支付的。在可支付的税收抵免系统中，当税收抵免超出应纳税额时，超出数额可能全部或部分支付给受益人。不管受益人的纳税情况如何，都可能获取可支付的抵免税额。相反，不可支付的税收抵免（有时称为"多余的抵免"）最多只限于纳税人的纳税义务金额。当税收抵免是不可支付时，可能允许纳税人未来将未申报的款项进行结转。

13.9 津贴、豁免和减税也可能会超出纳税人的应纳税额。在这种情况下，有关规定可能批准将超额部分转换成可支付或可退还的减免，或者在正常或特殊的条件下，能够将其结转（向前一个年度或向后一个年度）。同样的处理情况适用于未使用的不可支付的税收抵免。

政府 R&D 税收减免成本测度的具体挑战

13.10 在 R&D 补贴或采购背景下，测度税收减免成本比只测度资金流（如 R&D 补助金或 R&D 采购等）更具有挑战性，因为前者的目标是量化政府减少并投入到其他活动中的收入。这个概念的测度需要一种反事实的方法，基于政府在没有减免时原本能够获取多少收入。在实际情况下，它是通过参照一个"正常"或基准的税收结构而实现的。税收减免成本测度的主要挑战是制定一个统一的方法估算"正常"税收结构之外的特许或豁免的价值，这种"正常"税收结构能够减少政府税收或增加 R&D 支出带来的支出。

13.11 作为政府 R&D 税收减免支出统计的一般准则，"正常"的税收结构包含适用于其他可识别、非 R&D 支出的津贴或减免及为类似但不是 R&D 的活动提供的税收抵免。无论其他的统计框架是否把这些计为相关机构的应付/已付的税收调整，抑或计为由政府产生的支出，这一标准都是适用的。这一标准保证了国家间的可比性，并对 R&D 活动的奖励意图下而采取的放弃和退还税款做同等处理。这些标准的执行将在本章 13.5 节讨论。

与 R&D 的关联

13.12 为了实现政府 R&D 税收减免测度的目的，需要明确为一系列 R&D 支出提供税收优惠的政策意图之间的关联。例如，R&D 人员的雇主获得的就业税补贴及其他非 R&D 员工的雇主获得的就业税补贴，不应计入政府 R&D 税收减免中，因为税收减免针对的不是 R&D 活动的具体补贴。

13.13 为了能够成为政府 R&D 税收减免的一部分，税收减免规定应该作为 R&D 综合政策的一部分而执行，不仅要在文件中适当记录来源，还应在部门间讨论并向科学研究领域的立法机关报告。

13.3 政府 R&D 税收减免统计的范围

R&D 的定义和边界

R&D 支出与基于 R&D 的收入

13.14 政府 R&D 税收减免主要关注于为报告符合条件的 R&D 支出明确提供的税收减免。例如，与处理过去 R&D 活动产生收入相关的税收支出，如"专利盒"或相关工具，应排除在政府 R&D 税收减免统计范围之外。

R&D 的定义

13.15 在第 2 章中确定的所有指导、定义和惯例，都应尽可能地应用于与 R&D 税收减免相关的数据收集中。R&D 的基本定义在第 2 章中已经给出。该分析涉及了 R&D 的所有领域，并且在自然科学和工程学与其他领域之间不存在差异，尽管并不是所有的国家都有必要把税收减免扩展到各个领域。

13.16 R&D 的定义或者符合税收减免的其他类型支出，在不同的司法管辖区内，就本手册的定义和解释指南而言，有资格享受税收减免的 R&D 或其他类型支出的定义可能有所不同。R&D 税收目的的定义在不断演化，并会由国家税务机构重新解读，这一特点也会对 R&D 执行者记录的报告产生影响。应特别关注政府为创新相关领域提供的税收减免实际内容的检查。尤其是与创新支出和知识产权或商业化相关的检查，可能成为 R&D 项目的必要部分。本手册不建议使用回归系数法，除非税收报告提供了对于 R&D 和其他支出有效信息的分类。

部门范围

13.17 政府 R&D 税收减免关注的是由政府部门为纳税单位的 R&D 支出提供的税收减免，以及本手册涵盖的所有机构部门内（或可能在外部，即购买 R&D）进行的 R&D。

13.18 企业部门通常是 R&D 税收减免的主要直接接受者。在其他国内部门或国外，一些规定可能会允许将有关 R&D 支出的减免转包给第三方。这些都属于政府 R&D 税收减免的范围。

13.19 原则上，也能把 R&D 税收减免授权给高等教育机构、私人非营利机构、个体和一些政府组织，通过使用直接应用于这些组织的税收工具，可以使政府 R&D 税收减免的范围不仅仅包含企业。除了个体外，这些都应当计入政府 R&D 税收减免统计中。

13.20 对于直接针对个体而不是针对他们为之工作的机构的税收减免形式，建议将其排除在外，因为验证和评估这些个体的 R&D 内容的真实程度非常困难，并且这些 R&D 内容很可能与他们的职业而不是 R&D 活动有关。这样可以确保与本手册中 R&D 统计的制度方法具有较强的一致性。具体的实例将在下节进行讨论。

13.21 虽然 R&D 税收激励主要是为了激励国内经济中的 R&D 绩效，但当局也可能在原则上允许为非居民 R&D 纳税人的 R&D 制定税收减免和（或）允许纳税人将 R&D 支出转包给国外附属单位或非附属单位。在政府 R&D 预算中，这些都在政府 R&D 税收减免范围之内。

13.22 在国家领土内专门进行 R&D 的国际组织的税收豁免，由于不可能对这些税额进行系统监测，因此不应计入政府 R&D 税收减免中。

内部 R&D 支出和外部 R&D 的减免

13.23 采取基于出资者的方法（如第 4 章和第 8 章所确定的那样），政府 R&D 税收减免不仅包括为收益组织内部 R&D 提供的税收减免，而且也包括提供外包 R&D 服务的费用及其他组织对 R&D 的贡献产生费用的抵免。

13.24 如果一个公司为其他公司开展 R&D，不应认为税收规定会妨碍 R&D 服务的购买者和出售者为同一单位的 R&D 支出申请减免。情况可能并非总是如此。尽管 R&D 内部支出的测度有助于避免重复计算，但是数据应当反映出提供给这两类纳税人的实际税收减免，应尽可能识别出重复计算。

R&D 成本的类型

13.25 R&D 成本的所有种类，包括经常性支出和资本性支出，它们都在政府 R&D 税收减免的范围内。这适用于公司支付的 R&D 资金，以及公司在资产负债表中呈现的 R&D 支出。用于 R&D 的资产摊销费用的税收减免，也应包含在政府 R&D 税收减免中。

税收工具的类型

13.26 政府可以通过多种税收工具为 R&D 支出提供税收减免。经合组织税收分类（经合组织，2013）是根据征收的税收基础及纳税人类型构建的。

所得税、利润税和资本利得税

13.27 公司和准公司的利润税，是实施 R&D 税收激励的主要工具。通过将公司应缴税额中的减免与符合条件的 R&D 水平联系起来，降低受益者的税后，研发执行成本或出资额的企业，其税收减免属于政府 R&D 税收减免的统计范围。

13.28 基于 R&D 资产的资本利得而产生的税收减免（如有关专利的维持价格等）应当从政府 R&D 税收减免中排除，因为这种类型的减免不是为了直接减少 R&D 支出，而是为了从这些投资中提高潜在的、不确定的利润，因此有关知识产权收入的特殊税收制度（有时会被描述为专利或创新"盒"）及适合此类别的类似激励措施应排除在外。

个人所得税、利润税和资本利得税

13.29 公司税和个人税的基本区别是：公司税是把公司作为一个实体，而不是对拥有该公司的个人进行征税，而且不考虑这些个体的个人情况。原则上，为个体提供的 R&D 税收减免不在政府 R&D 税收减免范围内，因为本手册关注的是机构单位执行的 R&D，而不包含以个人能力开展的 R&D。只有向自雇人士、非法人企业或 R&D 承包商提供的税收减免，才有可能被列入。而向作为单个个体的 R&D 专业人士提供的所得税减免，有可能会被单独报告，但这不应同政府 R&D 税收减免合并在一起。

社会保障金

13.30 强制性的社会保障金是指能够获得（可能的）未来社会福利权利的强制支付。作为对一般政府的强制支付，社会保障资金与税收很类似，因此有时以税收方式处理。这些可适应于雇员和雇主：

- 雇主，以工资或收入为基础，在政府 R&D 税收减免范围内。

- 雇员，以工资或收入为基础。此类不包含在政府 R&D 税收减免范围内，其原因与个体提供的税收减免不包含在政府 R&D 税收减免范围内的原因相同。然而，由于用人单位的任务是代扣代缴员工税额，并且这种减免应用于扣缴金额中。这种情况下，有必要确定雇主是否是真正的收益者，如果雇主是真正的收益者，那么应把这部分减免计入政府 R&D 税收减免。为了确保扣缴税额的减免不会减少雇员从社会保障金中获得的利益，一些国家可能会制定具体的相关规定。

工资税和劳动税

13.31 包括由雇主、雇员或个体经营者按工资的比例或按每个人的固定数量支付的税额，这部分支付的税额不能用来获得享受社会福利的权利。雇主和雇员之间存在的差异同样也适用于政府 R&D 税收减免统计的目的。

财产税

13.32 包括有关财产的使用、持有或转让产生的周期性税收和非周期性税收。只有用于 R&D 的财产使用税的减免才包含在政府 R&D 税收减免范围之内，目前，由 R&D 产生的资产转移的税收减免没有包含在政府 R&D 税收减免中。

货物税和服务税

13.33 包括 R&D 服务的消费税、销售税和增值税。实际上，征收增值税的所有经合组织国家都允许在最终购买者产生购买行为时直接抵扣税额，而且在每个过程都要收税。基于这些的税收可以由所有的 R&D 受益者扣除，所以原则上这些税收的减免不应包含在政府 R&D 税收减免中，因为这些税收可以由所有的 R&D 受益者扣除，除非减税措施为企业或相关机构提供了额外物质上的、可以计量的利益。

政府的子部门

中央（联邦）政府

13.34 中央（联邦）政府分部门包括政府部门、办事处、机构等所有属于中央权力机构的机构，其职权范围遍及整个领土，但社会保障基金的管理除外。因此，中央（联邦）政府有权对在该国从事经济活动的所有居民和非居民单位征税，应始终报告这一级别政府提供的 R&D 税收减免。

区域（州）政府

13.35 这一子部门由政府的中间单位构成，其职权在中央（联邦）政府的层级之下。这一子部门包括所有含有许多小地方的单位，这些单位在国家领土的部分领域内独立于中央（联邦）政府运行。在统一的国家中，可能认为区域政府是独立存在的单位，它们有实质性的自主权可以从其控制的来源中筹集大部分收入，而且它们的官员在单位活动的实际运行中独立于外部行政控制。当区域（州）政府贡献显著时，应该对这一层级政府提供的 R&D 税收减免进行报告。

地方（市）政府

13.36 这一子部门包括所有在国家部分领土范围内具有独立职权的所有其他政府组织（社会保障金的管理除外）。具体包含各种城乡行政辖区（如地方政府、市政当局、城市、市镇、区）。出于实际考虑，在这一层面上提供的 R&D 税收减免，不太可能以一种非常精确及时的方式获取，所以不应报告这一类别 R&D 税收减免，除非有证据表明提供了显著的税收支持。

13.4 数据来源和测度

估算方法

13.37 考虑到需要建立基准确定 R&D 支出减免额，应基于可使用的数据，利用一些常规方法和假设对税收支出进行估算。根据经合组织的报告（2010），有3种机制可用于估算与减免措施相关的税收支出的价值：

- 初始收入损失：假设行为不变和其他税种税收收入不变假设情况下，由于引入税收支出而减少的税收收入减少额。
- 最终收入损失：考虑到行为变化及其他税种的引入对税收收入的影响后，税收支出引起的税收收入的减少额。
- 支出等价：在对税收减免受益人所持减免补贴或流转类型的税收处理一致情况下，对纳税人税前和税收的税收减免效果相同的直接税收支出。

13.38 使用这3种方法可以得出明显不同的税收支出估算。前两种方法的主要区别在于是否考虑了行为影响，而第三种方法考虑到了运行提供直接支持的项目的额外管理成本。在大多数经合组织国家中，使用的是最简单的方法（初始收入损失）来估算税收支出，因为它不需要对假设消除税收激励所做的行为反应进行复杂假设。大量的预算文件基于初始收入损失方法，文件的修订或补充基于规定中未来变动行为的估算。这些估算通常依据"对纳税人申请的且符合条件的 R&D 全额产生的影响"的各种假设为基础。

13.39 出于实践的目的，建议执行初始收入损失法。

国际报告通用基准的制定

13.40 在生成国际可比较的政府 R&D 预算统计过程中，制定通用基准是一个关键部分，政府 R&D 预算稳健地反映了政府在为 R&D 支出提供优惠待遇方面所做的财政工作。这也是最艰巨的任务之一，但有助于区分经常性支出和资本性支出。

13.41 在 R&D 经常性支出中，由于有规定允许公司把 R&D 经常性支出计为费用并从利润中扣除，因此建议把这部分放弃的税收从政府 R&D 预算估算中排除，像其他类型业务开支一样处理当前 R&D 支出的这类规定是所有国家通用的准则，不只是因为执行不同方法的难度。仅出于本手册的目的，关注的是那些对 R&D 给予更优惠费用的规定。这种方法是为了确保与没有报告专门 R&D 税收减免但允许扣除当前 R&D 费用的国家保持可比性。在缺乏强化激励机制的情况下，企业能将经常性支出中的 R&D 支出部分作为可抵扣的销售费用，而没必要识别 R&D 活动的性质。

13.42 这个指南也不妨碍某些国家有时出于内部目的的统计，可能希望通过与其他资本而非现有投资的相关比较，将这些"正常"支出条款描述为 R&D 的强化激励机制。

13.43 对于 R&D 资本性支出，推导出基准会产生更多的问题，因为不同国家资金的基准线存在很大差别。出于实践原因的考虑，建议国家在本国内不要以相同的资本资产的基准报告估算。

税收减免和处理结转的记录类型

13.44 从接收者角度记录税收减免的重要时间点为：义务发生的时间、符合条件的 R&D 发生减免的时间、纳税责任最终评估时间、由于支付而没有产生罚款的时间、真正支付税款或退回税款时间。

13.45 原则上，R&D 税收减免记录应发生在 R&D 产生减免税依据的时候，但实际上，只有在政府认可这种减免要求时才可能发生，而无论政府何时以现金支付或减少向政府支付税款。

13.46 这种以权责发生制为基础的方法，确保了 R&D 支出统计和 R&D 执行与出资统计之间的最佳一致性。然而，这种方法需要认真核算结转税金和负债。假设公司倒闭，在给定年度内执行和报告的 R&D 可能结转到下年度，最终未被使用。

13.47 支付的款项或基于现金收付制的方法会更加接近资金在当局和纳税单位的实际流转，但是它们忽视了与 R&D 绩效数据、潜在的经济及 R&D 现实的联系。混合解决方案是可能的，例如，基于现金收付制的方法，可能会与 R&D 报告的税收基准 t 年相对应，而不是与税收支付发生的时间点对应（如在年度结算中结转到 $t+1$ 年的月份）。

13.48 需要注意的是，需注意对于 R&D 税收鼓励措施的报告暂时没有普遍适用的方法，因为很少有国家的记录系统能够同时在责权发生制和现金收付制基础上进行估算。理想情况下，国家应该记录如下内容：

（1）为指定期内的纳税人或其他单位类型的 R&D（如果适用）提供税收抵免；

（2）在指定期内，为相同时间的 R&D 放弃的税收；

（3）在指定期内获得但没有使用的优惠额度，如基于名义价值的结转；

（4）在指定期内使用的先前获得的优惠额度，同样也基于名义价值。

13.49 政府 R&D 税收减免的两个主要指标可基于以下内容定义：

● 基于既得或权责发生制的政府 R&D 税收减免 =[1]+[2]+[3]；

● 基于使用或现金收付制的政府 R&D 税收减免 =[1]+[2]+[4]。

13.50 本手册建议尽可能地使用权责发生制的方法，但只要能够持续使用，也可以使用现金收付制。在一些国家，纳税受益人可以决定申报税收抵免/补贴的时间点，这些时间点可能不在实际产生 R&D 支出的参考期内。此外，一些国家允许受益人推迟申报未使用的抵免/津贴，如符合条件的 R&D 的延期申报。这两种情况下都存在重复计算的可能性。在编制政府 R&D 税收减免指标中，应注意确保在报告总量中没有重复计算。

数据类型

13.51 编制者可以通过不同的数据来源，获取政府为 R&D 提供的税收减免额。为了对这种支持类型提供一个综合测度，需要对这些潜在的选择进行评估。其中一个数据来源是 R&D 税收减免的受益人，关于它们的统计可能从 R&D 执行者的调查中获取（基于执行者的方法）。另一个数据来源是 R&D 税收减免的提供者，关于它们的统计数据可能从（已证实 / 已批准）税务申报文件（类似于基于出资者的方法）中获取（验证 / 批准）。由于各种原因，这两种来源可能会存在差异。

R&D 执行者的调查

13.52 R&D 执行者的调查重点在于确认 R&D 经费及其各自的"资金来源"。从这个角度看，许多政府 R&D 税收减免的形式不符合政府出资的标准，因为对于被访者，不可能把自己报告的 R&D 执行与税收减免相符合。这种情况也在执行者不确定所获得的减免程度时发生，而确定所获得的减免水平可能取决于纳税期末的利润。因此，在大多数情况下，税收减免和 R&D 之间的关联是间接的。最终获得的减免可能被受益人用于其他目的，如果结转的话可能多年内无法完成。

13.53 符合条件的 R&D 支出有助于减免计税基数，但是对出资目标来说，这不是必要的。尽管在与内部执行直接关联的实际情况中可以这样做，但通常不建议要求 R&D 执行单位提供 R&D 外部资金来源中的税收激励部分，部分原因是税收支持也可以是针对代表公司利益的第三方产生的 R&D 支出。

13.54 经过成功的测试，调查可能问询：

● 符合条件的和已经或即将用于申报 R&D 税收减免的单位内部 R&D 和外部资金；

● 指定期限内 R&D 活动及未使用的津贴和税收抵免的账面价值的变

动如何导致单位的应纳税额（资金）减少（增加）的。

13.55 基于以上原因，建议在进行政府 R&D 税收减免支出统计编制时，应基于来源而非基于执行者。在报告政府 R&D 税收减免时不建议使用 R&D 执行者调查，但是当不能获取实际的行政记录或实际的行政记录太不可靠时，R&D 执行者调查是最佳备选解决方案。

详细的纳税记录

13.56 税务当局对税收减免申请进行的处理和后续分析是 R&D 税收减免程度的主要信息来源。在许多国家，需要的表格内容与 R&D 调查有一部分重合的因素，且对不同类型支出使用它们自己的分类标准（通常非常详细）。这些数据为简单计算 R&D 税收减免值提供了基础，而估算可以基于整个申请群体或基于代表性样本。

13.57 然而在一些情况下，纳税记录只有在延期后获取，而延期的时间可能会超过传统 R&D 调查的时间。例如，申报记录只有在税务稽查员已经完成对申报的检查时才可以获取。越来越普遍的现象是：在提供 R&D 税收减免的国家提供有关税收支持受益人的数量及与计划相关的成本的统计公报的提供变得越来越普遍。

13.58 因此，建议使用纳税记录对政府 R&D 税收减免进行最终评估。

预算信息记录

13.59 预算记录最适合用于估算预测税收减免对政府预算地位的"影响"。这一信息虽然通常不会公布，但它在许多国家作为一个单独识别类别是可以获得的。预算出版物可能包括专案分析，在这个专案分析中，基于分析和假设的方法，对设计 R&D 税收激励框架中的预期修订影响进行报告。不论何时获取这些数据，建议只有在提供初步而及时的统计数据时才使用这些记录。

日历年度和财政年度

13.60 当国家当局的财政年度与日历年度不一致时，应在可能的情况下提供基于日历年度的数据，以便实现与其他国家数据间有最大可比性。

13.5 对政府 R&D 税收减免统计的优先分类

依据受益部门的分类

13.61 建议依据受益纳税人的机构分类，同时使用本手册的主要部门（企业部门、政府部门、高等教育部门、私人非营利机构和世界其他地区组织），对政府 R&D 税收减免支出统计进行分类。在实际中，它可能足以显示企业部门与其他部门之间的细分。

13.62 在受益者中，特别是企业部门内的受益者，按行业／经济活动展现政府 R&D 税收减免统计是非常有用的，这样税收减免的支持可与政府出资的国内 R&D 总支出与企业 R&D 支出的分配相比较。由于税收统计可能不会与企业登记信息完全匹配，因此应特别注意，确保总部机构活动的报告不会阻碍实际企业主要经济活动信息的获取。

依据政府层级的分类

13.63 出于可比性目的，建议国家对以下政府 R&D 税收减免分别进行报告：

- 中央（联邦）政府（及其社会保障金）；
- 区域（州）政府（及其社会保障资金）。

依据税收减免类型的分类

13.64 政府 R&D 税收减免统计（无论是基于获取基础还是使用的基础）

应尽可能地包括有关国家易于报告的基础指标构成因素（在本章 13.4 节定义的）的单独信息。

依据公司规模的分类

13.65 尽管国家对于确定 R&D 税收减免的公司规模做出了定义，但在企业部门中，建议使用以下分类：

- 小型企业（雇用人头数少于 50 人）；
- 中型企业（雇员数在 50～249 人）；
- 大型企业（雇用人头数在 250 人及以上）。

13.66 需要注意的是，具体国家的政府 R&D 税收减免规定可能因公司规模而异，类别也可能与标准规模组织分类存在差异。为了达到政府 R&D 税收减免的目的，具体规定会明确子公司是否代表一个不同的企业。这种规定的存在可能会因公司大小而影响政府 R&D 税收减免支出按规模群体分配的报告。

其他 R&D 指标呈现的政府 R&D 税收减免

13.67 为了对政府支持做出更加完整的描述，政府 R&D 税收减免支出的统计需要其他两种类型的 R&D 指标：

- 政府 R&D 预算。这两种类型的指标均表现政府对 R&D 的全部财政支持的来源估算。根据第 12 章所提出的建议，数据的编制者应注意剔除包含在政府 R&D 预算统计范围内的税收支持部分。
- 政府出资的企业 R&D 支出。原则上，为了更全面地说明政府对企业的财政支持力度，这种类型的测度应与政府 R&D 税收减免支出的组成部分一同呈现。应当指出，这种方法结合了基于出资者的统计（政府 R&D 税收减免）和基于执行者的统计，但可能会产生一些矛盾。例如，一些政府 R&D 税收减免支出可能会支持转包给国内大学、政府组织、国外常驻机构的 R&D。

参考文献

EC, IMF, OECD, UN and the World Bank (2009), System of National Accounts, United Nations, New York. https://unstats.un.org/unsd/nationalaccount/docs/sna2008.pdf.

International Monetary Fund (2014), Government Finance Statistics (GFS) Manual, Prepublication Draft, IMF, Washington, DC. www.imf.org/external/np/sta/gfsm/.

OECD (2014), "The OECD classification of taxes and Interpretative Guide", in OECD, Revenue Statistics 2014, OECD Publishing, Paris. DOI: http://dx.doi.org/10.1787/rev_stats-2014-8-en-fr.

OECD (2010), Tax expenditures in OECD countries, OECD Publishing, Paris. DOI: http://dx.doi.org/10.1787/9789264076907-en.

附录 1

本手册的简史和来源

此附录对《弗拉斯卡蒂手册》先前 6 个版本进行了简要介绍，对这一全球性标准手册中的主要个人贡献给予了肯定，对原始文件感兴趣的读者可以在手册的网站上进行查找相关资料（http://oe.cd/frascati）。

来源

1960 年前后，由于投入到 R&D 活动中的国家资源迅速增长，大多数经合组织成员国开始收集这一领域的统计数据。在收集过程中，它们借鉴了少数先行国家取得的成果，这些国家包括美国、日本、加拿大、英国、荷兰和法国等。然而，它们在开展 R&D 调查时遇到了理论上的困难，同时在调查范围、统计方法及概念方面的差异也使得国际比较难以进行。这使得它们越来越感到需要像经济统计那样收集统计数据并加以标准化。

经合组织对上述问题的关注始于欧洲经济合作组织（OEEC）时期。1957 年，OEEC 的欧洲生产力总署应用研究委员会开始召集成员国专家讨论调查方法的问题。最终，成立了一个特别专家组，在应用研究委员会的主持下，对 R&D 的经费调查进行研究。小组的技术秘书 J.C. Gerritsen 博士撰写了两份详细的研究报告：第一份是有关英国和法国对政府部门的 R&D 进行测度的定义和方法；第二份则是有关美国和加拿大政府部门的定义和方法。小组其他成员也都提交了有关本国 R&D 调查方法及其结果的论文。

第 1 版

1961 年，经合组织的科学事务管理局接管了欧洲生产力总署的工作，此时提出标准化问题具体建议的时机也已经成熟。1962 年 2 月的一次会议中，特别专家组决定召开一次关于测度 R&D 的技术问题研讨会。在研讨会的准备过程中，科学事务管理局委托顾问 C. Freeman 起草一份文件。该文件于 1962 年秋季分发给各成员国，后来根据各成员国的意见进行了修订。1963 年 6 月，来自经合组织成员国的专家在意大利的弗拉斯卡蒂市召开了研讨会。专家们对这份《研究与试验发展调查执行标准》（经合组织，1963）进行了讨论、修订，最后成员国一致通过了这份文件。

1963 年，经合组织科学事务管理局委托英国国家经济与社会研究所对 5 个西欧国家（比利时、法国、西德、荷兰和英国）及美国和苏联的 R&D 活动进行了试验性的比较研究。此次研究（Freeman et al., 1965）虽是以国际标准确立之前的调查统计数字为基础，但也检验了初稿中定义的适用性。该研究的结论：现有的统计数据仍有许多需要改进之处。主要的改进建议包括：

- 对 R&D 与"相关的科技活动"应在概念上严格加以区分。
- 对高等教育部门中教师和研究生（博士水平）用于研究的时间所占比例应仔细研究，做出估算。
- 更详细地对 R&D 人力与经费的数据进行分类，以便更精确地计算研究的互换比率等。
- 对 R&D 部门之间的资金流进行更系统的测度。
- 收集更多有关技术收支流量及国际上科技人员流动情况的数据。

1964 年，继成员国认可《弗拉斯卡蒂手册》之后，经合组织倡导发起了 R&D 国际统计年（ISY）。成员国向经合组织呈报了 1963 年或 1964

年的 R&D 统计数据，有 17 个国家参加，其中有不少国家是首次为此进行专门的调查（经合组织，1968）。

第 2 版

R&D 国际统计年的统计结果出版以后，经合组织科学政策委员会要求秘书处根据所取得的经验对《弗拉斯卡蒂手册》进行修订，1968 年 3 月，科学政策委员会向成员国散发了一份建议提纲。1968 年 12 月，成员国专家在弗拉斯卡蒂市举行的会议上，再次审议了根据大多数建议提出的修订稿。在这次修订中特别注意尽可能使手册与联合国现有国际标准（如《国民账户体系》《国际标准产业分类》等）保持一致。1969 年 7 月，手册修改本经专家小组审查，1970 年 9 月《弗拉斯卡蒂手册》修订版出版（经合组织，1970）。

第 3 版

手册的第 2 版受到两个重要因素的影响。其一，截至 1973 年，经合组织各成员国已进行了 4 次国际统计年的调查，不断积累的经验大大提高了数据的准确性与可比性，各国调查技术也有了显著的提高。其二，1972 年，经合组织科学技术政策委员会成立了第一个 R&D 统计特别审查组（组长为英国的 Silver 先生），以便就短期内如何最佳利用经合组织有限的 R&D 统计资源，并考虑到各成员国关注的重点，向委员会和秘书处提出建议。几乎所有的成员国都回应了要求，拟定了相应的需求清单。除了继续优先进行国际统计年调查外，它们还对有关方法，特别是对进一步密切经合组织与其他国际组织之间的联系提出不少建议。

因此，《弗拉斯卡蒂手册（第 3 版）》更深入地研究了已经研究过的主题，并分析了一些新课题。它的范围首次扩大到社会科学和人文科学，并更为重视"功能"分类，特别是 R&D 按目标的分类。1973 年 12 月，经合组织举办的专家会议对第 3 版的初稿进行了审议，最终文本于 1974

年 12 月正式通过（经合组织，1976）。

第 4 版

对于这一版手册，各国专家建议在对基本概念及分类不做大的改变的前提下，对手册进行一次中等程度的修订。其重点放在改进手册的表述与结构上。然而，根据第 2 届 R&D 统计特别审查组（组长为加拿大专家 J. Mullin）在 1976 年会议上提出的修改建议，经合组织秘书处从其国际调查与分析报告中获得的经验及成员国专家们关于 R&D 统计的意见，仍对手册做了大量的修改。1978 年 12 月，在各国专家年会上提出了修改草案。1979 年 7 月，特别专家小组在经合组织举行会议，对秘书处顾问提交的修改草案进行了较详细的讨论。同年 12 月，对综合了该小组和秘书处的修改意见所提出的修订本进行了讨论。1980 年秋，正式通过了新的修订版即手册的第 4 版（经合组织，1981）。

在联合国与经合组织所采用的《国民账户体系》中，没有单独列出高等教育这一部门。然而由于政策制定者关注大学及第三层次学校和机构在国家研究工作中所发挥的作用，经合组织及联合国教科文组织很早就将高等教育部门纳入了 R&D 统计数据的收集中，但是，收集这一部门的准确数据明显存在一些问题。1985 年 6 月，在经合组织举行的高等教育部门科技指标研讨会上，对这些问题进行了讨论。专家们认为，尽管手册提供了总体指南，但有时它没有提出切实可行的操作建议。因此，在 1985 年 12 月的年会上，科技指标国家专家组同意提出对《弗拉斯卡蒂手册》进行补编来论述这些问题并提出改进未来调查办法的建议。1986 年 12 月讨论了初稿，随后科技指标国家专家组通过了修正稿，并于 1987 年 12 月建议在经过最后几处校正后公开发布（经合组织，1989b）。

第 5 版

20 世纪 80 年代后期，为了体现政策重点的变化并获取向决策过程提供信息所需的数据，必须对《弗拉斯卡蒂手册》的指南进行修订。这涉及许多问题，特别是科学技术体系的发展情况及人们对它的了解。有些问题已在经合组织的技术经济计划（TEP）内出现（如国际化、软件、技术扩散等）。另一些问题则包括环境 R&D 数据、对可以纳入其他经济与工业数据内的 R&D 数据进行分析的需求、对手册中 R&D 统计使用的国际标准及分类的修改。

因此，意大利当局发起并组织了一次专家会议，讨论对《弗拉斯卡蒂手册（第 4 版）》进行修订的提案。会议于 1991 年 10 月在意大利罗马举行。东道主是意大利大学和科学研究部，东欧国家的专家也首次参加了会议。会后，科技指标专家组在其 1992 年 4 月举行的会议上正式讨论了包含大量高等教育补编内容的手册的修订版初稿。编辑小组根据会议的建议做进一步修改后，手册第 5 版于 1993 年初获得通过（经合组织，1994a）。

第 6 版

对《弗拉斯卡蒂手册》进行第 5 次修订的根本原因是为了满足更新各种分类的需求及对服务部门 R&D 数据、R&D 全球化数据和 R&D 人力资源数据不断增长的需求。各种标准化项目也增加了对可比性数据的需求。科技指标国家专家组在其 1999 年的会议上决定对手册进行修订。在 2000 年 3 月召开的专门会议上，专家们对修订的各个议题进行了讨论，并确认了需要进一步调查的 19 个议题。每一个议题都成立了一个专家小组，由一个国家牵头或由经合组织秘书处负责相应的工作。2001 年 5 月，由意大利官方主持的在罗马召开的会议上讨论了各小组的报告，在随后的罗马科技指标国家专家组研讨会上，对手册的重要修订做出了决定。同年 10 月，讨论了手册措辞变更的建议。2002 年年底，第 6 版《弗拉斯卡蒂手册》的纸质版和电子版同时发行。

在手册的这一版本中，在加强使用各类方法的建议方面做了不少努力。如同以前版本的修订，第 6 版尽可能地遵循国民经济核算中的建议，使得 R&D 调查变得更为可行。这次修订版的一些建议来源于使 R&D 统计更接近国民经济核算的需求。随后通过 2008 年《国民账户体系》中采用《弗拉斯卡蒂手册》中 R&D 的定义并把这些投资看作资本形成的决定来体现对这些努力的认可（欧洲委员会，2009）。

本手册中增加了有关软件、社会科学和服务领域 R&D、《国民账户体系》、R&D 全球化及国际合作的新章节，同时也新增了有关 R&D 类型的详细实例。对 R&D 人员的指南进行了重大修订，包括按性别和年龄报告数据的新提议。本版本也对资金来源和外部支出来源的报告提出了详细的建议。自从对手册先前版本进行整合之后，欧盟统计局采纳了一系列建议，并把《科学计划和预算的分析比较中使用的术语》分类作为按社会-经济目标划分的基本分类方法。第 6 版中新增了有关特定领域 R&D 的附录，如信息与通信技术、卫生和生物技术领域，在一个附录中增加了有关 R&D 区域化的指南内容。

先前版本的主要贡献人员

本手册的所有版本都是在来自于经合组织成员国及国际组织尤其是联合国教科文组织、欧盟、北欧应用研究合作组织/北欧工业基金会、经合组织秘书处专家，特别是在 A. Young 女士和已故的 Y. Fabian 先生（为前 4 版做出了贡献）合作中完成的。在此特别感谢开创 R&D 系统测度的美国国家科学基金会。

必须提及与本手册第 1 版有关的人士和机构：已故的 J. Perlman 博士、C. Freeman 教授及法国科学技术研究评议会（DGRST）。

已故的 H.E. Bishop 主持了 1968 年的弗拉斯卡蒂会议，H. Stead 先生（加拿大统计局）、P. Slors 先生（荷兰中央统计局）和 D. Murphy 博士（爱尔兰国家科学委员会）都对第 2 版做出了大量的贡献。

在那些编写第 3 版的人士中，特别感谢已故的 K. Sanow 先生（美国国家科学基金会）、J. Mitchell 先生（英国公平交易署）和 K. Perry 先生（英国中央统计局）。同时感谢 1973 年专家会议主席 K. Arnow 女士（美国国家卫生研究院），专项主题会议主席 T. Berglund 先生（瑞典中央统计局）、J. Sevin 先生（法国科学技术研究部）和 F. Snapper 博士（荷兰教育与科学部）。

第 4 版要感谢 H. Stead 先生（加拿大统计局）、分别于 1978 年和 1979 年主持各种专家会议的主席 G. Dean 先生（联合国中央统计局）和 C. Falk 先生（美国国家科学基金会）。高等教育补编是由 A. FitzGerald（爱尔兰科学技术局）撰写的，其中的时间利用研究部分主要依据 M. Åkerblom 先生（芬兰中央统计局）的研究，1985 年的 T. Berglund（瑞典中央统计局）主持了高等教育部门科学技术指标会议。

第 5 版主要由 A. FitzGerald 女士（爱尔兰科学技术局）根据许多国家专家的大量工作成果编写而成。特别感谢下列人士：T. Berglund 先生（瑞典中央统计局）、J. Bonfim 先生（葡萄牙科学技术研究局）、M. Haworth 女士（英国工业与贸易部）、A. Holbrook（加拿大工业科学技术部）、J.F. Minder 先生（法国技术研究部）、F. Niwa 教授（日本科学技术政策研究所）、E. Rost 博士（德国技术部）、P. Turnbull（英国中央统计局）和 K. Wille-Maus 女士（挪威）。G. Sirilli（意大利）是这一时期科学技术指标国家专家组主席，并组织了罗马会议。

第 6 版主要由 M. Åkerblom 先生（芬兰中央统计局；起草阶段的经合组织秘书处专家）根据许多国家专家的专题研究编写而成。特别感谢下列人士：D. Byars 先生（澳大利亚统计局）、D. Francoz 女士（法国技术研究部）、C. Grenzmann 先生（德国科学促进者协会）、J. Jankowski 先生（美国国家科学基金会）、J. Morgan（英国国家统计局）、B. Nemes 先生（加拿大统计局）、A. Sundström 先生（瑞典中央统计局）、B. Nemes 先生（日本科学技术政策研究所）和 A. Young 女士（加拿大统计局顾问）。G. Sirilli 先生（意大利）仍是这一时期科学技术指标国家专家组主席，并再次组织了罗马会议。第 6 版在科学技术指标国家专家组主席 F. Gault 先生（加拿大统计局）的管理下完成。

参考文献

EC, IMF, OECD, UN and the World Bank (2009), System of National Accounts, United Nations, New York. https://unstats.un.org/unsd/nationalaccount/docs/sna2008.pdf.

Freeman, C. and A. Young (1965), The Research and Development Effort in Western Europe, North America and the Soviet Union: An Experimental International Comparison of Research Expenditures and Manpower in 1962, OECD, Paris.

OECD (2002), Frascati Manual 2002: Proposed Standard Practice for Surveys on Research and Experimental Development, The Measurement of Scientific and Technological Activities, OECD Publishing, Paris. DOI: http://dx.doi.org/10.1787/9789264199040-en.

OECD (1994), The Measurement of Scientific and Technical Activities: Standard Practice for Surveys of Research and Experimental Development – Frascati Manual 1993, The Measurement of Scientific and Technological Activities, OECD Publishing, Paris. DOI: http://dx.doi.org/10.1787/9789264063525-en.

OECD (1989), R&D Statistics and Output Measurement in the Higher Education Sector: "Frascati Manual" Supplement, The Measurement of Scientific and Technological Activities Series, Paris.

OECD (1981), Proposed Standard Practice for Surveys of Research and Experimental Development: "Frascati Manual 1980", The Measurement of Scientific and Technical Activities Series, Paris.

OECD (1976), Proposed Standard Practice for Surveys of Research and Experimental Development: "Frascati Manual", The Measurement of Scientific and Technical Activities Series, Paris.

OECD (1970), "Proposed Standard Practice for Surveys of Research and Experimental Development", DAS/SPR/70.40, Directorate for Scientific Affairs, Paris.

OECD (1968), Statistical Tables and Notes ("International Statistical Year for Research and Development: A Study of Resources Devoted to R&D in OECD Member countries in 1963/64"), Vol. 2, Paris.

OECD (1963), "Proposed Standard Practice for Surveys of Research and Development", Directorate for Scientific Affairs, DAS/PD/62.47, Paris.

United Nations (1968), A System of National Accounts, Studies in Methods Series F, No. 2, Rev. 3, New York.

附录 2

术语表

基于权责发生制的核算（accruals basis）把产生收入或消费资源的活动发生时间当作交易时间，不论是否收到或支付相关资金。另见基于收付实现制的核算。

应用研究（applied research）是指为了获取新知识而进行的初始性研究工作，但它主要针对某一特定的实际目的或目标。

拨款（appropriations）是提供/预留给特定政府部门、代理机构、项目和（或）职能部门的政府款项。拨款为履行将导致支出的义务提供了法律授权。另见债务和支出。

授权（authorisations）是建立、延续或修正政府项目的政府法案，通常伴随着支出上限或后续拨款的政策指导。但授权的出资额度没必要与拨款的出资额度有关联。另见拨款。

基础研究（basic research）是一种实验性或理论性的工作，主要是为了获取关于现象和可观察事实的基本原理的新知识，不预设任何特定的应用或使用目的。

国外分院（branch campus abroad, BCA）是指由当地高等教育机构（常驻于编制国内）所有（至少部分所有）但设立在国外（常驻于非编制国）的高等教育机构。国外分院以当地高等教育机构的名义运营；至少从事一些面授教学；提供能够获得由当地高等教育机构授予证书的学术项目。

企业 R&D 支出（business enterprise expenditure on R&D, BERD）是国内 R&D 总支出中产生于企业部门单位中的一部分。它是在指定参考期内对企业部门 R&D 内部支出的测度。另见国内 R&D 总支出和 R&D 内部支出。

企业部门（business enterprise sector）包含：

- 不仅限于合法注资企业，而是包括所有常驻企业，但不用考虑股东的常驻性。这一类别也包括所有类型的准公司，也就是说，企业部门是那些以具有显著经济意义的价格从事市场生产为目的，能够为其所有者创造利润或其他财政收益，在法律上被认定为独立于所有者的法律实体。
- 非常驻企业中的非法人分支部门应视为是常驻的，因为它们长期从事经济领土内的生产。
- 所有的常驻非营利机构——货物、服务的市场生产者或服务商。

R&D 资本性支出（capital R&D expenditures）是指在 R&D 执行中，用于支付能够在一年以上重复或连续使用的固定资产的年度总额。不论这种固定资产是内部开发或外部获取，其经费应全部计入相应报告年度的 R&D 经费中，且不应计算为折旧支出。

与 R&D 资本性支出最相关的资产分类如下：

- 土地和建筑物；
- 机器和设备；
- 资本化的计算机软件；
- 其他的知识产权产品。

资本化的计算机软件（capitalised computer software）：此类别是指 R&D 执行过程中，使用时间在一年以上的计算机软件。它包含具有长期许可证或单独确认获取的计算机软件，其中包含系统和应用软件的程序描述和辅助材料。内部制造软件的生产成本（如劳动力成本和材料费用）应该计入该类别下。使用外部供应商提供的软件可以直接购买版权或许可权，而使用或许可时间为一年或更短时间的软件成本应计入经常性支出科目下。另见软件 R&D。

结转（税收减免）[carry over provisions (tax relief)] 是指纳税年内，不能用于抵减当年的应纳税额的扣除或减免额，可用于抵减未来几年的应纳税额（结转后期抵减）或以前年度的应纳税额（结转前期抵减）。

基于收付实现制的核算（cash basis）认为收到现金或支付现金的时间是产生交易的时间。另见基于责权发生制的核算。

中央（联邦）政府 [central (or federal) government] 一般由中央部委（作为一个单独的机构单位）和（在某些国家）其他机构单位组成。该单位通常是指包含在主要预算账户内的国家政府和单位。部委可能会在政府总体预算框架下负责数量相当可观的经费（R&D 内部支出或外部支出），但是通常它们并不能独立于中央政府这个整体而成为一个拥有资产、产生负债和从事交易的独立机构单位，它们的收入、费用和支出一般由财政部或同等功能的司法部门按立法机关核定的一般预算进行监管和控制。

链接（chain linking）由在一个周期内重叠的两个时间序列拼接而成，通过重新调整其中的一个，使它们的价值与相同时期内其他时间序列的价值相同，因此，把它们结合成为一个单一的时间序列。将重叠超过一个周期的时间序列连接在一起可能需要更复杂的方法。

政府职能分类（classification of functions of government, COFOG）是职能或者社会经济目标的通用分类，一般政府部门旨在通过多种不同类别的支出来完成其职能分类。政府职能分类是依据通用职能为政府实体和财政支出提供分类体系。政府职能分类的一级分类与划分 R&D 的社会经济目标的分类非常相似。在 R&D 统计中，本手册并不建议对政府单位使用政府职能分类，因为该分类法并不是描述 R&D 支出的最佳方法。

外国控制子公司（controlled affiliates abroad，CAA）是常驻于编制国的母公司拥有的位于国外的多数控股子公司。另见大多数所有权和跨国企业母公司。

公司（corporations）包括能为其所有者创造利润和其他财政收入，在法律上被认定为独立于其承担有限责任的所有者的法律实体，为从事市场生产而成立。公司这一术语，既包括依法成立的法人公司，也包括合作社、有限责任合伙企业、名义常驻单位和准公司等。考虑到一些实践情况，这一类别可扩展为包含正式从事市场生产活动但很难确定其独立责任的住户或个体。总的来说，这一类别基本上与企业单位相匹配。

R&D经常性支出（current R&D expenditures）由R&D人员的劳动力成本（包括外部R&D人员）和用于R&D的其他经常性支出构成。一年内使用并消费的服务和货物（包括设备）计入经常性支出，每年使用固定资产产生的费用或租金计入经常性支出。

博士研究生（doctoral students）致力于"能够获得高级研究资质奖的高等项目，因此，这个高等项目专注于高级研究和原创研究而不仅仅基于项目论文"。博士研究生通常需要提交毕业论文或符合出版资格的专题论文，例如，原创研究的产物代表了对知识的重大贡献。另见《国际教育标准分类法》。

经济活动或产业（economic activity or industry）是由一群从事相同或类似活动类型的基层单位组成。《国际标准产业分类》是经济活动的参考分类。另见《国际标准产业分类》（ISIC）。

显著经济意义价格（economically significant prices）是指对生产者愿意提供和购买者愿意购买的产品数量有重要影响的价格。这些价格通常产生于如下情况出现时：①出于长期营利或至少也能弥补资本和其他成本等目的，生产者有调整供给的动机；②消费者有购买或不购买的自由并根据价格做出选择。另见《国民账户体系》。

对已收集数据的编辑（editing of collected data）是为了识别数据中可能出现的错误，对记录或变量进行验证，或是纠正已收集数据中的错误和不一致情况。

雇员（employees）包括统计单位中所有从事经济活动的人员，业主及不需要支付报酬的家庭工作者除外。具体包括由统计单位支付报酬并由同一统计单位控制的外部人员、参与单位主要活动相关辅助性活动的雇员及下列人群：短期离职（病假、年假或休假）的人员、特殊带薪休假（教育或培训假、孕假或产假）的员工、罢工的员工，以及兼职工人、季节工和带薪学徒。

就业（employment）：参见雇用人员。

企业（enterprise）是指以货物和服务生产者形象出现的机构单位（欧洲委员会 等，2009），并不局限于本手册定义的企业部门。企业这一术语可以指公司、准公司、非营利机构或非法人企业。企业是具有财务和投资决策方面自治权的经济交易者，同时也在生产货物和提供服务中的资源配置方面享有自主权并承担责任。它可以在一个或多个地点从事一项或多项经济活动。它也可能是一个独立的法人单位。

企业集团（enterprise group）是由集团总部控制的多个企业组成。集团总部是一个不受任何法定单位直接或间接控制的母公司法定单位，它可以有多个决策中心，尤其是关于生产、销售和利润的政策决策方面，或者它可能集中于财务管理和税收的特定方面。企业集团设有一个授予选择权的经济实体，尤其是关于它旗下单位的选择权。企业集团作为一个单位，在财政分析和研究公司战略方面有很大优势，但由于它多种多样的性质，作为统计调查和分析单位来说并不稳定。

基层单位（establishment）可以是企业，也可以是企业的一部分，它具有单独的场所，只从事一种生产活动或者其主要生产活动在其全部增加值中占有最大部分。基层单位有时可称作地方活动类别单位。另见企业。

估算（estimation）是从一个不完整的数据如样本中，推测出未知总体价值的数值。

R&D 交换资金（exchange funds for R&D）是从一个统计单位流向另一个统计单位以换取 R&D 的执行并传递相关研究产出的一种资金流。出资单位会因项目的不确定性承担交付风险。例如，R&D 购买（从执行者角度是 R&D 出售）、R&D 外包及对 R&D 合作协议中所做的贡献。

试验发展（experimental development）是利用从科学研究、实际经验中获取的知识和产生的额外知识，以形成新的产品、工艺（流程），或改进现有产品、工艺（流程），而进行的系统性工作。

R&D 外部资金（external R&D funds）是指花费在 R&D 中且初始来源不由报告统计单位控制的资金。

R&D 外部人员（external R&D personnel）（或贡献者）是指完全参与统计单位的 R&D 项目但不是正式受雇于同一统计单位从事 R&D 工作的独立（自雇人士）或非独立（雇员）的人员。

本手册中的**外部 R&D**（extramural R&D）是指在需报告其信息的统计单位外执行的 R&D；"用于外部 R&D 的资金"仅包括提供给外部单位进行 R&D 的内部资金（不包括外部来源的资金），其中包含 R&D 的预期补偿交付（交换或购买）的外部单位，也包括没有预期补偿交付（转移或补助）的外部单位。需注意，通常这些用于外部 R&D 的资金将包含 R&D 以外的成本支付款项，如成本要素，包括折旧成本、执行者利润、交付费用等。

国外同一母公司下的子公司（fellow enterprises abroad）可从常驻于编制国内的外国控制附属机构的角度进行识别。外国控制附属机构这一术语是指位于编制国外，由同一外国母公司控制或者影响的企业。出于本手册的目的，国外同一母公司下的子公司与涉及外国控制附属机构的 R&D 资金来源与目的地有关。

经合组织的研究与发展领域（fields of research and development, FORD）分类是在《弗拉斯卡蒂手册》框架中开发的，并主要基于 R&D 主题内容，按查询的领域，也就是广泛的知识领域，对 R&D 单位和资源进行分类。

外国控制附属机构（foreign-controlled affiliates, FCA）是编制国境内完全合并的企业集团，它是外国跨国企业中具有多数所有权的成员（因此多数所有权由外国母公司所有）。外国控制附属机构的活动是外来直接投资的结果，而国外受控子公司的活动与外国直接投资有关。参见控股、跨国公司、母公司和海外控制附属机构。

外国直接投资（foreign direct investment，FDI）反映的是一个经济体（跨国母公司或"直接投资者"）中的常驻企业在另一个经济体中（外国子公司或"直接投资企业"）的常驻企业内获取持续利益的目标。出于官方统计用途，通过持有10%的直接所有权/间接所有权，或更多的普通股/法人企业的投票权，或非法人企业的等价物确实会存在持续利润。10%的投资权也确立了子公司与其跨国企业母公司之间的直接投资关系。

R&D人员的全时工作当量（full-time equivalent，FTE）是指在指定时间内（通常是一年），实际投入到R&D中的工作时间数除以在相同时间内个人或群体常规工作的总工时数而得到的比值。

公共一般大学资金（general university funds，GUF）指大学从中央政府（联邦）、教育部或相应的区域（州）或市（地方）当局获得，用于其全部研究和教学活动的一般性拨款中的R&D资金份额。

广义上讲，全球化（globalisation）是指国际一体化融资、要素供给、R&D、生产，以及货物和服务贸易。

政府R&D预算（government budget allocations for R&D，GBARD）包括预算范围内满足政府可预见收入来源的所有支出分配，如税收。预算外政府实体的支出分配，只有在资金是通过预算程序进行分配，才可包含在该范围内。而公共（商业）企业出资的R&D资金在政府R&D预算统计范围之外，因为这些资金是基于市场内部及预算程序之外筹集的。仅在特殊情况下由公共企业执行或分配的R&D预算拨款才应计为政府R&D预算的一部分。另见社会经济目标分类。

政府控制的非营利机构（government control of NPIs）通常使用以下5条具有代表性的指标来确定：

（1）任命官员或管理委员会的权力。

(2) 决定其他条款的权力，允许政府拥有对具有重大影响的非营利组织政策和规划的决定权，如对重要人员的调动权或对提议任命的否决权；要求政府对预算或财务安排的优先批准权或禁止非营利机构改变其章程而解体的权力。

(3) 通过拟定合同给予附加条件的权利，如上述权力。

(4) 政府出资的程度和类型，就这方面而言，可以防止非营利机构决定自身政策方针和规划程序。

(5) 如果政府公开允许自己置身于所有或者绝大部分与非营利机构活动有关的财务风险中，则存在风险敞口。

政府R&D内部支出（government expenditure on R&D，GOVERD）是属于政府部门的单位R&D支出的主要汇总统计数据。政府R&D支出代表了国内R&D总支出中产生于政府部门单位中的组成部分，是在指定时间内对政府部门内部R&D支出的测度。参见国内R&D支出总额和内部R&D支出。

政府部门（government sector）包括以下常驻机构单位：

● 所有中央（联邦）政府、区域（州）政府或地方（市）政府的单位，包括社会保障基金，不包括提供高等教育服务或符合本手册描述的高等教育机构（见第3章对其进行的介绍与第9章的详细描述）。

● 其他政府机构：执行和（或）出资机构及由各政府单位掌控的非市场性质的非营利机构，且它们不属于高等教育部门范畴。

政府部门不包括公共企业，即使这些企业的所有股权都归政府单位所有。公共企业属于企业部门。

政府R&D税收减免（government tax relief for R&D expenditures，GTARD）这一概念相对于常规或基本的税收机构，是指严格用于参与R&D和（或）出资活动的纳税人的税收减免条例。政府R&D税收减免适用于在本手册提出的那些具体R&D（政府R&D税收减免指标）成本的统计测度。

政府单位（government units）：一种独特的法律实体，它通过政治程序而设立，能在一给定区域内对其他机构单位行使立法、司法和行政方面的权力（欧盟 等，2009）。这些单位与R&D预算和税收激励分析具有特殊的相关性，R&D预算和税收激励将分别在第12章和第13章中讨论。有关政府单位和政府部门更多的详细信息见第8章。

国内R&D总支出（gross domestic expenditure on R&D，GERD）是指在某一指定期间内，在本国境内执行的R&D内部经费的总额。

国家R&D总支出（gross national expenditure on R&D，GNERD）包含由一个国家机构出资的R&D总支出，无论R&D是在哪执行的，因此，它包括由国家机构或常驻机构资助而在"国外"执行的R&D，但不包括在一个国家执行而由国家领土之外（即来自"世界其他地区"）的机构资助的R&D。国家R&D总支出是由国内出资的各执行部门R&D内部支出与由国内部门出资但在国外执行的R&D支出汇总得到。

R&D人头数（headcount，HC）是指在指定参考期内（通常为一年），在统计单位或总水平上，参与内部R&D活动的人员总数。

高等教育R&D支出（higher education expenditure on R&D，HERD）产生于高等教育部门单位中，是国内R&D总支出的一部分。高等教育R&D支出是在指定时间内，对高等教育部门R&D内部支出的测度。另见国内R&D总支出和R&D内部支出。

高等教育部门（higher education sector）包括所有大学、技术学院和其他提供正式高等教育项目的机构，无论它们的资金来源和法律地位如何；还包括所有由高等教育机构直接控制或管理其R&D活动的研究机构、中心、实验站和诊所。

对于外来投资，外国控制附属机构的直系母公司（immediate parent company of a FCA）是编制国家外的首个国外投资者，且对外国附属机构有控制权。另见母公司、外商控制子公司和最终控制权投资者。

插补（imputation）是指在应答内容丢失或无法使用的地方，为特定数据项输入值的过程。

产业（industry）：见经济活动。

机构单位（institutional unit）是一个国民核算概念，定义为"能以自己的名义拥有资产、发生负债、从事经济活动并与其他实体进行交易的经济实体"。这一概念可用于R&D活动和R&D相关流量的测度。在R&D的情况下，机构单位必须具备执行R&D的决策能力、供内外部使用的财政资源分配能力、R&D项目的管理能力。虽然这些要求与国民账户定义统计单位的要求比相对较低，但它们符合本手册的目的。

R&D内部资金（internal R&D funds）是指花费在R&D中且初始来源由报告统计单位控制的资金。R&D内部资金不包括来自于其他统计单位明确用于R&D内部活动的资金。

R&D内部人员（internal R&D personnel）是统计单位雇用的对内部R&D活动做出贡献的人。参见雇用人员。

国际组织（international organisations）既包括国家成员，也包括由国家成员组成的其他国际组织。国际组织是通过成员间达成具有国际条约性质的正规政治协议而建立的；这些协议受到成员国法律的认可，而不受本国或多国法律的限制。就《国民账户体系》和研发统计而言，国际组织被视为驻外单位（世界其他地区的一部分），而不管其经营场所或业务的实际位置如何。

《国际教育标准分类法》(*International Standard Classification of Education*，ISCED) 是参考教育水平和领域划分的组织教育课程和相关资格。《国际教育标准分类法》是把项目中界定的教育活动及由此产生的资历划分成国际公认类别的框架。因此，《国际教育标准分类法》的基本概念和定义旨在国际上有效并可用于整个教育系统。《国际教育标准分类法》对教育项目按内容进行的分类是通过两个主要的变量：教育水平和教育领域。2011年的《国际教育标准分类法》版本基于公认的教育资历对相关的教育水平分类。

《国际标准职业分类》(International Standard Classification of Occupations, ISCO)是对工作的分类。在《国际标准职业分类》中,工作是指由个人执行或打算执行的一系列任务或职责,个人包括雇主或自雇人士。职业是指具有高度相似性的主要任务或职责的一系列工作。人们可能通过目前从事的主要工作、次要工作或先前的工作,与一项职业相关联。工作是按从事或预期从事类型的相关职业进行划分的。用于定义主要的、次要的、少数和单位群体系统的基本准则是"技术水平"和"技能专长",它们是执行职业中的任务和职责所需的。

《国际标准产业分类》(International Standard Industrial Classification of All Economic Activities, ISIC)是基于国际公认的概念、定义、准则和分类规则,由经济活动连贯、一致的分类标准组成。它提供了一个全面的框架,可以在其中收集和报告经济数据,其格式是为经济分析、决策制定和政策制定而设计的。分类结构提供了一个标准格式,依据经济准则和观念组织有关经济的详细信息。通常,《国际标准产业分类》的范围包括生产活动,即《国民账户体系》生产边界内的经济活动。对于那些超出生产边界,但对各种其他类型的统计数据至关重要的活动,制定了一些特殊的分类规定。把这些经济活动细分为一个层次、互斥的4级结构,以国际可比、标准化的方式进行数据的收集、展示和分析。另见经济活动。

R&D内部支出(intramural R&D expenditures)是指在特定的一段时期内,某一统计单位内实施R&D的全部经常性支出与总资本性支出之和,不论其资金来源如何。R&D内部支出等同于统计单位内的R&D执行经费。部门中所有统计单位的R&D内部支出等同于经济领域内该部门的R&D执行经费;所有部门的R&D内部支出等同于整个经济领域的R&D执行经费。

外国控制附属机构的最终控制投资者(investor of ultimate control of a FCA),又称为"最终控制机构单位",是企业链的顶层,能控制该链上的所有企业，但本身不受其他公司控制。另见外商控制子公司和直接母公司。

合资企业（joint venture）涉及公司的建立、合作企业或其他机构单位的设立，各方依法对该单位的活动进行共同控制。各方除了依法对单位共同控制外，这些单位的运作方式与其他单位相同。作为一个机构单位，合资企业可以以自己的名义订立合同，出于自身目的筹集资金。如果 R&D 合资企业是独立单位，也应基于它们主要服务的单位对其进行分类，并且应尽可能地考虑在《国民账户体系》中已确定的分类做法。

活动类别单位（kind-of-activity unit，KAU）可以是一个企业也可以是一个企业中的一部分，它只从事一种生产性活动，或者主要生产活动占企业增加值的大部分。按照定义，每个企业由一个或多个活动类别单位组成。

土地和建筑物（land and buildings）包括为 R&D 而购置的土地（如测试场地、实验室和中试工厂用地）和建造或购买的建筑物，还包括一些重大扩建、改建和修理。由于在《国民账户体系》中，房屋建筑是生产性资产，土地是非生产性资产，因此，对土地和建筑物的 R&D 支出应尽可能单独列出。

劳动力成本（labour costs）包括支付给 R&D 雇用人员（本手册中称为"R&D 内部人员"）的报酬，如每年的工资、薪金及所有相关费用或福利，相关费用或福利除了包含养老缴纳费用和其他社会保障支付费用、工资税等，还包括奖金、股票期权和假日津贴。

劳务派遣（leased employees）包含在外部 R&D 人员中，租赁就业需要为客户业务的人力资源费用制定条款。租赁员工费用应计入雇员（或人员）的工资表中，而不应计入支付费用的统计单位工资表中，这一人力资源规定通常建立在短期基础上。

地方单位（local unit）可以是一个企业，也可以是企业的一部分，其生产活动只在一个地方进行或只来自一个地方。

地方（或市）政府 [local (or municipal) government] 的子部门由作为独立机构单位的地方（或市）政府、由地方政府控制的代理机构和非市场性质的非营利机构构成。原则上，地方（或市）政府单位的财政、立法和行政权力可以延伸到最小地理区域，最小地理区域的区分主要出于管理和政治的需要。地方政府的权力范围一般来说远小于中央（或联邦）或区域（或州）政府。

机械和设备（machinery and equipment）包括在 R&D 执行过程中需要使用的主要机械和设备。为了测度国民账户，在机械和设备的经费支出应进一步细化，分类为"信息和通信设备"和"运输设备"。

多数所有权或控制权（majority-ownership or control）是拥有大于 50% 的普通股或股份制企业的表决权，非法人企业的等价权。多数控股或控制的附属单位的例子：子公司（股份制企业）或分支机构（非法人企业）。

硕士研究生（master's students）在一些情况下可被看作研究人员；特别是包括参与《国际教育标准分类法》7 级研究硕士研究生项目的学生"获得培养参与者开展原创研究能力的研究资质奖，但低于博士学位"。但只有获得 R&D 活动报酬的研究生才计入 R&D 人员总数。

跨国公司（multinational enterprise，MNE）是指国内的母公司，其大多数的隶属公司位于国外，是被标志化的外国控制子公司。跨国公司也指全球化的企业集团。参见母公司，多数所有权和国外控制的隶属机构。

《科学计划和预算的分析比较中使用的术语》分类（NABS classification）：见社会经济目标分类。

非营利机构（non-profit institutions，NPIs）是这样一类法律或社会实体：其创建目标虽也是生产货物和服务，但其法律地位不允许那些建立它们、控制它们或为其提供资金的单位利用该实体获得收入、利润或其他财务收益。它们可以从事市场或非市场生产。

为住户服务的非营利机构（non-profit institutions serving households，

NPISHs）包括不受政府控制的非市场非营利机构。这些机构为住户免费或以不具有显著经济意义的价格提供货物或服务。大多数的货物和服务属于个人消费，但是为住户服务的非营利机构可能提供集体服务。

债务（obligations）代表指定期间内，由订单、授权合同及接受的服务和类似交易产生的货币量，而不管何时拨款及何时需要支付。

定向基础研究（oriented basic research）旨在获取某方面的知识，期望为探索解决当前已知或未来可能发现的问题奠定基础。

其他经常性支出（other current costs）是指在指定年度内，统计单位为支持执行R&D项目而购买的非资产性的材料、物资、设备和服务所支出的费用。例如，水、燃料（包括煤气和电）的使用费；图书、期刊、参考资料、图书馆借阅、科学协会等的费用；在研究机构外制作小型原型或模型的估算或实际费用；实验室的材料（化学品、动物等）费用。其他经常性支出包括在指定年度内，统计单位为辅助R&D执行而产生的专利及其他知识产权特许权使用费或许可证使用费、资本品的租赁（机器设备等）及建筑物的租金。

其他辅助人员（other supporting staff）是指参加R&D项目或直接协助这些R&D项目的熟练技工和非熟练技工、行政人员、文秘和办事人员。

其他知识产权产品（other intellectual property products）（在R&D资本性支出内）：此类别包括R&D活动中所用的专利、长期许可证或R&D中使用的其他无形资产，并且这些专利、长期许可证和无形资产的使用时间需超过一年。单位内部财务账户中报告的其他无形资产，如营销资产或商誉，不应该被纳入此类别中。见《国民账户体系》。

支出（outlays）[在消费方面可与支出（expenditures）交换使用]是指在给定时间内的支票发行额及现金支付额，而不管资金何时拨出或产生债务（当涉及政府资金时）。

并行数据（paradata）调查指的是与调查过程相关的信息。并行数据可能包括单位是否在样本内、后续记录的回应和收集方法。一个调查周期后使用并行数据可以帮助调查机构在未来反复调查中改进调查工具。

跨国企业的母公司（parent companies of MNEs）被认为是编制国家内完全合并的企业集团，包括所有位于编制国家由该公司所控股的单位。参见跨国企业、企业集团、居民和多数所有权。

R&D 执行者（performers of R&D）是指由本手册中每个主要部门内开展 R&D 活动的统计单位构成，包括企业部门、政府部门、高等教育部门和私人非营利机构。见统计单位。

雇用人员（persons employed）包括雇员、不取酬的家庭劳动者及老板（即活跃的商业伙伴），不包含在统计单位外开展主要活动沉默或不活跃的合作伙伴。另见内部 R&D 人员。

私人附属地位（private affiliation status）：见公共附属地位。

私人非营利机构 R&D 支出（private non-profit expenditure on R&D, PNPERD）指私人非营利机构的单位产生的国内 R&D 总支出。它是在特定时间内，对私人非营利机构 R&D 内部经费的测度。另见国内 R&D 总支出和 R&D 内部经费。

私人非营利机构 [private non-profit（PNP）sector] 包括：

● 正如 2008 年《国民账户体系》中定义，除了归为高等教育部门之外的，所有为住户服务的非营利机构。

● 如本手册描述，为了展示的完整性，从事或不从事市场活动的住户和私人个体。

名誉教授（professor emeritus）是指退休后继续从事研究，并且与之前的雇主——通常是大学——积极开展学术合作但未收到任何补偿（即使它们可能会收到开展活动的一些后勤支持）的教授。

原型（prototype）是包含新产品所有技术特征和性能的原始模型。

公共或私有部门附属机构（public or private sector affiliation status）的公私地位应由其是否由政府控制决定。为了呈现满足使用者需求的数据，在所有部门中标记为私有（公有）的单位，可一起统计。

购买价格（purchasers' prices）是购买者的支付金额，不包含可扣除的增值税和类似税收。购买者价格反映了使用者的实际成本，这意味着对 R&D 使用的货物和服务经常性支出和资本性支出的估值，是报告单位支付的总价格，包括对提高支付价格的产品征收的任何税收及对购买产品的任何补贴所产生的降价效果。

纯基础研究（pure basic research）是为了增进知识，不追求经济或社会效益，也不积极谋求将其成果应用于实际问题或把成果转移到负责应用的部门。

准公司（quasi-corporation）或是常驻机构单位拥有的非法人企业，它有编制全套账户的充分资料，如同独立公司一样运营，而且事实上它与所有者的关系就像公司与股东的关系；或是非常驻机构单位拥有的非法人企业，但由于该法人企业长期或无限期在经济领土范围内从事有显著数量规模的生产，它被认为是常驻机构单位。

R&D 系数（R&D coefficients）是一个计算 / 估算可归因于 R&D 人员和支出数据份额的工具，特别是用于描述高等教育部门研究、教学和其他活动（包括管理）的总资源。R&D 系数可用于总支出或部分总支出（如公共一般大学资金），或仅用于个人。

可以根据 R&D 功能（R&D function）将 R&D 人员进行分类，可能是研究人员、技术人员或其他支持人员。

R&D 人员（R&D personnel）依据他们的 R&D 职能进行分类，其可能是研究人员、技术人员或其他辅助人员。在统计单位中，R&D 人员包括所有直接从事 R&D 的人员，不论其是受雇于统计单位还是完全从事统计单位 R&D 活动的外部贡献者，还包括为 R&D 活动提供直接服务的人员（如 R&D 管理人员、行政人员、技术人员和办事人员）。另见 R&D 内部人员和 R&D 外部人员。

退还 / 应付税收抵免（refundable/payable tax credit）：税收抵免可以

是可支付的，任何超出纳税义务的减免数量都应支付给受益人。另见税收抵免。

报告单位（reporting unit）是报告数据的单位，相当于接受调查问卷或访谈的单位。而对于行政数据来说，报告单位将对应于由单个记录表示的单位。

研究与试验发展（research and experimental development，R&D）是指为了增加知识存量（也包括有关人类、文化和社会的知识）及设计已有知识的新应用而进行的创造性、系统性工作。

研究人员（researchers）是从事新知识的构思和创造的专业人员，他们开展研究，完善或提出概念、理论和操作方法，提升或开发模型、技术设备和软件。

机构常驻性（residence）是指它与其所在的经济领土有着最紧密的联系，换言之，在此经济领土上具有显著的经济利益中心。经济领土包括陆地、天空和水域，包括有捕鱼权和能源或矿物开采权的管辖区域。就海洋领土而言，经济领域包括属于领土范围的岛屿。经济领域还包括在国外的领土飞地。所谓飞地是指位于国境外领土内，经与所在地政府达成正式协议后，为一政府所拥有或租赁，用于外交、军事、科学或其他用途的有清晰界限的土地区域（如领使馆、军事基地、科学站信息或移民办公机构、援助机构、央行的代表机构等），它们一般具有外交豁免权。

国外（rest of the world）包括：

● 在经济领域内，无限期或有限但长期，从事或打算继续从事显著规模的经济活动，而没有生产地点或场所的所有机构和团体。

● 在国家领土内的所有国际组织和超国家机构（下文定义），包括其设施和业务。

出于统计目的，科学和技术活动（scientific and technological activities，STA）定义为，所有与科技领域内科学技术知识的生产、发展、传播和应用有紧密联系的系统性活动，即自然科学、工程学、技术、医学和农业科学（NS），也包括社会科学和人文科学（SSH）。统计实践中包含的活动分为三大类：研究与试验发展；广义第三层次的科学与技术教育和培训；科学和技术服务。

自雇（self-employed）人员是其所为之工作的非法人企业的唯一或共同所有者，但不包括准公司的非法人企业。在《弗拉斯卡蒂手册》中，以显著经济意义价格为其他单位开展 R&D 项目的自雇顾问或承包商，应归入企业部门。

社会经济目标分类 [socio-economic objectives (SEO) classification] 用于划分政府 R&D 的预算。该分类标准应当成为 R&D 计划或项目的目标，即它们的主要目标。社会经济目标的 R&D 预算分类，应达到精确地反映出资者目标的水平。建议的分类目录以欧盟统计局所采用的欧盟分类为基础，用于分析和比较一级水平的科学计划和预算。另见政府 R&D 的预算（GBARD）。

软件（software）开发项目如要被归为 R&D，它的完成必须依赖科学和（或）技术的进步，其目的是系统解决科学和（或）技术的不确定性问题。除了作为整个 R&D 项目组成部分的软件开发活动以外，在满足 R&D 识别标准的情况下，以软件为最终产品或把软件嵌入到最终产品中的相关 R&D 活动也应归为 R&D。软件开发是许多本身不具有 R&D 成分项目的不可或缺的一个部分。然而，这些项目的软件开发部分如果能够推动计算机软件领域的进步，就可以被归为 R&D 活动。这些进步一般是渐进的，而非革命性的。因此，如果对现有程序或系统的升级、扩充或改变体现了科学和（或）技术的进步，并带来了知识存量的增加，那么可将其归为 R&D 活动。与软件相关的常规性活动不属于 R&D。另见资本化计算机软件。

R&D 资金来源（source of R&D funds）是指为 R&D 活动提供资金的单位。对报告单位来说，资金可以来源于内部也可以来源于外部。在调查和数据描述中,外部来源按主要部门和相关子部门进行分组。从广义上讲,R&D 资金有 5 个主要来源:企业部门、政府部门、高等教育部门、私人非营利机构和国外。

州(或区域,相当于我国省级政府)政府[state (or regional) government]的子部门包括独立的区域政府或州政府,以及州(区)政府控制的代理机构和非市场性质的非营利机构。这些子部门的层级在中央/联邦政府之下,在地方政府之上,这些机构单位在财政、立法和行政方面的权力仅高于单个"州"(国家作为一个整体分为多个州)。"州"的概念在不同的国家可能有不同的名词来表达,但通常称为"区域"或"州"。

统计单位(statistical unit)是收集信息并最终编制统计数据的实体。统计单位基于统计汇总,以表格数据为参考。

超国家组织(supranational authority)是指在组织成员国的领土内,有权征收税费或执行其他强制性转移的国际组织。尽管超国家组织会在各成员内履行一些政府职能,但通常把它们认定为非常驻机构单位。

《国民账户体系》(*System of National Accounts*, SNA)是国际公认的,基于经济条例,依照严格核算惯例,编制经济活动测度的建议标准。

税收补贴(tax allowance):在计算纳税义务之前,从税基中减去税收津贴、豁免和减税额,它是在评估税收之前减少了应税金额。另见税收豁免。

税收抵免(tax credit):在履行纳税义务后,从收益住户或公司的应纳税额中直接扣除。

税收豁免(tax exemptions)是从税基中除去的金额。

税收支出(tax expenditures)是相对于基准或"常规"的税费结构,有关政府向纳税人减少或延缓征收税收的税收法律、法规或惯例规定。有时税收支出也指代税后减免、税收补贴和税收补助。在本手册中,"税收支出"一词是用于描述有关政府税收减免规定的成本测度。

技术人员和同等人员（technicians and equivalent staff）是指其主要任务需要一个或多个领域的技术知识和经验的人员，这些领域包括工程技术、自然科学和生命科学，或社会科学和人文科学。他们通常在研究人员的指导下参加 R&D 活动，应用有关原理和操作方法完成科学技术任务。同等人员则在社会科学和人文科学研究人员的指导下，进行相应的 R&D 活动。

第三层次教育（tertiary education）通常被认为是学术教育（高等教育），但也包括高等职业教育或专业教育。它包含《国际教育标准分类法》5 级、6 级、7 级和 8 级，分别等同于短期高等教育、学士或同等水平、硕士或同等水平，以及博士或同等水平。

时间利用调查（time-use survey）旨在报告人们怎样花费时间方面的统计调查。当不能从管理数据或其他调查数据中获取必要的系数时，《弗拉斯卡蒂手册》中给出的时间利用调查的指南将有助于获取用于估算高等教育部门内全时工作当量和支出中的 R&D 成分的必要信息。

交易（transactions）是指在商品和服务的条款中，有关经济所有权（承担风险和享受权利）交换所产生的志愿交换和转移。商品、服务和收入的资金流记录在收支平衡的经常账户中。见《国民账户体系》。

R&D 转移资金（transfer R&D funds）是在执行 R&D 中从一个统计单位流向另一个统计单位的资金，它不需要任何货物或服务作为回报，投资人在他们出资的 R&D 产出中没有任何特殊权利。为 R&D 提供转移资金的单位可能会对执行者提出某些条件，例如，定期报告、遵守协议中活动或项目要求，甚至要求其公开传播研究成果。转移资金的例子包括：补助金、债务减免、慈善活动、集资和个人转让，如以礼物形式或以政府一般大学资金形式（按照国际比较惯例）。R&D 转移资金在最初时需用于 R&D。通常情况下，R&D 执行者将保持住 R&D 成果的大部分权利，这也解释了 R&D 转移资金的转移本质。

R&D 支出类型（types of costs of R&D）包括用于内部 R&D 的个人

经常性支出和现金支出分类。经常性支出类型包括 R&D 内部人员劳动成本和其他经常性支出（R&D 外部人员、购买服务、购买材料和其他没有分类的支出）。资本性支出的类型包括土地和房屋、机器和设备、资本化的计算机软件和其他知识产权产品。

《弗拉斯卡蒂手册》中涉及并定义的 3 种 R&D 类型（types of R&D）：基础研究、应用研究和试验发展。参见术语表中的相关定义。

增值税（value-added type tax, VAT）是企业对货物或服务各阶段征收的税费，但由最终购买者全额承担。出于国际比较目的且与《国民账户体系》一致，在净值系统下，记录的是由购买者而不是出售者支付的增值税，但购买者也只是那些不能抵扣的增值税购买者。国家应尽一切可能在所有 R&D 执行部门的支出数据中减去可扣除的增值税。建议对于那些转化为国际比较的数据，应从 R&D 内部总量中减去可抵扣的增值税。

在本手册中，志愿者（volunteers）是外部无薪工作的 R&D 人员，他们为统计单位提供明确的 R&D 贡献。

索　引

注：索引号代表段落号码。1.0、2.0等代表整章介绍。此外，还使用了下列缩写字母：B：专栏，如B3.2表示专栏3.2；F：图；T：表；A1：附录1；g：术语表（附录2）。

A

academies of science, national	国家科学院	8.16, 8.18, 9.24
accounting, *see* financial accounting	核算，见财务核算	
accrual-based approach	基于权责发生制的方法	8.92, 13.45~13.46, g
acquired R&D	获取的R&D	4.60~4.61
see also sales and purchases of R&D	另见R&D出售和购买	
activities of multinational enterprises (AMNE)	跨国企业活动（AMNE）	11.33
see also multinational enterprises	另见跨国企业	
activity, definition in R&D	"R&D活动"的定义	2.12
administrative data, *see under* data	行政数据，见数据明细	
aerospace industry	航空航天产业	2.35~2.36, 2.47
affiliated enterprises	附属企业	11.11~11.15, 11.17, 11.22, 11.27~11.28
affiliation status	从属关系	3.39~3.41, g
cross-sector linkages	跨部门关联	11.67
in the non-business sector	非企业部门	11.48
unaffiliated units	非附属单位	11.22
age breakdown, *see under* personnel	年龄分类，见人员明细	
agricultural sciences and forestry	农业科学和林业	
as socio-economic objective of R&D	作为R&D的社会经济目标	12.63
examples	实例	2.40
applied research	应用研究	
by business enterprises	企业的应用研究	7.47

definition and criteria	定义和标准	1.35, 2.9, 2.29～2.31, g
industry orientation of	产业定位	7.56
see also research and (experimental) development (R&D)	另见研究和（试验）发展（R&D）	
appraisals and evaluations, treatment of	评估和评价，处理	2.119, 10.18
appropriations	拨款	g
see also GBAORD	另见政府 R&D 预算	
archaeological research	考古学研究	2.40
arts	艺术学	T2.2
examples	实例	2.41
artistic expression vs research	艺术表现与研究	2.67
research for the arts	为艺术开展的研究	2.64, 2.65
research on the arts	对艺术开展的研究	2.17, 2.64, 2.66

B

balance of payments	国际收支	11.5, B11.1
cross-border transfers in	跨境转移	11.39
basic research	基础研究	
by business enterprises	企业的基础研究	7.47
definition and criteria	定义和标准	1.35, 2.9, 2.25～2.28, g
industry orientation of	产业定位	7.56
oriented vs pure	定向基础研究与纯基础研究	2.28, 7.47, g
uncertainty in	不确定性	2.18
see also research and (experimental) development (R&D), science and technology	另见研究与（试验）发展（R&D）、科学和技术	
benchmarks, for tax expenditures	税收支出的基准	13.40～13.43
BERD, see Business enterprise expenditure on R&D	BERD，见企业 R&D 支出	
biotechnology	生物技术	1.81, 7.66～7.67, 8.48, T2.2
branch campuses abroad (BCA)	国外分院	9.81～9.86, 11.54～11.56, g
budget-based data	基于预算的数据	1.74～1.75, 8.82～8.83, 12.39～12.40, 12.45～12.49

budget(ing)	预算	
see also government budgets for R&D	另见政府 R&D 预算	
as essential for R&D	R&D 必要部分	2.19
for surveys	调查预算	6.25, 9.107
reporting, choice of year	报告，年份选择	6.52
seven broad stages in government	政府 R&D 预算的 7 个阶段	12.41 ~ 12.43
Business enterprise expenditure on R&D(BERD)	企业 R&D 支出（BERD）	1.56, 11.8, 11.26, 13.67
definition	定义	7.35, g
functional distributions	功能分类	7.35 ~ 7.68
reporting on data	数据报告	7.107
Business enterprises (as R&D sector)	企业（作为 R&D 部门）	1.53 ~ 1.56, 3.51 ~ 3.59, 7.0 ~ 7.108
borderline cases	边界案例	3.55 ~ 3.59, 8.17 ~ 8.18
classification, see classification	企业分类，见分类	
concentration of R&D in few entities	集中于少数实体的 R&D	6.1, 6.18
definition	企业定义	1.54, 3.43, 7.2 ~ 7.8, g
funding from sector	来自于部门的资金	7.37 ~ 7.41
inventory of likely R&D performers	可能的 R&D 执行者清单	7.75 ~ 7.76
main characteristics	主要特征	3.51 ~ 3.52
potential under-reporting and over-reporting	潜在的漏报和多报	7.98 ~ 7.103
sources of internal funding	内部资金来源	4.91
statistical units in sector	部门统计单位	3.53 ~ 3.54, 7.10 ~ 7.11, 7.15 ~ 7.29
surveys of	企业调查	6.18 ~ 6.25, 7.70 ~ 7.93
see also surveys	另见调查	
business registers	企业登记	7.71 ~ 7.74, 7.84

C

cash basis(for accounting)	现金收付制（核算）	12.43, g
census	普查	7.78 ~ 7.80, 7.85, 8.68, 9.126
see also surveys	另见调查	
Central Product Classification (CPC)	《中央产品分类》（CPC）	7.57
chain linking (for breaks in series)	链接（部门间）	6.91, g

classification	分类	
activity of	分类活动	3.27～3.30
by affiliation status	按附属地位	3.39～3.41，7.21
for distribution of funding	为资金分配	4.133
by field of R&D	按 R&D 领域	T2.2，3.44～3.46
see also FORD (Fields of Research and Development) classification	另见 FORD（研究与发展领域）分类	
for Frascati vs SNA purposes	为比较《弗拉斯卡蒂手册》与《国民账户体系》	6.21
by functions of government	按政府职能	8.25
by geography	按地理位置	3.47，7.29
by industry orientation	按产业定位	7.51～7.61，T7.2
by legal status	按法律地位	3.42～3.43，7.22
by main economic activity	按主要经济活动	3.31～3.34，7.16～7.20，7.48～7.50，T7.2，7.60，8.24
of personnel by function	人员的职能分类	5.33
by public or private status	按公共或私有地位	3.35～3.38，7.21，9.28～9.31
record-keeping practices	纪录做法	3.48～3.49，T3.2
revision and updating of	修改和更新	3.27～3.29
by size of enterprise	按企业规模	7.23～7.28
systems, see COFOG, COPNI, CPC, FORD, ISCED, ISIS	系统，见政府职能分类，为住户服务的非营利机构的目的分类，《中央产品分类》，研究与发展领域，《国际教育标准分类法》，综合科学情报服务	
technology readiness level	技术就绪等级（TRL）	2.99，8.30～8.31
Classification of Functions of Government (COFOG)	政府职能分类（COFOG）	8.25，8.52，8.66，12.72，g
Classification of the Purposes of Non-profit Institutions Serving Households (COPNI)	为住户服务的非营利机构的目的分类（COPNI）	10.13，10.32

coefficients, R&D	系数，R&D	9.60～9.61，9.120～9.124，9.135～9.136，12.13，12.48，g
COFOG	政府职能分类	8.25，8.52，8.66，12.72，g
collaborations, *see* joint ventures partnerships	合作单位，见合资企业，合作伙伴关系	
communication	交流	
of new knowledge	新知识	2.20，2.22，2.26，2.85
and open science	开放科学	2.93
and publication not part of R&D	不属于 R&D 的出版物	2.91，2.93
research into media	媒体研究	12.65～12.66
of statistics, background information required	统计，所需的背景信息	7.107
see also conferences	另见会议	
computing, *see* information and communication technology	计算，见信息和通信技术	
conferences, attending/presenting at	会议，参加或出席	2.85，9.46
confidentiality issues	保密问题	1.53，3.17，6.1，6.47，6.62，6.92
and government defence spending	政府国防开支	8.51
consultants	顾问	4.26，4.63，5.16，5.20，T5.2，7.5，7.33，8.55，10.4，10.34
contracts for research	用于研究的合同	4.142，7.42，9.74，12.20～12.21，12.24～12.25，12.73
contract research	研究合同	4.67
preparing and monitoring	准备和监测	4.30
terms of	条款	4.114～4.115
timescale of	时间表	4.152
vs grants	VS 拨款	7.42
see also funding *and* procurement	另见资金和采购	
control	控制	
of affiliates	附属控制	3.40，11.14～11.15，11.17

controlled affiliates abroad(CAA)	国外控制子公司（CAA）	11.14～11.15，11.27～11.28，11.30，11.32，g
of higher education by government	政府控制的高等教育	8.20，9.10
linkages in the global non-business sector	全球非企业部门间联系	11.48
or majority ownership	或多数所有权	g
of NPIs	非营利机构控制	B8.1，10.4～10.5，10.9，10.42，g
COPNI	为住户服务的非营利机构	10.13，10.32
corporations	企业	
company reports	公司报告	7.75，7.94
definition	定义	3.42，g
public	公共	3.61
and quasi-corporations	准公司	3.51，7.2，g
as SNA sector	作为《国民账户体系》部门	T3.1，3.43
see also enterprises, multinational enterprises	另见企业，跨国企业	
CPC	《中央产品分类》	7.57
creativity	创造性	
as core criterion for R&D	R&D 核心准则	2.7，2.17
and design	设计	2.62
culture, recreation, religion and mass media, as socio-economic objective of R&D	作为 R&D 社会经济目标的文化，娱乐，宗教和大众媒体	12.65～12.66
D		
data	数据	
see also administrative data, surveys	另见行政数据，调查	
administrative	行政数据	6.3，6.5，6.30，6.53～6.56，6.77，6.82，7.99，8.66，9.95～9.96，9.103～9.104，9.113～9.118，9.121
cash and accrual bases	现金收付制基础和权责发生制	8.92
collection/acquisition methods	收集或获取方法	1.84，2.97
collection approach	收集方法	4.6，6.4，7.48～7.61

collection challenges	收集困难	7.1，8.91～8.92
collection and documentation, general purpose	收集和处理，一般性用途	2.90～2.91
collection excluded from R&D	不包含在 R&D 中的数据收集	2.50，2.89～2.90
collection methodology, design of	收集方法，数据设计	6.47～6.52, 6.62～6.70, 7.85～7.93, 8.68～8.70, 9.93～9.118
collection and reporting for personnel data	人员数据的收集和报告	5.62～5.74, B5.1, T5.3
collection, sectoring and	收集，部门分类	3.14
consistency issues	一致性问题	1.6, 1.12, 3.70, 4.27, 4.103, 5.26, 5.48, 5.59, 5.63, T5.3, 6.49, 6.56, 6.59, 6.74, 7.32, 7.48
cross-tabulations of	交叉列表	7.61
disaggregated, publication of	分类，出版	8.74
editing	编辑	6.49, 6.68, 6.72～6.73, 7.92, 9.116, g
estimation of	估算	5.65～5.74, 6.80～6.84, 7.90～7.93, 8.71～8.74, 9.119, 12.49, 13.37～13.39, g
grossing up	总额	7.93
imputation	插补	6.53, 6.74～6.78, 7.92, 9.116, g
integration	整合	6.71
measures of collection quality	收集质量测度	7.89, B7.1
metadata	元数据	1.84, 6.79, 7.60, 7.108, 9.122
paradata	并行数据	6.63, 6.70, g
projects involving large quantities of	涉及密集型数据的项目	2.93
quality, *see under* quality	质量，见质量明细	
reconciliation (of different sources)	协调（不同来源）	8.90
review and comparison	审查和比较	7.31～7.34
revisions	修正	12.49

security, see confidentiality issues	安全，见保密问题	
sources	来源	1.52，3.15，6.3～6.5，6.23，6.39，7.101，8.68，9.114～9.115，11.7
for GBARD	政府R&D预算	12.39～12.49
for tax relief calculations	税收减免计算	13.51～13.60
validation	验证	6.55，6.85～6.89，7.92，12.49
debt forgiveness	债务减免	12.32
defence	国防	2.35～2.36，2.47，2.53，4.151，4.161，7.37，8.51，12.50，12.58，
as socio-economic objective of R&D	作为R&D的社会经济目标	12.71
deflators, for R&D	R&D缩减指数	1.81
definitions	定义	
and concepts for identifying R&D	用于识别R&D的概念	2.1～2.122
in the manual, role of	手册中的定义，定义作用	1.1～1.4
in national legislation	国家的立法	1.22
need for stability	稳定性需求	1.12
revision and clarification of	修订和说明	1.5～1.6
see also "definition" under individual terms	另见各术语下的"定义"	
demonstration	示范	
definition	定义	B12.1
technology demonstration	技术示范	2.101
user vs technical	用户示范与技术示范	2.100
depreciation and amortisation	折旧和摊销	4.38～4.39，4.73，112.15
design	设计	
concept of	概念	2.62
as part of R&D	属于R&D的设计	2.50，2.62～2.63
of surveys, see under surveys	调查设计，见调查	
developing countries	发展中国家	1.28
doctoral students	博士研究生	g

classification of	分类	1.47，2.76～2.77，5.22，T5.2，5.25，5.39，8.61，9.34，T9.2，9.90，10.38
costs of	支出	4.28
treatment of	处理	5.27～5.31
wages and salaries	工资和薪酬	4.20

E

Earth, exploration and exploitation, as socio-economic objective of R&D	作为 R&D 社会经济目标的地球探索与开发	12.56
economic	经济	
activity, classification by	按经济活动的分类	3.31～3.34，7.16～7.20，7.48～7.50，T7.2，7.60，8.24，g
development, R&D and	发展，R&D	1.2，3.15
sectors	部门	3.19，B3.2
territory	领土	3.21～3.22
economics, R&D in	经济学中的 R&D	2.41
education (and training)	教育（培训）	
see also higher education, tertiary education	另见高等教育，第三层次教育	
as socio-economic objective of R&D	作为 R&D 社会经济目标	12.64
personal (academic staff)	人员（学术人员）	9.44～9.46
research on topic	专题研究	2.41
statistics	统计	9.138
treatment as R&D	视为 R&D 处理	2.75～2.78
employees	雇员	
definition of	定义	T5.1，5.12～5.13，g
enterprises with none	无雇员企业	7.27
leased	劳务派遣	5.16，T5.1，5.26，g
vs persons employed	VS 内部人员	g
see also individuals	另见人员	
employment status, analysis by	就业状态，分析	5.78
energy	能源	2.27
as socio-economic objective of R&D	作为 R&D 社会经济目标	12.60，B12.1
engineering	工程学	T2.2

enterprise groups	企业集团	3.11, 3.12, B3.1, 4.32, 4.99, 6.15, 7.9, 7.14, 11.13, g
affiliates of	子公司	11.11～11.15
R&D transfers within enterprises	集团内 R&D 转移 企业	7.69 3.11, 3.12, 3.54, 3.63, 4.135～4.137, B3.1
see also corporations, non-profit institutions	另见企业，非营利机构	
classification of, *see* classification	分类，见分类	
definition	定义	g
fellow enterprises abroad	外国同行企业	11.16, g
and legal entities	法人实体	6.16
multinational, *see* multinational enterprises	跨国企业，见跨国企业	
non-multinational	非跨国公司	11.18
private and public	私有和公共	7.3
environment as socio-economic objective of R&D	环境作为 R&D 社会经济 目标	12.57
establishments	基层单位	3.11, 3.12, B3.1, g
estimation, *see under* data	估算，见数据明细	
European Union	欧盟	
data on "National public funding to transnationally coordinated R&D"	"国家跨国协调 R&D 公共 资金"数据	12.73
funding	资金	4.143
treatment in statistics	统计处理	4.159
Eurostat	欧盟统计局	1.76, 12.4
exchange funds	交换资金	1.42, 4.113～4.117, 4.120～4.121
see also under funding	另见资金明细	
expenditure on R&D	R&D 支出	
see also budget (ing), funding, reporting of statistics	另见预算，资金，统计报告	
administration costs	管理成本	8.35, 8.60, 12.14
aggregated for MNEs and non-MNEs	跨国公司和非跨国公司支出 汇总	F11.2

capital	资本性支出	4.14, 4.44 ~ 4.73, 7.60, 8.29, 9.60 ~ 9.61, 12.15, 13.25, 13.34, g
in company accounts vs Frascati standards	公司账户与《弗拉斯卡蒂手册》标准	7.94 ~ 7.95
current	经常性支出	4.14, 4.15 ~ 4.43, 5.5, 5.45, 8.60, 9.58 ~ 9.59, 12.15, 13.25, g
current vs capital	经常性支出与资本性支出	4.54 ~ 4.55
data quality issues	数据质量问题	7.31
date to which to assign	分配的数据	12.40, 12.42 ~ 12.44
definitions	定义	4.4, g
double-counting/undercounting, *see under* measurement	重复计算或少计，见测度明细	
extramural, *see* extramural R&D	外部支出，见外部R&D支出	
incurred abroad	发生在国外的支出	11.69 ~ 11.70
intramural, *see* intramural R&D	内部支出，见内部R&D支出	
intramural vs extramural	内部支出与外部支出	1.40, 1.42, 4.4, 4.6, 4.60 ~ 4.61, T8.3, 9.78
measurement of	支出测度	1.40 ~ 1.43, 4.0 ~ 4.16, 5.5
see also measurement	另见测度	
on monitoring and evaluation	检查和评估	12.14
valuation principle	估算原则	4.40
experimental development	试验发展	
by business enterprises	企业试验发展	7.47
definition and criteria	定义和标准	1.13, 1.35, 2.9, 2.34 ~ 2.36, g
external contributors/R&D personnel, *see* consultants *under* human resources	外部贡献者或R&D人员，见人力资源明细的顾问	
external funds	外部资金	1.42, 4.81 ~ 4.82, T4.2, 4.87, 4.95 ~ 4.99, 4.109, 4.124, 4.137, 4.140, 9.64 ~ 9.65, 9.74, 10.23, 10.28, g

see also funding	另见资金	
sources of	资金来源	9.62～9.63，9.65，9.74
extramural R&D	外部 R&D	4.12，g
differentiated from intramural	与内部 R&D 区分	7.96～7.97
differing perspectives on	与外部 R&D 不同视角	4.135
distribution by providers and recipients of funds	以外部资金提供者和资金接收者进行分类	4.133～4.134
expenditure	支出	1.40，1.42，4.64，9.78
functional distributions in the Business enterprise sector	企业部门的功能分类	7.69～7.108
government funding of	政府资金	8.54～8.58
measurement of funds	资金测度	4.118～4.129，10.33
tax relief for	税收减免	13.23～13.24

F

feasibility studies	可行性研究	2.114
feedback	反馈	
loops	反馈环	2.49
on R&D	"反馈" R&D	2.36，2.50，2.58，2.60
Fields of Research and Development, see FORD	研究与发展领域，见 FORD	
financial accounting	财务核算	
approaches to tax relief	税收减免方法	13.44～13.50
data and standards	数据和标准	1.25，4.27，4.32，7.94～7.95，B11.1
guidance on	指南	1.1
financial services	金融服务	2.87
fixed assets	固定资产	4.47
see also expenditure, capital	另见支出，资本性支出	
FORD(Fields of Research and Development) classification	FORD（研究与发展领域）分类	2.42～2.45，3.44～3.46，6.13，9.98～9.100，12.69～12.70，g
distribution of BERD by	企业 R&D 支出分类	7.62
distribution of GOVERD by	政府 R&D 支出分类	8.46～8.47
distribution of PNPERD by	私人非营利 R&D 支出分类	10.30
level of enquiry for classification	分类查询登记	9.118
six major fields	6 个主要领域	9.98

web address for	网址	8.47
foreign affiliate statistics(FATS)	外国附属机构统计（FATS）	11.33
foreign-controlled affiliates (FCA)	外国控制附属机构（FCA）	11.15，11.17，g
foreign direct investment(FDI)	外国直接投资（FDI）	1.69，11.2，11.11，11.29，g
OECD Benchmark Definition of FDI	经合组织关于"外国直接投资"基准定义	11.2，B11.1
foreign owned branch campus (FBC)	国外所有的分校（FBC）	9.82，9.84，11.55～11.56
see also branch campuses abroad	另见国外分院	
Frascati family of manuals	弗拉斯卡蒂系列手册	1.4，1.18～1.21
Frascati Manual	《弗拉斯卡蒂手册》	
annexes	附录	1.80，1.81，2.45
brief history	简史	A1
contributors to	贡献者	A1
earlier revisions of	早期修订	1.3，1.34，1.81，A1
general overview	一般概述	1.30～1.82
initial meeting for	首次会议	1.3
objectives and background	目标和背景	1.1～1.4，1.8～1.11
online version	在线版本	1.27，1.80～1.82，2.45，11.7，11.35，12.19，12.72，13.4
related documents	相关文件	1.4，1.18～1.21
revision process, outcomes of	修订过程，成果	1.86
revisions for this edition	最新版本的修订	1.5～1.6，1.81，11.1，12.3
role as a standard	作为标准的作用	1.0
full-time equivalent (FTE) as measurement unit	作为测度单位的全时工作当量	5.46～5.48
consistency with headcount measure	与人头数测度一致	5.57，5.59
definition and treatment	定义和处理	5.49～5.57，g
estimation of	全时工作当量的估算	5.65～5.73
functional distribution approach	功能分类方法	3.8～3.9
funding	资金	
activities abroad of government	政府的国外活动	11.52～11.53
activities abroad of private non-profit sector	私人非营利机构的国外活动	11.57～11.58

affiliated vs unaffiliated sources	附属来源与非附属来源	11.22
breakdown of modes for GBARD	政府 R&D 预算分类模式	12.73～12.74
cash and accrual bases	现金交付制和权责发生制	8.92，13.45～13.46，g
classification for distribution of external funding	为外部资金分配的分类	4.133～4.134
competitive basis	竞争基础	8.89，12.73
and control by government	政府控制	8.15
cross-border	跨境	11.6
crowdfunding	集资	4.111，10.25，10.44～10.46
destination of funds	资金目的地	12.73
determining sources	确定来源	1.10
distribution of BERD by sources of funds	按资金来源分类的企业 R&D 支出	7.36～7.46，T7.1
distribution of GOVERD by sources of funds	按资金来源分类的政府 R&D 支出	8.42～8.44，T8.2
distribution of HERD by sources of funds	按资金来源分类的高等教育 R&D 支出	9.622～9.77
distribution of PNPERD by sources of funds	以资金来源分类的私人非营利 R&D 支出	10.24～10.28
double-counting/undercounting, *see under* measurement	重复计算或少计，见测度明细	
exchange and transfer funds	交换和转移资金	1.42，4.4，4.77，4.109～4.117，7.42，8.44，T8.2，8.78，8.88，11.23，11.53，g
external, *see* external funds	外部，见外部资金	
five main sources	5 个主要来源	4.104
flows, treatment of	流量，处理	1.59，4.74～4.144，F4.1，7.96～7.97，8.56，T8.3，9.78，10.22～10.23
general university, *see* general university funds	一般大学，见一般大学资金	
from government, *see* government budgets for R&D	政府，见 R&D 政府预算	

higher education funding	高等教育资金	9.20, 9.62 ~ 9.63, 9.65, 9.74
see also research grants and scholarships	另见研究补助金和奖学金	
intermediaries and original sources	中介机构和初始来源	7.44, 8.57, 8.90, 10.23, 12.17
internal, *see* internal funds	内部,见内部资金	
loans, *see* loans	贷款,见贷款	
measurement and sources of funds	测度和资金来源	4.0, 4.74 ~ 4.165, 9.62 ~ 9.77, 10.26 ~ 10.28
see also measurement	另见测度	
within multinationals	跨国企业内	4.32
non-domestic	非国内	1.68 ~ 1.72
by non-performing units	由非执行单位出资的资金	4.128 ~ 4.129
philanthropic	慈善机构	3.78, 4.97, 4.111, 9.15, 10.25, 10.43 ~ 10.46
source, definition	来源,定义	g
source details to be collected	收集的详细来源	4.104 ~ 4.108, T4.3
sources within and outside compiling country	汇编国家内部和外部来源	F11.2
to or from other countries in HE	出资给或来自其他国家的高等教育	9.80 ~ 9.87, 11.54 ~ 11.56
treatment of financing activities	融资活动处理	2.121
for university hospitals	大学医院	9.15
vs performing, *see* performer vs funding approaches	VS 执行,见实施单位与出资方式	
see also expenditure on R&D	另见 R&D 支出	

G

GBAORD	政府 R&D 预算	12.3
GBARD, *see* Government Budget Allocations for R&D	GBARD,见政府 R&D 预算	
gender	性别	
disaggregation of data	分类数据	5.76
issues, R&D on	关于性别的 R&D 问题	12.67
neutral language	中性的语言	1.12
General advancement of knowledge, as socio-economic objective of R&D	知识的一般进展,作为 R&D 社会经济目标	12.69 ~ 12.70

General government (as SNA sector)	一般政府（《国民账户体系》部门）	T3.1，3.43
general university funds (GUF)	一般大学资金（GUF）	1.62，4.98，4.106，4.111，8.82，8.89，9.62～9.64，9.75～9.77，9.93，12.27～12.28，12.69，12.77，g
calculation of	计算	9.135～9.137，12.48，12.77
separation from other funding sources	与其他资金来源区分	9.68～9.72
geographic	地理位置	
location of BERD	企业 R&D 支出位置	7.64
location of statistical units	统计单位位置	3.47，6.10，7.29，7.64
location of GOVERD	政府 R&D 支出位置	8.53
origin of personnel	人员来源	5.85
geography, R&D in	地理学中的 R&D	2.41
geology/geological research	地质或地质研究	2.96～2.98
GERD, see gross domestic expenditure on R&D	GERD，见国内 R&D 总支出	
GFS (Government Finance Statistics) Manual 2014	2014 年《政府财政统计手册》	1.10
globalisation	全球化	
definition	定义	1.69，11.2，g
government issues	政府问题	11.44，11.52～11.53
Guide to Measuring Global Production	《全球生产测度指南》	B11.1，11.42
Impact of Globalisation on National Accounts	《全球化对国民账户体系的影响》	B11.1
indicators of	指标	11.2
OECD Handbook on Economic Globalisation Indicators	《经合组织经济全球化指标手册》	11.2，B11.1
outside business sector	非企业部门	11.44～11.70
related international statistical manuals	相关的国际统计手册	B11.1

索 引 | 437

of R&D	R&D	1.0, 1.68～1.72, 9.79, 11.0～11.70
statistics on R&D	R&D 统计	11.29～11.33
of value chains	价值链	1.6
see also multinational enterprises	另见跨国企业	
GNERD	国家 R&D 总支出	1.68, 4.165, T4.5, g
goals, see objectives	目的，参见目标	
GOVERD, see Government expenditure on R&D	政府 R&D 支出（GOVERD），见政府 R&D 支出	
Government (as R&D sector)	政府（R&D 部门）	1.57～1.59, 3.60～3.66, 8.0～8.93
borderline cases	边界实例	3.64～3.66, 8.17～8.23
classification of units	单位分类	8.24～8.25
definition and scope	定义和范围	1.57, 3.43, 8.2～8.25, g
at devolved levels	地方层级水平	8.67
and globalisation issues	全球化问题	11.44, 11.52～11.53
identification of R&D	R&D 识别	8.26～8.32
involvement with R&D abroad	参与国外 R&D	11.52～11.53
main characteristics	主要特征	3.60～3.61
measuring expenditure and personnel	支出和人员测度	8.36～8.70
personnel in	人员	8.59～8.62
sector, components and boundaries	部门，组成部分和边界	T8.1
statistical units in	统计单位	3.62～3.63
surveys of	调查	6.26～6.31
vs public sector	VS 公共部门	7.3, 8.4, 8.17
government	政府	
agencies/extra-budgetary units	代理机构或非预算单位	8.7, 12.8～12.9
budgetary central government	中央政府预算	12.6
central/federal	中央或联邦	8.6, T8.1, 13.34, g
functions, classification for GBARD see also Classification of Functions of government	职能，政府 R&D 预算分类 另见政府职能分类	12.72
local/municipal	地方（市）	6.31, 8.10, T8.1, 12.5, 13.36

regional/state	区域（州）	8.9，T8.1，13.35，g
subsectors imposing taxes	子部门征税	13.34～13.36，13.63
tax relief, see under tax	税收减免，见税收明细	
units	单位	3.42，8.3，8.11～8.13，g
Government Budget Allocations for R&D (GBARD)	政府 R&D 预算（GBARD）	1.75，1.79，4.153，8.49，8.83，12.0～12.79，13.67，g
differences from GERD data	与国内 R&D 总支出数据差异	12.76～12.77
distinguished from GOVERD and GTARD	与政府 R&D 支出的区分 政府 R&D 税收减免	12.15 13.3
reporting and indicators	报告和指标	12.78～12.79，T12.2
scope of	范围	12.5～12.38
support mechanisms and their treatment	辅助机制及处理办法	12.20～12.38
use of data	数据使用	12.75～12.79
government budget appropriations or outlays for R&D (GBAORD)	政府 R&D 预算拨款或决算（GBAORD）	12.3
government budgets for R&D	政府 R&D 预算	1.10，1.57，1.73～1.76，7.42～7.45，8.1，8.83～8.93，12.0～12.79
central/federal vs provincial/state	中央（联邦）与区域（州）	4.107，7.43
contracts vs grants	合同和补助	7.42
measurement of	测度	8.75～8.93，12.0～12.79
registers of grants	补助金登记	7.75
reporting distribution of funds for R&D performed abroad	资金分配报告 国外执行的 R&D	4.138～4.140 8.87
use of records for tax relief information	使用税收减免信息记录	13.59
Government Expenditure on R&D (GOVERD)	政府 R&D 支出（GOVERD）	1.59，8.36～8.58
definition	定义	8.36，g
distinguished from GBARD	与政府 R&D 预算的区别	12.16
functional distributions	功能分类	8.38～8.53

vs government funding of extramural R&D performance	VS 政府外部 R&D 资金	8.54～8.58
Government Tax Relief for R&D (GTARD)	政府 R&D 税收减免 (GTARD)	1.78，13.2～13.67，g
presentation of statistics	统计数据展示	13.67
priority breakdowns	优先分类	13.61～13.66
scope and definitions	范围和定义	13.5～13.13
scope of statistics	统计范围	13.14～13.36
grants and scholarships	补助金和奖学金	4.28，4.90，4.97，4.111，4.143，4.149，8.35，9.74，12.26～12.28，12.73
administration costs	管理费用	4.30
to business enterprises	企业	7.42，7.75
to government institutions	政府机构	12.20
to higher education institutes	高等教育机构	9.62
statistical treatment of holders	持有人的统计处理	5.22，T5.2，5.25，5.29，5.31，8.81
see also funding	另见资金	
gross domestic expenditure on R&D	国内 R&D 总支出（GERD）	1.43，1.68，4.0，4.7～4.9，4.156～4.164，8.76
defence vs civil	国防与民用	4.161
definition	定义	4.8，g
difference from SNA totals	与《国民账户体系》总量的区别	4.157，B4.1
differences from GBARD data	政府 R&D 预算的区别	12.76～12.77
GERD/GDP ratio	国内 R&D 总支出与国内生产总值比率	4.0，4.162
presentation of	介绍	4.158，T4.4
regional breakdown	区域分类	4.163
gross national expenditure on R&D (GNERD)	国家 R&D 总支出（GNERD）	1.68，4.165，T4.5，g
GTARD	政府 R&D 税收减免（GTARD）	1.78，13.2～13.67，g
GUF, *see* general university funds	GUF，见一般大学资金	

H

headcount as measurement unit	测量单位：人头数（人员）	5.46～5.48，g

consistency with FTE measure	与全时工作当量测度的一致性	5.57, 5.59
definition and treatment	定义和处理	5.58 ~ 5.61
estimation of	人头数的估算	5.74
health	卫生	
as socio-economic objective of R&D	作为 R&D 社会经济目标	12.68
and classification of units	单位分类	3.34, 3.72, 8.34
classification of hospitals	医院分类	8.22
clinical trials	临床试验	2.61, 4.143, 7.75, 8.34, 9.15, 9.49, 9.109, 10.19
examples from	实例	2.21, 2.109, 9.48
funding for research	研究资金	4.97
research in hospitals	医院的研究	6.35 ~ 6.36
R&D related to	相关的 R&D	1.81, 10.19, 12.62
specialised health care	专业卫生保健	2.115, 9.47 ~ 9.49
university hospitals	大学医院	1.63, 6.36, 8.22, 9.13 ~ 9.17, 9.26, 9.32, 9.47 ~ 9.49, 9.109 ~ 9.112
higher education (as R&D sector)	高等教育（作为 R&D 部门）	1.60 ~ 1.64, 3.67 ~ 3.74, 9.0 ~ 9.138
borderline between research and teaching	研究和教学的边界	9.33 ~ 9.46
borderline cases	边界实例	3.71 ~ 3.74, 8.19 ~ 8.23, 9.18 ~ 9.31
classification of institutions	机构分类	1.38, 3.24, T3.1, 3.36, 3.55
definition	定义	1.61, 9.3 ~ 9.4, 9.6 ~ 9.7, g
funding institutions	出资机构	9.20
linkages with Rest of the world	与国外的联系	9.79 ~ 9.87, 11.44, 11.54 ~ 11.56
main characteristics	主要特征	3.67 ~ 3.69
measuring expenditure and personnel	支出和人员测度	9.52 ~ 9.92
methodology for measurement	测度方法	9.93 ~ 9.137

private institutions	私有机构	9.9～9.10, 9.28～9.31, T1
public institutions	公共机构	9.9～9.10, 9.28～9.31, T1
statistical units in sector	部门统计单位	3.70
surveys of	调查	6.32～6.38
vs tertiary education	VS 高等教育	3.68, 9.12
higher education	高等教育	
branch campuses abroad	国外分院	9.81～9.86
foreign students in	外国学生	9.87
higher education Expenditure on R&D (HERD)	高等教育 R&D 支出（HERD）	1.64, 9.53～9.77, 9.83～9.84, 9.136
data compared with GUF and GBARD	一般大学资金和政府 R&D 预算数据对比	12.77
definition	定义	9.53, g
by source of funds	资金来源	9.62～9.77
reporting distribution of funds	资金分配报告	4.141
sources of external funding	外部资金来源	9.62～9.63, 9.65, 9.74
see also research grants and scholarships	另见研究补助金和奖学金	
sources of internal funding	内部资金来源	4.92, 9.62～9.73
see also general university funds	另见一般大学资金	
history, R&D in	历史学中的 R&D	2.40, 2.41
hospitals, *see under* health	医院，见卫生明细	
households	住户	
classification of	分类	3.42, 7.5, 10.2, 10.14
as Frascati/SNA sector	作为《弗拉斯卡蒂手册》或《国民账户体系》的部门	T3.1, 3.43
as funding sources	资金来源	10.27
recommended not to be surveyed	不建议调查的住户	10.14, 10.27
treated as R&D units	视为 R&D 单位处理	3.6, 3.25, 3.75, 3.77
types of contribution to R&D	贡献于 R&D 的住户类型	3.78
unpaid members of	无酬的家庭工人	5.13
humanities	人文学科	

R&D in	R&D	2.104～2.107
see also individual subjects by name	另见单个科目	

I

identification codes	识别码	7.15
immediate host country	直接投资母国	11.30
immediate investing country	直接投资国家	11.29
implementation of recommendations	执行建议	1.83～1.86
individuals	个人	
see also headcount, personnel	另见人头数，人员	
classification of	分类	10.8
as funding sources	资金来源	10.27, 10.43～10.46
as inventors/researchers	发明者或研究人员	3.83, 7.6, 10.8
multiple employment/affiliation of	多方就业或多种隶属关系	5.20, 8.21, 11.68
not measured as R&D performers	不以 R&D 执行者测度	10.27
roles of	作用	3.77～3.78
taxation of	税收	13.29～13.30
types of contribution to R&D	对 R&D 的贡献类型	3.78
industrial activity, classification by	产业活动，分类	3.31～3.34, 7.16～7.20, 7.48～7.50
industrial production and technology, as socio-economic objective of R&D	工业产品和技术，作为 R&D 社会经济目标	12.61
industry orientation of R&D	R&D 产业定位	7.51～7.60
definition	定义	7.54
informal sector	非正规部门	3.85
information and communication technology (ICT)	信息通信技术（ICT）	
R&D related to	相关 R&D	1.81, 2.40, 2.41, 7.66, 8.48, 12.59
software, see software	软件，见软件	
infrastructure	基础设施	
for R&D, see research facilities R&D concerned with	R&D 基础设施，见 R&D 有关的研究设施	12.59
scientific	科学的	8.28
innovation	创新	
activities	创新活动	2.46
borderline with R&D	与 R&D 的边界	T2.3

definition	定义	2.46
measurement of	测度	2.46
processes, identifying R&D in	识别 R&D 的流程	2.48～2.61
vs R&D	VS R&D	7.84
institutional approach to R&D statistics	R&D 统计的机构方法	T2.1, 3.7～3.9
institutional units	机构单位	3.4～3.12, 6.6～6.7, 6.14～6.16
see also statistical units	另见统计单位	
classification decisions	分类决策	F3.1, 3.31～3.49
see also sectors, institutional for R&D	另见部门，R&D 机构	
control of	控制	3.40, 3.64, 3.80
definition	定义	3.5, 6.8, g
residence of	常驻性	3.21
insurance	保险业	
examples of R&D in	R&D 实例	2.87
intangible assets	无形资产	4.53
see also intellectual property	另见知识产权	
intellectual property	知识产权	1.6, 1.23
enterprise approaches to	企业方法	7.51～7.52
and international trade in R&D services	R&D 服务中的国际贸易	11.6
mineral exploration and	矿物勘探	2.95
OECD Handbook on Deriving Capital Measures of Intellectual Property Products	《经合组织知识产权产品资本测度手册》	1.6, 1.23, 2.74, 11.6, B11.1
protection	保护	2.20, 2.22, 2.31
royalties and licences	特许权使用费和许可证	4.23, 4.53, 4.126, 7.57, 8.18, 11.36
secrecy and	保密	2.20
see also confidentiality	另见保密	
tax regimes for	税制	13.28
transfers within MNEs	跨国公司内的转移	11.43

internal funds	内部资金	1.42, 4.4, 4.32, 4.61, 4.78, T4.2, F4.1, 4.87, 4.90～4.94, 4.97, 4.101, 4.103, 4.105, 4.117, 4.132, 4.138, 7.37～7.38, 7.40, 8.56, 9.15, 9.62, 9.73
sources	来源	4.92, 7.38, 9.62～9.73
International Energy Agency (IEA)	国际能源署（IEA）	B12.1
International Monetary Fund (IMF)	国际货币基金组织（IMF）	
Balance of Payments and International Investment Position Manual	《国际收支与投资头寸手册》	B11.1
Government Finance Statistics Manual	《政府财政统计手册》	12.4, 12.6
international organizations	国际组织	3.87, 3.94, 4.108, 4.159～4.160, 11.53, 11.59～11.66, 12.19, 13.22
see also supranational authorities	另见超国家机构	
definition	定义	11.59, g
special treatment of	特殊处理	11.59～11.66
International Standard Classification of Education, see ISCED	《国际教育标准分类法》，见ISCED	
International Standard Classification of Occupations, see ISCO	《国际标准职业分类》，见ISCO	
International Standard Industrial Classification, see ISIC	《国际标准产业分类》，见ISIC	
internationalisation, see globalisation	国际化，见全球化	
intramural R&D	内部 R&D	4.10～4.73, g
allocation to domestic sector or Rest of the World	分配给国内部门或国外	11.68
differentiated from extramural	与外部 R&D 的区分	7.96～7.97
exclusion from	非内部 R&D	4.125
expenditure, definition	支出，定义	1.40, 1.42, 4.10
government funding for government	用于政府 R&D 的政府出资资金	12.20～12.21

including expenditure incurred abroad	包括发生在国外的支出	11.69～11.70
performed outside national territory	国家领土外执行	4.65～4.66
personnel contributing to	贡献人员	5.12～5.31
reasons for incomplete and inaccurate reporting	报告不完整和不准确的原因	4.67～4.70
sources of funds	资金来源	T7.1, 11.45～11.47
see also under funding	另见资金明细	
summary of expenditure categories	支出类别汇总	T4.1
tax relief for investment	税收减免投资	13.23～13.24
R&D treated as	视 R&D 为投资	1.0, 1.23, 1.41, 2.2, 4.2, B4.1
supporting R&D	R&D 支持性投资	12.29～12.33
ISCED (*International Standard Classification of Education*)	ISCED（《国际教育标准分类法》）	1.6, 1.26, 3.67～3.68, 5.34, 5.81～5.82, 9.2～9.3, 9.7, 9.88, g
Fields of Education and Training (ISCED-F)	教育和培训领域（《国际教育标准分类法》-F）	2.44
levels	层级	9.37～9.41, 9.91
ISCO (*International Standard Classification of Occupations*)	ISCO（《国际标准职业分类》）	5.34, g
ISIC (*International Standard Industrial Classification*)	ISIC（《国际标准产业分类》）	1.6, 1.26, 3.33, 7.16～7.17, 7.48～7.49, 7.57～7.59, 8.24, 9.18, 10.12～10.13, g
ISIC 72	《国际标准产业分类》类72	7.59, 8.24, 8.47, 11.34

J

joint ventures	合资企业	3.56, 7.1, 7.7～7.8, 10.10, g
see also partnerships	另见合伙企业	

K

"kind-of-activity" units	"活动类别"单位	3.11, 3.12, B3.1, g
knowledge	知识	
see also data, intellectual property	另见数据，知识产权	
acquisition of existing	现有知识获取	2.46
capturing products	知识载体产品	2.79

new, as focus of R&D	新颖性，R&D 重点	2.14～2.16，2.22，2.82
preservation, storage and access provision	保存、存储和访问规定	8.28
recording of	记录	2.20
sources	来源	2.43
traditional	传统	2.108～2.110
transfer to society	向社会转移	4.115

L

labour costs, *see under* personnel	劳动力成本，见人员	
land and buildings	土地和建筑物	4.34～4.35，4.48～4.50，4.71，9.59，g
see also research facilities	另见研究设施	
R&D concerned with	相关的 R&D	12.59
legal entities, definition	法律实体，定义	3.6
legislation	立法	
authorising compulsory surveys	授权强制调查	6.2
referring to *Frascati Manual*	关于《弗拉斯卡蒂手册》	1.12
libraries and information centres	图书馆和信息中心	2.91，4.18，8.28
purchase of libraries	图书馆的购买活动	4.55
linguistics, examples from	语言学，实例	2.41
loans for R&D	R&D 贷款	7.39，8.79，12.31～12.32
guarantees for	担保	12.34
local unit	地点单位	3.12，B3.1，g

M

machinery and equipment	机械和设备	2.60，4.47，4.50～4.51，T4.1，9.60，g
management and reporting of projects	项目管理和报告	2.19，5.37～5.38，5.44
market	市场	
price	价格	11.6，11.37，11.42
research	研究	2.56
surveys	调查	2.90
see also surveys	另见调查	
value	价值	4.35，9.59
master's students	硕士研究生	g
classification of	分类	1.47，5.22，T5.2，5.25，8.61，9.34，9.91～9.92

costs	成本	4.20，4.28
research master's programmes/ students	研究硕士的课程/学生	5.22，5.30，9.34，9.39，9.91，g
treatment	处理	5.27～5.31
measurement	测度	
of business R&D globalisation	企业部门 R&D 全球化	11.4～11.9
double-counting/undercounting issues	重复计算/少计问题	1.59，4.9，4.12，4.21，4.35，4.36，4.46，4.58，4.62，4.78，4.82，4.87，4.103，4.119，4.122，4.149，B4.1，5.26，5.31，5.58，5.60，6.29，6.45，7.102，8.40，8.41，8.57，8.65，8.90，T8.3，9.16，9.57，9.58，11.68，12.18，12.46，13.24
of expenditure	支出	1.40～1.43，4.0～4.165，5.5，8.36～8.58
of funding	资金	4.0，4.74～4.165，9.62～9.77，10.26～10.28
of government tax relief for R&D	政府 R&D 税收减免	13.37～13.67
in the higher education sector	高等教育部门	9.52～9.137
methodologies and procedures	方法和程序	6.0～6.93
of personnel	人员	5.0～5.88
in the private non-profit sector	私人非营利机构	10.21～10.39
of R&D funding vs services trade statistics	R&D 资金测度与服务贸易统计	11.38
units for human resources	人员测度单位	1.49，5.46～5.61
metadata	元数据	1.84，6.79
methodologies and procedures	方法和程序	1.50～1.52，6.0～6.93，7.77～7.93
micro-data	微观数据	
analysis	分析	3.48，4.3，6.1，6.21，6.74，7.15
co-ordinated analysis of	协调分析	1.84

mineral exploration and evaluation	矿物勘探和评估	2.95 ~ 2.98
mission or subject-oriented institutes	任务或学科导向的机构	9.21
multinational enterprises	跨国企业（MNEs）	g
classifications for statistics	统计分类	11.29 ~ 11.33
international R&D funding involving	相关的国际 R&D 资金	11.20 ~ 11.23
measurement and reporting of R&D	R&D 测度与报告	11.5 ~ 11.9，11.22 ~ 11.33
misreporting in	误报	4.70
relevant definitions	相关定义	11.10 ~ 11.19
reported vs actual R&D flows	报告的 R&D 流动与实际的 R&D 流动	T11.1
reports from	报告	7.95
structures of	结构	1.53，7.1，7.9
transfer payments in	转移支付	4.32
see also corporations, enterprises	另见公司、企业	
music, examples of R&D	音乐领域中 R&D 实例	2.41，2.65

N

NABS (*Nomenclature for the Analysis and Comparison of Scientific Programmes and Budgets*)	《科学计划和预算的分析比较中使用的术语》（NABS）	1.76，8.50，10.31，12.4，12.54
classification	分类	T12.1
NACE (Statistical Classification of Economic Activities in the European Community)	欧盟经济活动统计分类（NACE）	7.17
NAICS (North American Industry Classification System)	北美产业分类系统（NAICs）	7.17
nanotechnology	纳米技术	2.40，7.66 ~ 7.67，8.48
natural sciences	自然科学	2.40
see also science and technology	另见科学技术	
NESTI, *see under* OECD	科技指标国家专家组，见经合组织	
Nomenclature for the Analysis and Comparison of Scientific Programmes and Budgets, *see* NABS	《科学计划和预算的分析比较中使用的术语》，见 NABS	
non-governmental organisations (NGOs)	非政府组织（NGOs）	11.62 ~ 11.64

non-profit institutions (NPIs)	非营利机构（NPIs）	1.54，1.65～1.67，B3.2
see also Private non-profit sector (PNP)	另见私人非营利机构（PNP）	
classification	分类	3.58，7.2，7.4，8.14～8.16，10.1
controlled by/serving businesses	由企业控制或服务于企业的非营利机构	3.81
controlled by/serving government	由政府控制或服务于政府的非营利机构	8.3，8.8，T8.1，B8.1，g
definition	定义	3.42，g
dual performance/funding role	双重执行或出资角色	10.22
treatment of different types	不同类型的处理	T10.1
without separate identity/unincorporated	无独立身份/非法人	10.6～10.7
non-profit institutions serving households (NPISH)	为住户服务的非营利机构（NPISH）	1.66，B3.2，3.25，T3.1，3.43，3.75，10.2，10.14
novelty, as core criterion for R&D	新颖性，R&D 的核心标准	2.7，2.14～2.16，2.22

O

objectives and goals	目的和目标	
of basic research	基础研究的目的	2.27
of the *Frascati Manual*	《弗拉斯卡蒂手册》的目的	1.1～1.4
of the Manual revision	手册修订的目的	1.5～1.7
primary and secondary	主要目标和次要目标	12.50～12.53，12.55
of R&D	R&D 目标	2.22，T2.1
socio-economic, *see under* socio-economic	社会经济目标，见社会经济	
obligations (budget)	债务（预算）	12.49，g
OECD	经济合作与发展组织	
engagement with non-member countries	与非成员国家	1.6
FORD classification, *see* Fields of Research and Development	FORD 分类，见研究与发展领域	
NESTI (Working Party of National Experts on Science and Technology Indicators)	科技指标国家专家组（NESTI）	1.82，1.84，A1

reporting data to	报告数据	1.29，12.54
standard definitions	标准定义	13.2
working with other institutions	与其他机构的合作	1.85
off-shoring	离岸外包	11.6
organisation	组织	
of R&D activities	R&D 活动	1.6，5.8
see also corporation, enterprise	另见公司、企业	
Oslo Manual	《奥斯陆手册》	1.18，2.46，7.84
outputs from R&D	R&D 产出	1.16～1.17, 2.93, 3.15, 3.45, 7.54, B11.1, 12.26
outsourcing	外包	4.116，4.144
see also consultants, contracts, subcontracting	另见顾问、合同、分包	
"own reading"	持续专业的学习	9.45

P

parent companies	母公司	11.19，F11.1，g
immediate parent company	直接母公司	11.17，11.29，g
partnerships	伙伴关系	3.57, 4.117, 8.23, 8.34, 8.42, 10.10
international	国际合伙企业	8.87
patents	专利	
OECD Patent Statistics Manual	《经合组织专利统计手册》	1.18
"patent boxes"	"专利盒子"	13.14，13.28
testing services giving rise to	产生的测试服务	B11.1
work on	致力于专利	2.47, 2.50, 7.75, 11.35
see also intellectual property	另见知识产权	
performer vs funding approaches	执行者与出资方式	1.10, 1.24, 4.6, 4.79～4.88, T4.2, 4.145～4.155, 8.76～8.82, 10.43, 10.47, 12.1～12.2, 12.39, 12.76～12.77
difficulty in separating performers and funders	区分出实施者和出资者存在困难	4.78
personnel	人员	

age breakdown	年龄分类	5.79 ~ 5.80
analysis by characteristics	特征分析	5.75 ~ 5.85
analysis by qualifications	资质分析	5.81 ~ 5.83
average, total and specific-date counts	平均数、总数和特定日期计数	5.57, 5.58
categories crosswalk	交叉类别	5.25
categories in higher education	高等教育类别	9.88 ~ 9.92
classification of personnel by function	人员职能分类	5.32 ~ 5.45, 8.62
see also researchers, technicians	另见研究人员、技术人员	
coverage and treatment	范围和处理	5.6 ~ 5.45, T5.2
definition of R&D personnel	R&D 人员定义	1.15, 1.44 ~ 1.49, 2.22, 4.18, 5.2 ~ 5.4, T5.1, 5.18, 5.32, g
employees, see employees	雇员，见雇员	
external personnel	外部人员	1.15, 1.46, 3.84, 4.26, 5.9, 5.15 ~ 5.24, T5.2, 5.25, 7.33, 8.61, g
see also consultants	另见顾问	
in government	政府人员	8.59 ~ 8.62
identified by function	按职能识别人员	1.48, 5.2 ~ 5.4, 5.77, g
independent workers	独立工作者	10.35
individual, see individuals	个人，见个人	
internal personnel	内部人员	1.6, 1.15, 1.46 ~ 1.47, 5.9
labour costs	劳动力成本	4.16 ~ 4.22, 4.62 ~ 4.64, 5.11, 5.25, 8.39, 9.56 ~ 9.57, g
leased employees	劳务派遣	5.16, T5.1, 5.26, g
measurement	测度	5.0 ~ 5.88, 7.32 ~ 7.34, 8.70, 10.34 ~ 10.39
see also under measurement	另见测度	
mobility of	流动性	11.9, 11.49
multiple employment/affiliation of same individual	同一人员的多方就业或多种隶属关系	5.20, 8.21, 11.68
not currently working	非经常性工作	5.12

permanent vs temporary	终身就业与临时就业	5.78
personnel flows	人员流动	5.86
recommended analysis	建议的分析	5.87～5.88, T5.4～T5.8
in Rest of the World	国外人员	11.49～11.51
self-employed	自雇人士	3.82, 4.19, 4.26, 4.63, 5.16, 5.20, T5.2, 5.25, 7.5, 7.33, 10.4, 10.34, 13.29
students as, see doctoral students, master's students	学生，见博士研究生、硕士研究生	
supporting/administrative staff	提供辅助服务或行政活动的人员	4.18～4.19, 5.4～5.7, 5.11, 5.43～5.45
philosophy, R&D in	关于哲学的 R&D	2.106
pilot plants	中试工厂	2.51～2.52, 2.54
planning	计划	
as essential for R&D	R&D 的必要部分	2.19
town and country	城镇和农村	12.59
PNP, see Private non-profit sector	私人非营利机构，见私人非营利机构	
PNPERD, see Private non-profit Expenditure on R&D	私人非营利性 R&D 支出，见私人非营利性 R&D 支出	
policy making	政策制定	
on emerging markets	新兴市场	9.79
Frascati Manual and objectives, see objectives	《弗拉斯卡蒂手册》目标，见目标	1.1～1.2
R&D contribution to	有助于政策制定的 R&D	2.41
research to support	支持政策制定的研究	2.118
statistics to support	支持政策制定的统计	1.40, 1.51, 7.0, 7.1
policy-related studies	与政策相关的研究	2.116～2.118, 8.32
political and social systems, structures and processes, as socio-economic objective of R&D	政治和社会系统，结构和过程，作为 R&D 社会经济目标	12.67～12.68
see also government	另见政府	
pollution	污染	12.57, 12.59, 12.63, 12.68
pre-production development	产前开发	2.35～2.36, 2.50, 7.47

prices	价格	
below average	低于平均水平价格	3.58
economically significant	显著经济意义价格	B3.2, 7.2, 7.3, 7.5, 10.3～10.4, g
market	市场价格	11.6, 11.37
purchasers'	购买者的价格	4.40, g
sales	出售价格	4.131, 4.150
transfer	转让价格	11.42～11.43
Private non-profit Expenditure on R&D (PNPERD)	私人非营利机构 R&D 支出（PNPERD）	1.67, 10.21～10.32
definition	定义	10.21, g
recommended functional distributions of funding	建议的资金功能分类	10.24～10.32
Private non-profit sector (PNP)	私人非营利机构（PNP）	1.65, 3.42, 3.75～3.86, 10.0～10.47
borderline cases	边界实例	3.80～3.86, 10.9～10.11
definition	定义	1.66, 3.25, 3.43, 10.2～10.3, g
and globalisation issues	全球化问题	11.44, 11.57～11.58
identification of R&D in sector	部门 R&D 识别	10.16～10.20
main characteristics	主要特征	3.75～3.78
recommended institutional classifications	建议的机构分类	10.12～10.15
residual nature	剩余性质	10.4～10.8
statistical units	统计单位	3.79
surveys of	调查	6.39～6.40, 10.40～10.47
volunteers in, *see under* volunteers	志愿者，见志愿者	
private sector, defining for classification	私有部门，出于分类目的的界定	3.35～3.38
see also public sector	另见公共部门	
problem solving as R&D	作为 R&D 的问题解决方法	2.17, 2.38
process(es)	工艺（流程）	
definition of	定义	2.10
development	发展	2.47
experimental development and	试验发展	2.32～2.36

procurement of R&D	R&D 购买	4.114, 4.120, 4.126, 7.43, 8.88, T8.3, 11.53, 12.24
see also contracts, sales and purchases	另见合同，出售和购买	
product(s)	产品	
definition of	定义	2.10
development	发展	2.34, 2.62, 7.47
experimental development and	试验发展	2.32～2.36
professors emeritus	名誉教授	5.23, T5.2, 5.25, g
profits, treatment of	利润, 处理	4.91, 4.93, 4.131, 4.150, 7.38, 8.17, 11.63, 12.25, 12.77, 13.6～13.7
programmatic evaluations	程序化评估	2.119
project	项目	
basis for funding	出资基础	8.89
definition in R&D	R&D 项目的定义	2.12
hosting of	主持	8.37
large scale, treatment of	大型项目处理	2.53～2.54, 2.74, 2.89
R&D in government units	政府单位 R&D	8.27
questions for identifying R&D	识别 R&D 的问题	T2.1
vs programme	VS 规划	2.30
prototyping	原型	2.18, 2.21, 2.47, 2.49～2.50, 2.54, 4.23, g
public sector	公共部门	3.35～3.38
and business enterprises	企业	7.3
differences with government sector	与政府部门的差异	T8.1
publication, see communication	出版, 见交流	

Q

qualifications, analysis of personnel by	按资质分析人员	5.81～5.83
see also ISCED	另见《国际教育标准分类法》	
quality	质量	
assurance	保证	1.84, 3.49, 6.69
control of business R&D responses and totals	企业 R&D 应答和总量控制	7.94～7.108

of data	数据	6.23, 6.56, 6.92, 6.93, 7.31 ~ 7.32
measures for survey responses	调查应答测度	7.89, B7.1
questionnaires	调查问卷	1.84, 6.4, 6.49 ~ 6.51, 7.14, 9.110, 9.112
design considerations	设计注意事项	6.57 ~ 6.61, 6.92, 7.82 ~ 7.84
electronic	电子版	7.83, 9.112
two-stage process	两阶段过程	7.76, 7.80
see also surveys	另见调查	

R

regionalisation of R&D statistics	R&D 统计区域化	1.81, 4.163 ~ 4.164,
see also geographical location of statistical units	另见统计单位的地理位置	
religious studies, R&D in	宗教研究中的 R&D	2.106
rent, see under research facilities	租用，见 R&D 设施	
reporting	报告	
individuals	个人	6.50, 9.127
units	单位	3.12, 3.70, 6.13, 6.14, 6.20, 6.66, 7.12 ~ 7.14, 7.29, 8.64, 9.108, 9.127, 11.70, g
reporting of statistics	统计报告	3.16 ~ 3.18
see also under communication, funding, surveys	另见交流，资金，调查	
based on funders	以出资单位为基础	4.79, 4.145 ~ 4.155
based on performers	以实施单位为基础	4.9, 4.79, 4.145 ~ 4.155
errors in	误差	4.145 ~ 4.155
on R&D tax relief	R&D 税收减免	13.40 ~ 13.43
to OECD and other international organizations	经合组织和其他国际组织	1.29, 6.90 ~ 6.92
reproducibility, as core criterion for R&D	可复制，R&D 核心标准	2.7, 2.20, 2.22
research institutes	研究机构	
buildings for, see research facilities	建筑物，见研究设施	

classification of	分类	7.2～7.4, 9.18～9.31
global groupings of	全球集团	11.48
government-controlled	政府控制	8.7, 8.63
higher education controlled	高等教育控制	9.6
industry-controlled	行业控制	3.81
linked to universities	与大学关联	9.22～9.23
mission or subject orientation	任务或主题定位	9.21
revenue generated by	产生的收入	8.18
and international organisations	国际组织	11.66
sources of internal funding	内部资金来源	4.91
surveys of	调查	8.69
research councils	研究委员会	8.90, 9.24, 9.62, 9.65
research and (experimental) development (R&D)	研究和（试验）发展（R&D）	
activities and projects	活动和项目	2.12
activities excluded	非 R&D 活动	2.15
common features	共同特征	2.6
core criteria for	核心标准	1.14, 1.33, 2.6～2.8, 2.13～2.22, T2.1
databases and indicators	数据库及指标	1.84
definitions	定义	1.0, 1.2, 1.5～1.6, 1.12～1.15, 1.22, 1.25, 1.32～1.36, 2.5～2.11, 4.151, B11.1, g
definitions for tax purposes	税收角度的定义	13.15～13.16
distinguished from related activities	与相关活动的区别	1.63
examples of boundaries and exclusions	边界实例和非 R&D 实例	2.46～2.110
four main sectors	4 个主要部门	1.38, 3.0
impact of	影响	1.2
industry orientation of	产业定位	7.51～7.60
institutional approach to classifying	分类的机构方法	T2.1
with negative results	负面结果	2.20
occasional vs continuous	临时与连续	6.18～6.19, 6.31, 7.1
organisational changes in	组织变化	1.6
originals vs other services	原型和其他服务	11.34
performers, directories of	执行者，指导	7.75～7.76

performing vs funding, *see* performer vs funding approaches	执行与出资，见实施单位与出资方式	
pricing issues	价格问题	11.42～11.43
role in economic development	在经济发展中的作用	3.15
services, paying for	服务，支付	12.24～12.25
social and political dialogue on	社会和政治对话	1.87
in social sciences, humanities and arts	社会科学、人文学科和艺术学	2.3
support activities	辅助活动	2.122
three types of activity	3种类型的活动	1.35，2.9
definitions and criteria	定义和标准	2.23～2.41
differentiating between	两两之间的区分	2.37～2.40
distribution of BERD by type	企业R&D支出的类型分布	7.47
distribution of GOVERD by type	政府R&D支出的类型分布	8.45
order of	顺序	2.11
see also applied research, basic research, experimental development	另见应用研究、基础研究、试验发展	
treatment as investment	视为投资	1.0, 1.23, 1.41, 2.2, 4.2, B4.1
research, development and demonstration (RD&D)	研究、开发和示范（RD&D）	B12.1
research facilities (buildings)	研究设施（建筑物）	
charging basis	要价基础	12.22
government owned, handling of	政府所有，负责	4.36～4.37, 8.41, 8.79
rent, operations and maintenance	租用、运营和维护	4.23, 4.29, 4.34～4.37, 8.41, 9.59
research parks	研究园	9.25
treatment in GBARD	政府R&D预算处理	12.22～12.23
under joint management	共同管理	6.37
see also research associations/institutes	另见研究协会/机构	
research institutions, *see* research associations/institutes	研究机构，见研究协会/机构	
researchers	研究人员	
affiliated to universities	大学研究人员	9.24, 11.68
categories in HE sector	高等教育部门的研究人员类别	9.90

definition, functions, treatment	定义、职能、处理	5.35～5.39，7.34，g
see also human resources	另见人力资源	
residence of institutional units	机构单位的常驻地	3.21，3.90～3.92，10.11，11.70，g
Rest of the World (as R&D sector)	国外（R&D 部门）	1.68，3.21，3.87～3.96，11.1
see also globalisation	另见全球化	
borderline cases	边界实例	3.90～3.96
definition	定义	11.1，11.19，11.45，g
funding from	出资	7.41，7.46
government R&D funding to	政府 R&D 资金投入	11.53，12.19
higher education links with	与其他部门关联的高等教育	9.79～9.87
international and supranational organisations in	国际组织和超国家组织	11.59～11.66
main characteristics	主要特征	3.87～3.88
sources of funds	资金来源	11.45～11.57
reverse engineering	逆向工程	2.15
risk management	风险管理	2.41，2.87，7.42，B8.1，12.29

S

salaries of R&D personnel	R&D 人员的报酬	5.78
see also personnel	另见人员	
sale of capital assets	出售资本资产	4.58～4.59
sales and purchases of R&D	R&D 出售和购买	4.113，4.130～4.132，8.18，11.34～11.38，12.24～12.25
see also contracts, funding	另见合同、资金	
pricing issues	价格问题	4.131，4.150
sampling	抽样	
of non-responding units	非应答单位	6.69
plan	计划	6.41～6.46
units	单位	6.20，6.27，6.34，6.40
science and technology	科学和技术	
definition of scientific and technological activities	科学技术活动的定义	g
distinguished from R&D	与 R&D 的区别	2.88～2.89，2.93，8.28

government services	政府服务	8.28
information services	信息服务	2.112
management of activities	活动管理	2.99 ~ 2.101
scientific advisers	科学顾问	2.120, 8.33
scientific infrastructure	科学基础设施	8.28
see also research facilities	另见研究设施	
sectors, institutional for R&D	R&D 部门，机构	1.38, 3.0 ~ 3.96
see also Business enterprises, Higher education, Government R&D, Private non-profit sector, Rest of the World	见企业部门，高等教育部门，政府部门 R&D，私人非营利机构，国外	
classification of units, *see* classification	单位分类，见分类	
decision tree for allocating units to	单位分类的决策树	F3.1
reasons for sectoring	划分部门的原因	3.13 ~ 3.18
sectors and borderlines	部门和边界	F3.2
SNA classification	《国民账户体系》分类	B3.2, T3.1
seniority of personnel	人员资历	5.84
services	服务	
definition of services	服务定义	2.79
R&D in	服务中的 R&D	2.79 ~ 2.87
R&D services, trade in	R&D 服务贸易	11.33 ~ 11.43
size of enterprises	企业规模	
basis for determining	判断依据	7.23, 7.25
recommended groupings	建议分类	7.27 ~ 7.28
and R&D tax relief	R&D 税收减免	13.65 ~ 13.66
small and medium-sized enterprises (SMEs)	中小企业（SMEs）	2.21, 2.34, 7.24 ~ 7.28, 7.99
micro-enterprises	微型企业	7.70, 7.81
SNA, *see System of National Accounts*	《国民账户体系》（SNA），见《国民账户体系》	
social sciences	社会科学	
data collection for	数据收集	2.90
R&D in	社会科学中的 R&D	2.103
social security contributions	社会保障出资	4.21, 9.57, 13.30
social services, R&D into	社会服务中的 R&D	2.87, 12.67
socio-economic	社会经济	

consultancy	咨询	10.18
objectives of R&D	R&D 目标	7.63，8.49～8.51，10.31，12.2
classification	分类	T12.1，g
description of	描述	12.56～12.71
distribution of GBARD by	按 R&D 目标划分的政府 R&D 预算	12.50～12.71
software	软件	
capitalised	资本化	4.52，g
handling of development by OECD and SNA	经合组织和《国民账户体系》对软件发展的处理办法	2.74，4.157，B4.1
R&D in	软件中的 R&D	1.24，2.40，2.68～2.74，7.66，g
used in R&D	用于 R&D 的软件	2.69，4.25
space	空间	
exploration	探索	2.94
exploration and exploitation, as socio-economic objective of R&D	探索与开发，作为 R&D 社会经济目标	12.58
spending, *see* expenditure	消费，见支出	
spin-off enterprises	分拆企业	9.27，12.52
standards/standardization	标准或标准化	1.86，2.113，2.92，2.113，5.34
see also individual standards by name	另见个人标准名称	
Frascati Manual as	《弗拉斯卡蒂手册》	1.0～1.29
standards testing	标准测试	2.92，2.113
statistical units	统计单位	1.45～1.46，3.1，3.7，3.9～3.11，6.9～6.12，7.10～7.11，7.15～7.29
see also institutional units	另见机构单位	
attributes	属性	6.10，7.11
classified into sectors	部门归类	3.13
see also classification	另见分类	
definition	定义	3.10，g
frame/register structure for	框架或登记结构	T3.2
in the government sector	政府部门	8.63～8.67，12.7
in the higher education sector	高等教育部门	9.97～9.102

institutional classifications	机构分类	7.15～7.29
observation and analytical units	观察和分析单位	3.10
in the private non-profit sector	私人非营利机构	10.41
types and levels	类型和水平	B3.1，3.11，3.12
statistics	统计数据	
see also data, measurement of R&D, methodologies and procedures, reporting, surveys	另见数据，R&D 测度，方法和程序，报告，调查	
a typical features of R&D	R&D 非典型特征	1.6
classification, *see* classification	分类，见分类	
comparability of	可对比性	1.1，1.6，1.9，1.25～1.27，1.50，1.83，2.89，3.15～3.16，3.20～3.26，4.72，4.157，7.84，9.9，9.138，11.24
framework for Higher education sector	高等教育部门框架	F9.1
global	全球	3.95
institutional approach to	机构方法	T2.1，3.7～3.9
new methods	新方法	2.90
sources, relating different	来源，相关的差异	3.15
statistical infrastructure	统计基础设施	6.2
purpose of the *Frascati Manual*	《弗拉斯卡蒂手册》的目的	1.3
use and users	使用和使用者	1.22，1.37
students, *see* doctoral students, masters' students	学生，见博士研究生、硕士研究生	
subcontracting	分包	4.123～4.124，4.143，7.97，9.78，12.17，13.18
see also consultants, contracts, offshoring	另见顾问，合同，离岸外包	
supervision of researchers and students	研究人员的监管和学生的	2.76～2.77，9.39，9.42～9.43
support(ing)	辅助	

activities/services	辅助活动或辅助服务	2.122, 4.23, 4.24, 4.29～4.31, 5.4～5.5, 5.45, 8.6
staff	员工	4.18～4.19, 4.26～4.27, 5.4～5.7, 5.11, 5.43～5.45
see also under human resources	另见人力资源	
supranational authorities	超国家机构	3.87, 3.93, 4.108, 11.59～11.60, g
as source of funds	资金来源	8.42
surveys, statistical	调查，统计的	6.5
see also under data, reporting	另见明细数据，报告	
briefing of respondents	受访者简介	7.88
combined purpose	合并目的	7.84, 9.107, 11.25
design	设计	6.41～6.71, 7.25, 7.70～7.76, 10.40～10.42
in different sectors	不同部门	6.18～6.40
of government units	政府单位	8.84～8.93
of higher education sector	高等教育部门	9.95～9.96, F9.1, 9.102～9.112
to identify business R&D performers	确定企业R&D执行者	7.70, 7.71
of individuals	人员	3.77
on international trade in services	国际服务贸易	11.36
methodology	方法论	6.72～6.89, 7.77～7.93
of multinational enterprises	跨国企业	11.22, 11.25～11.28, 11.33
of non-business global R&D	非商业全球化R&D	11.47, 11.49～11.51
of PNP sector	私人非营利机构	6.39～6.40, 10.40～10.47
response rates	应答率	6.69, 6.86, 7.85
of tax relief recipients	税收减免受益者	13.51～13.55
of trade in services	服务贸易	11.38～11.39
time-use	时间利用	9.95, 9.116, 9.125～9.137, g
training of respondents	受访者培训	8.69

System of National Accounts (SNA)	《国民账户体系》（SNA）	1.6，1.23 ~ 1.24，2.0，10.27，B11.1，12.4，A1，g
approach to institutional units and sectors	机构单位和部门统计调查方法	3.3
capital stock of R&D	R&D 资本存量	6.1
changes in 2008 revision	2008 年版本的变动	1.41，2.2，4.2
classification criteria	分类标准	1.37 ~ 1.38，B3.2，3.43
differences from GERD calculations	与国内 R&D 总支出计算的差异	4.157
treatment of government	政府的处理	8.0，8.2 ~ 8.4，T8.1，8.14
treatment of higher education sector	高等教育部门的处理	1.60，3.0，3.24，9.8 ~ 9.9
treatment of R&D as investment	将 R&D 视为投资	1.0，1.23，1.41，2.2，4.2，B4.1
treatment of services	服务处理	2.79
treatment of software	软件处理	2.74，4.157
use of R&D statistics	R&D 统计数据的使用	3.15
vs Frascati treatment of capital investment	VS《弗拉斯卡蒂手册》有关资本投资的处理	
systematicity, as core criterion for R&D	系统性，R&D 的核心标准	2.7，2.19

T

target-setting	目标设定	1.9
tax	税费	
allowances	津贴	13.6，13.9，g
benefits to philanthropic funders	慈善出资者的利益	10.43
capital gains	资本收益	13.28
corporate	公司	13.27，13.29
credits	信用	13.7 ~ 13.9，g
employment subsidy	就业补贴	13.12
exemptions for international organisations	国际组织豁免	13.22
expenditures	支出	g
on goods and services	有关货物和服务	8.39，13.33

incentives for/relief on R&D	R&D 激励机制与减免	1.0, 1.6, 1.77～1.79, 4.22, 4.100～4.103, 7.38, 7.45, 8.79, 12.35～12.37, 12.79
definition and scope	定义和范围	13.5～13.9
measurement of	测度	13.0～13.67, g
instruments	工具	13.26
"normal" structure	"正常"结构	13.10～13.11
payroll	工资	13.31
property taxes	财产税	13.32
records	记录	13.56～13.58
registers of relief claimants	减免申请的登记	7.75, 7.87, 7.101
treatment of deductible	可抵扣处理	4.41～4.43
treatment of individuals	个体处理	13.20, 13.29
value-added	增值税	8.39, 13.33, g
technicians: definition, functions, treatment	技术人员：定义，作用，处理	5.40～5.42
technology	技术	
see also information and communication technology, science and technology	另见信息和通信技术，科学和技术	
areas, distribution of BERD by	地区，企业 R&D 支出的分布	7.65～7.68
areas, distribution of GOVERD by	地区，政府内部 R&D 支出分布	8.48
demonstration	示范	2.101
and industrial production, R&D on	工业产品的 R&D	12.61
readiness level (TRL)	就绪度（TRL）	2.99, 8.30～8.31
transfer	转移	8.28
territory, economic	经济领土	3.21～3.22, 3.92
tertiary education	第三层次教育	3.68, 9.12, 9.29, g
see also higher education	另见高等教育	
testing	测试	
by government sector	政府部门	8.28
of questionnaires	问卷调查	6.60
as R&D process	作为 R&D 过程	2.16, 2.50, 2.92, 4.67

standards testing	标准测试	2.92, 2.113
timescale/time issues	时间表或时间问题	
for availability of figures to report	报告的可用数据	12.48, 12.78
calendar vs fiscal year	日历年度与财政年度	13.60
carry-over provisions	结转规定	13.8, g
and cost allocation for long programmes	长期项目的成本分配	4.152, 12.44
for handling tax relief	处理税收减免	13.44～13.50, 13.57
for measuring international R&D services	国际 R&D 服务测度	11.6
for R&D	研究与发展	2.30, 2.37
tooling up	装备加工	2.59～2.60
trade	贸易	
in R&D services, international	国际 R&D 服务中的贸易	1.71, 11.4～11.6, B11.1, 11.34～11.43
statistics, guidance on	贸易统计指南	1.1
traditional knowledge	传统知识	2.108～2.110
training, research-related	与研究相关的培训	9.44～9.45
transactions	交易	g
transfer(s)	转移	
cross-border	跨境	11.40～11.41
funds	资金	1.42, 4.111～4.112, 4.120, 4.133, g
see also under funding	另见资金	
in-kind donations	实物捐赠	4.112
in-kind transfers	实物转移	11.39, 11.41
prices	价格	11.42～11.43
of R&D	研究与发展	1.42, 4.4, 4.77, 4.109～4.117, 7.42, 8.44, T8.2, 8.78, 8.88, 11.23, 11.39～11.41
transferability, as core criterion for R&D	可转化，作为 R&D 的核心标准	2.7, 2.20, 2.22
transport, telecommunications and other infrastructures	交通、电信和其他基础设施	
as socio-economic objective of R&D	作为 R&D 社会经济目标	12.59

索引 | 465

trials/trialing	试验或测试	2.50，2.55～2.56
clinical, *see under* health	临床，见卫生	
trouble-shooting	故障排除	2.50，2.57

U

ultimate investing country	最终投资国家	11.29
university(ies), *see under* higher education	大学，见高等教育	
university hospitals, *see under* health	大学医院，见卫生	
uncertainty, as core criterion for R&D	不确定性，作为 R&D 的核心标准	2.7，2.18，2.22
United Nations	联合国	
classification systems, *see* ISCED, ISIC	分类系统，见《国际教育标准分类法》《国际标准产业分类》	
Manual on Statistics of International Trade in Services	《国际服务贸易统计手册》	B11.1
National Quality Assurance Frameworks	《国家质量保证框架》	7.105
Provisional Guidelines on Standard International Age Classifications	《国际标准年龄分类的暂行指南》	5.79
units	单位	
relationship between	单位间关系	6.14～6.17
updating lists of	更新列表	6.28
see also enterprise, establishment, government units, institutional units, kind-of-activity units, local units, reporting units, sampling units, statistical units	另见企业，基层单位，政府单位，机构单位，活动类别单位，地点单位，报告单位，抽样单位，统计单位	
UNESCO	联合国教科文组织	
definitions of scientific and technological activities	科学和技术活动的定义	2.89
Recommendation concerning the International Standardization of Statistics on Science and Technology	《关于科学技术统计国际标准化的建议》	2.44
UOE Manual	联合国教科文组织／经合组织／欧盟统计局《手册》	9.2，9.138

V

valuation	估价	
of international trade in services	国际服务贸易	11.37
at purchasers' prices	购买者价格	4.40
value chains, global	价值链，全球	11.8
volunteers	志愿者	T5.1, 5.24, T5.2, 5.25, 5.54, 10.3 ~ 10.37, g

W

work, organisation of, research into	工作，组织，研究	12.67
working hours	工作时间	9.134

缩略词

AMNE	跨国企业活动 Activity of multinational enterprises	
BCA	国外分院 Branch campus abroad	
BE	企业（部门） Business enterprise (sector)	
BERD	企业 R&D 支出 Business enterprise expenditure on R&D	
BOP	国际收支 Balance of payments	
CAA	国外控制子公司 Controlled affiliates abroad	
CERN	欧洲核研究中心 European Organization for Nuclear Research	
COFOG	政府职能分类 Classification of Functions of Government	
COPNI	为住户服务的非营利机构的目的分类 Classification of the Purposes of Non-profit Institutions Serving Households	
CSSP	经合组织统计和统计政策委员会 OECD Committee for Statistics and Statistical Policy	

CSTP	经合组织科技政策委员会	
	OECD Committee for Scientific and Technological Policy	
DNA	脱氧核糖核酸	
	Deoxyribonucleic acid	
EC	欧洲委员会	
	European Commission	
Eurostat	欧盟统计局	
	European Commission's Directorate General for Statistics	
EU	欧盟	
	European Union	
FATS	外国附属机构统计	
	Foreign affiliates statistics	
FCA	外国控制附属机构	
	Foreign-controlled affiliate	
FDI	外国直接投资	
	Foreign direct investment	
FORD	研究与发展领域	
	Fields of Research and Development	
FTE	全时工作当量	
	Full-time equivalent	
GBARD	政府 R&D 预算	
	Government budget allocations for R&D	
GDP	国内生产总值	
	Gross domestic product	
GERD	国内 R&D 总支出	
	Gross domestic expenditure on R&D	
GFS	政府财政统计	
	Government finance statistics	
GNERD	国家 R&D 总支出	
	Gross national expenditure on R&D	

GOV	政府（部门）	
	Government (sector)	
GOVERD	政府 R&D 支出	
	Government expenditure on R&D	
GTARD	政府 R&D 税收减免	
	Government tax relief for R&D	
GUF	一般大学资金	
	General university funds	
HC	人头数	
	Headcount	
HE	高等教育（部门）	
	Higher education (sector)	
HEI	高等教育机构	
	Higher education institution	
HERD	高等教育 R&D 支出	
	Higher education expenditure on R&D	
ICSU	国际科学理事会	
	International Council for Science	
ICT	信息通信技术	
	Information and communication technology	
IEA	国际能源署	
	International Energy Agency	
ILO	国际劳工组织	
	International Labour Organisation	
IMF	国际货币基金组织	
	International Monetary Fund	
IPP	知识产权产品	
	Intellectual property production	
ISCED	《国际教育标准分类法》	
	International Standard Classification of Education	

ISCO	《国际标准职业分类》	
	International Standard Classification of Occupations	
ISIC	所有经济活动的《国际标准行业分类》	
	International Standard Industrial Classification of All Economic Activities	
KAU	活动类别单位	
	Kind of activity unit	
MNE	跨国企业	
	Multinational enterprise	
NABS	《科学计划和预算的分析比较中使用的术语》	
	Nomenclature for the Analysis and Comparison of Scientific Programmes and Budgets	
NESTI	科技指标国家专家组	
	Working Party of National Experts on Science and Technology Indicators	
NGO	非政府组织	
	Non-governmental organization	
NPI	非营利机构	
	Non-profit institution	
NPISH	为住户服务的非营利机构	
	Non-profit institutions serving households	
O&M	运营与维护	
	Operation and maintenance	
OECD	经济合作与发展组织	
	Organisation for Economic Co-operation and Development	
PNP	私人非营利（部门）	
	Private non-profit (sector)	
PNPERD	私人非营利 R&D 支出	
	Private non-profit expenditure on R&D	

R&D	研究与试验发展 Research and experimental development	
RD&D	由国际能源署定义的研究、发展与示范 Research, development and demonstration, as defined by the IEA	
S&T	科学与技术 Science and technology	
SEO	社会经济目标 Socio-economic objective	
SME	中小型企业 Small and medium-size enterprise	
SNA	《国民账户体系》 System of National Accounts	
STA	科学技术活动 Scientific and technological activities	
TRL	技术就绪等级 Technology readiness level	
UIS	联合国教科文组织统计研究所 UNESCO Institute for Statistics	
UN	联合国 United Nations	
UNECE	联合国欧洲经济委员会 United Nations Economic Commission for Europe	
UNESCO	联合国教科文组织 United Nations Educational, Scientific and Cultural Organization	
UNWTO	世界旅游组织 World Tourism Organization	
VAT	增值税 Value-added tax	
WTO	世界贸易组织 World Trade Organisation	

致 谢

本手册修订版是参与经合组织工作组的所有国家代表共同努力的成果，工作组包括科技指标国家专家组、经合组织科学技术创新（STI）司经济分析和统计处（EAS）。

一并感谢为手册第七版做出贡献的人们。感谢领导编辑工作的美国国家科学基金会的约翰·扬科夫斯基（John Jankowski）、科技指标国家专家组原主席弗雷德·高尔特（Fred Gault，联合国大学马斯特里赫特技术经济与社会研究所和南非茨瓦尼科技大学创新经济研究所秘书处顾问），感谢由科技指标国家专家组各国代表和经合组织专家组成的修订团队所做的基础性工作。特别感谢科技指标国家专家组成员：德国联邦部教育署的伊芙琳·冯·格斯勒（Eveline von Gässler）、日本国家科学技术政策研究所的智博·伊地知（Tomohiro Ijichi）、美国的约翰·扬科夫斯基（John Jankowski）、挪威研究理事会的斯韦恩·奥拉夫·纳斯（Svein Olav Nås）、瑞士联邦统计局的伊丽莎白·帕斯特（Elisabeth Pastor）、意大利和欧盟统计局的朱利奥·佩拉尼（Giulio Perani）和比利时联邦科学政策部的沃德·伊尔克（Ward Ziarko）。他们代表整个科技指标国家专家组团队投入了大量的时间和精力开展本手册的修订工作，并在修订过程中提供原始资料。

同时，感谢挪威统计局的弗兰克·弗因（Frank Foyn）、俄罗斯联邦莫斯科经济高等学校的康斯坦丁·富尔索夫（Konstantin Fursov）和列昂尼德·霍赫贝格（Leonid Gokhberg）、英国国家统计局的丹尼尔·克尔（Daniel Ker）、德国捐助者协会的安德烈亚斯·克拉德罗巴（Andreas Kladroba）、美国国家科学基金会的弗朗西斯科·莫里斯（Francisco Moris）、加拿大统计局的格雷格·彼得森（Greg Peterson）、法国研究和高等教育部的杰拉尔丁·塞鲁西（Géraldine Seroussi）和挪威北欧创新研究所的苏珊娜·松内斯（Susanne Sundnes），他们在修订本手册的各个编辑组中都发挥了引领作用。巴西科技创新部的罗伯托·德·皮尼奥（Roberto de Pinho）帮助建立了专门用于手册编写的在线协作空间。斯韦恩·奥拉夫·纳斯（Svein Olav Nås）在这个时期担任科技指标国家专家组主席，接替了前任主席沃德·伊尔克（Ward Ziarko）的筹备工作。

由费尔南多·加林多·鲁埃达（Fernando Galindo-Rueda）领导并由劳德利诺·奥里奥尔（Laudeline Auriol）和洛佩斯·巴索尔（López-Bassol）支持的经济分析和统计处中的科技指标小组为科技指标国家专家组的编辑工作提供了便利。这项工作由经济分析和统计处部门负责人亚历山德拉·科莱基亚（Alessandra Colecchia）负责，安德鲁·威科夫（Andrew Wyckoff）和德克·派拉特（Dirk Pilat）给予了指导，纳迪姆·艾哈迈德（Nadim Ahmad）、西尔维娅·阿佩尔特（Silvia Appelt）、科恩·贝克（Koen de Backer）、法比耶纳·福塔尼耶（Fabienne Fortanier）、多米尼克·盖莱克（Dominique Guellec）、纪尧姆·波达（Guillaume Kpodar）、法比安·韦尔热（Fabien Verger）、贝蒂娜·维斯特罗姆（Bettina Wistrom）提供了宝贵意见。这项工作也离不开其他经合组织伙伴的贡献，包括信息技术人员、出版商和通信辅助人员。经济分析和统计处的马里昂·巴尔贝里斯（Marion Barberis）和凯瑟琳·比尼翁（Catherine Bignon）也提供了帮助。

在最终审批之前，经合组织科技政策委员会与经合组织统计和统计政策委员会主席及代表等机构和个人在线提交了修改意见，在此表示感谢。特别是应该把这次修订的大部分成果归功于美国国家科学基金会的国家科学与工程统计中心，他们对这次修订的筹备和编辑工作做出了显著的贡献。葡萄牙教育和科学统计总局于2014年12月在里斯本举办了修订研讨会。欧洲委员会资助了一些有助于修订活动的探索性研究。欧盟统计局也对修订工作做出了显著贡献。联合国教科文组织统计研究所为促使手册成为不同发展阶段国家的主流指导工具，提供了有用的材料和反馈信息。